普通高等教育"十一五"规划教材

面向应用型人才培养

Pro/ENGINEER
Wildfire 4.0 教程

唐立山　刘冠军　主编

国防工业出版社

·北京·

内 容 简 介

本书由长期从事 Pro/ENGINEER 软件教学的教师联合编写。本书所介绍的版本是目前最新的 Pro/ENGINEER Wildfire 4.0,内容包括 Pro/ENGINEER 最强大、最常用的零件设计、曲面设计、零件组装设计、模具设计、工程图制作等模块。

全书共分为 13 章,内容包括 Pro/ENGINEER Wildfire 4.0 的基础命令和高级命令,分别为:Pro/ENGINEER Wildfire 4.0 基础,二维草图绘制基础,基准特征的创建,三维基础特征建模,三维工程特征建模,特征的编辑、修改,高级曲面特征建模及编辑,系统配置、关系式、族表与程序,实体特征的高级操作工具,模型的外观设置与渲染,装配设计,工程图,模具设计。

本书可以作为普通高等学校、高等职业院校软件教学专用教材,也可以作为各类培训学校的培训教材及供广大 Pro/ENGINEER 爱好者自学使用。

图书在版编目(CIP)数据

Pro/ENGINEER Wildfire 4.0 教程/唐立山,刘冠军主编.—北京:国防工业出版社,2010.1
普通高等教育"十一五"规划教材
ISBN 978-7-118-06589-3

Ⅰ.①P… Ⅱ.①唐… ②刘… Ⅲ.①机械设计:计算机辅助设计 - 应用软件,Pro/ENGINEER Wildfire 4.0 - 高等学校 - 教材 Ⅳ.①TH122

中国版本图书馆 CIP 数据核字(2009)第 216890 号

※

*国防工业出版社*出版发行
(北京市海淀区紫竹院南路 23 号 邮政编码 100048)
涿中印刷厂印刷
新华书店经售

*

开本 787×1092 1/16 **印张** 29¾ **字数** 682 千字
2010 年 1 月第 1 版第 1 次印刷 **印数** 1—4000 册 **定价** 56.00 元(含光盘)

(本书如有印装错误,我社负责调换)

国防书店:(010)68428422　　　　发行邮购:(010)68414474
发行传真:(010)68411535　　　　发行业务:(010)68472764

前 言

Pro/ENGINEER 软件是美国 PTC 公司推出的大型工程技术软件,它能完成产品概念设计、工业设计、零件设计、曲面设计、零件组装设计、模具设计、工程图制作、运动分析、虚拟仿真、NC 自动编程等众多任务,广泛应用于航空航天、汽车设计、船舶设计、机械设计、数控加工、电路布线等领域。

由于 Pro/ENGINEER 具有强大的参数化设计功能,已成为工程技术人员必须掌握的软件之一,许多工科院校已将此软件列为必修或选修软件。本书正是为适应这一需求而编写的,所介绍的版本是目前最新的 Pro/ENGINEER Wildfire 4.0,内容包括 Pro/ENGINEER 最强大、最常用的零件设计、曲面设计、零件组装设计、模具设计、工程图制作等模块。参加本书编写的人员都是长期从事 Pro/ENGINEER 软件教学的教师,对 Pro/ENGINEER 软件的结构和教学方法十分了解。他们将自己多年的教学经验和教学方法融入到本书的写作当中,使本书结构编排合理、条理清晰;既适合教学,又适合自学;既适合入门者,又适合有一定基础的人员使用。

软件教学的特点是简化理论阐述,深化实例讲解,让读者从实例讲解的过程中深入理解概念,学会实际操作。遵循这一宗旨,本书通过实例讲解各种特征创建方法,对菜单命令、对话框选项的含义都进行了解释。也就是说,读者通过对本书的学习,可以很轻松地掌握 Pro/ENGINEER Wildfire 4.0 软件,还可以通过自学本书精通 Pro/ENGINEER Wildfire 4.0 软件。

软件教学的另一个特点是实例要精,通过实例讲解和练习,要能举一反三。本书的例子是从编者多年的教学实例中精选出来的,经过多年实践的验证,对教师教学和学生自学都会有很好的帮助。

软件课程教学的课时一般不多,通常以自学为主,教师只是起指导作用。由于本书对所有菜单命令、对话框选项的含义都进行了解释,即使没有老师在身边,学生也能从书中找到答案。

本书备有包含书中实例的源文件光盘一张,以方便教师教学和学生上机操作练习时使用。每章结尾都有小结,说明本章的重点和难点,给读者一个完整的印象。每章小结的后面还备有一定量的思考题和练习题,习题都有很强的针对性,可以用来复习和检验学习效果。

通过本书的学习,读者完全可以掌握 Pro/ENGINEER 最强大、最常用功能模块的应用，完全可以胜任复杂的设计工作，成为一个 Pro /ENGINEER 软件高手。

本书由唐立山、刘冠军担任主编，由阳夏冰、张总、吴云峰担任副主编。参编人员包括唐立权、彭彦、陈洁、郑慧、谌丽容、周益兰、万志红、黄韬，全书由唐小敏主审。

本书在编写过程中得到了北京航空航天大学、长沙航空职业技术学院、河源职业技术学院、武汉工业职业技术学院、湖南科技工业职业技术学院、深圳职业技术学院的大力支持，在此表示感谢！

由于编者水平有限，书中难免存在不足和不完备之处，恳请专家和读者批评指正。

编　者

目　录

第1章　Pro/ENGINEER Wildfire 4.0 基础

Pro/ENGINEER Wildfire 4.0 是美国 PTC 公司推出的大型工程技术软件，是一套由设计至生产的机械自动化软件，是一个参数化、基于特征的实体造型系统，并且具有单一数据库功能。Pro/ENGINEER 2000i 版后增加的行为建模技术使其成为把梦想变为现实的杰出工具。在 Pro/ENGINEER Wildfire 4.0 软件包的产品开发环境中支持并行工作，它通过一系列完全相关的模块表述产品的外形、装配及其他功能。Pro/ENGINEER Wildfire 4.0 能够让多个部门同时致力于单一的产品模型设计，包括对大型项目的装配体管理、功能仿真、制造、数据管理等。PTC 公司最近推出的 Pro/ENGINEER Wildfire 4.0 较之以前的版本有了很多改进，界面更加友好，操作更加方便、实用、高效，功能更加强大。

Pro/ENGINEER Wildfire 4.0 是基于先前版本功能构建的，例如它采用 Pro/ENGINEER Wildfire 4.0 用户界面 (UI)。此用户界面采用了操控面板界面和图标的形式，用户可以使用菜单项简单、直观地创建和编辑设计，在最新版本中，此用户界面又有了进一步的增强。内嵌的浏览器和文件目录也得到了增强，现在可以更快捷地导航到重要的设计数据和资源。

1.1　软件的安装、启动和退出

1.1.1　软件的安装

(1) 右键单击桌面图标"我的电脑"，选择"属性"，如图 1-1 所示。出现"系统属性"对话框，选择"高级"选项卡，如图 1-2 所示。选择最下面的"环境变量"，出现"环境

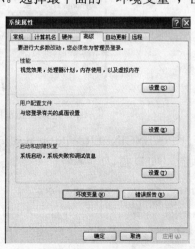

图 1-1　右键单击"我的电脑"后的菜单　　　图 1-2　"系统属性"对话框

1

变量对话框"，如图 1-3 所示。在"系统变量"选择"新建"按钮，出现"新建系统变量"对话框，如图 1-4 所示。在"变量名"中输入"lang"，在"变量值"中输入"chs"，单击"确定"按钮，在"系统变量"中出现刚建立的变量，如图 1-5 所示，单击"确定"按钮。以上操作可使安装界面中的文字为中文，而不是乱码。

图 1-3　"环境变量"对话框

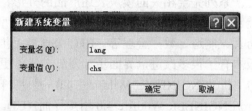

图 1-4　"新建系统变量"对话框

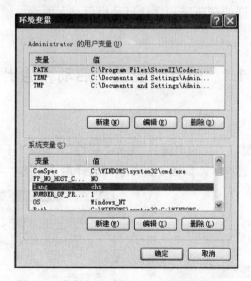

图 1-5　建立变量后的"环境变量"对话框

(2) 打开 Pro/ENGINEER Wildfire 4.0 安装盘，出现如图 1-6 所示界面。复制"crack4.0"文件夹到硬盘，如 D 盘。

图 1-6　Pro/ENGINEER Wildfire 4.0 安装盘内容

2

(3) 打开 Pro/ENGINEER Wildfire 4.0 安装盘中的"CD1"文件夹，出现如图 1-7 所示界面。双击"setup.exe"文件，出现安装界面，如图 1-8 所示。抄下安装界面最下面的PTC 主机 ID 号，如"00-03-0D-0B-DC-EF"。注意：每部电脑的 ID 号都不相同，其中"0"全是数字，而不是字母。

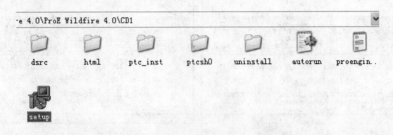

图 1-7 "CD1"文件夹内容

图 1-8 安装界面

(4) 打开复制到硬盘的"crack4.0"文件夹，出现如图 1-9 所示界面。用记事本方式打开"ptc_li-4.0"文件，出现如图 1-10 所示文件。用"编辑"菜单中的"替换"命令，将这个文件中的"00-11-D8-BB-5B-62"全部替换成电脑 ID 号，例如"00-03-0D-0B-DC-EF"，如图 1-11 所示，并保存。

图 1-9 "crack4.0"文件夹内容

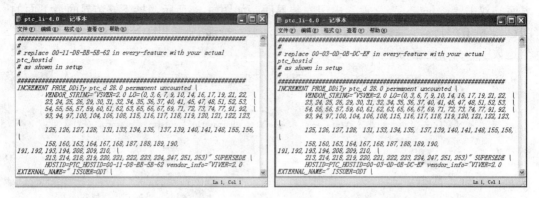

图 1-10 "ptc_li-4.0" 文件内容　　　　图 1-11 编辑后的 "ptc_li-4.0" 文件内容

(5) 单击安装界面中的 "下一个" 按钮,出现如图 1-12 所示界面。选择 "接受许可证协议中的条款和条件",单击 "下一个" 按钮,出现如图 1-13 所示界面。

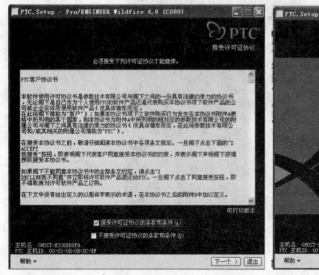

图 1-12　　　　　　　　　　　　　　图 1-13 安装选择界面

单击安装界面中的 Pro/ENGINEER,出现如图 1-14 所示界面。修改安装目录,如图 1-15 所示。单击 "下一个" 按钮,出现如图 1-16 所示界面。单击 "添加" 按钮,出现如图 1-17 所示界面。

选择 "锁定的许可证文件(服务器来运行)",单击□按钮,选择 "许可证文件路径" 为前面修改的许可证文件 "ptc_li-4.0"。选择方法:选择许可证文件 "ptc_li-4.0" 所在的盘,如图 1-18 所示,再选择许可证文件 "ptc_li-4.0",如图 1-19 所示。单击 "打开" 按钮,出现如图 1-20 所示界面,单击 "确定" 按钮,出现如图 1-21 所示界面,单击 "下一个" 按钮,出现如图 1-22 所示界面。

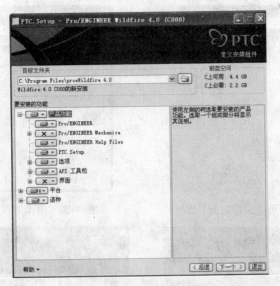

图 1-14　选择安装目录界面

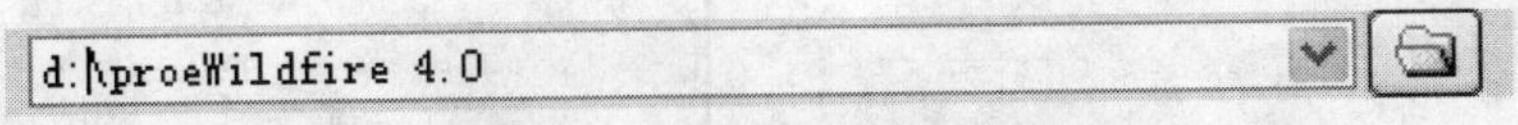

d:\proeWildfire 4.0

图 1-15　修改安装目录界面

图 1-16　添加许可证文件界面

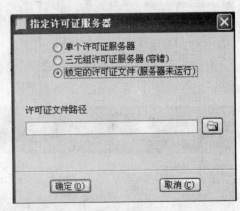

图 1-17　"指定许可证服务器"对话框

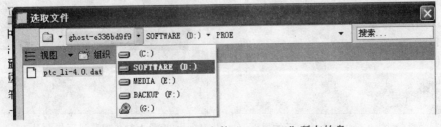

图 1-18　选择许可证文件"ptc_li-4.0"所在的盘

5

图 1-19　选择许可证文件后的界面

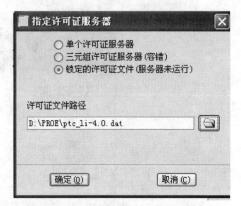

图 1-20　单击"打开"按钮后的界面

图 1-21　单击"确定"按钮后的界面

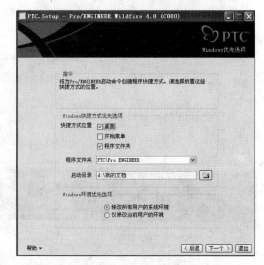

图 1-22　单击"下一个"按钮后的界面

选择"桌面"选项，单击"下一个"按钮，出现如图 1-23 所示界面，单击"安装"按钮，出现如图 1-24 所示安装进度界面。

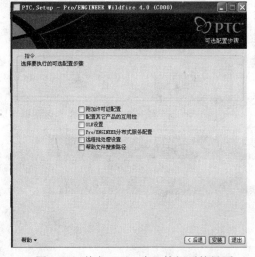

图 1-23　单击"下一个"按钮后的界面

图 1-24　安装进度界面

安装到一定时候，出现提示选择"CD2"界面，如图 1-25 所示。单击"浏览"按钮，选择"CD2"，如图 1-26 所示。单击"打开"，单击"确定"，继续安装。

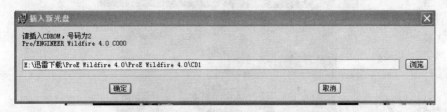

图 1-25　提示选择 CD2 界面

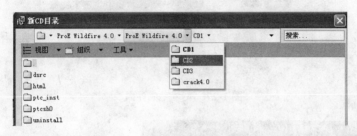

图 1-26　选择 CD2 界面

安装到一定时候，出现提示选择"CD3"界面，如图 1-27 所示。单击"浏览"，选择"CD3"，如图 1-28 所示。单击"打开"，再单击"确定"，则继续安装，直到安装完，出现如图 1-29 所示界面。

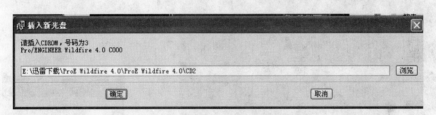

图 1-27　提示选择 CD3 界面

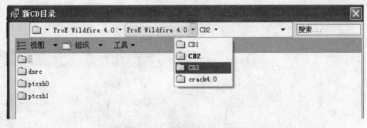

图 1-28　选择 CD3 界面

单击"下一个"按钮，出现如图 1-30 所示界面。单击"退出"按钮，出现如图 1-31 所示界面。单击"是"，完成安装。

(6) 打开复制到硬盘的"crack4.0"文件夹，如图 1-32 所示，将其中"wildfire4.0-patch"文件复制到 Pro/ENGINEER Wildfire 4.0 安装目录中"i486_nt"的"obj"文件夹中，并双击运行，出现如图 1-33 所示界面。

图 1-29　安装完成界面

图 1-30　单击"下一个"后的界面

图 1-31　退出选择界面

图 1-32　"crack4.0"文件夹内容

图 1-33　双击"wildfire4.0-patch"文件后的界面

单击"Patch"按钮，出现如图 1-34 所示界面，数次单击"否"按钮，运行完后，单击"Exit"按钮，完成补丁安装。

(7) 单击软件的桌面图标(图 1-35)或从程序中进入，都可启动 Pro/ENGINEER Wildfire 4.0，启动后的界面如图 1-36 所示。

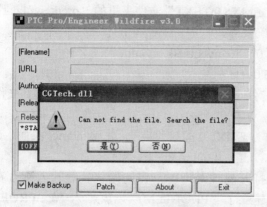

图 1-34　单击"否"按钮　　　　　　　　　图 1-35　软件的桌面图标

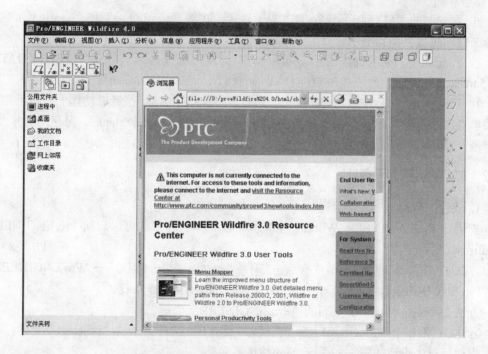

图 1-36　Pro/ENGINEER Wildfire 4.0 启动后的界面

(8) 可选外挂 EMX5.0 安装。

① 确保下载的 EMX5.0 安装文件放在全英文的目录内，否则点击"setup.exe"文件会没有任何反应。

② 按照正常安装，需要注意安装时在"language"（语言）选项下将简体中文选上，别的不需要作任何改动，直到结束后，退出安装程序。

③ 解压下载的补丁包，里面有 3 个文件，即"emx50_wf4.dll"、"shc50_wf4.dll"和

"protk_wf4.dat"。

④ 把"emx50_wf4.dll"和"shc50_wf4.dll"放在 EMX5.0 所在目录下的"i486_nt"文件夹里。

⑤ 把"protk_wf4.dat"文件放在 EMX5.0 所在目录下的"TEXT"文件夹里。

⑥ 用记事本打开刚刚拷贝到"EMX5.0\TEXT"文件夹里的"protk_wf4.dat"文件，确认下面两个路径是否正确，不正确就修改。

exec_file F:\Program Files\emx5.0\i486_nt\emx50_wf4.dll

text_dir　　F:\Program Files\emx5.0\text

将路径改为刚安装的 EMX5.0 对应的目录，否则以后启动会提示找不到文件，EMX 就会加载失败。

⑦ 在硬盘上新建一个目录，作为 EMX5.0 的启动目录，在 Windows 桌面上建一个快捷方式，指向先前安装的"...\proeWildfire 4.0\bin\proe.exe"。

⑧ 右击刚建立的快捷方式，打开属性对话框，在起始位置处输入刚才在硬盘上建立的目录，例如刚才在 D 盘上建立了"PROETEMP"，就输入"D:\PROETEMP"等。

⑨ 到安装的 EMX5.0 下找到 TEXT 子目录，找到"config.pro"和"config.win"这两个文件，然后复制到刚才建立的子目录内。

⑩ 用记事本打开复制来的"config.pro"文件，修改最后一行,把"PROTKDAT...\emx5.0\text\protk.dat"改成"PROTKDAT...\emx5.0\text\protk_wf4.dat"。

⑪ 启动刚建立的"PROE4.0"快捷方式，会发现 EMX5.0 已经成功挂上，然后在工具菜单点击"选项"，增加"web_browser_homepage"值为"about:blank"，保存，点击"定制屏幕"，将浏览器启动时展开的勾去掉，以缩短每次启动所花的时间。

1.1.2　软件的启动和退出

1. 软件的启动

安装好 Pro/ENGINEER Wildfire 4.0 系统后，有 3 种方法可以启动 Pro/ENGINEER Wildfire 4.0 系统。

方法 1：进入 Windows 后，依次点击"开始"→"程序"→"PTC"→"Pro ENGINEER"→"Pro ENGINEER"，即可打开 Pro/ ENGINEER Wildfire 4.0 系统。

方法 2：双击 Windows 桌面的"Pro/ENGINEER"快捷图标。

方法 3：双击 Pro/ENGINEER 系统安装路径中 Bin 文件夹下的"proe.bat"文件。

启动后首先出现如图 1-37 所示的初始化界面。

Pro/ENGINEER Wildfire 4.0 对系统的要求较高，在一些电脑上需要较长的时间(10s 以上)才能进入如图 1-38 所示的初始工作界面。

2. 软件的退出

退出与关闭 Pro/ENGINEER Wildfire 4.0 有两种方法。

方法 1：单击 Pro/ENGINEER Wildfire 4.0 窗口右上角的▨按钮，系统弹出确认窗口，选择"是"即可退出 Pro/ ENGINEER Wildfire 4.0。

方法 2：选择点击"文件"→"退出"，系统提示与操作同方法 1。

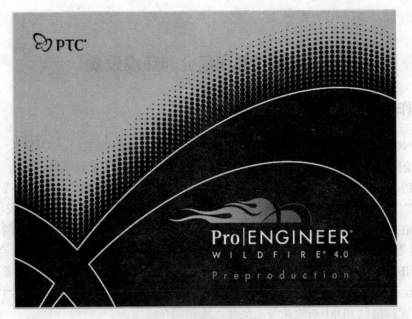

图 1-37　初始化界面

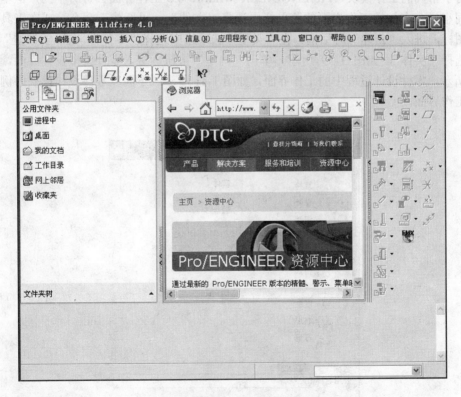

图 1-38　初始工作界面

注意：在默认配置环境下，系统退出时并不提示"是否保存尚未保存的文件"。使用"退出"命令前，应首先保存要保存的文件，然后再单击"是"执行退出。若要使系统退出时有提示保存文件的功能，只需在系统的配置文件中设置"Prompt.on.exit"的值为

"Yes"即可。

1.2 操作界面简介和环境设置

1.2.1 操作界面简介

Pro/ENGINEER Wildfire 4.0 的初始工作界面中主要包括菜单栏、工具栏、导航栏、浏览器、绘图区、信息提示栏、命令解释区、帮助中心、选择过滤器等。

使用 Pro/ENGINEER Wildfire 4.0 浏览器可访问网站、在线目录及其他在线信息。除用于信息、文件和 Web 浏览的一般线程外，此浏览器还有针对任务的线程，可在 Pro/ENGINEER Wildfire 4.0 中以交互方式使用此浏览器，以执行这些任务：浏览文件系统；在浏览器中预览 Pro/ENGINEER Wildfire 4.0 中的模型；在浏览器中选取 Pro/ENGINEER Wildfire 4.0 中的模型，然后将其拖放到图形窗口中打开，或者双击文件名将其打开；查看交互式"特征信息"和 BOM 窗口；访问 FTP 站点；查看网站或喜欢的 Web 位置；浏览 PDM 系统及与之交互；连接到在线资源。

对于不同的工作模块，Pro/ENGINEER Wildfire 4.0 工作界面会有所不同，但基本上是大同小异。在初始工作界面的菜单栏中选择"文件"→"新建"命令，或在工具栏中单击图标，进入"新建"对话框，在"类型"选项组中选择"零件"，在"子类型"选项组中选择"实体"，如图 1-39 所示。单击"确定"按钮，进入零件模型设计界面，如图 1-40 所示，零件设计过程中的工作界面，如图 1-41 所示。下面以零件设计模块为例详细介绍工作界面。

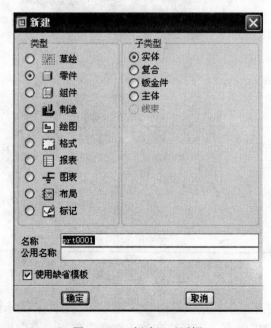

图 1-39 "新建"对话框

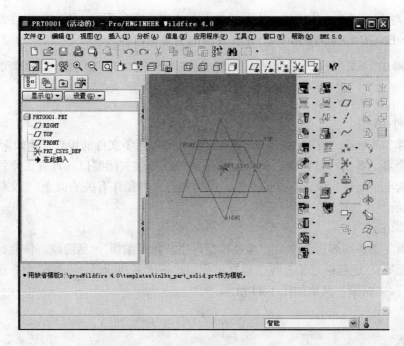

图1-40 进入零件设计模块的工作界面

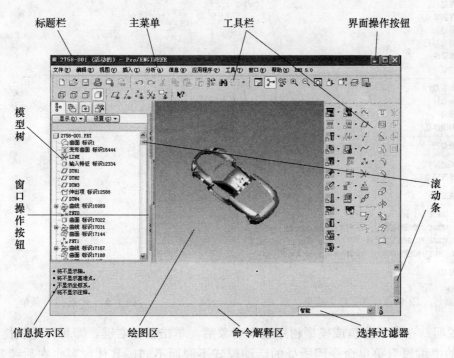

图1-41 零件设计过程中的工作界面

1. 主菜单

Pro/ENGINEER Wildfire 4.0 主菜单栏位于工作界面窗口的上部，如图1-42所示。主菜单包括"文件"、"编辑"、"视图"、"插入"、"分析"等11个下拉菜单（外挂了模块时则多些)。对于不同的工作模块，主菜单栏及其内容会有所不同。下面以零件设计模块为例介绍 Pro/ENGINEER Wildfire 4.0 工作界面的主菜单内容。

文件(F)　编辑(E)　视图(V)　插入(I)　分析(A)　信息(N)　应用程序(P)　工具(T)　窗口(W)　帮助(H)　EMX 5.0

图 1-42　主菜单

1) 文件(F)

"文件"菜单和一般的 Windows 软件一样，主要用于文件的操作，例如新建、打开、保存、重命名、备份、打印等。另外，文件菜单还提供关闭窗口、设置工作目录、实例操作、发送电子邮件、最近打开的文件、退出等与文件操作有关的命令。"文件"菜单如图 1-43 所示。

2) 编辑(E)

"编辑"菜单内容极为丰富，涉及模型再生、特征编辑(包括隐藏、恢复、编辑阵列和删除特征等)，还包括对象查找、建立超级链接等诸多功能，一些编辑命令还可通过快捷菜单访问。"编辑"菜单如图 1-44 所示。

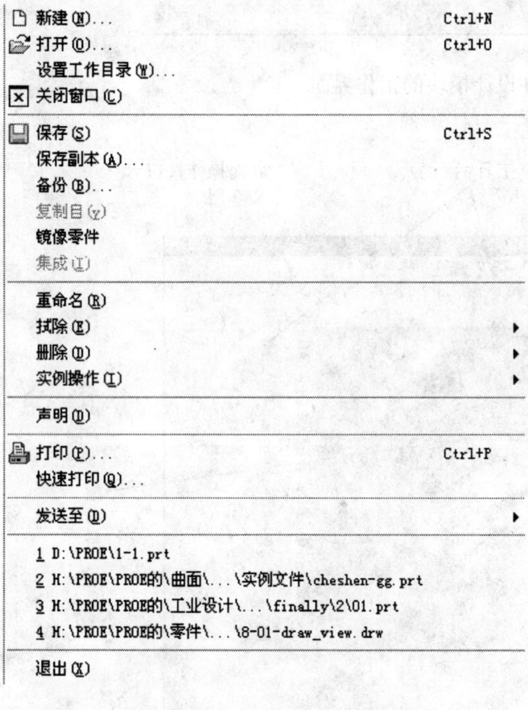

新建(N)…	Ctrl+N
打开(O)…	Ctrl+O
设置工作目录(W)…	
关闭窗口(C)	
保存(S)	Ctrl+S
保存副本(A)…	
备份(B)…	
复制目(Y)	
镜像零件	
集成(I)	
重命名(R)	
拭除(E)	▶
删除(D)	▶
实例操作(I)	▶
声明	
打印(P)…	Ctrl+P
快速打印(Q)…	
发送至(D)	▶
1 D:\PROE\1-1.prt	
2 H:\PROE\PROE的\曲面\…\实例文件\cheshen-gg.prt	
3 H:\PROE\PROE的\工业设计\…\finally\2\01.prt	
4 H:\PROE\PROE的\零件\…\8-01-draw_view.drw	
退出(X)	

再生(G)	Ctrl+G	超级链接(H)	Ctrl+K
撤消(U)	Ctrl+Z	只读	
重做(R)	Ctrl+Y		
剪切(T)	Ctrl+X		
复制(C)	Ctrl+C		
粘贴(P)	Ctrl+V		
选择性粘贴(S)…			
镜像(I)			
反向法向(E)			
填充(L)			
相交(V)			
合并(V)			
阵列(P)			
投影(D)…			
包络(D)			
修剪(I)			
延伸(I)			
偏移(D)			
加厚(D)			
实体化(D)…			
移除			
替换			
隐含(U)	▶		
恢复(U)	▶		
删除(D)	▶		
设置(T)…			
参照(P)			
定义			

图 1-43　"文件"菜单 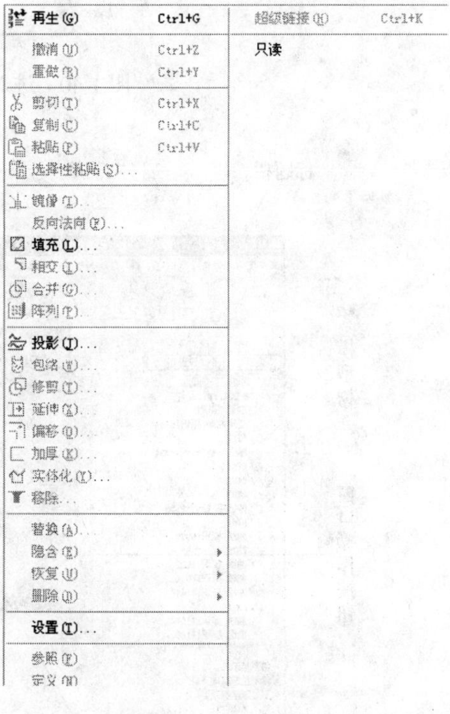　　　　　　　　图 1-44　"编辑"菜单

说明：在图形窗口或模型树中选取对象后，单击鼠标右键，即可打开快捷菜单。可用的"编辑"菜单命令因所处的活动模式不同而不同，具体内容将在后续章节介绍。

3) 视图(V)

"视图"菜单提供了对模型显示的控制命令。使用该菜单可以刷新当前视图，使模型着色，设置模型的定位方式，设置观察模型(选择动态观察、延时观察或模型自动旋转观察)。若是观察装配模型，还可以观察其爆炸状态和非爆炸状态。此外，还可以对模型外观进行着色、贴图，配置环境灯光，对系统的显示进行设定等，"视图"菜单如图 1-45 所示。

4) 插入(I)

用户可通过"插入"菜单直接选择特征创建命令，建立实体。另外，"插入"菜单中还包括将数据从外部文件添加到当前模型等处理共享数据的命令等。"插入"菜单如图 1-46 所示。

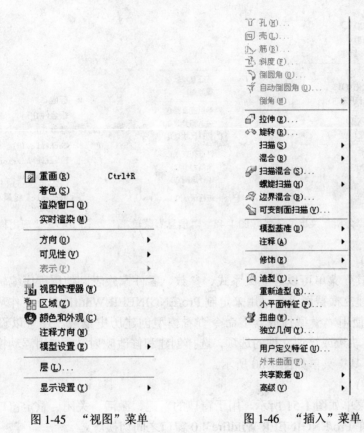

图 1-45 "视图"菜单   图 1-46 "插入"菜单

5) 分析(A)

使用"分析"菜单中的命令可实现模型中图素的长度、距离、角度、面积等的测量，还可以进行模型分析、曲线分析、机构分析、使用 Excel 进行分析、模型检查、零件比较等。"分析"菜单如图 1-47 所示。

6) 信息(N)

使用该菜单可以查看建模过程的相关信息，包括特征信息、模型信息、特征间的父子关系、模型中使用的关系式及参数、特征列表、内存中的信息等内容。"信息"菜单如图 1-48 所示。

7) 应用程序(P)

"应用程序"菜单中提供的主要是一些应用程序，Pro/ENGINEER Wildfire 4.0 在不同的工作模式之间切换，相关"应用程序"菜单内容也随之切换。零件模式下该菜单如

图 1-49 所示。其中，"标准"提供典型零件造型功能；"钣金件"命令用于在零件模式下将实体零件转换成钣金件，并进入钣金件设计环境；"Mechanica"提供机构运动、热分析功能；"Plastic Advisor"用来调用独立的注塑模分析程序；"模具/铸造"提供关于模具设计的功能；使用"会议"命令，通过网上会议，可以在线与 PTC 专家以及专业人士讨论交流。

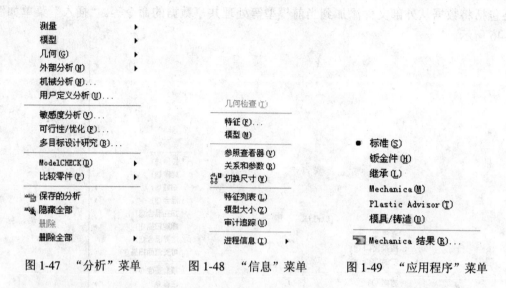

图 1-47　"分析"菜单　　　　图 1-48　"信息"菜单　　　　图 1-49　"应用程序"菜单

8) 工具(T)

选择"工具"菜单可以建立关系式、参数、零件家族表、使用程序编辑模型、建立自定义特征、建立横截面等。可用来定制 Pro/ENGINEER Wildfire 4.0 工作环境，设置外部参照控制，使用"模型播放器"命令查看模型创建历史记录。还可以设置配置文件"config.pro"、轨迹或培训文件的选项，选择创建和修改映射键，使用浮动模块和辅助应用程序等。"工具"菜单如图 1-50 所示。

9) 窗口(W)

"窗口"菜单如图 1-51 所示，用于窗口的新建、激活、关闭、重定窗口尺寸、打开系统窗口以及在 Pro/ENGINEER Wildfire 4.0 窗口之间切换等。

10) 帮助(H)

"帮助"菜单可以提供在线帮助。通过它可访问"帮助中心"主页、上下文相关帮助、版本信息和客户服务信息。"帮助"菜单如图 1-52 所示。

11) EXM 5.0

"EXM 5.0"菜单可选择模具设计的相关命令。"EXM 5.0"菜单如图 1-53 所示。

2. 工具栏

Pro/ENGINEER Wildfire 4.0 的工作界面中有两个工具栏：位于窗口上方的是提供辅助操作或文档存取的工具按钮，如图 1-54 所示；位于窗口右侧的是提供基准特征、常用特征、常用特征编辑命令的工具按钮，如图 1-55 所示。根据当前工作的模块如零件模块、草绘模块、装配模块等及工作状态的不同，在该栏内还会出现一些其他按钮，并且每个按钮的状态及意义也有所不同。

16

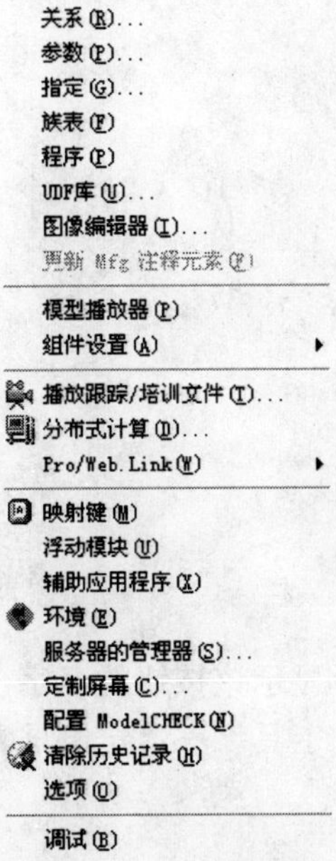

关系 (R)...
参数 (P)...
指定 (G)...
族表 (F)
程序 (P)
UDF库 (U)...
图像编辑器 (I)...
更新 Mfg 注释元素 (P)

模型播放器 (P)
组件设置 (A)   ▶

播放跟踪/培训文件 (T)...
分布式计算 (D)...
Pro/Web.Link (W)   ▶

映射键 (M)
浮动模块 (U)
辅助应用程序 (X)
环境 (E)
服务器的管理器 (S)...
定制屏幕 (C)...
配置 ModelCHECK (N)
清除历史记录 (H)
选项 (O)

调试 (B)

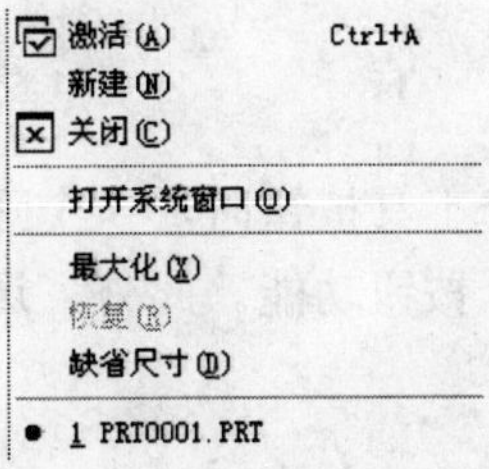

激活 (A)	Ctrl+A
新建 (N)	
关闭 (C)	

打开系统窗口 (O)

最大化 (X)
恢复 (R)
缺省尺寸 (D)

● 1 PRT0001.PRT

图 1-50   "工具"菜单   图 1-51   "窗口"菜单

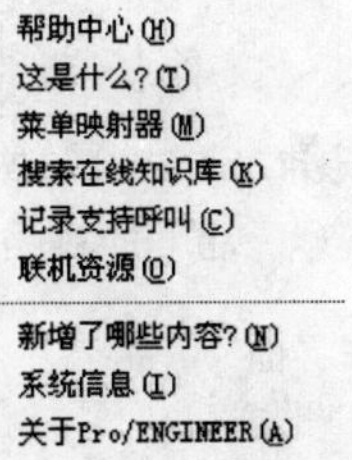

项目   ▶
模架   ▶
导向元件   ▶
设备   ▶
止动系统   ▶
螺钉   ▶
定位销   ▶
顶杆   ▶
冷却   ▶
顶出限位柱   ▶
滑块   ▶
碰锁   ▶
斜顶机构   ▶
热流道   ▶
传送   ▶
库元件   ▶
材料清单
模架开模模拟
视图   ▶
EMX 工具   ▶
管理员工具   ▶
帮助   ▶
选项
SmartHolechart 5.0   ▶

帮助中心 (H)
这是什么? (T)
菜单映射器 (M)
搜索在线知识库 (K)
记录支持呼叫 (C)
联机资源 (O)

新增了哪些内容? (N)
系统信息 (I)
关于Pro/ENGINEER (A)

图 1-52   "帮助"菜单 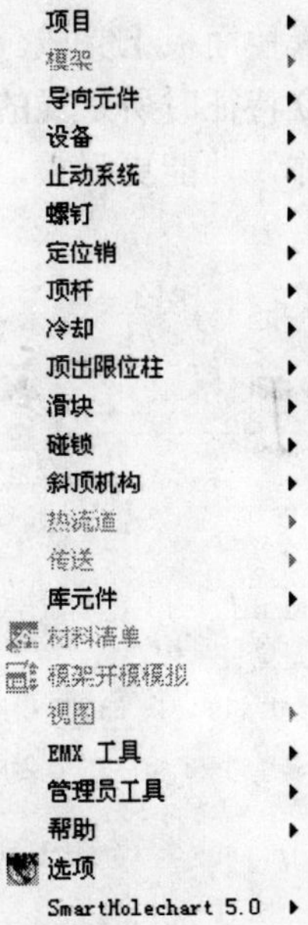   图 1-53   "EXM 5.0"菜单

图 1-54   窗口上方工具栏

图 1-55　窗口右侧工具栏

　　光标指向某个工具按钮时，一个弹出式标签会显示该按钮的名字，同时在"命令解释与帮助区"显示按钮功能。此外，还可以选择"工具"→"定制屏幕"命令来定制工具栏。

　　3. 操控面板

　　Pro/ENGINEER Wildfire 4.0 操控面板的操作界面如图 1-56 所示。在 Pro/ENGINEER Wildfire 4.0 中有许多复杂的命令，涉及多个对象的选取、多个参数以及多个控制选项的设定，这些都可在操控面板上完成。在建立或者修改特征的时候，系统会自动打开操控面板，用于显示建立特征时所定义的参数以及绘制该特征的流程。操控面板把原来的串行操作改为并行操作，功能更强大，操作更快捷，在需要时会自动弹出对话框，用于指导用户的操作。

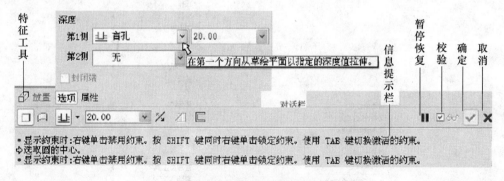

图 1-56　操控面板的操作界面

　　4. 导航栏

　　Pro/ENGINEER Wildfire 4.0 的导航栏可对与设计工程或数据管理相关的数据进行导航、访问和处理。单击导航栏右侧向左的箭头可以隐藏导航栏，它们之间的相互切换只需单击上方的选项卡标签即可，如图 1-57 所示。

　　导航包括：模型树、文件夹浏览器、收藏夹、连接等选项卡，每个选项卡包含一个特定的导航工具。

18

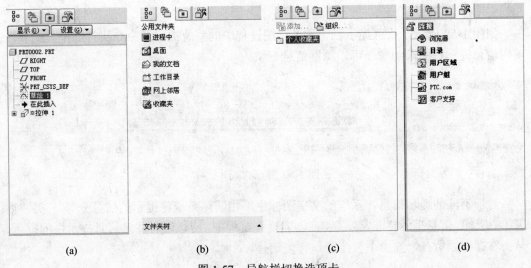

(a)　　　　　　　　(b)　　　　　　　　(c)　　　　　　　　(d)

图 1-57　导航栏切换选项卡

(a) 模型树；(b) 资源管理器；(c) 收藏夹；(d) 连接。

模型树：提供一个树工具，可用其导航并与 Pro/ENGINEER Wildfire 4.0 模型进行交互。

在模型树中，每个项目旁边的图标反映了其对象类型，例如组件、零件、特征或基准。该图标也可表示显示或完成状态，例如隐含或未再生。

Pro/ENGINEER Wildfire 4.0 模型树记录了模型建立的全过程，用户在模型树中可完成一些很重要的操作，例如特征的重新排序、特征尺寸的修改、特征的重新定义、特征的插入等。

在模型树的任意特征上单击鼠标右键，系统弹出如图 1-58 所示的快捷菜单。

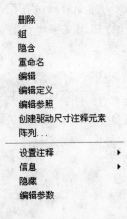

图 1-58　模型树的快捷菜单

文件夹浏览器：根据管理系统、FTP 站点以及共享空间，提供对本地文件系统、网络计算机和存储在 Windchill 中的对象导航。

收藏夹：包含最常访问的网站或文档的快捷方式。

连接：用于进行网络用户间的信息交流、切换内嵌式浏览器的内容。

5. 信息提示栏

如图 1-59 所示，信息提示栏记录了绘图过程中的系统提示及命令执行结果。此外，使用信息提示栏的滚动条还可以浏览信息记录。

图 1-59 信息提示栏

对于不同的提示信息，系统的文字图标也不相同。系统将提示的信息分为 5 类，如表 1-1 所列。信息提示栏非常重要，在创建模型过程中，应该时时注意信息提示栏的提示，从而掌握问题所在，知道下一步应该作何选择。

表 1-1 系统提示的 5 类信息

图 标	信 息 种 类	图 标	信 息 种 类
●	信息	▓	错误
➡	提示	✖	严重错误
⚠	警告		

在系统需要用户输入数据时，信息提示区将会出现一个白色的文本编辑框，以便输入数据。完成数据输入后，按回车键或单击右侧的按钮即可。

6. 命令解释区及帮助中心

Pro/ENGINEER Wildfire 4.0 版的命令解释区在信息提示栏的下方。当光标指向某个命令或按钮时，该区域就会显示一行描述文字，说明该命令或按钮所代表的意义，如图 1-60 所示。

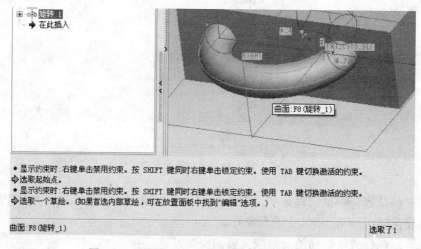

图 1-60 显示描述文字的信息提示栏（图下方）

20

7. 绘图区

绘图区位于窗口中部右侧，是 Pro/ENGINEER Wildfire 4.0 生成和操作 CAD 模型的显示区域。当前活动的 CAD 模型在该区域显示，在该绘图区可以使用鼠标选取对象，并对对象进行有关操作等。

8. 选择过滤器

选择过滤器在不同的模块下会有不同的选项，能够有目的地选取所需要的对象，它位于屏幕右下角的位置。零件模块下的选择过滤器如图 1-61 所示。

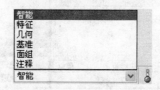

图 1-61　选择过滤器

在零件建模过程中，根据需要选择对象的不同，可以使用不同的过滤器。下面以智能选择模式为例进行介绍。

在智能选择方式下，几何对象的选取是按照自上而下的方式进行的，首先选择最高层次的几何对象(组件环境下是零件，零件环境下是特征)，然后选择该几何对象下的次级几何对象(面、边线、顶点)。

选择特征：当鼠标移动到零件某个特征上时，系统会自动辨识出该特征，并以高亮的绿色显示其边界。此时单击鼠标左键，该特征就会被选中，并以深红色显示其边界。

修改特征参数：某特征被选中后，再用鼠标左键双击该特征，就可以直接修改此特征的参数，如图 1-62 所示。

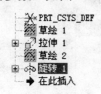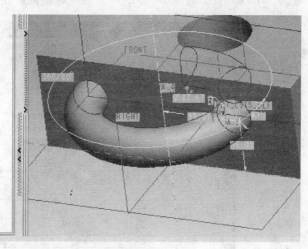

图 1-62　修改特征参数

选择几何对象(点、线、面)：某特征被选中后，再把鼠标移动到该特征某点、线、面之上时，这些几何对象便会以绿色高亮显示，再次单击鼠标左键后，几何对象被选中，并以深红色显示。移动鼠标到下一个几何对象，下一个几何对象同样会以绿色高亮显示，单击鼠标左键便可选中下一个几何对象。

9. 模型对话框

Pro/ENGINEER Wildfire 4.0 中减少了模型对话框的使用，但模型对话框仍然是 Pro/ENGINEER Wildfire 4.0 中很重要的一类对话框，如图 1-63 所示。对话框中列出了构成特征的元素及一些属性，它就像一个向导，提示用户每一步该做什么。对话框下方有几个按钮，用户通过它们可以重新定义模型、显示所选特征的参照、查看信息及预览等。

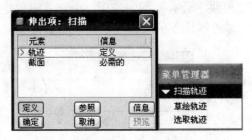

图 1-63　模型对话框

1.2.2　环境设置

1. 配置"Config.pro"文件

"Config.pro"是 Pro/ENGINEER Wildfire 4.0 的系统环境配置文件，其中包含许多项目的设置，例如系统、特征、用户界面、环境、绘图、层、尺寸公差、颜色、草绘、打印和出图等。通过在配置文件中设置选项来定制 Pro/ENGINEER Wildfire 4.0 的外观和运行方式。下面以在文件中设定参数"allow_anatomic_features"为例，介绍 Pro/ENGINEER Wildfire 4.0 系统环境的配置方法。

单击"工具"→"选项"，显示"选项"对话框，如图 1-64 所示。

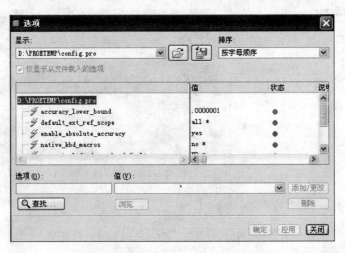

图 1-64　"选项"对话框

在"选项"栏中输入"allow_anatomic_features"（用户也可只输入 allow，然后单击"查找"按钮，在列出的系列参数中选择"allow_anatomic_features"即可），在"值"栏中输入"yes"，如图 1-65 所示。

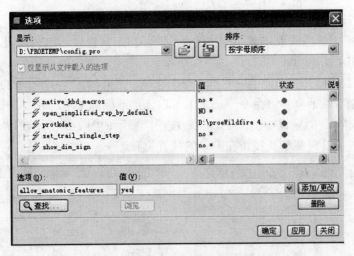

图 1-65　参数修改

单击"添加/更改",单击"应用",单击"关闭",完成 allow_anatomic_features 参数设置。

注意:用户可单击"选项"对话框中的 按钮,打开一个已保存好的配置文件,供当前进程使用;如果用户每次打开 Pro/ENGINEER Wildfire 4.0 都要使用这个配置文件,则要把这个配置文件置于在 Pro/ENGINEER Wildfire 4.0 的起始工作目录中。

2. 定制窗口布局

使用"工具箱"快捷菜单可改变窗口中菜单条和工具栏的布局。

方法:在顶部或右侧工具栏上的任何地方单击鼠标右键,弹出如图 1-66 所示的"工具箱"快捷菜单。

图 1-66　"工具箱"快捷菜单

使用"工具箱"快捷菜单,可以定制如下布局:

1) 有些按钮用于特殊菜单或功能集的命令,要在工具栏显示这些按钮,在"工具箱"快捷菜单选取相关的选项即可。

2) 单击"工具箱"快捷菜单中的"命令"选项,打开如图1-67所示的"定制"对话框。使用"定制"对话框的"命令"选项卡可以添加或删除菜单项目和按钮。

3) 单击"定制"对话框中的"工具栏"按钮,显示如图1-68所示的"工具栏"选项卡,在该选项卡中设定菜单及按钮在窗口的放置位置。

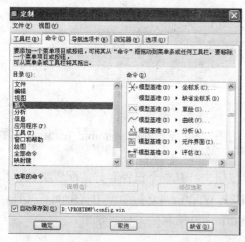

| 图1-67 "定制"对话框 | 图1-68 "工具栏"选项卡 |

注意:如果打算在每次打开Pro/ENGINEER Wildfire 4.0软件时都显示定制的工作界面,则选中"定制"对话框的"自动保存到"选项,否则不要勾选此项。

3. 视图管理

单击"视图"→"视图管理器",系统弹出"视图管理器"对话框,如图1-69所示。

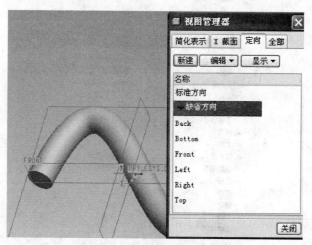

图1-69 "视图管理器"对话框

视角操作方法:选中定向对话框,如图1-69所示,可双击其中的文字对视角进行操作。Pro/ENGINEER Wildfire 4.0默认的视角有8个:标准方向、缺省方向、Back(后视)、

Bottom（仰视）、Front（前视）、Left（左视）、Right（右视）和 Top（俯视）。

4. 显示设置

1) 4 种模型显示方式

通过模型显示方式工具条的 4 个按钮,可以快捷地控制模型以表 1-2 所列的 4 种模型显示方式显示：:着色显示方式; :无隐藏线显示方式; :隐藏线显示方式; :线框显示方式。

表 1-2　4 种模型显示方式

着 色 显 示	无隐藏线显示	隐藏线显示	线 框 显 示

2) 模型显示详细设置

通过"视图"菜单中模型显示的设置命令,可以对模型的显示进行详细的设置。下面介绍工程中常用的一些设定方法。

如果需要加快显示速度,选择"视图"→"显示设置"→"性能"命令,弹出图 1-70 所示的"视图性能"对话框,在其中选中"快速 HLR"(Hide Line Remove,隐藏线移除)复选框,模型边线显示质量变差,显示速度加快。因此,为提高操作速度,在复杂模型操作时,选中该复选框。

选择"视图"→"显示设置"→"模型显示",出现"模型显示"对话框,其中包括 3 个选项卡："普通"、"边/线"、"着色"。通过这些选项可以设定模型的显示质量和显示方式。

如果需要隐藏相切边,在"边/线"选项卡中,如果"相切边"选择为"实线",则在模型中显示相切边线;如果选择为"不显示",相切边线将隐藏,如图 1-71 所示。

如果需要在着色方式下显示可见边,在着色选项卡中选中"带边"复选框,则会在着色显示方式下同时显示模型的可见边线;否则将不显示模型的可见边,如图 1-72 所示。

(a)　　　　　　　　(b)

图 1-70　"视图性能"　　　　图 1-71　显示相切边线与不显示相切边线
　　　对话框　　　　　　　　　(a) 显示相切边线; (b) 不显示相切边线。

25

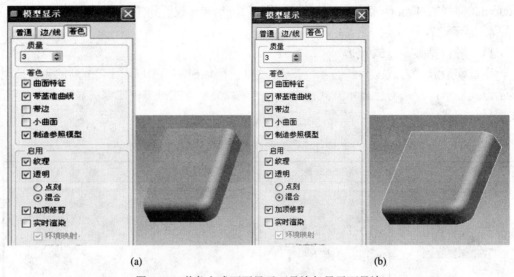

(a)　　　　　　　　　　　　　　　　(b)

图 1-72　着色方式下不显示可见边与显示可见边

(a) 着色方式下不显示可见边；(b) 着色方式下显示可见边。

3) 网格曲面显示

选择"视图"→"模型设置"→"网格曲面"，弹出"网格"对话框，如图 1-73 所示。选择模型表面，使其采用网格显示。如果希望消除模型表面网格显示，点击工具栏中"重画视图"按钮即可。

除了模型本身的显示控制外，用户还可以设定自己喜欢的图形区背景颜色。选择"视图"→"显示设置"→"系统颜色"，出现"系统颜色"对话框，如图 1-74 所示。在布置菜单中有几种常用的颜色方案，可供用户快速选择。

图 1-73　"网格"对话框　　　　　　　　图 1-74　"系统颜色"对话框

1.3 文 件 管 理

1.3.1 当前工作目录的设置

选取"文件"菜单中的"设置工作目录",弹出如图 1-75 所示的"选取工作目录"对话框。选出或建立一个合适的目录名称,单击"确定"按钮即可完成当前工作目录的设定。

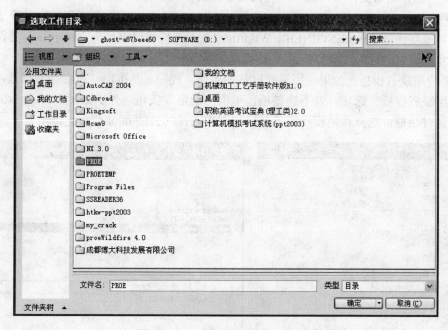

图 1-75 "选取工作目录"对话框

工作目录既是新建文件保存的目标文件夹,也是组件操作过程中查询和保存相关参照零件的默认文件夹。设定当前工作目录,既便于文件的管理,也便于文件的打开与保存,可以节省文件操作时间。

1.3.2 文件操作

1. 新建

该命令用于新建一个 Pro/ENGINEER Wildfire 4.0 文件。选择"文件"→"新建",或直接单击工具栏中的 按钮,弹出如图 1-76 所示的"新建"对话框,该对话框中包含要建立的文件类型及其子类型。

(1) 类型:在该栏列出 Pro/ENGINEER Wildfire 4.0 提供的 10 类功能模块。

草绘:建立 2D 草图文件,其扩展名为".sec"。

零件:建立 3D 零件模型文件,其扩展名为".prt"。

组件:建立 3D 模型安装文件,其扩展名为".asm"。

制造:NC 加工程序制作、模具设计,其扩展名为".mfg"。

绘图：建立 2D 工程图，其扩展名为 ".drw"。

格式：建立 2D 工程图图纸格式，其扩展名为 ".frm"。

报表：建立模型报表，其扩展名为 ".rep"。

图表：建立电路、管路流程图，其扩展名为 ".dgm"。

布局：建立新产品组装布局，其扩展名为 ".lay"。

标记：注解，其扩展名为 ".mrk"。

(2) 子类型：在该栏列出相应模块功能的子模块类型。

(3) 名称：输入文件名，保存时将按设定的文件名保存。

说明：Pro/ENGINEER Wildfire 4.0 文件名称由文件名、文件类型和版本号等 3 个字段构成。需要注意：Pro/ENGINEER Wildfire 4.0 不支持将汉字作为文件名称，文件名中间也不允许有空格。因此，只能用英文字母、数字和下划线的组合来命名文件。

(4) 使用缺省模板：如果使用系统默认的单位、视图、基准面、图层等的设置，则选择"使用缺省模板"选项。若不选该项，单击"确定"按钮，弹出如图 1-77 所示的对话框，在该对话框可选择其他模板样式（例如图中选择的公制 mmns_part_solid）。

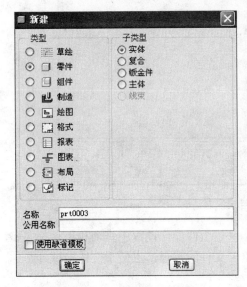

图 1-76　"新建"对话框　　　　图 1-77　不选"使用缺省模板"选项后弹出的对话框

注意：Pro/ENGINEER Wildfire 4.0 缺省模板中尺寸单位为英寸，不符合中国机械制图国家标准。

2. 打开

该命令打开一个已经存在的 Pro/ENGINEER Wildfire 4.0 文件。选择"文件"→"打开"，或单击工具栏中的 ◌ 按钮，弹出如图 1-78 所示的"文件打开"对话框。

该对话框中各选项的功能如下：

(1) 查找所在盘：单击该栏中的下拉按钮 ✓，列出文件所在的可能位置，如图 1-79 所示。

(2) "视图"、"组织"、"工具"下拉菜单的功能。

视图：设置文件显示方式(列表/细节)。

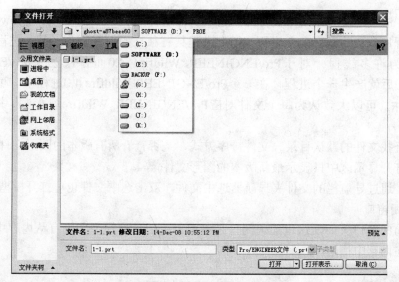

图 1-78　"文件打开"对话框

图 1-79　文件所在的盘查找栏

组织：可进行文件操作。

工具：选择文件地址、排序方式等。

"视图"、"组织"、"工具"的下拉菜单如图 1-80 所示。

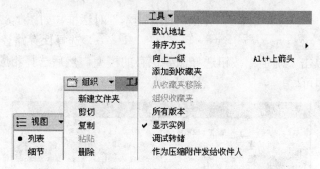

图 1-80　"视图"、"组织"、"工具"的下拉菜单

(3) 查找文件的其他方式。在"文件打开"对话框中，"公用文件夹"的下方有 7 个按钮，它们的功能如图 1-81 所示。

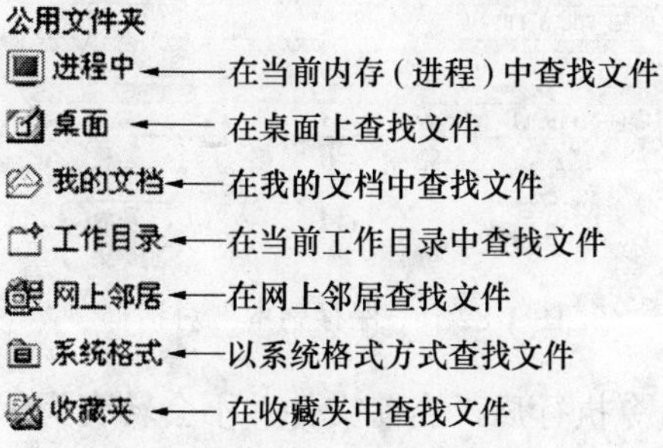

公用文件夹
- 进程中 ←——在当前内存（进程）中查找文件
- 桌面 ←—— 在桌面上查找文件
- 我的文档 ←——在我的文档中查找文件
- 工作目录 ←——在当前工作目录中查找文件
- 网上邻居 ←——在网上邻居查找文件
- 系统格式 ←——以系统格式方式查找文件
- 收藏夹 ←—— 在收藏夹中查找文件

图 1-81　查找文件的其他方式

注意：进程是操作系统中的一个概念，每个程序对应一个进程。Windows可以同时打开多个程序，从而开启多个进程，每个进程具有独立的内在操作空间。进程又可以进一步划分为许多线程。对于Pro/ENGINEER Wildfire 4.0而言，进入Pro/ENGINEER Wildfire 4.0后就产生一个进程，在一个Pro/ENGINEER Wildfire 4.0进程中，可新建、打开多种文件，可以大致认为每个文件对应Pro/ENGINEER Wildfire 4.0进程中的一个线程。

设置查找文件的默认目录、文件排序方式、是否查看所有版本的图形文件(正常情况下，文件打开显示区中只显示最新版本的图形文件)等。

此外，通过导航栏的文件夹导航器选中文件，双击选中文件也可打开模型文件。

3. 关闭窗口

将当前的窗口关闭，这里的关闭只是将窗口关闭，但模型并没有从内存中退出去，而是被放在内存中待用。

4. 保存

选择"文件"→"保存"，或单击工具栏中的 按钮，可以将当前工作窗口中的模型以增加版本号的方式建立一个新的版本，原来的版本仍然存在。例如，原始文件名为"prt1.prt.1"的模型，使用"保存"命令保存当前模型后，系统自动将该模型保存为"prtl.prt.2"。

5. 保存副本

该命令可以将当前模型以不同的名字、相应的各种格式存放在与当前路径相同或不同的路径中。

选择"文件"→"保存副本"，弹出"保存副本"对话框，如图1-82所示，在"查找范围"处 20090312-0200 ▾ SOFTWARE (D:) ▾ 我的文档 ▾，选择保存路径，在"新建名称"处输入文件名，单击"确定"按钮选择需要保存的模型，然后选择相应的文件类型，单击"确定"按钮即可。

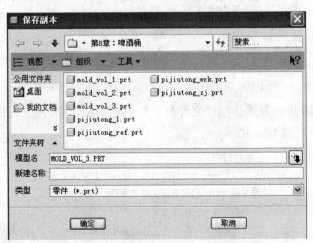

图1-82 "保存副本"对话框

注意："保存副本"命令执行后，当前文件并不会转变为保存的副本文件，这一点与Word等Windows程序中的"另存为"命令完全不同。

6. 备份

该命令将当前文件同名备份到当前目录或一个其他目录中，它与"保存副本"命令的区别是：如果当前文件是一个装配文件，"保存副本"命令只保存当前的文件，"备份"命令却可以将所有的有关零件都复制到新目录中去。

7. 复制

当新建一个空模板模型文件时，选择该命令，弹出"选择模板"对话框，选择一个模型文件，然后单击"打开"按钮，该模型被复制到新建的模型工作窗口中。

8. 重命名

选择该命令可实现对当前工作界面中的模型文件重新命名。"重命名"对话框如图1-83 所示。在"新名称"栏中输入新的文件名称，然后根据需要选择"在磁盘上和进程中重命名"（更改模型在硬盘及内存中的文件名称）或"在进程中重命名"（只更改模型在内存中的文件名称）选项。

提示：随意重命名模型会影响与其相关的装配模型或工程图，因此对重命名模型文件应该特别慎重。

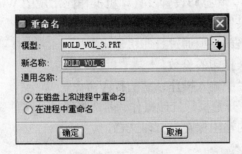

图 1-83　"重命名"对话框

9. 拭除

选择"拭除"命令可将内存中的模型文件删除，但并不删除硬盘中的原文件。单击该选项会弹出如图 1-84 所示的下拉菜单。

图 1-84　"拭除"下拉菜单

当前：将当前工作窗口中的模型文件从内存中删除。

不显示：将没有显示在工作窗口中、但存在于内存中的所有模型文件从内存中删除。

提示：正在被其他模块使用的文件不能被拭除。

10. 删除

使用该命令可删除当前模型的所有版本文件，或者删除当前模型的所有旧版本，只保留最新版本。选择该命令，在弹出的下拉菜单中，若选择"所有版本"命令，弹出如图 1-85 所示的确认框，单击"是"按钮，则删除当前模型的所有版本；若选择"旧版本"命令，弹出如图 1-86 所示的信息提示框，单击"是"按钮或按回车键，则删除当前模型的所有旧版本，只保留最新版本。

图 1-85　删除所有版本确认框

图 1-86　删除旧版本信息提示框

1.3.3　打印

选择"文件"→"打印",弹出如图 1-87 所示的"打印"对话框。

目的:显示要使用的打印机名称。单击▼按钮,在其下拉列表中选择打印机类型。

配置:单击该按钮,可对选择的打印机进行设置,例如设置打印图纸的尺寸、打印范围、打印效果等。应该说明的是,打印线框模型图和打印着色模型图时打印配置对话框不同。

若选择"MSPrinter Manager"作为打印机类型,单击"确定"按钮,则弹出 Microsoft Windows 的"打印"窗口,其打印设置及打印机操作同常规的 Windows 打印设置及操作。

到文件:将打印结果保存为打印文件。

到打印机:直接将当前模型通过打印机输出。

份数:在该栏中输入打印的份数。

绘图仪命令:在该栏中输入操作系统的打印命令。

确定:单击该按钮,开始执行打印操作。若选择了"到文件",则打开如图 1-88 所示的对话框,将当前模型的输出保存为打印文档。

图 1-87　"打印"对话框

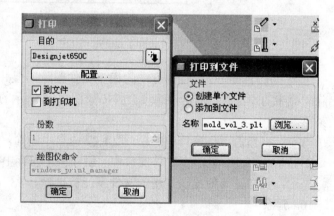

图 1-88　"打印到文件"对话框

1.3.4　数据交换

Pro/ENGINEER Wildfire 4.0 与其他 CAD 系统的数据交换是通过文件的输入输出来实现的。

在"文件打开"对话框中的"类型"列表框中,选择不同的文件格式,如图 1-89 所示,可以将其他 CAD 系统产生的模型文件导入到 Pro/ENGINEER Wildfire 4.0 中来。例如，可以将用 AutoCAD 绘制的.dwg 格式文件打开，作为 Pro/ENGINEER Wildfire 4.0 的草绘模型。

在"保存副本"对话框中的"类型"列表框中选择不同的文件格式，如图 1-90 所示，可以将 Pro/ENGINEER Wildfire 4.0 中产生的模型文件导出为其他系统能够读取的格式文件。例如，可以将 Pro/ENGINEER Wildfire 4.0 中产生的零件模型文件转换输出为 Unigraphics 的零件模型文件。

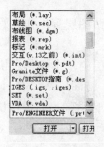
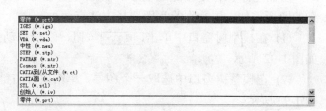

图 1-89 "文件打开"中的"类型"列表框　　图 1-90 "保存副本"中的"类型"列表框

1.4 图层的管理

层（"图层"的简称）可提供组织各种项目（例如特征、元件、绘制项目和其他层）的方法，可以对它们进行整体操作。利用层可在绘图中将选定的几何要素暂时从显示画面中移除。可将各种类型的细节对象分配给某一特定的层，然后根据需要遮蔽或显示该层。

1.4.1 图层的分类

用户按实际需要对图层进行合理的分类，将不同的特征或基准赋予不同的图层组，如基准层组、曲面层组、曲线层组和坐标系层组等。打开图层的方式有 3 种：

(1) 在菜单栏中执行"视图"→"层"；

(2) 在模型树窗口中执行"显示"→"层树"；

(3) 单击"视图"工具条中的"图层"按钮。

执行该命令后，在模型树窗口自动添加"层"选项卡，如图 1-91 所示。

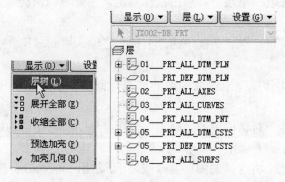

图 1-91 层选项卡示意图

层选项卡中列出了所有系统默认层的分类，包含：所有基准平面（01_PRT_ALL_DTM_PLN）、标准基准平面（01_PRT_DEF_DTM_PLN）、基准轴（02_PRT_ALL_AXES）、基准曲线（03_PRT_ALL_CURVES）、基准点（04_PRT_ALL_DTM_PNT）、所有坐标系（05_PRT_ALL_DTM_CSYS）、系统定义的坐标系（06_PRT_DEF_DTM_CSYS）、曲面（06_PRT_ALL_SURFS）。

1.4.2 图层的基本操作

层的基本操作是指通过显示、隐藏、重命名、复制或粘贴图层等操作来管理各种复杂的图形零件。层操作的常用选择方法有两种：

(1) 在模型树窗口中单击 层(L) ▼ 按钮，系统自动弹出"层的基本操作"快捷菜单，如图 1-92 所示。

(2) 在模型树窗口中选取一个图层，单击鼠标右键，系统自动弹出右键快捷菜单，如图 1-93 所示。

图 1-92 "层的基本操作"快捷菜单   图 1-93 右键快捷菜单

① 新建层：新建一个图层，在新建图层过程中用户可以选择需要的特征或几何图元作为新建图层的内容。具体操作步骤：

A. 在图层栏中选取一个项目，单击鼠标右键，在弹出的快捷菜单中选取"新建层"选项。

B. 在弹出的"层属性"对话框中的"名称"栏输入"axes"，并单击"包括"按钮，如图 1-94 所示。

C. 在窗口中的实体模型上选取切剪的轴线，此时图层对话框中显示选中的图元元素，如图 1-95 所示。

D. 单击"层属性"对话框中的"确定"按钮，包括所有切剪轴线的层被建立，如图 1-96 所示。

② 隐藏/取消隐藏：将选择的图层隐藏或显示，常用于辅助分析模型。具体操作步骤：

A. 单击"图层"按钮 ，模型树自动添加"层"选项卡。

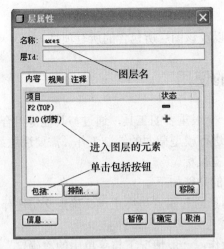

图 1-94　"层属性"对话框

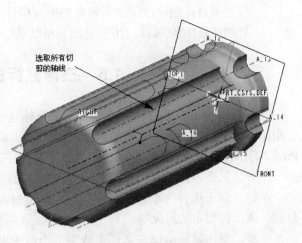

图 1-95　选取切剪的轴线

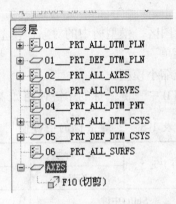

图 1-96　切剪轴线建立的层

B．在模型树窗口中选择需要隐藏的图层类型，单击鼠标右键，系统自动弹出"层的基本操作"快捷菜单。

C．单击"隐藏"选项，然后单击"重画"按钮，需要隐藏的图层便在模型中隐藏起来。

③ 删除层：删除选定的图层。

④ 重命名：重新命名图层。选择该选项，系统自动将选定的图层名称转变为嵌入模式。

⑤ 层属性：用于调整图层内容、名称和信息等参数。选择该选项，系统自动弹出"层属性"对话框。

A．名称：输入图层的名称，相当于重命名选项。

B．"内容"选项卡：罗列出该图层的所有内容，包括特征、几何图元等参数。

C．"规则"选项卡：罗列出该图层的所有范围、查找依据等参数。

D．"注释"选项卡：用户可以输入文字注释该图层或者从系统中调入已保存的文本文件注释该图层。

E．层信息：单击该按钮，系统自动弹出该图层的相关信息。

⑥ 移除项目：删除该图层所包含的所有项目，但不删除该图层。

⑦ 复制项目/粘贴项目：用于复制和粘贴图层以及该图层所包含的所有项目。

1.5　三键鼠标的使用

Pro/ENGINEER Wildfire 4.0 中使用的鼠标是一个很重要的工具，通过与其他键组合使用，可以完成各种图形要素的选择，还可以用来进行模型截面的绘制工作。需要注意：Pro/ENGINEER Wildfire 4.0 中使用的是有滚轮的三键鼠标。

一般情况下，鼠标各个按键部位及组合键操作的功能如下。

左键：用于选择菜单和工具按钮、明确绘制图素的起始点与终止点、确定文字注释位置、选择模型中的对象等。

中键：单击鼠标中键表示结束或完成当前的操作，一般情况下与菜单中的"确定"选项、对话框中的"是"按钮、命令操控面板中的按钮的功能相同；此外，鼠标中键还用于模型的动态浏览。

右键：选中对象（例如绘图区、模型树中的对象，模型中的图素等）；在绘图区单击鼠标右键，显示相应的快捷菜单。

滚轮：在图形区域放大或缩小模型。

Pro/ENGINEER Wildfire 4.0 中三键鼠标的中键使用如表 1-3 所列。

表 1-3　三键鼠标的中键使用

中键（放缩、平移、旋转视区模型）	Ctrl+中键	上下拖动	放大或缩小视区中的模型
		左右拖动	旋转视区中的模型
	Shift+中键		平移视区中的模型

本 章 小 结

本章简要介绍了 Pro/ENGINEER Wildfire 4.0 软件的产生与发展，然后介绍了该软件的参数化设计特性和行为建模技术，介绍了 Pro/ENGINEER Wildfire 4.0 的主要功能与模块，以及软件安装、启动、退出，操作界面简介和环境设置，文件管理，图层的管理，三键鼠标的使用等内容。通过本章的介绍，读者将对 Pro/ENGINEER Wildfire 4.0 软件有一个初步的认识。

思考与练习题

1. 思考题

(1) 设置工作目录有何好处？

(2) 拭除文件与删除文件有何不同？

(3) 保存文件与备份文件有何不同？

(4) 如何将模型文件输出为其他格式的图形文件。

(5) Pro/ENGINEER Wildfire 4.0 中三键鼠标的三键各有何功能?

(6) 一个 Pro/ENGINEER Wildfire 4.0 文件名为 "part1.prt.2",其中 "prt" 和 "2" 各有什么含义?

2. 练习题

(1) 打开 Pro/ENGINEER Wildfire 4.0,仔细了解各功能按钮的位置,打开并且浏览一个已经存在的文件。

(2) 建立一个临时文件,单击 Pro/ENGINEER Wildfire 4.0 界面中的可以操作的命令按钮,在实践中认识各按钮的功能。

第 2 章　二维草图绘制基础

本章介绍 Pro/ENGINEER Wildfire 4.0 中草绘模式的工作环境，包括如何进入草绘模式、草绘工具栏、目的管理器等，为草绘二维截面打下基础。

2.1　草绘工作界面

2.1.1　进入草绘工作界面的方法

Pro/ENGINEER Wildfire 4.0 中有以下 3 种方法可以进入草绘模式。

(1) 建立草绘文件。在下拉菜单选择"文件"→"新建"命令，出现如图 2-1 所示的"新建"对话框。在该对话框的"类型"分组框中，选择"草绘"单选按钮。系统默认的文件名是 s2d001，扩展名为.sec。在名称文件框中输入草图名称，单击"确定"按钮。系统进入如图 2-2 所示的草绘界面。

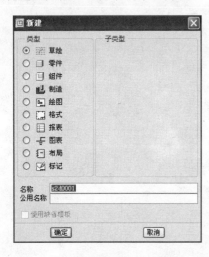

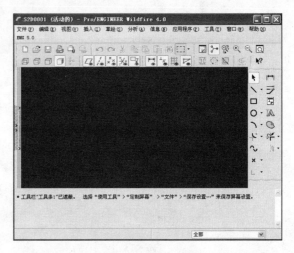

图 2-1　"新建"对话框　　　　　　　　　图 2-2　草绘界面

说明：实际工作中，该方法主要用在草绘线条关系十分复杂，并且需要重复使用的情况下。使用此方法建立的草绘文件可以在零件建模的草图界面中，通过选择下拉菜单"草绘"→"数据来自文件…"调用。

(2) 运用基准曲线按钮定义内部草绘。零件或者装配环境中右侧工具栏的基准工具栏如图 2-3 所示。单击草绘的基准曲线按钮，可以定义内部草绘。

(3) 操控板定义内部草绘。在特征建模过程中，单击操控板中"放置"按钮，出现如图 2-4 所示的"放置"界面，然后单击"定义…"按钮，定义内部草绘。

运用第 2、3 种方法定义内部草绘，都会弹出如图 2-5 所示的"草绘"对话框。用户可在"草绘"对话框中指定草绘平面和草绘方向。

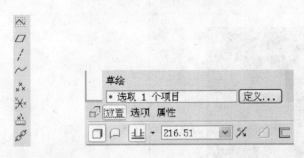

图 2-3　基准工具栏　　　　图 2-4　"放置"界面　　　　图 2-5　"草绘"对话框

草绘平面：是绘制草图的平面，可以在绘图区或模型树中选取。

草绘方向：包括草绘视图方向、视角参照及参照方向。"草绘视图方向"是用户观察草图绘制平面的方向。在绘图区视图方向箭头(黄色)所指方向为用户视线指向草图绘制平面的方向。单击"反向"按钮，则用户观察方向颠倒、箭头反向；视角"参照"与视角参照"方向"共同设定草图绘制平面的摆放情况，其设定方法与第 1 章中的视角设定类似。可以作为视角"参照"的有曲面、平面、边。视角参照"方向"设定草绘平面显示时的视角参照位置，其选项有顶、底部、左、右共 4 项。例如，选择"右"，则视角参照位于草绘视图右方。

设定好草绘平面、草绘方向以后，单击"草绘"按钮，进入草绘环境，如图 2-6 所示，出现 Pro/ENGINEER Wildfire 4.0 自动设定的两个草绘参照。

草绘参照是确定草图位置和尺寸标注的依据，选择的草绘视角参照往往会被自动设定为草绘参照。

注意：模型边线不能作为草绘参照，草绘参照是模型表面在草绘平面上的投影。如果模型表面不与草绘平面垂直，则需要在"参照"对话框中单击"剖面"按钮，然后选择该模型表面，该模型表面与草绘平面的交线就成为草绘参照。这样在后续的草绘过程中，绘制的草图对象以该交线为尺寸标注参照。

用户可以设定超过必需数目的草图绘制参照。工程中最常用的参照是相互垂直的 X 轴和 Y 轴构成的直角坐标系(笛卡尔坐标系)。系统会帮助用户寻找作为坐标的参照。如图 2-6 所示，草绘参照是"RIGHT"和"FRONT"基准面与草绘平面"TOP"基准面的交线。

单击参照对话框中的"关闭"按钮，草绘平面就会自动调整到面向用户，并且视角"参照"平面位于参照"方向"设定位置，就可以开始在图形区中绘制草图了。

如果用户没有设定足够的参照，系统会出现如图 2-7 所示的"缺少参照"对话框，提示用户缺少必要的参照。用户可以单击"是"按钮，以便在缺少参照的情况下继续进行草图绘制工作。但在草图绘制完成前，最好补充设定必要的参照，以便准确地生成草图。

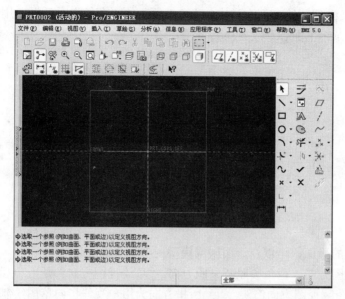

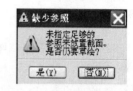

图 2-6　草绘参照对话框　　　　　　　　　图 2-7　"缺少参照"对话框

2.1.2　菜单及工具介绍

1."草绘器工具"工具栏

"草绘器工具"工具栏如图 2-8 所示。草绘器工具几乎包含了所有绘制二维图形的快捷图标。用户可改变工具栏的布局，将其置于窗口的左、右或顶部。如果没有打开"草绘器工具"工具栏，在工具栏中右击，在菜单中选择"草绘器工具"选项即可。在下拉式菜单的"草绘"菜单中也有与之对应的指令。"草绘器工具"工具栏中工具按钮后的展开按钮▪表示该图标下还有同种类型的"草绘器工具"工具按钮，单击▪按钮可以打开其下所有的图标。"草绘器工具"工具栏中各按钮的功能如下。

图 2-8　"草绘器工具"工具栏

：选取模式切换，按下后状态为选择模式，此时可用鼠标选择图形。

、、、、：从左到右（即从展开按钮后开始，下同）分别为创建直线、切线和中心线工具。

：创建矩形。

：绘制圆、绘制同心圆、过三点画圆、画切圆及画椭圆工具。

：以起始点和终止点绘制圆弧、画同心圆弧、已知中心和半径绘制圆弧、画切弧及圆锥曲线。

：在两图元间创建圆角、椭圆圆角。

：绘制样条曲线。

：绘制草绘点、相对坐标系。

：以实体边界作为图元和以实体边界偏移给定距离创建图元。

：标注尺寸。

：修改尺寸值或样条几何或文本图元。

：将调色板中的外部数据插入到当前的绘图区域中

：定义约束条件。

：绘制文本。

：动态修剪、修剪、打断选定的图元。

：镜像、缩放与旋转及平移选定的图元。

：完成草绘。

：退出当前草绘。

用户通过单击相应的快捷工具按钮可以非常容易地绘制草绘截面。

2.“草绘器”工具栏

“草绘器”工具栏如图 2-9 所示，各按钮的作用如下。

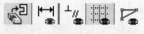

图 2-9 “草绘器”工具栏

：使草绘平面回到初始的正视状态。

：控制草图中是否显示尺寸。

：控制草图中是否显示几何约束。

：控制草图中是否显示网格。

：控制草图中是否显示实体端点。

对于复杂的草图，临时关闭尺寸或者几何约束的显示，将会使图形区变得清晰，从而方便操作。

2.2 几何线条的绘制方法

2.2.1 点的绘制

在进行辅助尺寸标注、辅助截面绘制、复杂模型中的轨迹定位时，经常使用点的绘制命令。

绘制点的步骤：

步骤 1：单击"草绘器工具"工具栏中的绘制点按钮 ✖。

步骤 2：在绘图区单击鼠标左键即可创建第 1 个草绘点。

步骤 3：移动鼠标并再次单击鼠标左键即可创建第 2 个草绘点，此时屏幕上除了显示两个草绘点外，还显示两个草绘点间的尺寸位置关系。

步骤 4：单击鼠标中键，结束点的绘制，如图 2-10 所示。

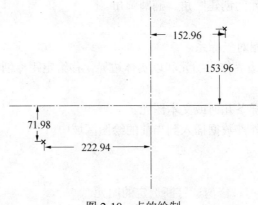

图 2-10　点的绘制

2.2.2　直线的绘制

在所有图形中，直线是最基本的图形。直线的类型可分为几何直线和中心线两种：几何直线一般作为实体的轮廓线，在图中显示为实线；中心线用于建立旋转体或辅助建立其他特征，在图中显示为点划线。

单击"草绘器工具"工具栏中绘制直线按钮 ╲ 右边的展开按钮 ·，Pro/ENGINEER Wildfire 4.0 提供了 3 种形式的直线创建方式：绘制直线、绘制中心线、绘制与两曲线相切的直线。

1．绘制直线、中心线的步骤

绘制直线的步骤：

步骤 1：在"草绘器工具"工具栏中，单击绘制直线按钮 ╲。

步骤 2：在草绘区域的任一位置单击鼠标左键，此位置即为直线的起点，随着鼠标的移动，一条高亮显示的直线也会随之变化。拖动鼠标至直线的终点，单击鼠标左键，即可完成一条直线的绘制，如图 2-11 所示。

步骤 3：移动鼠标以绘制第二条直线，第一条直线的终点将自动变为第二条直线的起点，拖动鼠标至线段的终点，单击鼠标左键即可完成第二条直线的绘制。

步骤 4：重复步骤 3，可以连续绘制多条直线，如图 2-12 所示。

步骤 5：完成所有的直线绘制后，单击鼠标中键即可结束直线的绘制。此时，系统会自动标注各线段的尺寸。

绘制中心线的步骤：在"草绘器工具"工具栏中单击绘制中心线按钮 ┆，然后单击草绘区域两点，单击鼠标中键即可完成，如图 2-13 所示。

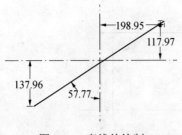

图 2-11 直线的绘制

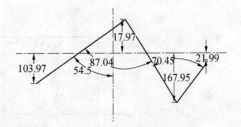

图 2-12 连续绘制多条直线

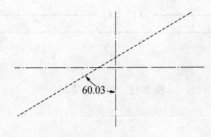

图 2-13 中心线的绘制

2. 绘制与两曲线相切的直线的步骤

步骤 1：在"草绘器工具"工具栏中单击 按钮，或者执行"草绘"→"线"→"直线相切"。

步骤 2：单击与直线相切的第一个圆或弧，一条始终与该圆或弧相切的"橡皮筋"线粘附在鼠标指针上。

步骤 3：在第二个圆或弧上单击与直线相切的切点，单击鼠标中键，完成两圆切线绘制，如图 2-14 所示。

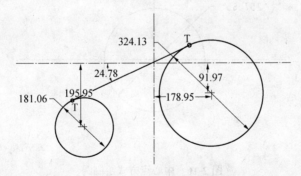

图 2-14 两圆切线的绘制

2.2.3 矩形的绘制

在"草绘器工具"工具栏中，单击绘制矩形按钮 ；在绘图区中用鼠标左键单击两点作为矩形对角的两个顶点，单击鼠标中键即可完成矩形绘制，如图 2-15 所示。

注意：该矩形的四条线是相互独立的，可以单独对它们进行处理，例如进行裁剪、对齐等操作。

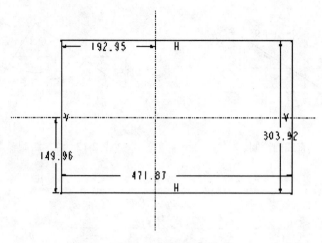

图 2-15　矩形的绘制

2.2.4　圆的绘制

单击"草绘器工具"工具栏中绘制圆按钮右边的展开按钮，Pro/ENGINEER Wildfire 4.0 提供了 4 种绘制圆的方式：中心点方式、同心圆方式、三点圆方式、曲线相切方式。

1. 中心点方式绘制圆的步骤

步骤 1：单击"草绘器工具"工具栏中的○按钮。

步骤 2：在绘图区中单击鼠标左键，以确定圆的圆心。移动鼠标，将圆拉成橡皮条状，直到合适时单击鼠标左键以确定圆的大小。

步骤 3：单击鼠标中键，结束圆的绘制，如图 2-16 所示。

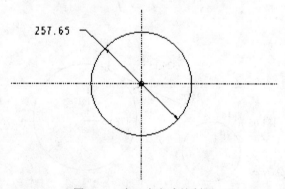

图 2-16　中心点方式绘制圆

2. 同心圆方式绘制圆的步骤

步骤 1：单击"草绘器工具"工具栏中的◎按钮。

步骤 2：在绘图区中单击一个已存在的圆或圆弧，以该圆或圆弧的圆心作为欲绘制的圆的圆心位置。移动鼠标，将圆拉成橡皮条状，然后单击鼠标左键以确定圆的大小。

步骤 3：单击鼠标中键，结束圆的绘制，如图 2-17 所示。

3. 三点圆方式绘制圆的步骤

步骤 1：单击"草绘器工具"工具栏中的○按钮。

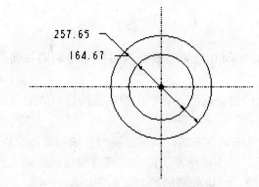

图 2-17　同心圆方式绘制圆

步骤 2：在绘图区中，依次单击 3 个点，系统自动生成过这 3 个点的圆。

步骤 3：单击鼠标中键，结束圆的绘制，如图 2-18 所示。

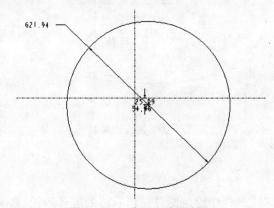

图 2-18　三点圆方式绘制圆

4．曲线相切方式绘制圆的步骤

步骤 1：单击"草绘器工具"工具栏中的 ⚬ 按钮。

步骤 2：在绘图区中，依次选择 3 条曲线，系统自动生成与这 3 条曲线相切的圆，并且在切点处显示"T"符号。

步骤 3：单击鼠标中键，结束圆的绘制，如图 2-19 所示。

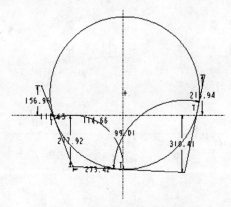

图 2-19　曲线相切方式绘制圆

2.2.5 椭圆的绘制

Pro/ENGINEER Wildfire 4.0 中的绘制椭圆按钮与绘制圆按钮放在一起。绘制步骤如下。

步骤 1：单击在"草绘器工具"工具栏中绘制圆按钮右边的展开按钮·，单击绘制椭圆按钮〇。

步骤 2：在绘图区中单击鼠标左键，以确定椭圆长轴与短轴交点。移动鼠标，将椭圆拉成橡皮条状，直到合适时单击鼠标左键以确定椭圆的长、短轴半径。

步骤 3：单击鼠标中键，结束椭圆的绘制，如图 2-20 所示。

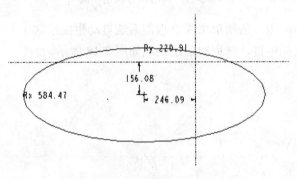

图 2-20　椭圆的绘制

2.2.6 圆弧的绘制

单击"草绘器工具"工具栏中绘制圆弧按钮右边的展开按钮，Pro/ENGINEER Wildfire 4.0 提供了 4 种绘制圆弧的方式：三点方式、同心弧方式、中心点方式、三切点方式。

1．三点方式绘制圆弧的步骤

步骤 1：单击"草绘器工具"工具栏中的◥按钮。

步骤 2：在绘图区中单击鼠标左键，作为圆弧的起始点，然后单击另一个位置作为圆弧的终点，移动鼠标，在产生的动态弧上单击鼠标左键指定一点，以定义弧的大小和方向。

步骤 3：单击鼠标中键，结束圆弧的绘制，如图 2-21 所示。

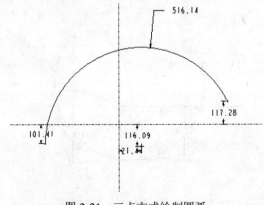

图 2-21　三点方式绘制圆弧

2. 同心弧方式绘制圆弧的步骤

步骤 1：单击"草绘器工具"工具栏中的 ﹨ 按钮。

步骤 2：在绘图区中，用鼠标左键单击一个已存在的圆和圆弧上任意一点，以该圆或圆弧的圆心为圆弧中心移动鼠标，单击左键，以确定圆弧的起点与半径。

步骤 3：在绘图区中单击鼠标左键作为圆弧的起始点，然后单击另一个位置作为圆弧的终点。

步骤 4：单击鼠标中键，结束圆弧的绘制，如图 2-22 所示。

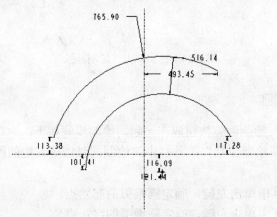

图 2-22　同心弧方式绘制圆弧

3. 中心点方式绘制圆弧的步骤

步骤 1：单击"草绘器工具"工具栏中的 ﹁ 按钮。

步骤 2：在绘图区用鼠标左键单击一点，指定为圆弧的中心点，然后用鼠标左键单击另外两点，分别指定圆弧的起点与终点，即可完成圆弧的绘制。

步骤 3：单击鼠标中键，结束圆弧的绘制，如图 2-23 所示。

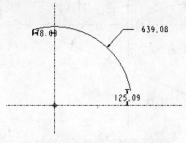

图 2-23　中心点方式绘制圆弧

4. 三切点方式绘制圆弧的步骤

步骤 1：单击"草绘器工具"工具栏中的 ﹀ 按钮。

步骤 2：在绘图区中选中一个参考图元作为圆弧的起始切点所在图元。

步骤 3：移动鼠标，选中第 2 个参考图元作为圆弧的终止切点所在图元。

步骤 4：移动鼠标，选中第 3 个参考图元作为圆弧的中间切点所在图元，完成圆弧绘制。

步骤 5：单击鼠标中键，结束圆弧的绘制，如图 2-24 所示。

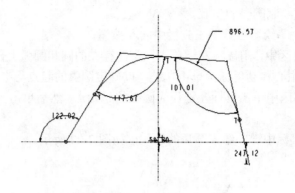

图 2-24　三切点方式绘制圆弧

2.2.7　圆锥弧的绘制

绘制圆锥弧按钮与绘制圆弧按钮放在一起。绘制步骤如下。

步骤 1：单击"草绘器工具"工具栏中的绘制圆弧按钮右边的展开按钮，单击圆锥弧命令按钮。

步骤 2：在绘图区中单击左键，确定圆锥弧的起始点。

步骤 3：在绘图区中单击左键，确定圆锥弧的终止点。

步骤 4：单击左键，确定圆锥弧的肩点。

步骤 5：单击鼠标中键，结束圆弧的绘制，如图 2-25 所示。

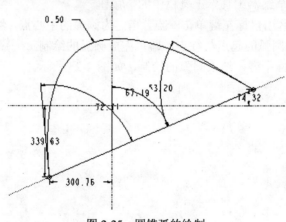

图 2-25　圆锥弧的绘制

2.2.8　圆角的绘制

1. 绘制"圆形"圆角

步骤 1：单击"草绘器工具"工具栏中的 按钮。

步骤 2：单击左键，选取圆角的第 1 边和倒角的位置点。

步骤 3：单击左键，选取圆角的第 2 边。

步骤 4：单击中键，完成操作，如图 2-26 所示。

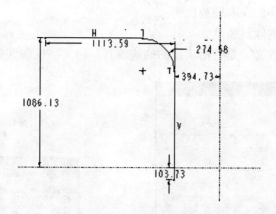

图 2-26 "圆形"圆角

2. 绘制"椭圆形"圆角

步骤 1：单击"草绘器工具"工具栏中的 按钮。

步骤 2：单击左键，选取圆角的第 1 边和倒角的位置点。

步骤 3：单击左键，选取圆角的第 2 边。

步骤 4：单击中键，完成操作，如图 2-27 所示。

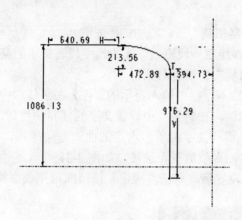

图 2-27 "椭圆形"圆角

2.3 文本的绘制

单击"草绘器工具"工具栏中的 按钮，可绘制文字图形。在绘制文字时，会弹出如图 2-28 所示的"文本"对话框。使用该对话框可设置文字内容、字体及文字放置方式等。该对话框中的各项意义如下。

文本行：在该栏中输入显示在绘图区中的文字。

文本符号...：点击弹出"文本符号"操作面板，如图 2-29 所示，用于在文本行输入各种文本符号。

"字体"区域：对输入的文字字体进行设置。

字体：在该栏下拉菜单中选择要使用的文字。

长宽比：设置文字的左右缩放比例。

斜角：设置文字的倾斜角度。

沿曲线放置：设置文字是否沿指定的曲线放置，将文字反向到曲线另一侧。

图 2-28 "文本"对话框

图 2-29 "文本符号"操作面板

绘制文字的步骤如下。

步骤 1：单击"草绘器工具"工具栏中的 ^ 按钮。

步骤 2：在绘图区中，绘制一段直线，线的长度代表文字的高度，线的角度代表文字的方向。完成定义后，出现文字设置对话框。

步骤 3：在对话框的文本行栏中输入显示的文字，在字体栏中选择字型，在长宽比栏中设置文字左右缩放的比例，在斜角栏中设置文字的倾斜角度等，如图 2-30 所示。若选择"沿曲线放置"选项，可使文字沿着所选定的曲线方向排列，但要在单击"确定"之前勾选文本对话框中的"沿曲线放置"选项，如图 2-31 所示。

步骤 4：完成以上的设置后，单击"确定"按钮即可完成二维文字图形的绘制。

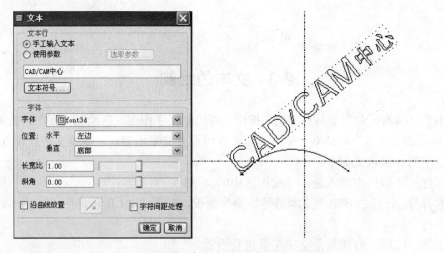

图 2-30 不选择"沿曲线放置"选项的文字

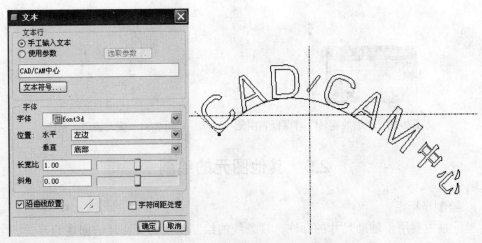

图 2-31 选择"沿曲线放置"选项的文字

2.4 草绘器调色板

草绘器调色板能调用系统提供的几何图元进入草绘中,以加快绘图速度。几何图元有多边形、轮廓、形状、星形等 4 类。

操作步骤如下。

步骤 1:单击"草绘器工具"工具栏中的 按钮,弹出"草绘器调色板"对话框,如图 2-32 所示。

图 2-32 "草绘器调色板"对话框

步骤 2:在"草绘器调色板"对话框中双击左键,选取要调入草绘中的图元,如十二边形。

步骤 3:在绘图区单击左键,在绘图区出现所选择的图元和"缩放旋转"对话框,如图 2-33 所示。

步骤 4:在"缩放旋转"对话框中输入比例和旋转角度。

步骤 5:单击"缩放旋转"对话框中的 ✔ 按钮, 单击"草绘器调色板"对话框中的"关闭"按钮,图元被调入系统,如图 2-34 所示。

51

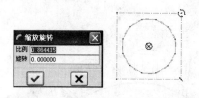

图 2-33　"缩放旋转"对话框和图元　　　　图 2-34　图元被调入系统

2.5　其他图元的绘制

1. 绘制坐标系

坐标系主要用于辅助尺寸的标注、样条线的绘制以及混合特征的创建等方面。坐标系的绘制步骤如下。

步骤 1：单击"草绘器工具"工具栏中的点命令右边的展开按钮·，单击坐标系按钮。

步骤 2：在绘图区中选择一点作为新建坐标系的原点，单击鼠标左键完成坐标系的建立。

步骤 3：单击鼠标中键，结束坐标系建立，如图 2-35 所示。

2. 绘制样条曲线

单击"草绘器工具"工具栏中的 按钮，在绘图区中单击数点，可绘制出过这些点的样条曲线，如图 2-36 所示。曲线上的点称为插入点。

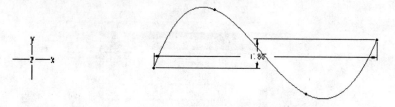

图 2-35　坐标系的绘制　　　　　　　　图 2-36　样条曲线

在 Pro/ENGINEER Wildfire 4.0 中，允许用户对样条线进行修改。若在样条线上选取一点并拖动光标，可动态改变样条线的外形；若按 Ctrl+Alt 键选取样条线端点，然后移动鼠标，则沿样条线端点跟随光标延伸样条线；用鼠标左键双击样条曲线，插入点突出显示，系统也弹出"样条曲线修改"操控板，如图 2-37 所示。用鼠标右键单击样条曲线或点稍作停顿，在弹出的快捷菜单中选择"添加点"或"删除点"命令，可以在样条线上添加或删除控制点，如图 2-38 所示。

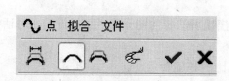

图 2-37　"样条曲线修改"操控板　　　　图 2-38　样条曲线右键快捷菜单

52

用鼠标左键点击"点"、"拟合"、"文件"按钮，出现的对话框如图2-39所示。利用这些对话框可对样条曲线作进一步的修改与控制。各功能的说明如下。

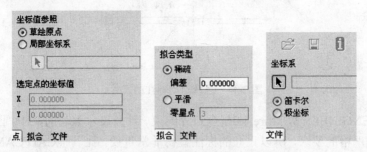

图2-39　"样条曲线修改"操控板对话框

点：在该按钮对应的面板中，设定样条线控制点的坐标值，可使用绝对坐标或相对坐标。

拟合：在该按钮对应的面板中，设定样条线控制点的疏密及样条线的平滑。

文件：在该按钮对应的面板中，可以从文件读入样条线或将当前的样条线保存。

⛩：用多边形来控制样条线形状，如图2-40所示。

⌒：用样条线的内插点控制样条线形状,如图2-41所示。

⌒：用样条线的控制点控制样条线形状，如图2-42所示。

☞：显示样条线的曲率分析图，还可调节比例和密度，如图2-43所示。

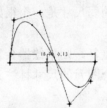

图2-40　用多边形控制样条线形状

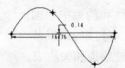

图2-41　用内插点控制样条线形状

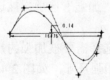

图2-42　用控制点控制样条线形状

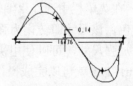

图2-43　显示样条线的曲率

2.6　标注尺寸

在Pro/ENGINEER Wildfire 4.0中草绘二维截面时，系统会自动对所绘制的几何图元进行标注，而且自动标注的尺寸也正好是全约束的，如图2-44所示。但系统产生的尺寸标注不一定全是用户所需要的，这就需要使用"草绘器工具"工具栏中的尺寸标注按钮和尺寸修改按钮进行手动标注与修改。

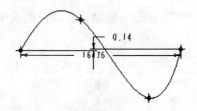

图 2-44　系统自动标注的尺寸

由于Pro/ENGINEER Wildfire 4.0是全尺寸约束、且由尺寸驱动的，对草图的几何尺寸或尺寸约束有严格的要求，所以尺寸的标注显得非常重要，比其他CAD/CAM软件的尺寸标注要求都严格。本节将介绍有关手动标注的知识及标注尺寸的技巧。

在Pro/ENGINEER Wildfire 4.0中，尺寸分为弱尺寸、强尺寸两类。在默认系统颜色设置条件下，弱尺寸显示为灰色，强尺寸显示为黄色。弱尺寸变为强尺寸的过程称为"尺寸强化"。

草绘器确保在截面创建的任何阶段都已充分约束并标注该截面。当草绘某个截面时，系统会自动标注几何图形。这些系统自动标注的尺寸被称为"弱"尺寸，因为系统在创建和拭除它们时并不给予警告。用户可以增加自己的尺寸来创建所需的标注布置。用户增加的尺寸被系统认为是"强"尺寸。

在Pro/ENGINEER Wildfire 4.0中，每当修改一个弱尺寸值或在一个关系中使用它时，该尺寸就变为强尺寸。增加强尺寸时，系统自动拭除不必要的弱尺寸和约束。

注意：退出草绘器之前，加强想要保留在截面中的弱尺寸是一个很好的习惯，这样可确保系统不会未给出提示就拭除这些尺寸。

如果在标注和约束中增加一个尺寸而导致冲突或重复，则草绘器会发出警告，通知用户拭除一个尺寸或约束以解决冲突，直到系统中每个图元的尺寸标注和约束都恰好为全约束，没有过约束和欠约束。

尺寸强化的操作步骤如下。

步骤1：在绘图区中选择将被加强的尺寸标注，该标注将以红色高亮显示。

步骤2：在菜单栏中选择"编辑"→"转换到"→"加强"选项，被选中的弱尺寸由灰色变为黄色，该尺寸即转化为强尺寸，如图2-45所示。

注意：加强尺寸，可以使用快捷键 Ctrl+T，即先选择需要被加强的尺寸，然后在键盘上按下 Ctrl+T 键就可以完成操作。也可用右键菜单加强尺寸，如图 2-46 所示。

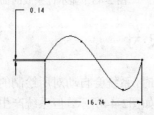

图 2-45　加强尺寸后的图形

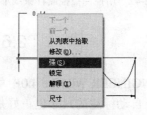

图 2-46　用右键菜单加强尺寸

54

2.6.1 距离标注

1．点与点距离标注

将两点看作使用水平与竖直的直线连接成的一个矩形，单击"尺寸标注"按钮后，分别单击两点，在矩形的外部按下鼠标中键确认，则出现水平或竖直以及倾斜的尺寸标注，如图2-47所示。

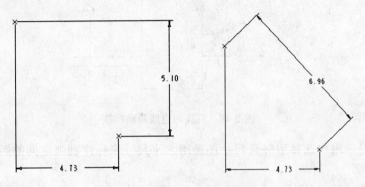

图 2-47　点与点距离标注

2．点与直线距离标注

单击"尺寸标注"按钮后，分别单击需要标注的点和直线，然后在需要放置尺寸的位置按下鼠标中键就可以标出尺寸。按下鼠标中键的位置不同，尺寸标注的位置也不同，如图2-48所示。

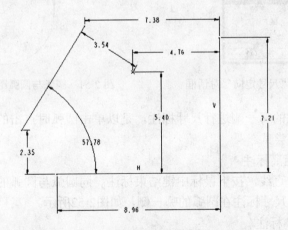

图 2-48　点与直线距离标注

3．直线与直线距离标注

当两条直线平行时，可以进行距离标注，不平行时则不能进行距离标注。单击"尺寸标注"按钮后，分别单击两条直线，然后在两条直线中间按下鼠标中键标注尺寸，如图2-49所示。

4．圆弧与圆弧距离标注

单击两圆弧，按下鼠标中键，系统会弹出如图2-50所示的"尺寸定向"对话框。

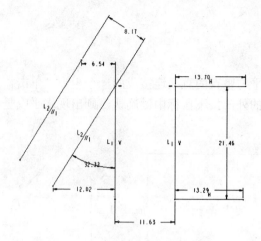

图 2-49   直线与直线距离标注

对话框提示用户选择用竖直尺寸还是用水平尺寸来标注圆弧之间的距离，如图2-51所示。

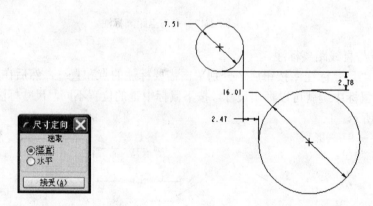

图 2-50   "尺寸定向"对话框   图 2-51   圆弧与圆弧距离标注

至于具体用圆弧的哪一侧进行尺寸标注，是以单击圆弧时点击的位置为准的，读者在实践过程中可以多尝试。

5. 圆弧与直线距离标注

分别单击圆弧与直线，按下鼠标中键结束标注。同圆弧与圆弧的标注一样，也是以鼠标点击的位置决定尺寸标注在圆弧的哪一侧，如图2-52所示。

6. 圆弧与点距离标注

圆弧与点的尺寸标注，实际上就是圆心与点的尺寸标注，只是在选择圆心的时候可以用选择圆弧来代替，如图2-53所示。

2.6.2   半径和直径标注

圆弧的半径与直径标注：在标注圆弧的尺寸时，单击尺寸标注按钮，单击圆弧，再按下鼠标中键，可以得到圆弧的半径标注如图2-54所示。双击圆弧，再按下鼠标中键，可以得到圆弧的直径标注，如图2-55所示。

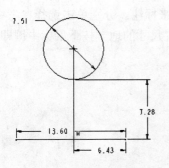

图 2-52　圆弧与直线距离标注

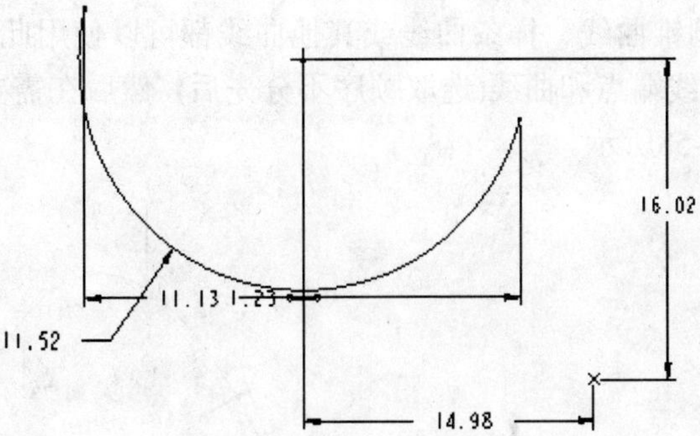

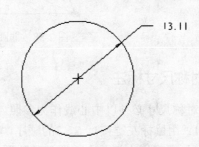

图 2-53　圆弧与点距离标注

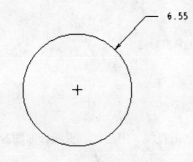

图 2-54　圆弧的半径标注

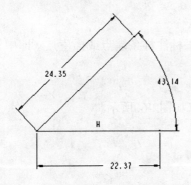

图 2-55　圆弧的直径标注

2.6.3　角度尺寸标注

1. 直线与直线角度标注

分别单击需要标注角度的直线，然后在两条直线中间需要放置尺寸的地方按下鼠标中键即可，如图2-56所示。

2. 圆弧角度标注

单击圆弧的一个端点后，单击圆弧的另一端点，再单击要标注的圆弧，按下鼠标中键来放置尺寸，如图2-57所示。

图 2-56　直线与直线角度标注

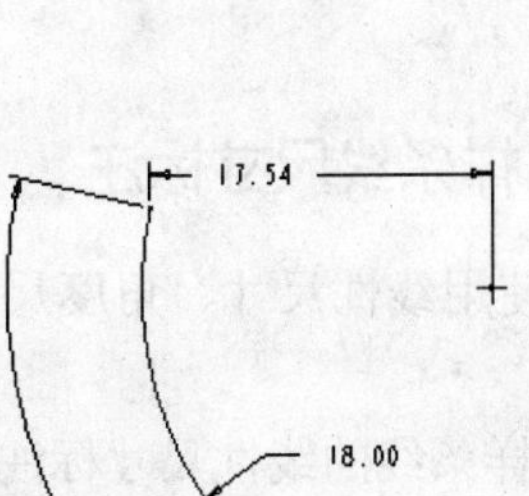

图 2-57　圆弧角度标注

3. 非圆曲线角度标注

圆锥曲线、样条曲线或其他曲线都可以使用此方法来标注。分别单击选择参考中心线、曲线端点和曲线(选取顺序不分先后)，然后在需要放置尺寸的地方按下鼠标中键即可，如图2-58所示。

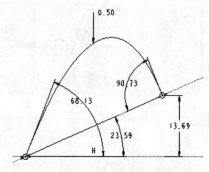

图 2-58　非圆曲线的角度标注

2.6.4　对称尺寸标注

标注对称尺寸必须以中心线作为参照。

步骤1：用鼠标左键按1、2、3的顺序，先后单击直线、中心线、直线，如图2-59所示。

步骤2：用鼠标中键单击放置尺寸位置。

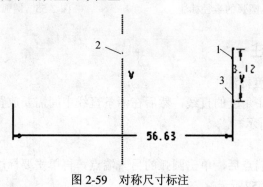

图 2-59　对称尺寸标注

2.6.5　样条线尺寸标注

可使用线性尺寸、角度尺寸和曲率半径尺寸来标注样条端点或插值点（即中间点）的尺寸。

1. 样条线的线性尺寸标注

左键先后单击两点，中键单击放置尺寸位置，如图2-60所示。

2. 样条线端点和中间点的角度尺寸标注

步骤1：左键单击曲线。

步骤2：左键单击要标注角度的点。

步骤3：左键单击参照线。

步骤4：中键单击放置尺寸位置，如图2-61所示。

58

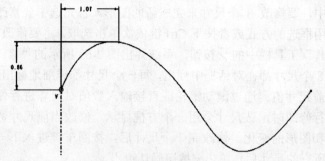

图 2-60 样条线的线性尺寸标注

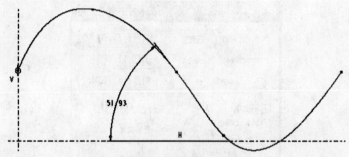

图 2-61 样条线的角度尺寸标注

注意：标注样条尺寸的角度尺寸必须具有一条尺寸参照线。

2.6.6 尺寸修改

在草绘过程中，为了绘制所要的图形，常常需要修改尺寸。通常尺寸修改有两种方法。

方法1：双击尺寸数值，在出现的文本框中输入新的数值。这种方法通常用于草绘图比较简单、尺寸较少或只需要改变一两个尺寸的时候。

方法2：单击"草绘器工具"工具栏中的 按钮，使用尺寸修改工具。这种方法比较烦琐，但比较详细，适用于草绘图比较复杂的情况。

下面用图2-62的实例详细地讲解尺寸修改工具的使用。

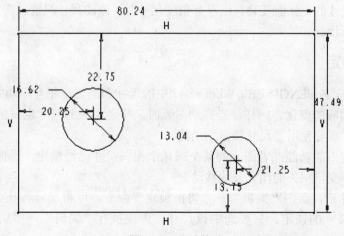

图 2-62 尺寸修改

在这个例子中，要修改 8 个尺寸来完成新的图形。首先选中要修改的尺寸，多个尺寸的选择可以使用框选的方式或者按下 Ctrl 键依次单击选取。将要修改的尺寸都选中后，单击"草绘器工具"工具栏中的 ﹗ 按钮，系统弹出图 2-63 所示的"修改尺寸"对话框。可以看到所选的 8 个尺寸都在对话框中列出，每一个尺寸都详细地标出了尺寸标注类型、标注编号以及当前尺寸值。通过滚动滚轮或直接输入数值对尺寸进行修改。当在对话框中对某个尺寸进行修改时，该尺寸会用一个方框显示。修改当前尺寸数值就会在绘图区动态地看到尺寸和图形的变化。修改完一个尺寸后，按回车键进入下一个尺寸数值的修改。依次修改完所有的尺寸后，单击 ✔ 按钮确认退出。

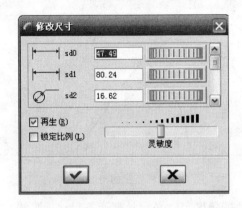

图 2-63   "修改尺寸"对话框

修改尺寸对话框的具体功能如下。

再生：根据输入的新数值重新计算草绘图的几何形状。在勾选状态下，每一个尺寸的修改都会立刻反映在草绘几何图形上，如果不勾选该项，则在尺寸修改完成后单击 ✔ 按钮一起计算。系统默认为勾选，建议在使用过程中将勾选取消，因为当修改前后的尺寸数值相差太大时，立即计算出新的几何图形会使草绘图出现不可预计的形状，妨碍以后的尺寸修改。

锁定比例：使所有被选中的尺寸保持固定的比例。需要指出：勾选此项后角度尺寸也会随着距离尺寸的变化而变化，当没有角度尺寸时，改动尺寸只能改变草绘图的大小，而不能改变其形状。

2.6.7 尺寸锁定

一般情况下，Pro/ENGINEER Wildfire 4.0中的尺寸和图元是相互驱动的。当改变尺寸时，图元发生相应的变化。同样，当拖动图元时，与之相关的尺寸也发生变化。有时为了编辑的方便，需要使用"尺寸锁定"功能。

"尺寸锁定"的功能：若图元的某个或几个相关尺寸已经锁定，当拖动该图元时，这些尺寸保持不变，相关的图元一块移动。

选择某尺寸后，点击"编辑"→"切换锁定"命令，可将尺寸转换为锁定的尺寸。若需要解除某尺寸的锁定，只要选中该尺寸，再次执行"编辑"→"切换锁定"命令即可。

60

如图 2-64 所示，把矩形图元的几何尺寸(即宽度 100、高度 200)锁定后，移动矩形右侧边时，矩形图元相对于圆的位置变动，矩形图元的几何尺寸不变。但解除锁定后，移动矩形右侧边时，宽度尺寸由 100 变为 151.19。

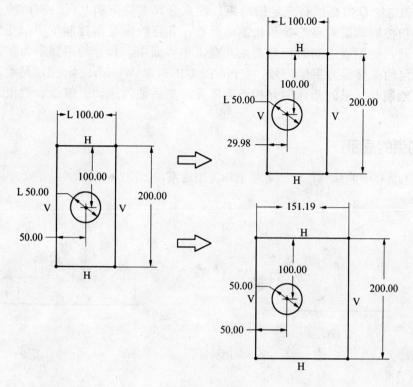

图 2-64　尺寸锁定

2.6.8　尺寸删除

尺寸删除只能用来删除强尺寸，不能删除弱尺寸。选中要删除的尺寸，选择"编辑"→"删除"可以删除强尺寸。删除的强尺寸如果是系统默认的标注，该尺寸自动转化为弱尺寸；如果是用户自己添加的强尺寸，则该尺寸被删除，取而代之以系统默认的尺寸标注，如图2-65所示。

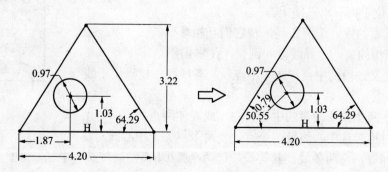

图 2-65　尺寸删除

2.7 几何约束的使用

一个确定的草图必须有充足的约束。约束分尺寸约束和几何约束两种类型：尺寸约束是指控制草图大小的参数化驱动尺寸；几何约束是指控制草图中几何图素的定位方向及几何图素之间的相互关系。在工作界面中，尺寸约束显示为参数符号或数字；几何约束显示为字母符号。在Pro/ENGINEER Wildfire 4.0中，草绘二维截面时一般先绘制与要求的几何图元相近的图元，然后通过编辑、修改、约束来精确确定。

2.7.1 约束的显示

单击工具栏中的 按钮，可显示和关闭约束，如图2-66所示。

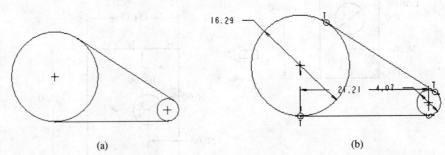

（a）   （b）

图 2-66   关闭和显示约束后的图形

2.7.2 选项释义及具体操作

单击工具栏中的 按钮，显示如图2-67所示的"约束"对话框。选择相应的几何约束按钮，可进行相应的几何约束操作。"约束"对话框中的各项功能按钮的意义说明如下。

图 2-67   "约束"对话框

↕：竖直约束，选一条斜直线，使其变为垂直线；选两个点，使两点位于同一垂直线上。

↔：水平约束，选一条斜直线，使其变为水平线；选两个点，使两点位于同一水平线上。

⊥：垂直约束，选两条线，使它们互相垂直。

♀：相切约束，选择线段和圆弧，使它们相切。

＼：定义线段的中点，选一个点及一条线段，使点位于线段的中点。

◉：使两个圆或圆弧的中心共心，或者使两点共点。

→←：对称，选中心线及两个点，使两个点关于中心线对称。

＝：相等，选两条线使其等长，选两个弧/圆/椭圆，使其等半径。

∥：平行，选两条线(或中心线)，使其平行。

注意：在草图绘制过程中，移动鼠标时，系统会提示相应的几何约束(以约束符号显

62

示)。对于不需要的约束，用户可以使用鼠标左键单击相应的几何约束符号选中该约束。然后，用鼠标右键单击绘图区任意一点稍作停顿，在弹出的快捷菜单中选择"删除"命令即可。也可以选择"编辑"→"删除"删除几何约束。

2.7.3 约束冲突时的解决方法

Pro/ENGINEER Wildfire 4.0系统对尺寸约束要求很严，尺寸过多或几何约束与尺寸约束有重复，都会导致过度约束，此时显示"解决草绘"对话框，如图2-68所示。用户可按该对话框中的提示或根据设计要求，对显示的尺寸或约束进行处理。

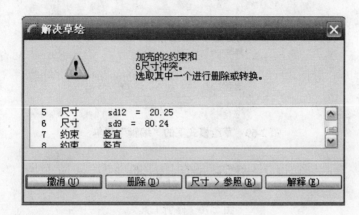

图 2-68 "解决草绘"对话框

"解决草绘"对话框中各信息的含义如下。

"解决草绘"对话框上部信息区：提示有几个约束发生冲突。

"解决草绘"对话框中部文本显示区：列出所有相关约束。

撤销：取消本次操作，回到原来完全约束的状态。

删除：删除不需要的尺寸或约束条件。

尺寸>参照：将某个不需要的尺寸改变为参考尺寸，同时该尺寸数字后会有ref符号标记(注：参考尺寸不能被修改)。

"解释"：信息窗口将显示该尺寸或约束条件的功能以供参考。

2.8 草图的编辑功能

在使用Pro/ENGINEER Wildfire 4.0进行二维草绘截面绘制时，通常是先绘制一个大概的图形，然后通过"编辑"菜单或"草绘器工具"工具栏的工具按钮对几何图元进行调整、修改。草绘模式下的"编辑"菜单如图2-69所示。

2.8.1 修剪

修剪工具可以用来对线条进行剪切、延长以及分割。修剪命令包括"动态修剪"、"修剪/延伸"和"分割"3个选项，如图2-70所示。

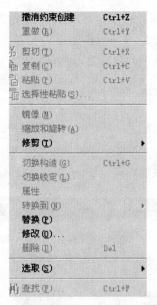

撤消约束创建	Ctrl+Z
重做 (R)	Ctrl+Y
剪切 (T)	Ctrl+X
复制 (C)	Ctrl+C
粘贴 (P)	Ctrl+V
选择性粘贴 (S)...	
镜像 (M)	
缩放和旋转 (A)	
修剪 (T)	▶
切换构造 (G)	Ctrl+G
切换锁定 (L)	
属性	
转换到 (N)	▶
替换 (P)	
修改 (O)...	
删除 (D)	Del
选取 (S)	▶
查找 (F)...	Ctrl+F

图 2-69 草绘模式下的"编辑"菜单

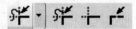

图 2-70 修剪工具

1. 动态修剪

"动态修剪"的功能是动态修剪剖面图元。运用"动态修剪",系统可以自动判断出被交截的线条而进行修剪,其操作步骤如下。

步骤1:单击"草绘器工具"工具栏中的 按钮。

步骤2:在绘图区中移动鼠标,鼠标指针的轨迹扫过部分线条,若被扫过的某线条是独立的,则该线条整体被删除;若某线条被其他线条分割,则该线条只有被扫过的一段被删除,如图2-71所示。

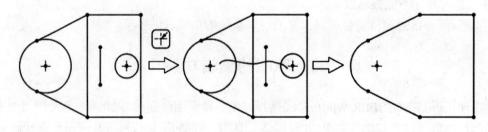

图 2-71 动态修剪操作

步骤3:单击鼠标中键,结束动态修剪。

2. 修剪/延伸

"修剪/延伸"的功能是将图元修剪(延伸或剪切)到其他图元或几何图形,其操作步骤如下。

64

步骤1：单击"草绘器工具"工具栏中的 ┼ 按钮。

步骤2：在绘图区中选择两条线段，若两线段没有交点，而其延长线上有交点，则系统自动延长一条或两条线段至交点处而形成交角，多余部分自动被剪掉；若被选择的两条线段已经相交，则线段被选定的一端保留，另一端被剪掉，如图2-72所示。若两线段在延长线上无交点，则系统提示错误信息。

步骤3：单击鼠标中键结束修剪/延伸操作。

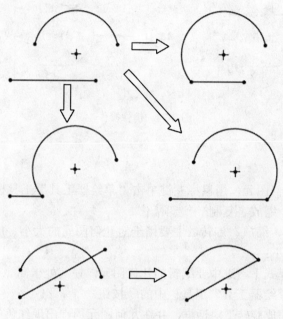

图 2-72　修剪/延伸操作

3. 分割

"分割"的功能是将线条打断，其操作步骤如下。

步骤1：单击"草绘器工具"工具栏中的 按钮。

步骤2：将鼠标移动到所需打断的线条上，鼠标左键单击即可将线条从单击处打断。

步骤3：单击鼠标中键结束分割操作，如图2-73所示。

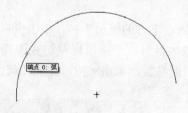

图 2-73　分割操作

2.8.2　镜像

在绘制对称的图形时，可以只绘制出一半图形，然后采用"镜像"命令把图形对称复制。镜像命令需要将一条中心线作为镜像操作的参照。因此，草图中只有具有中心线以后，镜像命令才会处于激活状态。截面或线段的镜像操作步骤如下。

步骤1：选取要镜像的图素，使其处于高亮选中状态。

步骤2：单击"草绘器工具"工具栏中的 按钮。

步骤3：单击镜像的参考中心线即可完成图素的镜像。

步骤4：单击鼠标左键结束镜像操作，如图2-74所示。

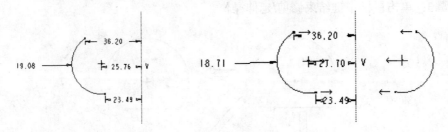

图 2-74　镜像操作

2.8.3　缩放和旋转

在绘图区选取几何图元，用鼠标左键单击"草绘器工具"工具栏中 按钮右边的展开按钮 ，显示镜像、缩放、复制3个选项。

几何图元的移动、缩放、旋转，主要用于对几何图元的大小、放置位置与方向进行调整，其操作步骤如下：

步骤1：在草绘模式下，选中要编辑的几何图元，使其处于高亮选中状态。

步骤2：单击"草绘器工具"工具栏中的 按钮。

步骤3：弹出"缩放旋转"对话框，并在几何图元周围出现红色的编辑框，显示操作手柄，如图2-75所示。

步骤4：将鼠标移向图框中心位置的移动手柄，单击鼠标左键选中移动手柄，可移动指定的几何图元，再次单击鼠标左键，完成几何图元的移动。

步骤5：将光标移向编辑框右上方的旋转手柄，单击鼠标左键选中旋转手柄，按顺时针或逆时针方向移动，从而旋转几何图元，再次单击鼠标左键完成几何图元的旋转。也可以直接在"缩放旋转"对话框输入旋转参数，单击 按钮完成几何图元旋转。

步骤6：将光标移向编辑框右下方的缩放手柄，单击鼠标左键选中缩放手柄，移动光标将指定的几何图元缩小或放大，再次单击鼠标左键完成几何图元的缩放。也可以直接在"缩放旋转"对话框输入比例参数，单击 按钮完成几何图元缩放。

图 2-75　移动、缩放和旋转几何图元操作

2.9 综合实例

例2-1 绘制如图2-76所示图形。

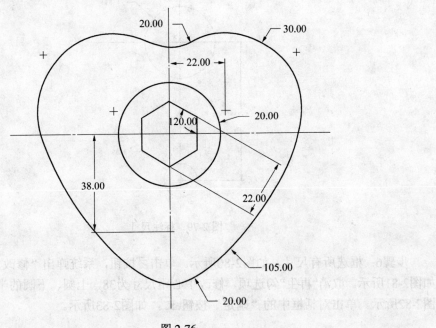

图 2-76

具体操作步骤：

步骤1： 启动Pro/ENGINEER Wildfire 4.0。

步骤2： 单击口按钮或在菜单中执行"文件"→"新建"，系统弹出"新建"对话框，选择"草绘"，然后在"名称"文本框中输入2-1，单击"确定"按钮，进入草绘界面。

步骤3： 单击∶按钮，绘制互相垂直的两条中心线，如图 2-77 所示。

步骤4： 单击○按钮，绘制如图2-78所示的两个圆,单击中键，完成绘制。

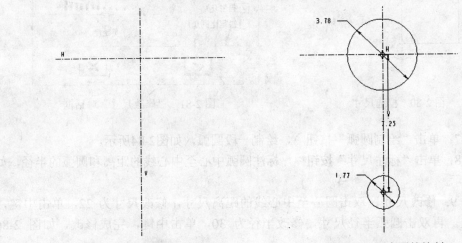

图 2-77 中心线的绘制　　　　　图 2-78 两个圆的绘制

步骤5：单击"标注尺寸"按钮🔲，单击上圆，在适当位置单击中键，标注上圆的半径；单击下圆，在适当位置单击中键，标注下圆的半径；单击两个圆的中心点，在适当位置单击中键，标注两圆中心距，如图2-79所示。

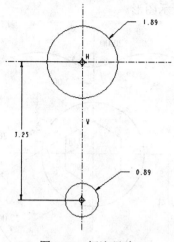

图2-79　标注尺寸

步骤6：框选所有尺寸，如图2-80所示。单击🗐按钮，系统弹出"修改尺寸"对话框，如图2-81所示。取消"再生"勾选项，修改中心距尺寸为38，上圆、下圆的半径均为20，如图2-82所示。单击对话框中的"确定"按钮✔️，如图2-83所示。

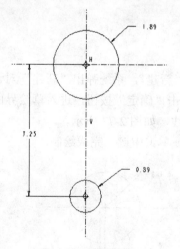

图 2-80　框选尺寸

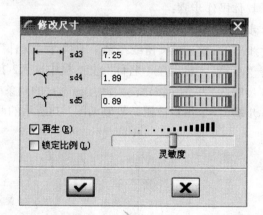

图 2-81　"修改尺寸"对话框

步骤7：单击"绘制圆弧"按钮🔨，绘制一段圆弧，如图2-84所示。

步骤8：单击"标注尺寸"按钮🔲，标注圆弧中心至中心线的距离和圆弧的半径，如图2-85所示。

步骤 9：修改尺寸。双击圆心至中心线的距离尺寸，修改尺寸为 22，单击中键，完成修改。再双击圆弧半径尺寸，修改半径为 30，单击中键，完成修改，如图 2-86 所示。

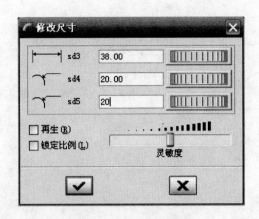

图 2-82 修改尺寸示意

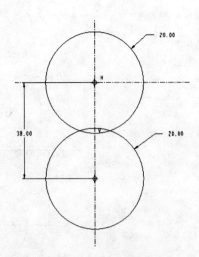

图 2-83 修改尺寸完成

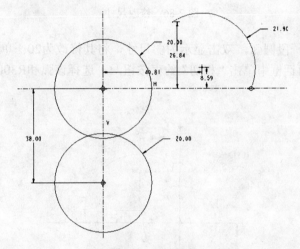

图 2-84 绘制圆弧

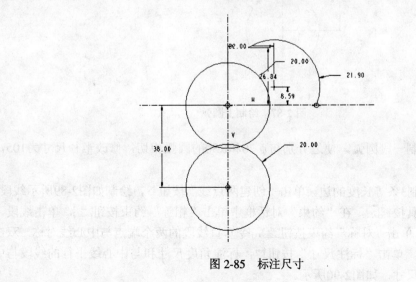

图 2-85 标注尺寸

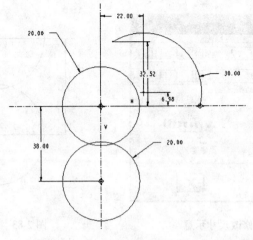

图 2-86　修改尺寸

步骤10：绘制一段圆弧，双击显示的弱尺寸，将其修改为20；单击"约束"工具按钮，在"约束"对话框中单击"相切"约束按钮，选择该弧和R30的圆弧，使之相切，如图2-87所示。

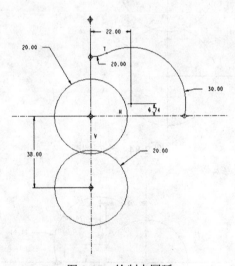

图 2-87　绘制上圆弧

步骤11：绘制一段圆弧，使之分别与φ20和R30的圆弧相切，修改半径尺寸为105，如图2-88所示。

步骤12：绘制3条等长度的边。单击"创建两点线"按钮，绘制如图2-89所示线段。单击"约束"工具按钮，在"约束"对话框中单击"相等"约束按钮，单击线段，令3条线段相等，单击"对称"约束按钮，令垂直线段的两个端点与中心线对称，双击中键，关闭约束。单击"标注尺寸"按钮，标注角度尺寸和与中心线平行的线段与中心线之间的距离尺寸，如图2-90所示。

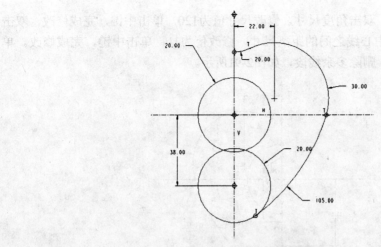

图 2-88　绘制相切圆弧

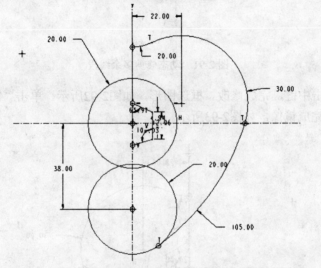

图 2-89　绘制 3 条直线

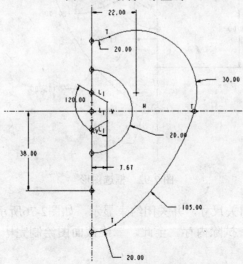

图 2-90　约束相等和标注尺寸

步骤13：修改尺寸。双击角度尺寸，修改尺寸值为120，单击中键，完成修改，双击与中心线平行的线段与中心线之间的距离尺寸，修改值为11，单击中键，完成修改。单击"动态修剪"按钮，删除多余线段，如图2-91所示。

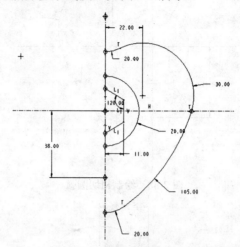

图 2-91　动态修剪多余线段

步骤14：单击中键，完成修改。框选图形，如图2-92所示。单击"镜像"按钮，再单击竖直轴线，完成镜像，如图2-93所示。

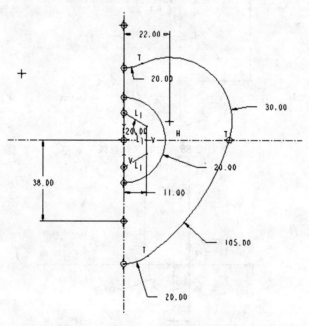

图 2-92　框选图形

步骤15：重新标注相关尺寸，并关闭约束显示，如图2-76所示。

步骤16：保存文件，拭除内存。至此，二维截面图绘制完毕。结果可见文件2-1.sec（见光盘，下同）。

例2-2　绘制如图 2-94 所示截面图形。

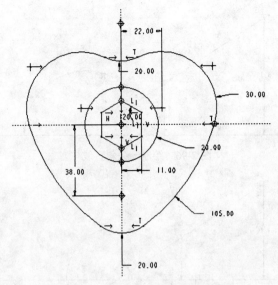

图 2-93 镜像完成

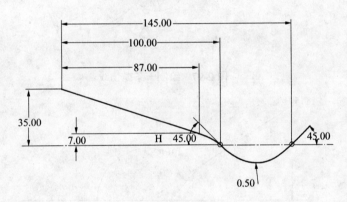

图 2-94

具体操作步骤如下。

步骤1：启动Pro/ENGINEER Wildfire 4.0。

步骤2：单击□按钮或在菜单中执行"文件"→"新建"命令，系统弹出"新建"对话框，选择"草绘"选项，然后在"名称"文本框中输入2-2，单击"确定"按钮，进入草绘界面。

步骤3：单击┇按钮，绘制一条水平中心线，如图 2-95 所示。

H
─────────────────────────────

图 2-95 绘制一条水平中心线

步骤4：单击╲按钮，绘制一条斜直线，如图2-96所示。

步骤5：单击⌒按钮，绘制一条抛物线，如图2-97所示。

步骤6：单击⌐按钮，绘制一条圆弧线，如图2-98所示。

步骤7：单击⊞按钮，选择♀，添加相切约束，如图2-99所示。

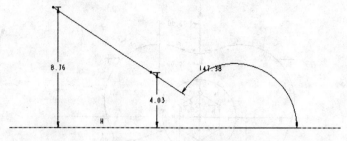

图 2-96　绘制一条斜直线

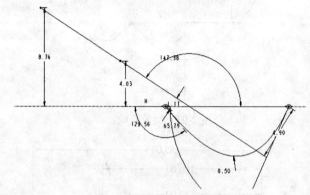

图 2-97　绘制一条抛物线

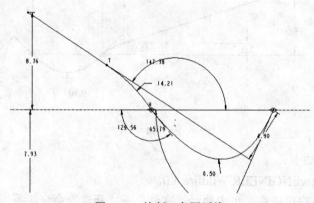

图 2-98　绘制一条圆弧线

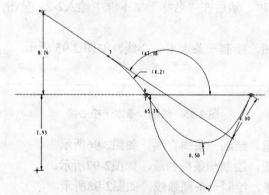

图 2-99　添加相切约束

步骤8：单击 按钮，标注尺寸，如图2-100所示。

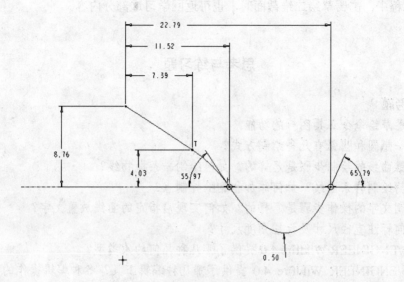

图 2-100　标注尺寸

步骤9：单击 按钮，修改尺寸，如图2-101所示。

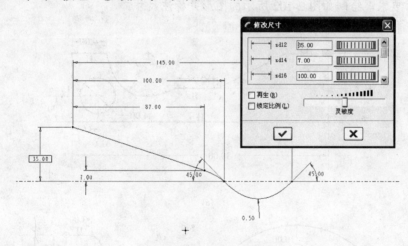

图 2-101　修改尺寸

步骤10：单击 按钮，完成图形绘制，如图2-94所示。

步骤11：保存文件，拭除内存。至此，二维截面图绘制完毕，结果可见文件2-2.sec。

本 章 小 结

本章介绍了 Pro/ENGINEER Wildfire 4.0 中草绘二维截面的基本方法和知识。Pro/ENGINEER Wildfire 4.0 建模中，二维草绘作为三维实体造型的基础，在工程设计中占有很重要的地位，所以要求读者能够较熟练掌握 Pro/ENGINEER Wildfire 4.0 二维草绘命令，能够使用几何绘制命令菜单或按钮绘制二维几何图形，并通过对几何编辑工具的使用，

75

编辑已经生成的几何图形。同时要熟悉几何约束的使用和尺寸标注技巧。此外，读者在三维建模过程中，需要草绘二维截面时，也可返回学习这部分内容。

思考与练习题

1. 思考题

(1) 熟悉草绘命令工具图标的功能。

(2) 想一想圆和圆弧有几种绘制方式？

(3) 圆锥曲线的绘制步骤是怎样的？如何绘制一条抛物线？

(4) 如何绘制样条曲线？如何添加和删除控制点？

(5) 绘制文字的操作步骤是怎样的？如何实现沿指定的曲线放置文字？

(6) 如何标注直径尺寸及标注角度尺寸？

(7) Pro/ENGINEER Wildfire 4.0 提供了哪几种几何约束类型？

(8) Pro/ENGINEER Wildfire 4.0 提供了哪几种编辑工具？各种编辑操作的方法是怎样的？

2. 练习题

按尺寸要求，绘制如图 2-102 所示的图形并标注尺寸。

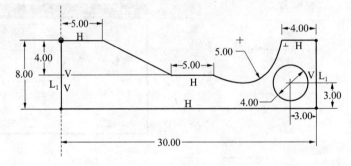

(a)

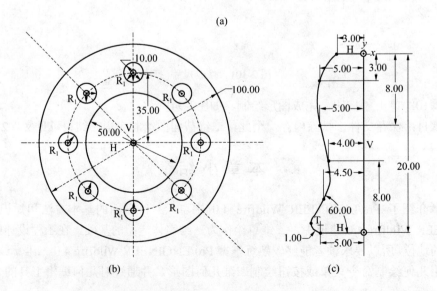

(b)   (c)

76

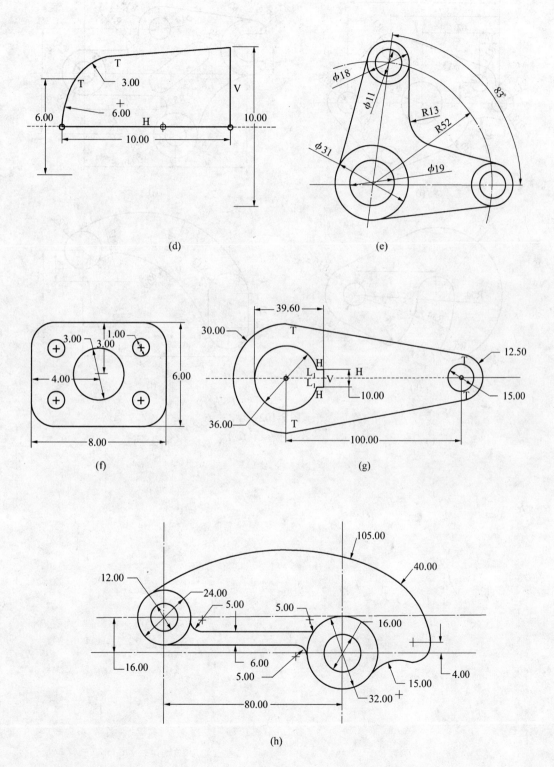

(d)

(e)

(f)

(g)

(h)

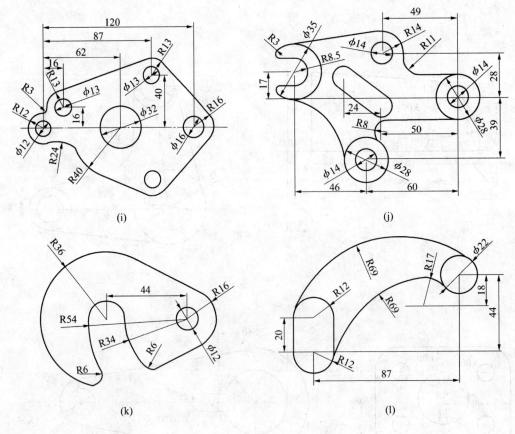

(i)

(j)

(k)

(l)

图 2-102

第 3 章　基准特征的创建

基准特征是零件建模的参照特征，其主要用途是辅助 3D 特征的创建，可作为特征截面绘制的参照面、模型定位的参照面和控制点、装配用参照面等。此外，基准特征（如坐标系）还可用于计算零件的质量属性，提供制造的操作路径等。基准特征包括基准平面、基准轴、基准点、基准曲线、坐标系等。

3.1　基准特征简介

3.1.1　基准的显示与关闭

通过单击 Pro/ENGINEER Wildfire 4.0 工具栏中的基准的显示与关闭按钮，可随时关闭与显示基准，如图 3-1 所示。

图 3-1　基准的显示与关闭按钮

3.1.2　基准特征的创建方法

通过单击 Pro/ENGINEER Wildfire 4.0 的"插入"→"模型基准"菜单，或通过单击 Pro/ENGINEER Wildfire 4.0 的工具条按钮来创建基准特征，如图 3-2 所示。

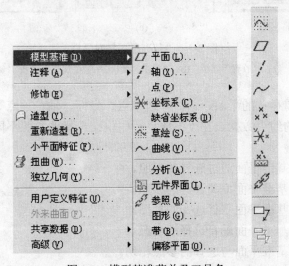

图 3-2　模型基准菜单及工具条

3.2 基 准 平 面

3.2.1 基准平面的用途

基准平面是零件建模过程中使用最频繁的基准特征，它既可用作草绘特征的草绘平面和参照平面，也可用于放置特征的放置平面；另外，基准平面也可作为尺寸标注基准、零件装配基准等。

3.2.2 基准平面的创建

基准平面理论上是一个无限大的面，但为便于观察可以设定其大小，以适合于建立的参照特征。基准平面有两个方向面，系统默认的颜色为棕色和黑色。在特征创建过程中，系统允许用户使用基准特征工具栏中的⬜按钮。也可单击"插入"→"模型基准"→"平面"进行基准平面的建立。

如图 3-3 所示为"基准平面"对话框，该对话框包括"放置"、"显示"、"属性" 3 个面板。根据所选取的参照不同，该对话框各面板显示的内容也不相同。下面对该对话框中各选项进行简要介绍。

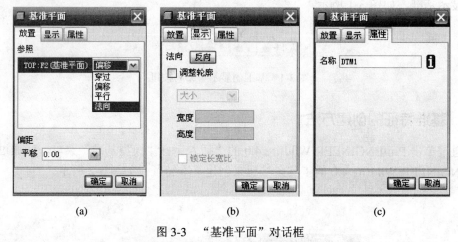

图 3-3 "基准平面"对话框

(a) "放置"面板；(b) "显示"面板；(c) "属性"面板。

放置：选择当前存在的平面、曲面、边、点、坐标、轴、顶点等作为参照，在"偏距"栏中输入相应的约束数据，在"参照"栏中根据选择的参照不同，可能显示如下 5 种类型的约束。

(1) 穿过：新的基准平面通过选择的参照。

(2) 偏移：新的基准平面偏离选择的参照。

(3) 平行：新的基准平面平行选择的参照。

(4) 法向：新的基准平面垂直选择的参照。

(5) 相切：新的基准平面与选择的参照相切。

显示：该面板包括反向按钮（垂直于基准面的相反方向）和调整轮廓选项（供用户

调节基准面的外部轮廓尺寸)。

属性：该面板显示当前基准特征的信息，也可对基准平面进行重命名。

3.2.3 创建基准平面举例

例 3-1 通过图元建立基准平面。

打开文件 3-1.prt，如图 3-4(a)所示，从主菜单中选取："插入"→"模型基准"→"平面"，出现"基准平面"对话框。按住 Ctrl 键，从模型上选取圆孔轴心线和一条边（也可选两边，或选两轴心线，或选顶点和一边，或选一曲线，或选一平面），单击"基准平面"对话框中的"确定"按钮，得到一个通过圆孔轴心线和一条边的基准平面，如图 3-4（b）所示。

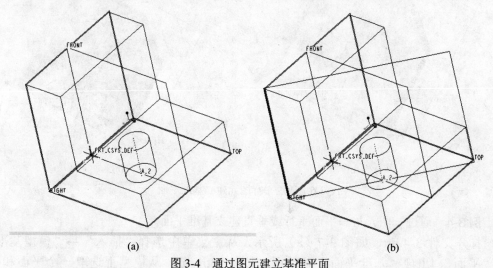

(a)　　　　　　　　　　　　　(b)

图 3-4　通过图元建立基准平面

例 3-2 通过垂直图元建立基准平面

打开文件 3-2.prt，如图 3-5（a）所示，从主菜单中选择"插入"→"模型基准"→"平面"，出现"基准平面"对话框。按住 Ctrl 键，从模型上选取一条线和线的一个端点（也可选模型上的边和点，点不一定在边上），单击"基准平面"对话框中的"确定"按钮，得到垂直一条边、通过一点的基准平面，如图 3-5（b）所示。

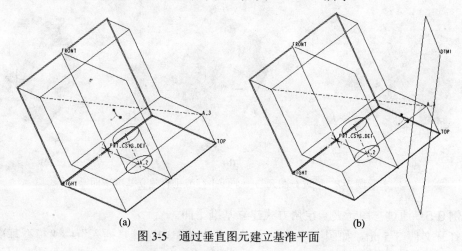

(a)　　　　　　　　　　　　　(b)

图 3-5　通过垂直图元建立基准平面

例 3-3 通过平行图元建立基准平面。

打开文件 3-3.prt，如图 3-6（a）所示，从主菜单中选择"插入"→"模型基准"→"平面"，出现"基准平面"对话框。从模型上选取一个面，在"基准平面"对话框中输入偏移距离，单击"基准平面"对话框中的"确定"按钮，得到平行一个面、通过一条边的基准平面，如图 3-6（b）所示。

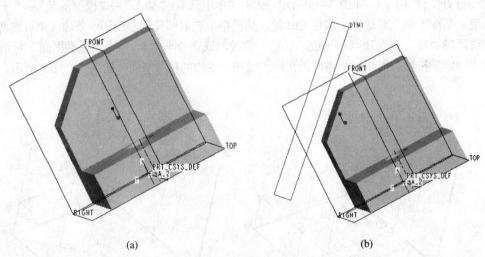

(a) (b)

图 3-6 通过平行图元建立基准平面

例 3-4 通过一图元与一平面平行或垂直建立基准平面。

打开文件 3-4.prt，如图 3-7（a）所示，从主菜单中选择"插入"→"模型基准"→"平面"，出现"基准平面"对话框。按住 Ctrl 键，从模型上选取一个平面和一条边，在"基准平面"对话框中选取"平行"，单击"基准平面"对话框中的"确定"按钮，得到过直线与平面平行的基准面，如图 3-7 中的（b）图所示；在"基准平面"对话框选取"法向"，按住 Ctrl 键，从模型上选取一个平面和一条边，单击"基准平面"对话框中的"确定"按钮，得到过直线与平面垂直的基准平面，如图 3-7（c）所示。

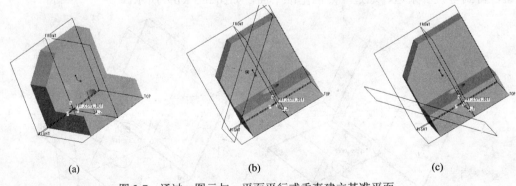

(a) (b) (c)

图 3-7 通过一图元与一平面平行或垂直建立基准平面

例 3-5 通过与图元夹一定角方式建立基准平面。

打开文件 3-5.prt，如图 3-8（a）所示，从主菜单中选择"插入"→"模型基准"→

"平面"，出现"基准平面"对话框。按住 Ctrl 键，从模型上选取一个平面和一条边，在"基准平面"对话框中的"旋转角度"输入栏内输入 60，点击"基准平面"对话框中的"确定"按钮，得到与模型上的面夹 60°角的基准平面，如图 3-8（b）所示。

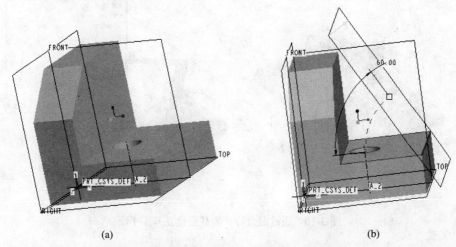

(a)　　　　　　　　　(b)

图 3-8　通过与图元夹一定角方式建立基准平面

例 3-6　通过与图元相切方式建立基准平面

打开文件 3-6.prt，如图 3-9（a）所示，从主菜单中选择"插入"→"模型基准"→"平面"，出现"基准平面"对话框。按住 Ctrl 键，从模型上选取一个曲面和一条边，在"基准平面"对话框中单击曲面文字行尾的"穿过"，改为"相切"，单击"基准平面"对话框中的"确定"按钮，得到与模型的曲面相切且过一边的基准平面，如图 3-9（b）所示。

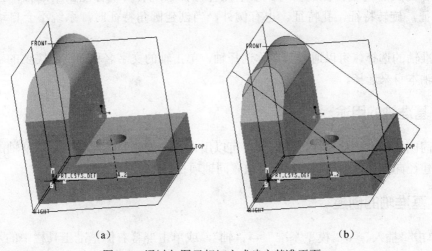

（a）　　　　　　　　　（b）

图 3-9　通过与图元相切方式建立基准平面

例 3-7　通过混合特征的截面建立基准平面

打开文件 3-7.prt，如图 3-10（a）所示，在"模型树"中选取"混合特征项"，从主菜单中选择"插入"→"模型基准"→"平面"，出现"基准平面"对话框。在"基准平面"对话框下边的剖面下拉框中，选中"2"，并单击"确定"按钮，可得到由混合特征的截面 2 建立的基准平面，如图 3-10（b）所示。

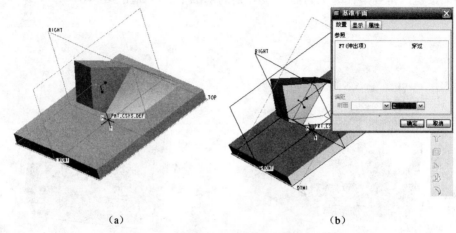

（a） （b）

图 3-10　通过混合特征的截面建立基准平面

3.3　基　准　轴

在 Pro/ENGINEER Wildfire 4.0 中，基准轴以褐色中心线标示，按先后顺序以 A-1、A-2、A-3、…来标示。如果需要，可以在创建的过程中改变基准轴的名称；也可以用鼠标右击模型树上的基准轴特征，系统会自动标注出基准轴特征，并从快捷菜单中选取"重命名"选项改变基准轴的名称。基准轴可以作为旋转特征的中心线自动出现；也可以作为具有同轴特征的参考。以下几种特征系统会自动标注出基准轴：拉伸产生圆柱特征，旋转特征，孔特征。也有例外，当创建圆角特征时，系统不会自动标注基准轴。

基准轴的选择，可以通过其名称选择轴，单击轴的文字名称而选定需要的轴，也可以通过轴本身来选择。

3.3.1　基准轴的用途

如同创建基准平面一样，基准轴也可以用作特征创建的参照基准。基准轴的主要作用是创建径向阵列、创建基准特征、放置同轴项目等。

3.3.2　基准轴的创建

单击"插入"→"模型基准"→"轴"，或单击屏幕右侧基准工具栏中的 ╱ 按钮，打开"基准轴"对话框。"基准轴"对话框中也包括 3 个选项卡："放置"选项卡、"显示"选项卡和"属性"选取项卡，如图 3-11 所示。"放置"选项卡的内容主要是选择用于创建基准轴的参照以及参照类型。主要的参照类型包括通过、垂直和相切。如果选取了垂直参照类型，就需要选取偏移参照。

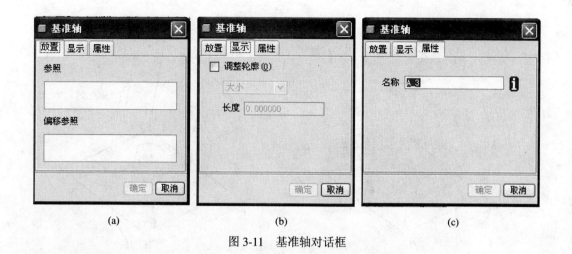

(a)   (b)   (c)

图 3-11　基准轴对话框

3.3.3　创建基准轴举例

例 3-8　通过边建立基准轴。

打开文件 3-8.prt，如图 3-12（a）所示。从主菜单上选择"插入"→"模型基准"→"轴"，选取模型中的一条边，单击基准轴菜单页面上的"确定"按钮，产生基准轴 A_3，如图 3-12（b）所示。

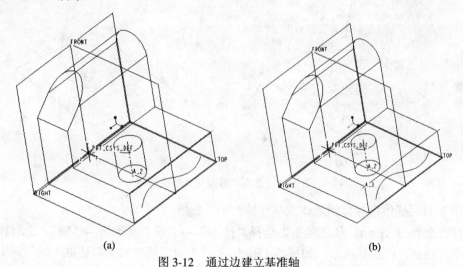

(a)   (b)

图 3-12　通过边建立基准轴

例 3-9　通过垂直面建立基准轴。

打开文件 3-9.prt，从主菜单上选择"插入"→"模型基准"→"轴"，选取模型中的一个面，产生基准轴，如图 3-13（a）所示。选择两参考基准（直接用鼠标拖动小方块到基准），修改尺寸，单击"基准轴"对话框上的"确定"按钮，得到基准轴 A_4，如图 3-13（b）所示。

例 3-10　通过点垂直面建立基准轴。

打开文件 3-10.prt，从主菜单上选择"插入"→"模型基准"→"轴"，选取模型中的一个面和一个点，产生基准轴，如图 3-14(a)所示。单击"基准轴"对话框上的"确定"按钮，得到如图 3-14(b)所示基准轴 A_5。

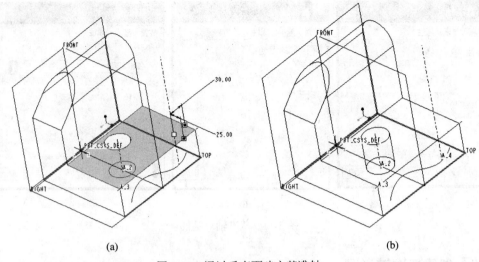

(a)   (b)

图 3-13　通过垂直面建立基准轴

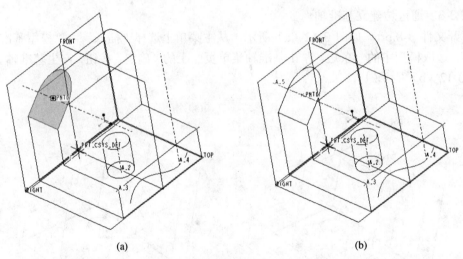

(a)   (b)

图 3-14　过点垂直面建立基准轴

例 3-11　通过圆柱体轴线建立基准轴。

打开文件 3-11.prt，从主菜单上选择"插入"→"模型基准"→"轴"，选取模型中的一个圆柱面，产生基准轴，如图 3-15(a)所示。单击"基准轴"对话框上的"确定"按钮，得到如图 3-15(b)所示基准轴 A_6。

例 3-12　通过两平面的交线建立基准轴。

打开文件 3-12.prt，从主菜单上选择"插入"→"模型基准"→"轴"，选取模型中的两个平面，产生基准轴，如图 3-16 (a)所示，单击"基准轴"对话框上的"确定"按钮，得到如图 3-16(b)所示基准轴 A_7。

例 3-13　通过两点建立基准轴。

打开文件 3-13.prt，从主菜单上选择"插入"→"模型基准"→"轴"，选取模型中的两个平面，产生基准轴，如图 3-17(a)所示。单击"基准轴"对话框上的"确定"按钮，得到如图 3-17(b)所示基准轴 A_8。

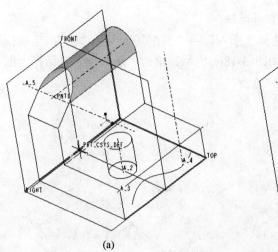 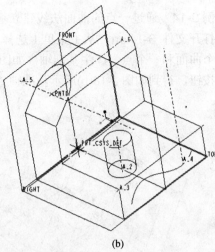

(a)   (b)

图 3-15 　通过圆柱体轴线建立基准轴

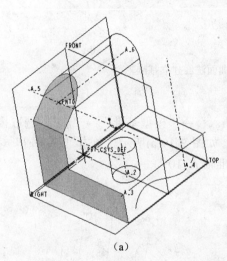 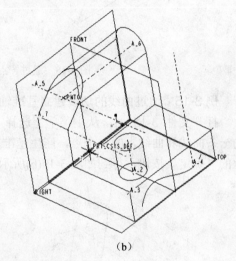

（a）   （b）

图 3-16 　通过两平面的交线建立基准轴

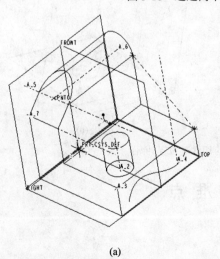 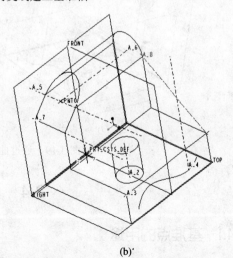

(a)   (b)

图 3-17 　通过两点建立基准轴

例 3-14 通过一点的曲面法线建立基准轴。

打开文件 3-14.prt，从主菜单上选择"插入"→"模型基准"→"轴"，选取模型中的一个曲面和一个点，产生基准轴，如图 3-18(a)所示。单击"基准轴"对话框上的"确定"按钮，得到如图 3-18(b)所示基准轴 A_9。

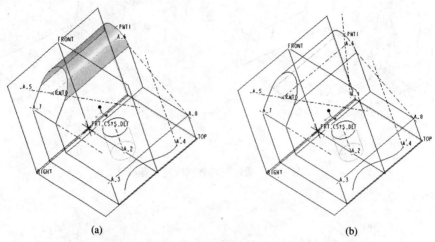

(a)   (b)

图 3-18 通过一点的曲面法线建立基准轴

例 3-15 通过曲线的切线建立基准轴。

打开文件 3-15.prt，从主菜单上选择"插入"→"模型基准"→"轴"，选取模型中的一条曲线和曲线上的一个点，产生基准轴，如图 3-19(a)所示。单击"基准轴"对话框上的"确定"按钮，得到如图 3-19(b)所示基准轴 A_10。

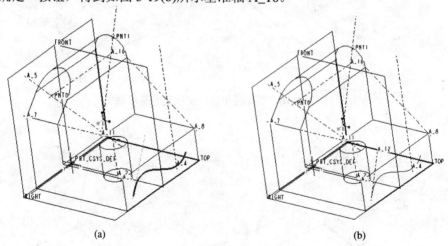

(a)   (b)

图 3-19 通过曲线的切线建立基准轴

3.4 基 准 点

3.4.1 基准点的用途

基准点主要被用来进行空间定位，可以用于建构一个曲面造型，放置一个孔以及加入基准目标符号和注释，这些可能在创建管特征时都需要用到。基准点也被认为是零件特征。

基准点显示为×，编号为 PNT0、PNT1、PNT2、…

3.4.2　基准点的创建

单击工具栏上的基准点 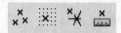 按钮，会出现如图 3-20 所示的按钮。

图 3-20　基准点按钮

在 Pro/ENGINEER Wildfire 4.0 中，可以通过 4 种方法来创建基准点，即一般点、草绘的点、偏移坐标系产生的点、域点。

要选取一个基准点，可以选取基准点文本或选取基准点本身，也可以通过在模型树上选择基准点的名称进行选取。

3.4.3　创建基准点举例

例 3-16　在曲面上建立基准点。

打开文件 3-16.prt，从主菜单上选择"插入"→"模型基准"→"点"→"点"，出现"基准点"对话框。在曲面上选择一点，出现如图 3-21（a）所示点，选择两参考基准（直接用鼠标拖动小方块到基准），修改尺寸。单击"基准点"对话框上的"确定"按钮，产生基准点 PNT0，如图 3-21（b）所示。

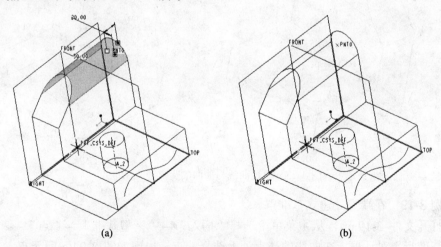

(a)　　　　　　　　　　　　　　(b)

图 3-21　在曲面上建立基准点

例 3-17　在偏移曲面上建立基准点。

打开文件 3-17.prt，从主菜单上选择"插入"→"模型基准"→"点"→"点"，出现"基准点"对话框。在曲面上选择一点，出现如图 3-22（a）所示点，在基准点选择菜单页面上的曲面行选择"偏移"，选择 3 个参考基准（直接用鼠标拖动小方块到基准），修改尺寸。单击"基准点"对话框上的"确定"按钮，产生基准点 PNT1，如图 3-22（b）所示。

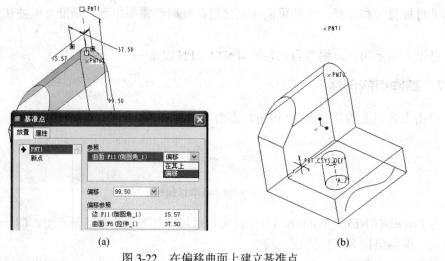

图 3-22 在偏移曲面上建立基准点

例 3-18 通过曲线与曲面的交点建立基准点。

打开文件 3-18.prt，从主菜单上选择"插入"→"模型基准"→"点"→"点"，出现基准点对话框，按住 CTRL 键，选择曲线和底面，出现如图 3-23(a)所示点。单击"基准点"对话框上的"确定"按钮，产生基准点 PNT2，如图 3-23(b)所示。

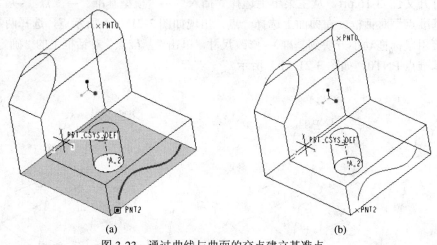

图 3-23 通过曲线与曲面的交点建立基准点

例 3-19 在端点处建立基准点。

打开文件 3-19.prt，从主菜单上选择"插入"→"模型基准"→"点"→"点"，出现"基准点"对话框，在曲线的端点处上选择一点，出现如图 3-24(a)所示点，单击"基准点"对话框上的"确定"按钮，产生基准点 PNT3，如图 3-24(b)所示。

例 3-20 通过偏移坐标系建立基准点

打开文件 3-20.prt，从主菜单上选择"插入"→"模型基准"→"点"→"偏移坐标系"，出现"偏移坐标系基准点"对话框，选取坐标系，填写 *X*、*Y*、*Z* 坐标值，出现如图 3-25(a)所示点。单击"偏移坐标系基准点"对话框上的"确定"按钮，产生基准点 PNT4，如图 3-25（b）所示。

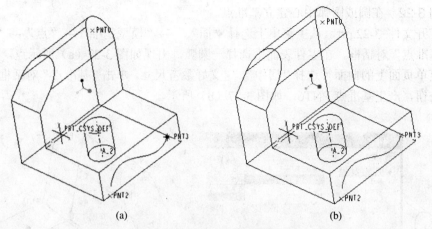

(a)   (b)

图 3-24   在端点处建立基准点

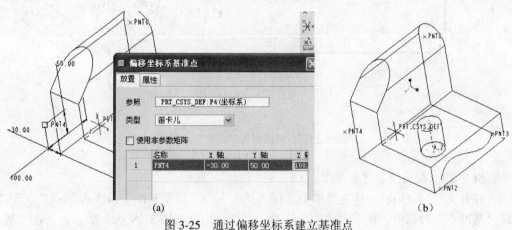

(a)   (b)

图 3-25   通过偏移坐标系建立基准点

例 3-21   通过三面交点建立基准点。

打开文件 3-21.prt，从主菜单上选择"插入"→"模型基准"→"点"→"点"，出现"基准点"对话框，按住 Ctrl 键，选择 3 个相交平面，出现如图 3-26（a）所示点。单击"基准点"对话框上的"确定"按钮，产生基准点 PNT5，如图 3-26（b）所示。

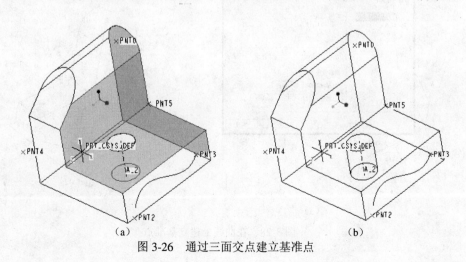

（a）   （b）

图 3-26   通过三面交点建立基准点

例 3-22 在圆或圆弧中心建立基准点。

打开文件 3-22.prt，从主菜单上选择"插入"→"模型基准"→"点"→"点"，出现"基准点"对话框，在零件表面上选择一圆弧，出现如图 3-27（a）所示点。在基准点选择菜单页面上的曲面行选择"居中"，定义好参考尺寸，单击"基准点"对话框中的"确定"按钮，产生基准点 PNT6，如图 3-27（b）所示。

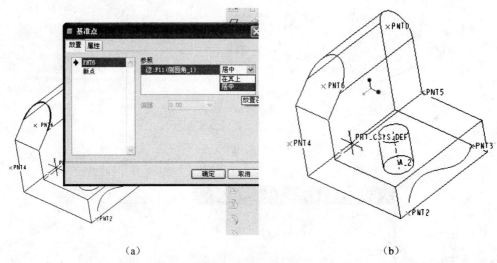

（a）　　　　　　　　　　　　　　（b）

图 3-27　在圆或圆弧中心建立基准点

例 3-23 在曲线上建立基准点。

打开文件 3-23.prt，从主菜单上选择"插入"→"模型基准"→"点"→"点"，出现"基准点"对话框，在零件表面上选择一条边，出现如图 3-28（a）所示点。在"基准点"对话框上的偏移值输入栏内输入"0.28"，定义好点在线上的比率后，单击"基准点"对话框上的"确定"按钮，产生基准点 PNT7，如图 3-28（b）所示。

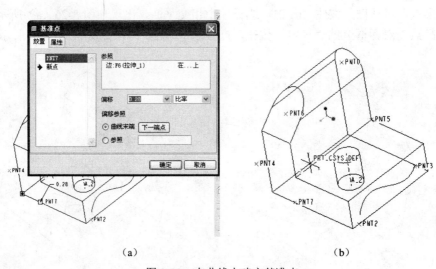

（a）　　　　　　　　　　　　　　（b）

图 3-28　在曲线上建立基准点

92

例 3-24 在曲线上建立与另一曲线距离最近的基准点。

打开文件 3-24.prt，从主菜单上选择"插入"→"模型基准"→"点"→"点"，出现"基准点"对话框，按住 Ctrl 键，在零件表面上选择一条边和一条曲线，出现如图3-29（a）所示点。单击"基准点"对话框上的"确定"按钮，产生基准点 PNT8，如图3-29（b）所示。

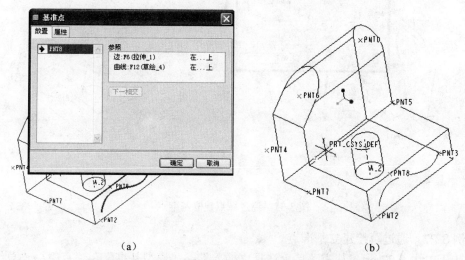

（a）　　　　　　　　　　　　　　（b）

图 3-29　在曲线上建立与另一曲线距离最近的基准点

例 3-25 通过偏移点建立基准点。

打开文件 3-25.prt，从主菜单上选择"插入"→"模型基准"→"点"→"点"，出现"基准点"对话框，在零件表面上选择一点，如圆心点，出现如图3-30（a）所示点。在"基准点"对话框的偏移值输入栏内输入"60"，定义好点偏移的距离后，单击"基准点"对话框上的"确定"按钮，产生基准点 PNT9，如图3-30（b）所示。

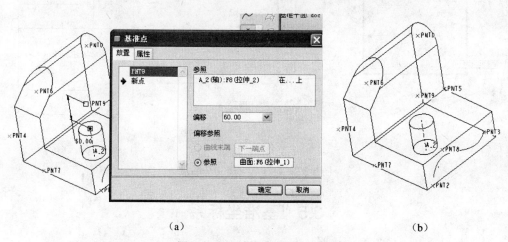

（a）　　　　　　　　　　　　　　（b）

图 3-30　通过偏移点建立基准点

例 3-26 通过域点建立基准点。

打开文件 3-26.prt，从主菜单上选择"插入"→"模型基准"→"点"→"域"，出现"域基准点"对话框，在零件表面上选择一点，出现如图 3-31（a）所示点。点击"域基准点"对话框上的"确定"按钮，产生基准点 FPNT0，如图 3-31（b）所示。

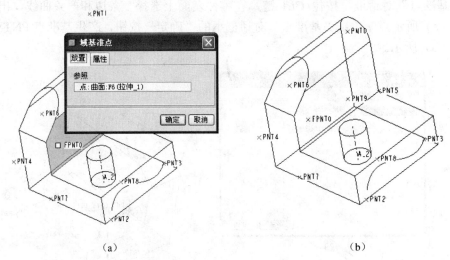

图 3-31　通过域点建立基准点

例 3-27　通过草绘建立基准点。

打开文件 3-27.prt，从主菜单上选择"插入"→"模型基准"→"点"→"草绘"，出现"草绘的基准点"对话框，在零件表面上选择一面，如图 3-32（a）所示。单击"基准点"对话框上的 草绘 按钮，如图 3-31（b）所示。选择草绘参照，用 ✕ 工具在选择的面上绘一个点，单击右上方的 ✓ 按钮，产生基准点 PNT10，如图 3-32（c）所示。

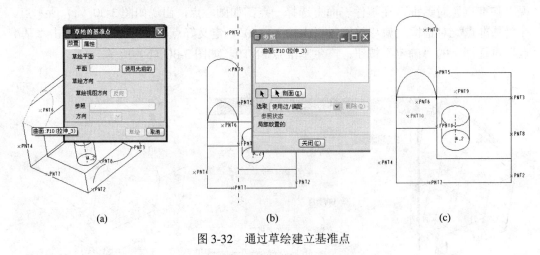

图 3-32　通过草绘建立基准点

3.5　基准坐标系

Pro/ENGINEER Wildfire 4.0 并没有像大多数中档计算机辅助设计软件那样使用笛卡尔坐标系，中档的二维绘图和基于布尔运算的三维造型应用软件都是基于笛卡尔坐标系的。绝大多数参数化造型软件(包括 Pro/ENGINEER Wildfire 4.0)都不是基于这种坐标系

94

的。正因为如此，许多用户都不明白建立一个基准坐标系的重要性。在 Pro/ENGINEER Wildfire 4.0 中，坐标系有很多用途，许多分析任务，例如质量属性和有限元分析都要用到坐标系。坐标系也使用在造型应用中，例如选择"复制"→"旋转"，有一个选项来选择围绕旋转的坐标系。坐标系也常用在组件模块和制造模块里。

Pro/ENGINEER Wildfire 4.0 提供了 3 种类型的坐标系可供选择，分别是笛卡尔坐标系、柱坐标系和球坐标系。虽然存在 3 种坐标系，但系统总是用 X、Y 和 Z 来表示坐标系。坐标系显示为 3 条褐色的互相正交的褐色短直线，系统默认以 PRT CSYS DEF 来标示，其后建立的以 CS0、CS1、CS2、…来标示。

3.5.1 基准坐标系的用途

基准坐标系的作用：辅助建立其他基准特征，计算模型的物理量（质量、质心、体积、惯性距等）时的基准位，外部数据输入（如 IGS、IBL 等）时的参考位置设定，进行 NC 加工编程时的参考系统等。

3.5.2 基准坐标系的创建

单击"插入"→"模型基准"→"坐标系"，或者单击基准特征工具栏中的 ✳ 按钮，此时将打开"坐标系"对话框，如图 3-33 所示。

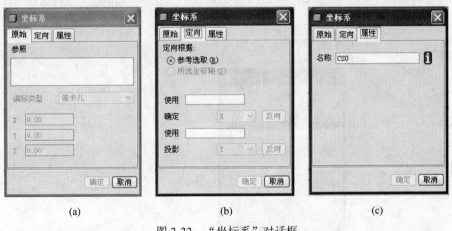

(a)　　　　　　　　　　　(b)　　　　　　　　　　　(c)

图 3-33　"坐标系"对话框

在"坐标系"对话框中，包括 3 个选项卡："原始"选项卡、"定向"选项卡和"属性"选项卡。在"原始"选项卡中，可以选择参照对象以及偏移类型：笛卡尔坐标、柱坐标、极坐标和从文件输入偏移量。"定向"选项卡可以设置坐标轴的位置。"属性"选项卡可以用来修改基准坐标系的名称以及其他相关信息。

3.5.3 创建基准坐标系举例

例 3-28　通过 3 个面建立基准坐标系。

打开文件 3-28.prt，从主菜单上选择"插入"→"模型基准"→"坐标系"，出现"基准坐标系"对话框，按住 Ctrl 键，选取 3 个相交面，如图 3-34（a）所示。单击"基准坐标系"对话框上的"确定"按钮，得到如图 3-34（b）所示的坐标系 CS0。

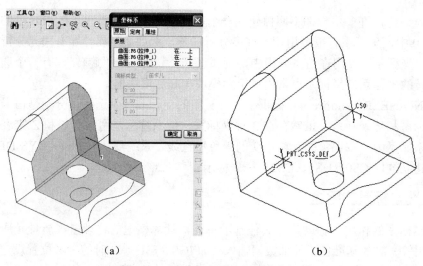

（a）　　　　　　　　　　　　　　　　（b）

图 3-34　通过 3 个面建立基准坐标系

例 3-29　通过两轴建立基准坐标系。

打开文件 3-29.prt，从主菜单上选择"插入"→"模型基准"→"坐标系"，出现"基准坐标系"对话框，按住 Ctrl 键，选取两相交的边及点，如图 3-35（a）所示。单击"基准坐标系"对话框上的"确定"按钮，得到如图 3-35（b）所示的坐标系 CS1。

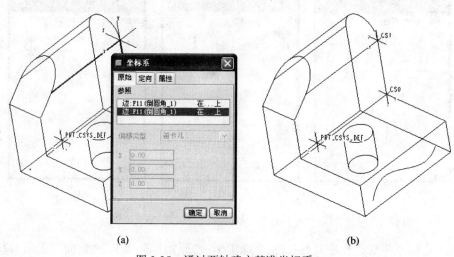

（a）　　　　　　　　　　　　　　　　（b）

图 3-35　通过两轴建立基准坐标系

例 3-30　通过坐标系偏移建立基准坐标系。

打开文件 3-30.prt，从主菜单上选择"插入"→"模型基准"→"坐标系"，出现"基准坐标系"对话框，选取系统坐标原点，如图 3-36（a）所示。输入 X、Y、Z 坐标的偏置值，单击基准坐标系对话框上的"确定"按钮，得到如图 3-36（b）所示的坐标系 CS2。

例 3-31　通过圆柱顶面圆点建立基准坐标系。

打开文件 3-31.prt，从主菜单上选择"插入"→"模型基准"→"坐标系"，出现"基准坐标系"对话框，选取圆柱轴心线和一边，如图 3-37（a）所示。单击"基准坐标系"对话框上的"确定"按钮，得到如图 3-37（b）所示的坐标系 CS3。

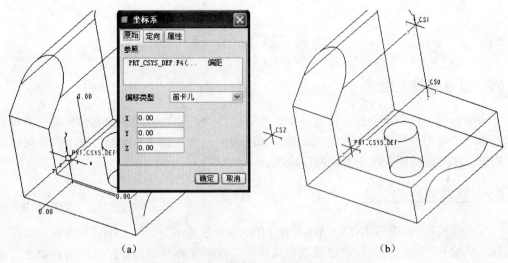

(a)   (b)

图 3-36   通过坐标系偏移建立基准坐标系

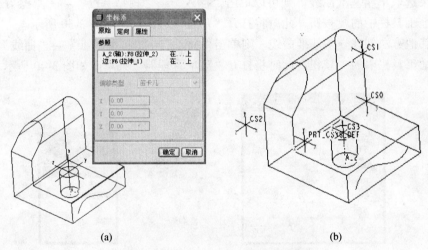

(a)   (b)

图 3-37   通过原点及 Z 轴建立基准坐标系

例 3-32   通过系统默认建立基准坐标系。

新建一个文件,系统默认的坐标系会自动建立,如图 3-38 所示。结果可见文件 3-32.prt。

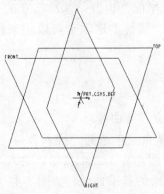

图 3-38   系统默认的坐标系

97

3.6 基 准 曲 线

3.6.1 基准曲线的用途

基准曲线可以用来创建和修改曲面,也可以作为扫描轨迹或创建其他特征。基准曲线通常用于造型设计中复杂曲面的构建,基准曲线允许创建二维截面,这个截面可以用于创建许多其他特征,例如拉伸和旋转等。

3.6.2 基准曲线的创建

基准曲线在 Pro/ENGINEER Wildfire 4.0 中以蓝色显示。创建基准曲线有多种方法,包括:草绘基准曲线;用点创建基准曲线;从文件中创建基准曲线;使用剖截面创建基准曲线;用方程创建基准曲线。

如果选取草绘基准曲线,则可以单击"插入"→"模型基准"→"草绘"或者单击基准特征工具栏中的◯按钮,此时将打开"草绘"对话框,如图 3-39 所示。

用其他方法创建一条基准曲线,则单击"插入"→"模型基准"→"曲线",或单击基准特征工具栏中的◯按钮。此时将打开"菜单管理器"菜单,如图 3-40 所示。

图 3-39   "草绘"对话框   图 3-40   "菜单管理器"对话框

在草绘对话框中,包括两个选项卡:"放置"选项卡和"属性"选项卡。在"放置"选项卡中,可以选择草绘平面,也就是基准所在的平面,还可以选择草绘方向,也就是草绘视图的放置方向。"属性"选项卡可以用来修改基准曲线的名称以及其他相关信息。

3.6.3 创建基准曲线举例

例 3-33 通过草绘曲线建立基准曲线。

新建一个文件 3-33.prt,从主菜单选择"插入"→"模型基准"→"草绘",出现"草绘"对话框,选择草绘平面,点击 草绘 按钮。进入草绘环境,绘制曲线,单击右边工具条上的 ✔ 按钮,即得草绘的基准曲线,如图 3-41 所示(直接草绘的曲线也可以作为基准曲线)。

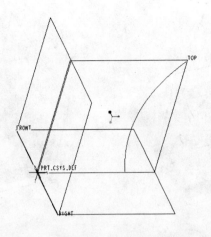

图 3-41 通过草绘曲线建立基准曲线

例 3-34 通过曲面交线建立基准曲线。

打开文件 3-34.prt，如图 3-42（a）所示，按住 Ctrl 键，从主视窗选择两相交的曲线，从主菜单选择"编辑"→"相交"，得到由两曲面交线产生的基准曲线，如图 3-42（b）所示。

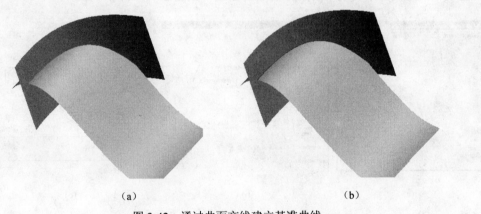

（a）　　　　　　　　　　　　　　　（b）

图 3-42 通过曲面交线建立基准曲线

例 3-35 通过点建立基准曲线。

打开文件 3-35.prt，如图 3-43（a）所示，从主菜单选择"插入"→"模型基准"→"曲线"，出现建立基准曲线菜单，选择"经过点"→"完成"。出现通过点选择菜单页，选择："样条"→"整个阵列"→"添加点"→"完成"，从零件模型上选择一些点，单击"完成"，单击"确定"按钮，得到由两曲面交线产生的基准曲线，如图3-43（b）所示。

例 3-36 通过文件建立基准曲线。

在 Pro/ENGINEER Wildfire 4.0 中，可以通过创建基准曲线的"菜单管理器"中的"自文件"选项，直接导入 IBL、IGS、VDA 格式的文件的基准曲线。注意：导入之前必须选择一个坐标系作为参照。

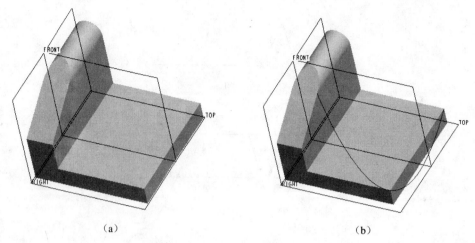

（a）　　　　　　　　　　　　　　（b）

图 3-43　通过点建立基准曲线

打开文件 3-36.prt，从主菜单选择"插入"→"模型基准"→"曲线"，出现曲线选项菜单页，选择"从文件"，单击"完成"，出现坐标系菜单管理器，在主视窗中选择系统默认的坐标系，出现"打开"对话框，如图 3-44（a）所示。选择第 4 章中的 IGS 文件，单击"打开"按钮，出现信息窗口，如图 3-44（b）所示。单击信息窗口下边的"关闭"按钮，即在主视窗中出现来自文件的基准曲线，如图 3-44（c）所示。

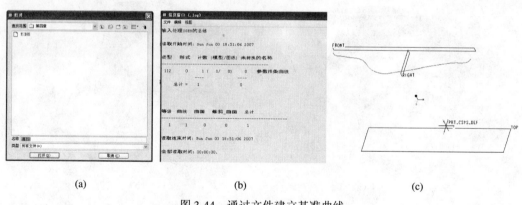

（a）　　　　　　　　　　（b）　　　　　　　　　　（c）

图 3-44　通过文件建立基准曲线

例 3-37　通过剖面建立基准曲线。

打开文件 3-37.prt，如图 3-45（a）所示，利用剖面与实体面或曲面形成相交线建立基准曲线，其中剖面是在零件建模中形成的，此处用"FRONT 基准面"与"实体面"交线建立基准曲线。方法是：选择 FRONT 基准面，按住 Ctrl 键选取与 FRONT 面相交的零件各个表面，如图 3-45（b）所示；点击主菜单中的"编辑"→"相交"，得如图 3-45（c）所示基准线。

例 3-38　通过投影线建立基准曲线。

打开文件 3-38.prt，如图 3-46（a）所示，从主视窗选择要投影的曲线，从主菜单中选择"编辑"→"投影"，从主视窗选择"投影面"，点击操控板上的☑按钮，得到由曲线投影产生的基准曲线，如图 3-46（b）所示。

100

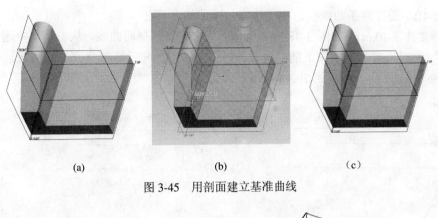

(a)　　　　　　　　(b)　　　　　　　　(c)

图 3-45　用剖面建立基准曲线

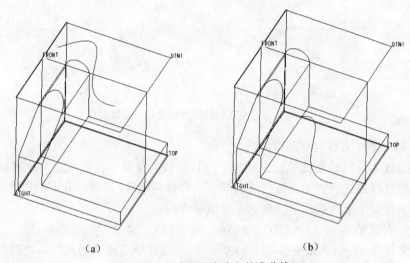

（a）　　　　　　　　　　　（b）

图 3-46　通过投影线建立基准曲线

例 3-39　通过偏移线建立基准曲线。

打开文件 3-39.prt，如图 3-47（a）所示，从主视窗选择用来偏移的曲线，从主菜单中选择"编辑"→"偏移"，修改好偏移值和偏移方向，点击操控板上的☑按钮，得到由曲线偏移产生的基准曲线，如图 3-47（b）所示。

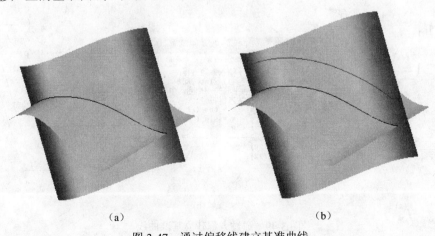

（a）　　　　　　　　　　　（b）

图 3-47　通过偏移线建立基准曲线

例 3-40 通过两条曲线投影相交建立基准曲线。

打开文件 3-40.prt,如图 3-48(a)所示,从主视窗选择两曲线,从主菜单中选择"编辑"→"相交",点击操控板上的☑按钮,得到由两条曲线投影相交产生的空间基准曲线 (原曲线要消隐后才可见),如图 3-48(b)所示。

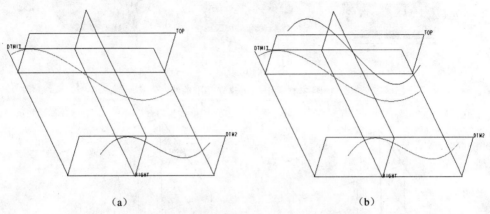

(a)   (b)

图 3-48 通过两条曲线投影相交建立基准曲线

例 3-41 通过方程建立基准曲线。

如果曲线本身很难通过草绘来创建,而且曲线本身又不存在交点,此时就可以通过方程来创建基准曲线(例如正弦曲线、渐开线和抛物线等)。通过方程创建基准曲线时,系统要求选择一个坐标系,定义坐标系类型和方程。

例如:创建 $X=5\cos(T\times720)$,$Y=5\sin(T\times720)$,$Z=35T$ 的基准曲线。

打开文件 3-41.prt,如图 3-49(a)所示,从主菜单选择"插入"→"模型基准"→"曲线",出现曲线选项菜单页,选择"从方程",单击"完成",出现坐标系菜单管理器。在主视窗中选择"系统默认的坐标系",在出现的菜单中选取坐标系类型"笛卡尔",出现记事本页面,如图 3-49(b)所示。在虚线下输入题中给出的方程,如图 3-49(b)所示。选择记事本中的"文件"→"保存",再选择"文件"→"退出",单击坐标系菜单管理器中的"确定"按钮,即产生由方程绘出的基准曲线,如图 3-49(c)所示。

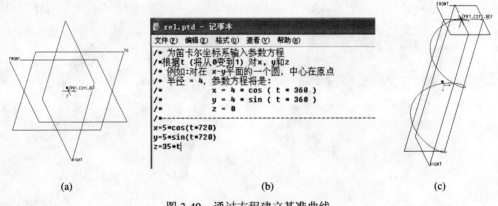

(a)   (b)   (c)

图 3-49 通过方程建立基准曲线

3.7 基准图形

3.7.1 基准图形的用途

基准图形用于绘制函数图形，并进一步控制特征的几何外形。因为是函数图形，所以所用的线段一定不能是封闭的。也就是说，一个 X 值只能对应一个 Y 值，如图 3-50 所示，且图形中必须使用坐标系来标注尺寸。

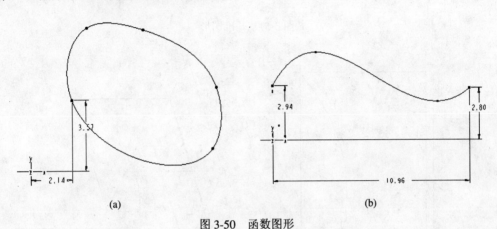

图 3-50　函数图形

(a) 错误的函数图形；(b) 正确的函数图形。

3.7.2 基准图形的创建

基准图形的操作步骤为，从主菜单上选择"插入"→"模型基准"→"图形"；在主视窗下方的特征名输入栏内输入此基准图形的文件名；单击主视窗下方的☑按钮，进入草绘环境，用⚙工具建立坐标系，绘制函数图形，标注尺寸；单击主视窗右边工具条上的✔按钮，即可完成基准图形的建立。

3.7.3 创建基准图形举例

例 3-42　利用基准图形配合控制函数 trajpar 和关系式来控制特征。

打开文件 3-42.prt，从主菜单上选择"插入"→"模型基准"→"图形"；在主视窗下方的特征名输入栏内输入此基准图形的文件名 a1，单击主视窗下方的☑按钮，进入草绘环境，用⚙工具建立坐标系，用～工具绘制函数图形，用🖼工具中的↕工具使样条线右端点与坐标原点垂直对齐，用🖿标注尺寸，用🖊工具修改尺寸，如图 3-51 所示。单击主视窗右边工具条上的✔按钮，即可完成基准图形的建立。

在主视窗右边的工具栏上选择◈工具，选择 TOP 面为草绘工具面，用＼工具绘一直线段，用～工具绘一曲线，用🖿标注尺寸，用🖊工具修改尺寸，如图 3-52（a）所示。单击主视窗右边工具条上的✔按钮，完成变截面扫描的轨迹线和轮廓线的绘制，如图 3-52（b）所示。

103

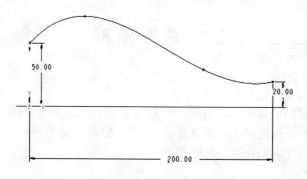

图 3-51　基准图形

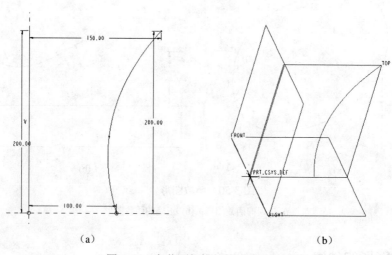

（a）　　　　　　　　　　　　　　（b）

图 3-52　变截面扫描的轨迹线和轮廓线

单击主视窗右边工具条上的 🖉 工具，在这视窗下方的变截面扫描操控板上单击 □ 图标，在主视窗内：按住 Ctrl 键选择刚作的轨迹线和轮廓线，如图 3-53（a）所示；点击变截面扫描操控板上的 ☑ 图标，进入扫描截面的草绘环境，用 □ 工具绘制扫描截面图，如图 3-53（b）所示（注意：要过轨迹线和轮廓线的端点）。

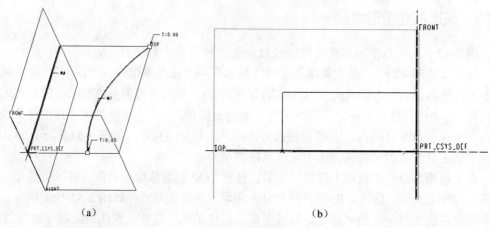

（a）　　　　　　　　　　　　　　（b）

图 3-53　截面草绘

单击主菜单上的"工具"→"关系",进入"关系"编辑面板,如图 3-54（a）所示。此时图中高度尺寸变成 sd4,如图 3-54（b）所示。

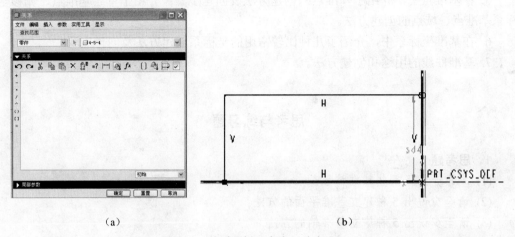

（a）　　　　　　　　　　　　　　　　（b）

图 3-54　关系面板及高度尺寸变成 sd4

在关系编辑面板中输入关系式 sd4=evalgraph("a1",trajpar*200);在"关系"编辑面板下边点击"确定"按钮,主视窗内即出现由基准图形配合控制函数 trajpar 和关系式来控制的特征,如图 3-55 所示。

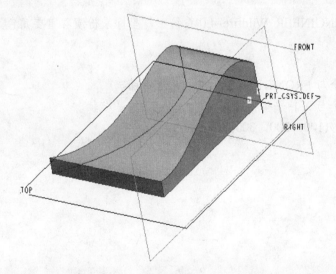

图 3-55　由基准图形配合控制函数 trajpar 和关系式来控制的特征

本 章 小 结

本章首先介绍了基准特征的概况,然后介绍了 Pro/ENGINEER Wildfire 4.0 中的基准平面、基准轴、基准点、基准曲线、基准坐标系的创建方法,主要包括以下方面:

1. 新建基准特征的方式。

2. 基准特征的显示控制。

3. 在基准平面中，介绍了基准平面的用途，讲述了基准平面的创建步骤和方法。

4. 在基准轴中，通过几种约束组合来创建基准轴的方法。

5. 在基准点中，介绍了基准点的创建方法及创建步骤；介绍了草绘基准点、偏移坐标系基准点、域点的创建方法。

6. 在基准坐标系中，介绍了几种比较常用的坐标系创建方法及创建步骤。

7. 基准曲线的用途和创建方法。

思考与练习题

1. 思考题

(1) 本章介绍了哪些基准特征？

(2) 请至少说出 5 种建立基准平面的方法。

(3) 请至少说出 5 种建立基准轴的方法。

(4) Pro/ENGINEER Wildfire 4.0 系统提供了哪 4 种建立基准点的模式？每种模式各有何特点？

(5) 草绘基准点的操作步骤是怎样的？

(6) 在基准特征工具栏中单击 按钮或 按钮，可实现基准曲线的绘制，这两种方式有何不同？

(7) 在 Pro/ENGINEER Wildfire 4.0 系统中，坐标系扮演着重要角色，它一般用在哪些场合？

2. 练习题

(1) 创建一个与 FRONT 面间距 100 的基准平面。

(2) 创建一个与 X 轴平行，距离为(100，200)的基准轴。

(3) 创建偏移(100，200，300)的坐标系。

第4章 三维基础特征建模

零件建模的基本技术是基于草绘特征的。草绘特征是零件建模的重要特征，任何零件的创建都离不开草绘特征，熟练掌握草绘特征的创建是学习三维设计的基本功，本章详细介绍利用草绘特征建构三维基础特征建模的各种方法。

4.1 草绘实体特征的基本概念

草绘实体特征是指由二维截面经过拉伸、旋转、扫描和混合等方法形成的实体特征。因为截面是以草绘方式绘制的，故称为草绘实体特征。草绘实体特征是用 Pro/ENGINEER Wildfire 4.0 为零件建模的最基本的实体特征，可以认为是零件模型的毛坯。绘制三维实体时最常用的方法是增加特征、切除特征、加厚草绘。下面介绍零件建模的一些基本概念。

4.1.1 增加特征、切除特征和加厚草绘

增加特征（伸出项）：通过添加材料(体积增大)产生的基础实体特征。

切除特征（切口）：通过去除材料(体积减小)产生的基础实体特征。

其实，增加特征（伸出项）和切除特征（切口）的建立过程是相似的，区别仅仅是一个切换按钮，当该按钮处于弹出状态◿时为添加材料；当该按钮处于按下状态◿时为去除材料。当然，零件的第一个实体特征不应该是切除特征（切口）。

加厚草绘：通过将厚度指定到截面轮廓上来创建实体的方法。

该方法和一般实体建立的流程类似，其区别也仅仅是一个切换按钮，当该按钮处于弹出状态▢时为建立一般实体特征；当该按钮处于按下状态▢时为建立薄体（加厚草绘）特征。

4.1.2 草绘平面和参考平面

草绘平面：在三维造型中需要绘制二维截面图形，绘制二维截面图形要确定草绘平面，草绘平面相当于绘图板。有 3 种面可用作草绘平面：系统提供的基准平面（TOP、FRONT、RIGHT）、实体特征表面、创建新的绘图平面。

参考平面：参考平面实际上是用来确定图形的观察方向（视角方向），在草绘平面确定后，就需要确定草绘平面的放置方向。草绘视图方向可按草绘菜单页面上的 反向 按钮来切换。

参考平面与草绘平面相互垂直，它们之间根据观察方向不同共有 5 种选择：参考平面可以放置在草绘平面的"顶、底部、左、右、缺省"位置。草绘平面和参考平面及放置方向设定方法如图 4-1 所示。

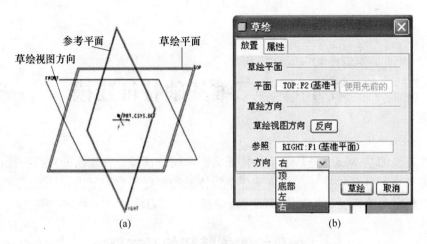

(a)   (b)

图 4-1　草绘平面和参考平面及放置方向设定方法

4.1.3　基准面

基准面（基准平面）：二维无限延伸没有质量和体积的实体特征，在建模时使用基准平面作为加入其他特征的基本参考（如图 4-1 中的 TOP、FRONT、RIGHT 面等），还可作为尺寸标注的参考和草绘平面。

4.1.4　父子关系

在创建实体零件过程中，可使用各种类型的 Pro/ENGINEER Wildfire 4.0 特征。某些特征出于建模的需要，必须优先建立在设计过程中的其他多种从属特征之前。从属特征从属于先前作为尺寸和几何参照所定义的特征，这种关系称为"父子关系"。

父子关系是 Pro/ENGINEER Wildfire 4.0 参数化建模的最强大的功能之一，在通过模型传播改变来维护设计意图的过程中，此关系极为重要。修改了零件中的某父项特征后，其所有的子项会被自动修改，以适应父项特征的变化。

如图 4-2 所示，基准面 TOP、FRONT、RIGHT 和基准坐标系 PRT_CSYS_DEF 是立方体拉伸特征的父系特征，立方体拉伸特征是圆柱体拉伸特征的父系特征；反过来说，

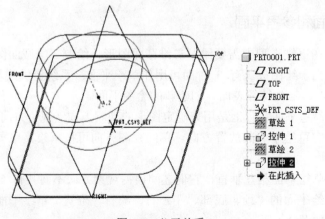

图 4-2　父子关系

立方体拉伸特征是基准面 TOP、FRONT、RIGHT 和基准坐标系 PRT_CSYS_DEF 的子特征，圆柱体拉伸特征是立方体拉伸特征的子特征。从模型树中也可看出其父子关系。

4.2 拉伸特征

拉伸是定义三维几何模型的一种方法，通过将二维草绘截面延伸到垂直于草绘平面的指定距离处来实现。

4.2.1 特征造型步骤

通常，要创建拉伸特征，首先应激活拉伸工具，指定特征类型为实体；然后定义要拉伸的截面；创建有效截面后，拉伸工具将构建默认拉伸特征，并显示几何预览；最后改变拉伸深度。在实体或曲面、伸出项或切口间进行切换，或指定草绘厚度以创建加厚特征。

单击主菜单中的"插入"→"拉伸"，或者在特征工具栏中单击"拉伸"按钮，在主视区下侧就会出现拉伸特征操作控制面板(简称"操控板")，操控板及各图标和下拉框的说明如图 4-3 所示。

指定拉伸特征的深度有几种不同的选项，如图 4-4 所示。

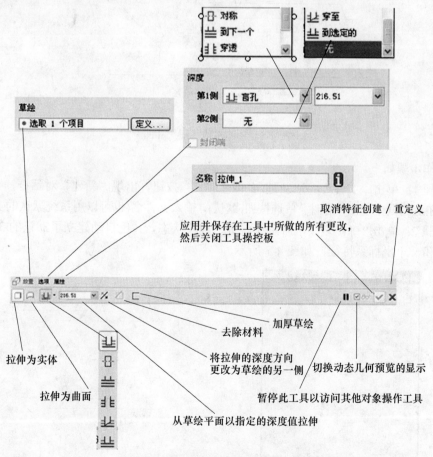

图 4-3 拉伸特征操作控制面板及各图标和下拉框的说明

109

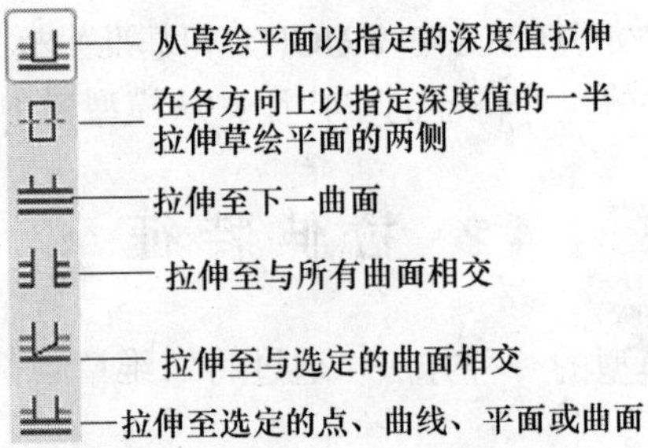

	从草绘平面以指定的深度值拉伸
	在各方向上以指定深度值的一半拉伸草绘平面的两侧
	拉伸至下一曲面
	拉伸至与所有曲面相交
	拉伸至与选定的曲面相交
	拉伸至选定的点、曲线、平面或曲面

图 4-4 定义拉伸特征深度的不同选项

下面用如图 4-5 所示的拉伸实体特征来展示 Pro/ENGINEER Wildfire 4.0 建模过程。

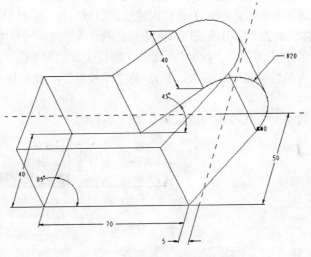

图 4-5 拉伸实体特征尺寸图

操作步骤如下。

步骤 1：单击"文件"→"新建"，或者单击□按钮，出现"新建"对话框，如图 4-6 所示。在对话框中选中"零件"单选按钮(默认)，输入文件名(也可以用系统默认的文件名)。

步骤 2：单击"确定"按钮后系统就进入建模状态，并已自动建立了默认的 3 个基准面特征和一个坐标系特征，如图 4-7 所示。

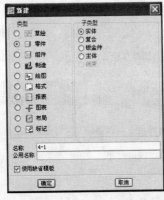

图 4-6 "新建"对话框

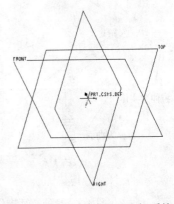

图 4-7 默认基准面特征和坐标系特征

110

注意：若要选用公制或其他单位制可去掉使用缺省模板中的✔，按"确定"可选择单位制。如图4-8所示，选择公制，按"确定"按钮进入系统默认的坐标系和基准面。

步骤3：单击"插入"→"拉伸"或者在特征工具栏中单击 ⵜ 按钮，则在主视区下侧就会出现拉伸特征的操控板，如图4-3所示。当然也可以先单击 ⵜ 按钮，绘完草绘再拉伸。

步骤4：单击拉伸操控板左上角的"放置"按钮，在弹出的上滑面板（草绘）中单击"定义"，出现"草绘对话框"，如图4-9所示。

图4-8 单位制的选择　　　　图4-9 初始状态的"草绘"对话框

步骤5：在绘图区或模型树下选择 TOP 基准面作为绘图平面，这时在"草绘方向"栏中就会出现默认的草绘视角（也可以重定义），如图4-10所示。

(a)　　　　　　　　　　(b)

图4-10 设定后的"草绘"对话框

注意："草绘平面"可以是基准平面，也可以是实体的表面，甚至可以临时创建一个基准平面作为草绘平面。一般情况下，第一个实体特征如果是上下生成，就选用 TOP 基准平面作为绘图平面；如果是左右生成，就选用 RIGHT 基准平面作为绘图平面；如果是前后生成，就选用 FRONT 基准平面作为绘图平面。"草绘方向"用来控制草绘平面在屏幕上的方位。

步骤6：单击"草绘"按钮，可进入草绘模式，如图4-11所示。

111

步骤 7：在草绘模式下，先以草绘中心为圆心画一个圆弧，然后画 5 条直线，草图如图 4-12 所示。

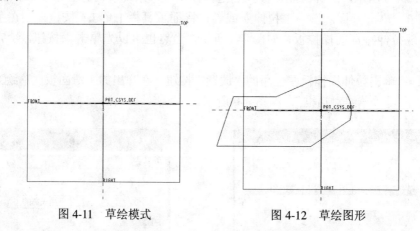

图 4-11　草绘模式　　　　　　　　　　图 4-12　草绘图形

步骤 8：单击几何约束工具按钮 ，出现"约束"对话框，如图 4-13 所示；选择相切关系按钮，在直线和圆弧连接处添加相切约束，结果如图 4-14 所示。

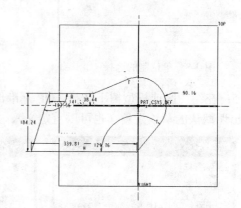

图 4-13　"约束"对话框　　　　　　　图 4-14　添加几何约束后的结果图

步骤 9：选择尺寸约束按钮，添加尺寸约束，使弱尺寸变成合符标注要求的强尺寸，如图 4-15 所示。

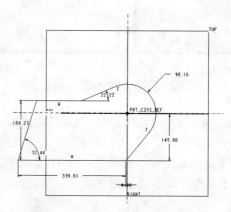

图 4-15　添加尺寸约束后的图形

112

步骤 10：选择修改尺寸按钮 $\exists$，逐一选取要修改的尺寸，如图 4-16 所示；去掉"再生"选项中的 $\checkmark$，如图 4-17 所示；进行修改（也可以直接双击尺寸数字去修改，但这样做不至于把图形变得太乱而无法进行修改）。修改后，单击按钮 $\boxed{\checkmark}$，尺寸图形即可再生，如图 4-18 所示。

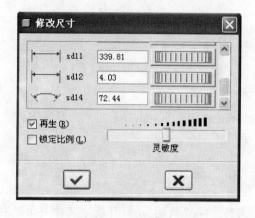
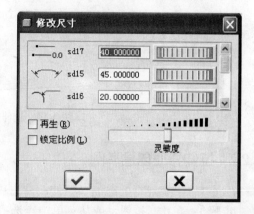

图 4-16　"修改尺寸"对话框　　图 4-17　去掉"再生"选项中的 $\checkmark$ 后的修改尺寸对话框

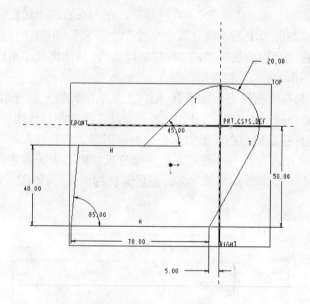

图 4-18　修改尺寸后的图形

单击右边草绘工具条上最下面的 $\checkmark$ 按钮，完成草绘，退出草绘模式。

步骤 11：在下边的拉伸工具条上输入拉伸深度值 40。也可在绘图区出现黄色的集合预览和深度图柄中，把视图调整到合适的方向后，用鼠标拖动此图柄来动态地修改特征的深度，不过还是输入数值准确些。

步骤 12：单击该工具条上最右边的 $\boxed{\checkmark}$ 按钮，即可得到要建立的拉伸实体模型，如图 4-19 所示。

113

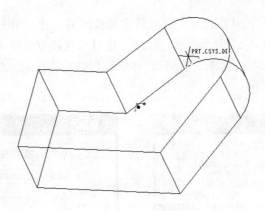

图 4-19　拉伸实体模型结果

4.2.2　拉伸特征创建举例

例 4-1　十字连杆的绘制（拉伸：伸出项和切口）。

步骤 1：单击□按钮，或从菜单中点选："文件"→"新建"，打开新建文件菜单，取文件名为 4-1，单击"确定"，进入零件建构环境。

步骤 2：从主菜单中点选"插入"→"拉伸"，在主视窗的下边出现拉伸操作控制面板。选择拉伸操作控制面板上的"放置"、"草绘"、"定义"，出现"草绘放置"和"草绘方向"选择面板。在主视窗中选择"FRONT 基准面"，自动出现"草绘放置"和"草绘方向"，单击草绘按钮，进入草绘环境。

步骤 3：用↷工具在坐标原点处画半圆，用↘工具从圆弧的一端开始画三段互垂直线，用○工具在坐标原点处画一圆；用□工具中的 ⌒ 工具在圆弧和直线连接处添加相切关系，用□工具中的 ◉ 工具在弧和圆心处添加同心关系，用↤工具标注尺寸，用⤳工具修改尺寸（也可直接双击尺寸进行修改；而用⤳收集修改尺寸时要去掉再生前的√，修改时图形不发生变化，好用一些，特别在尺寸多时更显其优越性），得如图 4-20 所示截面。

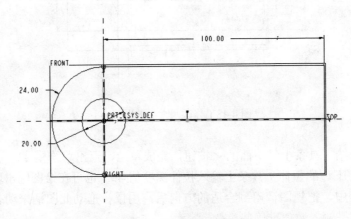

图 4-20　拉伸草绘截面 1

步骤 4：单击主视窗右下方的✔按钮，在拉伸深度选择方式中选择⊡方式，在拉伸深度值输入框内输入 50，单击☑按钮得到第 1 次拉伸的模型，如图 4-21 所示。

114

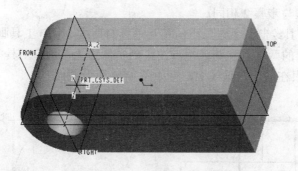

图 4-21　第 1 次拉伸后的模型

步骤 5：此步骤与步骤 2 相同。

步骤 6：用 ┆ 工具绘制两条过原点的相互垂直的直线，用 ＼ 工具绘制 3 条互相垂直的直线段，用 ▣ 工具中的 ┿ 工具添加对称关系，用 ┠ 标注尺寸，用 ▱ 工具修改尺寸，得如图 4-22 所示截面。

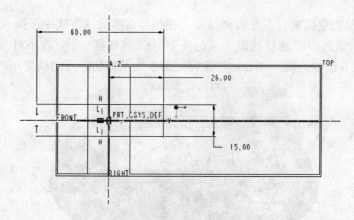

图 4-22　拉伸草绘截面 2

步骤 7：单击主视窗右下方的 ✔ 按钮，在拉伸深度选择方式中选择 ▣ 方式，在拉伸深度值输入框内输入 60，选择切口按钮 ◿（用 ▣◦ 工具预览一下，若不对，点击 ▐▐ 工具返回，再点击 ╱ 工具进行切换），单击 ☑ 按钮得到第 2 次拉伸切除后的模型，如图 4-23 所示。

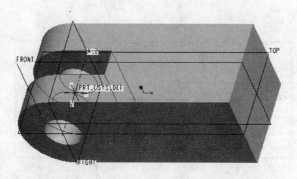

图 4-23　第 2 次拉伸后的模型

步骤 8：此步骤与步骤 2 相同。

步骤 9：用 ⯐ 工具绘制两条过原点的相互垂直的直线，用 ⬎ 工具画一半圆，用 ⬚ 工具中的 ⦿ 工具将圆弧的两端点和圆弧顶点约束到实体边上，用 ⬚ 工具中的 ⥮ 工具将圆弧的两端点和圆心约束在同一铅垂线上，得如图 4-24 所示截面。

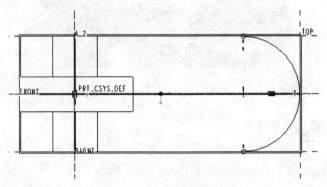

图 4-24　拉伸草绘截面 3

步骤 10：单击主视窗右下方的 ✔ 按钮，在拉伸深度选择方式中选择 ⊟ 方式，在拉伸深度值输入框内输入 60，选择切口 ⬭ 按钮（用 ⬚⯈ 工具预览一下，若不对，点击 ⯃ 工具返回，再点击 ⬦ 工具进行切换），单击 ✔ 按钮得到第 3 次拉伸切除后的模型，如图 4-25 所示。

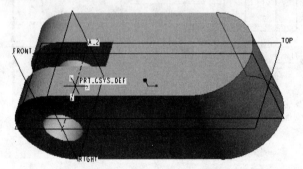

图 4-25　第 3 次拉伸后的模型

步骤 11：此步骤与步骤 2 相同。

步骤 12：用 ⯐ 工具绘制两条过原点的相互垂直的直线，用 ⭕ 工具绘一圆，用 ⬚ 工具中的 ⦿ 工具将圆心固定在中心线上，用 ⭲ 工具标注尺寸，并修改尺寸，得如图 4-26 所示截面。

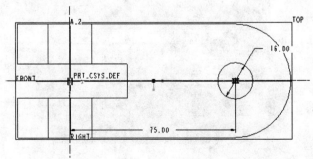

图 4-26　拉伸草绘截面 4

步骤 13：单击主视窗右下方的 ✔ 按钮，在拉伸深度选择方式中选择 ⊞ 方式，在拉伸深度值输入框内输入 60，单击 ☑ 按钮得到第 4 次拉伸的模型，如图 4-27 所示。

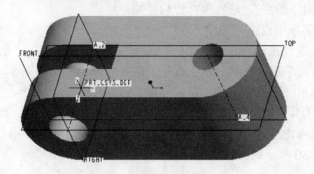

图 4-27　第 4 次拉伸后的模型

步骤 14：此步骤与步骤 2 相同。

步骤 15：用 ⁝ 工具绘制两条过原点的相互垂直的直线，用 ＼ 工具绘制 3 条互相垂直的直线段，用 ⊡ 工具中的 ⁙ 工具添加对称关系，用 ↔ 标注尺寸，用 ⋝ 工具修改尺寸，得如图 4-28 所示截面。

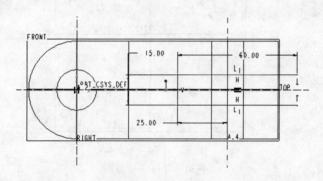

图 4-28　拉伸草绘截面 5

步骤 16：单击主视窗右下方的 ✔ 按钮，在拉伸深度选择方式中选择 ⊞ 方式，在拉伸深度值输入框内输入 60，选择切口 ◿ 按钮（用 ☑∞ 工具预览一下，若不对，点击 ⅱ 工具返回，再点击 ⁒ 工具进行切换），单击 ☑ 按钮得到第 5 次拉伸切除后的模型，如图 4-29 所示，结果可见文件 4-1.prt。

图 4-29　第 5 次拉伸后的模型

例 4-2   挂钩的绘制（加厚草绘）。

步骤 1：单击 按钮，或从菜单中点选"文件"→"新建"，打开新建文件菜单，取文件名为 4-2，单击"确定"，进入零件建构环境。

步骤 2：从主菜单中点选："插入"→"拉伸"，在主视窗的下边出现拉伸操作控制面板。选择 按钮，选择拉伸操作控制面板上的："放置"、"草绘"、"定义"，出现"草绘放置"和"草绘方向"选择面板，在主视窗中选择"FRONT 基准面"，自动出现草绘放置和草绘方向，击单 草绘 按钮，进入草绘环境。

步骤 3：用 工具绘制两条过原点的相互垂直的直线，用 工具绘制 5 段互相垂直的直线，用 工具倒两处圆角，用 工具中的 = 工具添加相等关系，用 标注尺寸，并修改尺寸，得如图 4-30 所示截面。

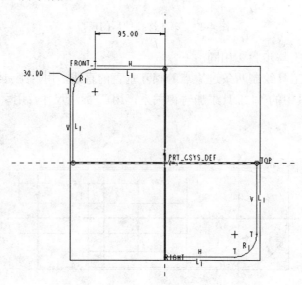

图 4-30　加厚草绘截面

步骤 4：单击主视窗右下方的 按钮，在拉伸深度选择方式中选择 方式，在拉伸深度值输入框内输入 100，在板厚值输入栏中输入 5。若板厚长出方向不对，可按 按钮进行切换。单击 按钮得到加厚草绘（薄板）零件模型，如图 4-31 所示，结果可见文件 4-2.prt。

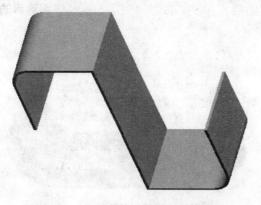

图 4-31　加厚草绘（薄板）零件模型

4.3　旋　转　特　征

旋转特征是通过将草绘截面绕中心线旋转一定角度来创建的一类特征，是 Pro/ENGINEER Wildfire 4.0 创建特征的基本方法之一。

4.3.1　旋转特征造型步骤

要创建旋转特征，通常可激活旋转特征工具 ✦，并指定特征类型为实体；然后创建包括旋转轴和要绕该轴旋转的草绘截面；创建有效截面后，旋转特征工具将构建默认旋转特征，并显示几何预览；最后可以改变旋转角度，在实体或曲面、伸出项或切口间进行切换，或指定草绘厚度以创建加厚特征。

选择"插入"→"旋转"，或者在特征工具栏中单击 ✦ 按钮，在主视区下边就会出现旋转特征控制面板，如图 4-32 所示。

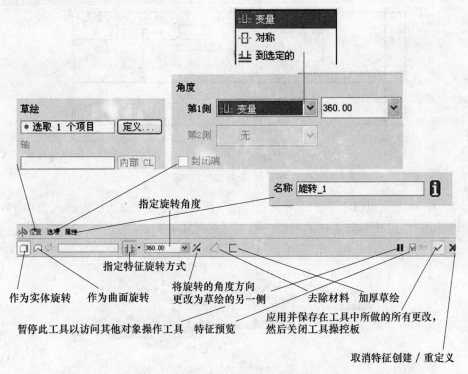

图 4-32　旋转特征操控板

在旋转特征中，将截面绕旋转轴旋转至指定角度。通过选取下列角度选项之一可定义旋转角度，如图 4-33 所示。

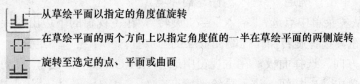

图 4-33　定义旋转角度的角度选项

4.3.2 旋转特征创建举例

例 4-3 轴的绘制（旋转伸出项）。

步骤 1：单击▢按钮，或从菜单中点选："文件"→"新建"，打开新建文件菜单，取文件名为 4-3，单击"确定"，进入零件建构环境。

步骤 2：从主菜单中点选"插入"→"旋转"，在主视窗的下边出现旋转操作控制面板。选择旋转操作控制面板上的"放置"、"草绘"、"定义"，出现"草绘放置"和"草绘方向"选择面板，在主视窗中选择"TOP 基准面"，自动出现草绘放置和草绘方向，击单 [草绘] 按钮，进入草绘环境。

步骤 3：用 ⋮ 工具绘制过原点的轴心线，用 ╲ 工具绘制各段直线，用 ⊓ 工具标注尺寸，用 ⫽ 工具修改尺寸，得如图 4-34 所示截面。

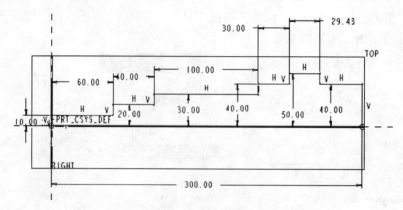

图 4-34　旋转草绘截面

步骤 4：单击主视窗右下方的 ✔ 按钮，在下面的旋转角度输入栏内输入 360，单击 ☑ 按钮即得如图 4-35 所示轴零件的模型，结果可见文件 4-3.prt。

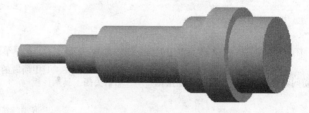

图 4-35　旋转零件模型

例 4-4 漏斗的绘制（旋转加厚草绘）。

步骤 1：单击▢按钮，或从菜单中点选"文件"→"新建"，打开新建文件菜单，取文件名为 4-4，单击"确定"，进入零件建构环境。

步骤 2：从主菜单中点选："插入"→"旋转"，在主视窗的下边出现旋转操作控制面板。选择▢按钮，选择旋转操作控制面板上的"放置"、"草绘"、"定义"，出现"草绘放置"和"草绘方向"选择面板，在主视窗中选择"FRONT 基准面"，自动出现草绘放置和草绘方向，单击 [草绘] 按钮，进入草绘环境。

步骤 3：用┆工具绘制过原点的轴心线，用╲工具绘制各段直线，用╲工具绘制圆弧，用┏工具标注尺寸，用╱工具修改尺寸，得如图 4-36 所示截面。

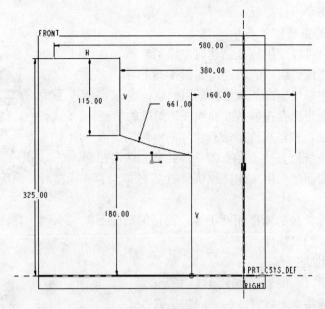

图 4-36　旋转草绘截面

步骤 4：单击主视窗右下方的 ✔ 按钮，在下面的旋转角度输入栏内输入 360，在加厚草绘厚度栏内输入 8（若方向不对可点击 ╱ 进行切换）；单击 ✔ 按钮即得如图 4-37 所示漏斗零件的模型，结果可见文件 4-4.prt。

图 4-37　旋转加厚草绘零件模型

4.4　扫描特征

扫描是通过将二维草绘截面沿着选择或绘制的轨迹移动而得到特征的方法。

4.4.1　扫描特征操作步骤

通常，要创建扫描实体特征，首先应单击主菜单上的"插入"→"扫描"→"伸出项"；然后选择或绘制"轨迹"；最后定义要扫描的"有效截面"这样就可以创建恒定截面的扫描实体特征。这个过程不需要操控板，而是使用"可变截面扫描"。当创建更复杂的扫描特征时则需要用操控板。

1. 扫描特征的轨迹定义

恒定截面扫描可以使用特征创建时草绘的轨迹，也可以使用由选定基准曲线或边组成的轨迹，如图 4-38 所示。

草绘轨迹：在草绘模式下草绘扫描用的轨迹线。

选取轨迹：选定已存在的基准曲线或边组成的轨迹。

作为一般规则，扫描轨迹必须有相邻的参照曲面或平面。

图 4-38　扫描轨迹菜单

在定义扫描时，系统检查轨迹的有效性，并建立法向曲面。法向曲面是指一个曲面反向用来建立该轨迹的 Y 轴。当存在模糊时，系统会提示选择一个法向曲面。

注意：要确保轨迹的弧度相对于要被扫描的截面不能太小，并且轨迹与自身没有相交，否则无法完成扫描特征。

2. 扫描特征的生成方式

绘制轨迹线后，系统显示如图 4-39 所示的菜单，提示有两种扫描属性，扫描特征可以有 3 种不同的生成方式。

(1) 轨迹线开放，截面闭合。这是一般情况。

(2) 轨迹闭合，截面闭合。在属性菜单项中必须选择"无内部因素"（不增加上、下表面）选项，这样生成的扫描特征为上、下不封闭的实体。

图 4-39　扫描属性菜单

(3) 轨迹闭合，截面开放。在属性菜单项中必须选择"增加内部因素"（增加上、下表面）选项，这样生成的扫描特征为上、下封闭的实体。

4.4.2　扫描特征创建举例

例 4-5　衣架的绘制（扫描：开放的轨迹、闭合的截面）。

步骤 1：单击 🗋 按钮，或从菜单中点选："文件"→"新建"，打开新建文件菜单，取文件名为 4-5，单击"确定"，进入零件建构环境。

步骤 2：从主菜单上选择"插入"→"扫描"→"伸出项"，出现扫描伸出项菜单，选取"草绘轨迹"；出现设置草绘平面菜单，选取"新设置"、"平面"；在主视窗中选取"TOP 基准面"，选取"正向"、"缺省"，进入草绘环境。

步骤 3：用 ＼ 工具绘直线，用 ＼ 工具绘圆弧，用 ⊡ 工具中的 ⌀ 工具在圆弧和直线连接处添加相切关系，用 ⊢ 工具标注尺寸，用 ⇗ 工具修改尺寸，得如图 4-40 所示扫描轨迹图形。

步骤 4：点击右边工具条下边的 ✔ 按钮，进入扫描截面草绘环境，用 ＼ 工具绘直线，用 ＼ 工具绘圆弧，用 ⊡ 工具中的 ⌀ 工具在圆弧和直线连接处添加相切关系，用 ⊢ 工具标注尺寸，用 ⇗ 工具修改尺寸，得如图 4-41 所示扫描截面图形。

步骤 5：点击右边工具条下边的 ✔ 按钮，在扫描伸出项菜单点击 确定 按钮，在主视窗中出现衣架模型，如图 4-42 所示，结果可见文件 4-5.prt。

122

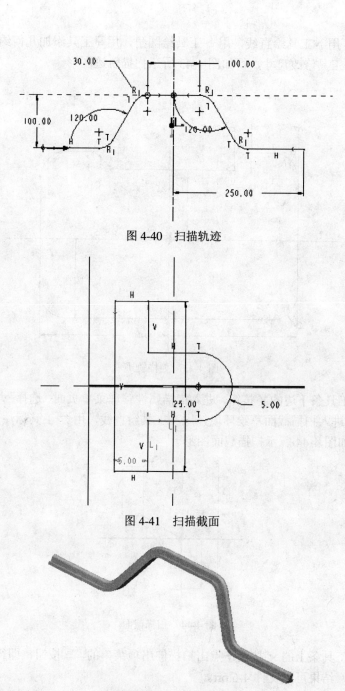

图 4-40　扫描轨迹

图 4-41　扫描截面

图 4-42　衣架模型

例 4-6　底板的绘制（扫描：闭合的轨迹，开放的截面）。

步骤 1：单击 按钮，或从菜单中点选："文件"→"新建"，打开新建文件菜单，取文件名为 4-6，单击"确定"，进入零件建构环境。

步骤 2：从主菜单上选择"插入"→"扫描"→"伸出项"，出现扫描伸出项菜单，选取"草绘轨迹"；出现设置草绘平面菜单，选取"新设置"、"平面"；在主视窗中选取"TOP 基准面"，选取"正向"、"缺省"，进入草绘环境；用 工具作互相垂直的两直线与坐标轴重合，用↘工具绘直线，用└工具绘圆角，用🔲工具添加几何约束，用↔工具标注尺寸，用✑工具修改尺寸，得如图 4-43 所示扫描轨迹图形。

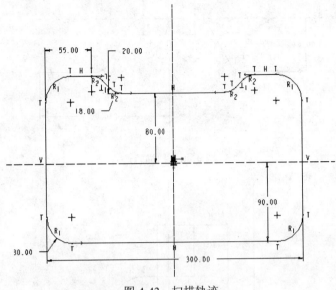

图 4-43 扫描轨迹

点击右边工具条下边的✔按钮，进入扫描属性管理菜单页面，选择"增加内部因素"，点击"完成"；进入扫描截面草绘环境，用↘工具绘直线，用↔工具标注尺寸，用✑工具修改尺寸，得如图 4-44 所示扫描截面图形。

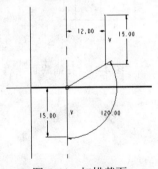

图 4-44 扫描截面

点击右边工具条上的✔按钮，点击扫描伸出项菜单的 确定 按钮，即得如图 4-45 所示扫描零件模型，结果可见文件 4-6.prt。

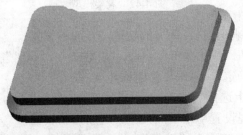

图 4-45 零件模型

124

例 4-7 隔热垫的绘制（扫描：闭合的轨迹、闭合的截面）。

步骤 1：单击 □ 按钮，或从菜单中点选："文件" → "新建"，打开新建文件菜单，取文件名为 4-7，单击"确定"，进入零件建构环境。

步骤 2：从主菜单上选择"插入" → "扫描" → "伸出项"，出现扫描伸出项菜单，选取"草绘轨迹"；出现设置草绘平面菜单，选取"新设置"、"平面"；在主视窗中选取"TOP 基准面"，选取"正向"、"缺省"，进入草绘环境。

步骤 3：用 ┊ 工具作两互相垂直的两直线与坐标轴重合及角平分线，用 ○ 工具绘圆，用 ╲ 工具绘圆弧，用 ⊡ 工具添加几何约束，用 ↤↦ 工具标注尺寸，用 ⊋ 工具修改尺寸，选择半径为 65 的圆，选择主菜单中的"编辑" → "切换构造"，使此圆变成虚线圆，得如图 4-46 所示扫描轨迹图形。

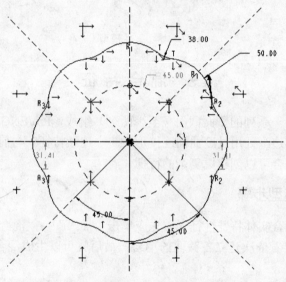

图 4-46　扫描轨迹

步骤 4：点击右边工具条下边的 ✔ 按钮，进入扫描属性管理菜单页面，选择"无内部因素"，点击"完成"；进入扫描截面草绘环境，用 ╲ 工具绘直线，用 ╲ 工具绘圆弧，用 ⊡ 添加几何关系，用 ↤↦ 工具标注尺寸，用 ⊋ 工具修改尺寸，得如图 4-47 所示扫描截面图形。

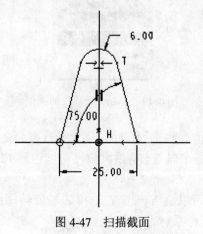

图 4-47　扫描截面

步骤 5：点击右边工具条上的 ✔ 按钮，点击扫描伸出项菜单的 确定 按钮，即得如图 4-48 所示零件模型，结果可见文件 4-7.prt。

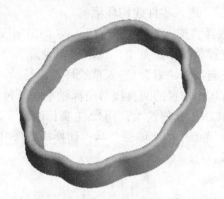

图 4-48　零件模型

4.5　混 合 特 征

一个混合特征由一系列的平面截面（至少两个）组成，Pro/ENGINEER Wildfire 4.0 将这些平面截面在其边缘处用过度曲面连接形成一个连续特征。与前面介绍的 3 种创建特征方法相比较，混合可以创建更复杂的特征。

4.5.1　混合特征造型步骤

通常，要创建混合实体特殊性征，首先应单击"插入"→"混合"→"伸出项"；然后确定混合类型；接着依次建立各截面的草绘；最后就可以生成混合特征。这个过程不需要操控板。

1. "混合选项"的类型

"混合选项"共有"平行"、"旋转的"和"一般" 3 种不同的类型，如图 4-49 所示。

图 4-49　"混合选项"的类型

(1) 平行：所有混合截面互相平行，可以指定平行截面之间的距离。

(2) 旋转的：混合截面绕 Y 轴旋转，最大角度可以达到 120°。每个截面都单独草绘，并用截面坐标系对齐。

(3) 一般：一混合截面可以绕 X 轴、Y 轴和 Z 轴旋转，也可以沿 3 个轴平移。每个截面单独草绘，并用截面坐标系对齐。

2. 混合特征截面的边数

无论哪一种混合特征类型，各个截面中的草绘图形边数必须相等，图形边数不相等时，可以用以下方法解决：

(1) 如果是多边形截面与圆形截面混合，则单击"修剪"→"分割"命令，将圆弧分成与多边形对应的段数即可生成混合特征。

(2) 如果一个截面是四边形，而另一个截面为三角形时，可选择三角形的某一点，单击"草绘"→"特征工具"→"混合顶点"，这时该点变成了小圆圈，也就作为第 4 条边。

3. 混合特征截面的起始点

绘制混合特征必须特别注意每一个截面的起始点位置和方向，Pro/ENGINEER Wildfire 4.0 以逆时针方向选取各边的默认顺序。截面的起始点位置不同，形成的混合特征就会有很大不同，如图 4-50 所示。

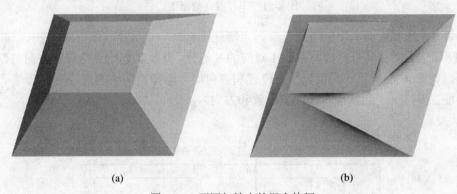

(a)   (b)

图 4-50　不同起始点的混合特征

(a) 起始点相同；(b) 起始点不同。

4.5.2　混合特征创建举例

例 4-8　瓶体的绘制（平行混合）。

步骤 1：单击▢按钮，或从菜单中点选"文件"→"新建"，打开新建文件菜单，取文件名为 4-8，单击"确定"，进入零件建构环境。

步骤 2：从主菜单中点选"插入"→"混合"→"伸出项"。进入混合选项菜单，选择"平行的"、"规则截面"、"草绘截面"，单击"完成"，进入属性菜单，选择"光滑"，单击"完成"。进入设置草绘平面菜单，选择"新设置"、"平面"，在主视窗中选取"TOP 基准面"，单击设置草绘平面菜单中的"正向"，单击设置草绘平面菜单中的"缺省"，进入第一个截面绘制环境。

步骤 3：用▢工具绘两对称中心线，用▢工具中的▢工具使其与坐标轴对齐，用▢工具绘 20×20 的矩形，用▢工具中的▢工具使矩形关于两中心线对称，用▢倒矩形的 4 个圆角，用▢工具中的▢工具使 4 个圆角相等，并修改其尺寸为 R5，得截面 1，如图 4-51 所示。

步骤 4：选择主菜单中的"草绘"→"特征工具"→"切换剖面"，绘制与截面 1 同样的剖面 2，注意起始点位置和方向与截面 1 相同。

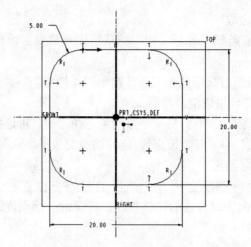

图 4-51　平行混合截面 1

　　步骤 5：选择主菜单中的"草绘"→"特征工具"→"切换剖面"，绘制一个直径为 10 的圆剖面 3，并将其分割成与截面 1 对应的 8 等分，并使其起始点位置和方向与截面 1 相对应，如图 4-52 所示（切换起始点位置和方向均可选择要切换的点，再点选"草绘"→"特征工具"→"起始点"来改变位置和方向）。

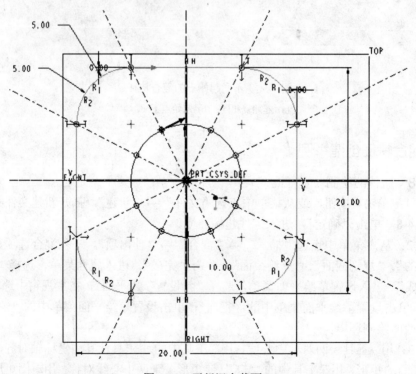

图 4-52　平行混合截面 3

　　步骤 6：选择主菜单中的"草绘"→"特征工具"→"切换剖面"；绘制与截面 3 同样的剖面 4，注意起始点位置和方向与截面 1 相同。

　　步骤 7：单击 ✔ 按钮，完成所有截面的绘制；在主视窗下边的输入截面 2 的深度栏中"输入20"，并单击☑按钮；在主视窗下边的输入截面3的深度栏中"输入20"，并单击☑按钮；在主视窗下边的输入截面4的深度栏中"输入5"，并单击☑按钮；单击右上角伸出项菜单中的"确定"按钮，完成平行混合零件的建构，主视窗中出现所绘零件的实体图形，如图4-53所示，结果可见文件4-8.prt。

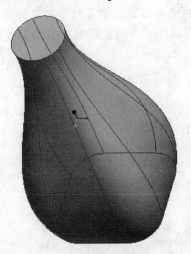

图 4-53　平行混合零件

步骤 8：若修改属性菜单中的选项，改"光滑"为"直的"，则得到如图4-54所示零件。

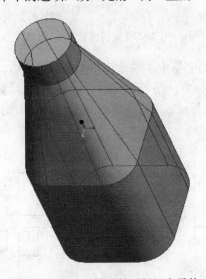

图 4-54　修改属性后的平行混合零件

例 4-9　帽子的绘制（旋转混合）。

步骤 1：单击▢按钮，或从菜单中点选"文件"→"新建"，打开新建文件菜单，取文件名为4-9，单击"确定"，进入零件建构环境。

步骤 2：从主菜单中点选"插入"→"混合"→"伸出项"。进入混合选项菜单，选择"旋转的"、"规则截面"、"草绘截面"，单击完成。进入属性菜单，选择"光滑"、"封闭"，单击"完成"。进入设置草绘平面菜单，选择"新设置"、"平面"，在主视窗中选取

"TOP 基准面"，单击设置草绘平面菜单中的"正向"，单击设置草绘平面菜单中的"缺省"，进入第一个截面绘制环境。

步骤3：用⊥工具绘制坐标系，用↘、┊、↷、∿工具绘截面线，单击⊟添加连接处的▽约束，单击▭修改尺寸标注。单击▱修改尺寸，得到如图4-55所示截面。单击✔，完成截面一的绘制（如果起始点不对或起始方向不对均可通过，草绘→特征工具→起始点，选取要改的点或要改变方向的点来改变起始点或起始方向）。

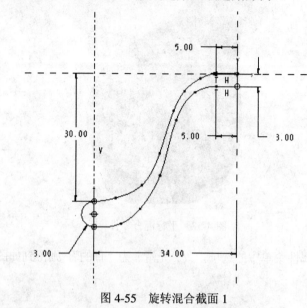

图 4-55　旋转混合截面 1

步骤4：在主视窗下边的空格中"输入转角60度"，单击✅按钮，进入第二个截面的绘制环境，用⊥工具绘制坐标系，用↘、┊、↷、∿工具绘截面线，单击⊟添加连接处的▽约束，单击▭修改尺寸标注，单击▱修改尺寸，得到如图4-56所示截面；单击✔按钮，完成截面2的绘制。

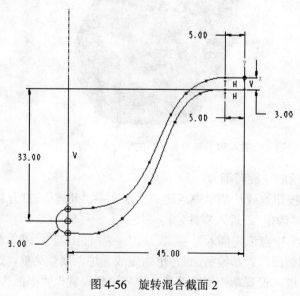

图 4-56　旋转混合截面 2

130

步骤 5：在主视窗下边的继续下一截面行中单击▣按钮，在主视窗下边的空格中"输入转角 30 度"，单击✔按钮，进入截面 3 的绘制环境，用⊹工具绘制坐标系，用╲、┊、╮、∿工具绘截面线，单击▣添加连接处的 ⟨⟩ 约束，单击┣修改尺寸标注，单击⟲修改尺寸，得到如图 4-57 所示截面；点击✔按钮，完成截面 3 的绘制。

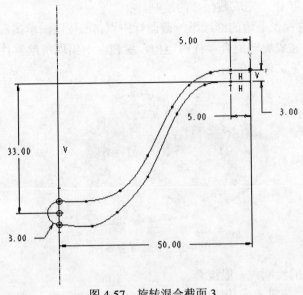

图 4-57　旋转混合截面 3

步骤 6：在主视窗下边的继续下一截面行中单击▣按钮，在主视窗下边的空格中"输入转角 30 度"，单击✔按钮，进入截面 4 的绘制环境，由于截面 4 和截面 2 一样，可通过选择"草绘"→"数据来自文件"→"文件系统"，进入打开文件页面，点击▣按钮，选择截面 2，在主视窗内单击一下，在右上角的缩放旋转菜单中"输入比例 1"，单击缩放旋转菜单中的✔按钮，完成截面 4 的绘制。

步骤 7：在主视窗下边的继续下一截面行中点击▣按钮，在主视窗下边的空格中"输入转角 60 度"，单击✔按钮，进入截面 5 的绘制环境，由于截面 5 和截面 1 一样，可通过选择"草绘"→"数据来自文件"→"文件系统"，进入打开文件页面，点击▣按钮，选择截面 1，在主视窗内单击一下，在右上角的缩放旋转菜单中"输入比例 1"，单击缩放旋转菜单中的✔，完成截面 5 的绘制。

步骤 8：在主视窗下边的继续下一截面行中点击▣按钮，在主视窗下边的空格中"输入转角 60 度"，单击✔，进入截面 6 的绘制环境，由于截面 6 和截面 2 一样，可通过选择"草绘"→"数据来自文件"→"文件系统"，进入打开文件页面，点击▣按钮，选择截面 2，在主视窗内单击一下，在右上角的缩放旋转菜单中"输入比例 1"，单击缩放旋转菜单中的✔按钮，完成截面 5 的绘制。

步骤 9：在主视窗下边的继续下一截面行中点击▣按钮，在主视窗下边的空格中"输入转角 30 度"，单击✔按钮，进入截面 7 的绘制环境，由于截面 7 和截面 3 一样，可通过选择"草绘"→"数据来自文件"→"文件系统"，进入打开文件页面，点击▣按钮，选择截面 3，在主视窗内单击一下，在右上角的缩放旋转菜单中"输入比例 1"，单击缩放旋转菜单中的✔按钮，完成截面 7 的绘制。

步骤 10：在主视窗下边的继续下一截面行中点击▣按钮，在主视窗下边的空格中"输入转角 30 度"，单击✔按钮，进入截面 8 的绘制环境，由于截面 8 和截面 2 一样，可通过选择"草绘"→"数据来自文件"→"文件系统"，进入打开文件页面，点击▤按钮，选择截面 2，在主视窗内单击一下，在右上角的缩放旋转菜单中"输入比例 1"，单击缩放旋转菜单中的✔按钮，完成截面 8 的绘制。

步骤 11：在主视窗下边的继续下一截面行中点击▣按钮，单击右上角伸出项菜单中的"确定"按钮，完成旋转混合零件的建构，主视窗中出现所绘零件的实体图形，如图 4-58 所示，结果可见文件 4-9.prt。

图 4-58　旋转混合零件

例 4-10　拉手的绘制（一般混合）。

步骤 1：单击▫按钮，或从菜单中点选"文件"→"新建"，打开新建文件菜单，取文件名为 4-10，单击"确定"，进入零件建构环境。

步骤 2：从主菜单中点选"插入"→"混合"→"伸出项"。进入混合选项菜单，选择"一般的"、"规则截面"、"草绘截面"，单击完成。进入属性菜单，选择"光滑"，单击"完成"。进入设置草绘平面菜单，选择"新设置"、"平面"，在主视窗中选取"TOP 基准面"，单击设置草绘平面菜单中的"正向"，单击设置草绘平面菜单中的"缺省"，进入第一个截面绘制环境，用⤴工具绘制坐标系和用⬭工具绘截面线，修改尺寸，得到如图 4-59 所示截面；单击✔按钮，完成截面 1 的绘制。

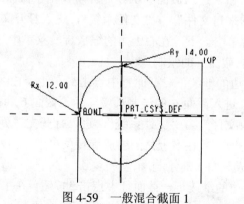

图 4-59　一般混合截面 1

步骤 3：给截面 2 输入 X 轴"转角 70 度"，Y 轴"转角 70 度"，Z 轴"转角 0 度"；用⤴工具绘制坐标系和用⬭工具绘制截面线，修改尺寸，得到如图 4-60 所示的截面；单击✔按钮，完成截面 2 的绘制。

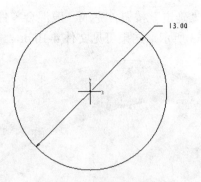

图 4-60　一般混合截面 2

步骤 4：在主视窗下边的继续下一截面行中点击▣按钮，给截面 3 输入 X 轴"转角 30 度"，Y 轴"转角 10 度"，Z 轴"转角 0 度"；用⚸工具绘制坐标系和用◻工具绘截面线，修改尺寸，得到如图 4-61 所示的截面；单击✔按钮，完成截面 3 的绘制。

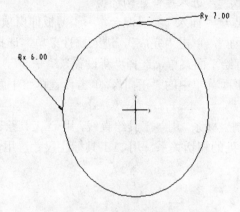

图 4-61　一般混合截面 3

步骤 5：在主视窗下边的继续下一截面行中点击▣按钮，给截面 4 输入 X 轴"转角 0 度"，Y 轴"转角 0 度"，Z 轴"转角 0 度"；用⚸工具绘制坐标系和用◻工具绘截面线，修改尺寸，得到如图 4-62 所示的截面；单击✔按钮，完成截面 4 的绘制。

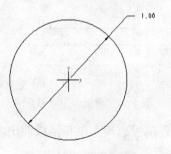

图 4-62　一般混合截面 4

步骤 6：在主视窗下边的继续下一截面行中点击▣按钮；在主视窗下边的输入框内输入截面 2 的"深度 33"，并单击✔按钮；在主视窗下边的输入框内输入截面 3 的"深度 50"，并单击✔按钮；在主视窗下边的输入框内输入截面 4 的"深度 20"，并单击✔按钮；

单击右上角伸出项菜单中的"确定"按钮，完成一般混合零件的建构，主视窗中出现所绘零件的实体图形，如图4-63所示，结果可见文件4-10.prt。

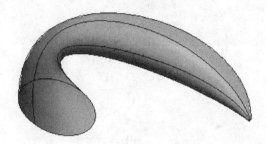

图4-63　一般混合零件模型

例4-11　坐椅面的绘制。

步骤1：单击□按钮，或从菜单中点选"文件"→"新建"，打开新建文件菜单，取文件名为4-11，单击"确定"，进入零件建构环境。

步骤2：从主菜单中点选"插入"→"混合"→"薄板伸出项"。进入混合选项菜单，选择"旋转的"、"规则截面"，单击"完成"。进入属性菜单，选择"光滑"、"开放的"，单击"完成"。进入设置草绘平面菜单，选择"新设置"、"平面"，在主视窗中选取"TOP基准面"，单击设置草绘平面菜单中的"正向"，单击设置草绘平面菜单中的"缺省"，进入第一个截面绘制环境。

步骤3：用┴工具绘制坐标系，用╲工具绘直线，用╲工具绘圆弧，用╲工具绘直线，用回中的╲工具添加连接处的相切关系，用┍工具标注尺寸，用╱工具修改尺寸，得如图4-64所示截面。

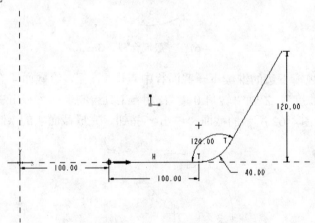

图4-64　薄板伸出项截面1

步骤4：单击☑按钮，出现薄板选项菜单和薄板伸出方向图，选择"正向"，出现薄板伸出方向，如图4-65所示。

步骤5：在主视窗下边的截面2绕Y轴旋转的角度栏内"输入30度"，单击☑按钮，进入截面2的绘制环境。用┴工具绘制坐标系，用┊工具绘制通过坐标原点的互相垂直的两直线，用╲工具绘直线，用╲工具绘圆弧，用╲工具绘直线，用回中的╲工具添加连接处的相切关系，用┍工具标注尺寸，用╱工具修改尺寸，得如图4-66所示截面2。

134

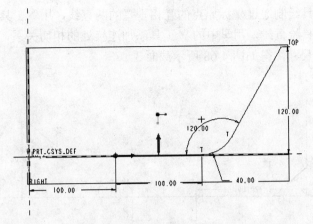

图 4-65 薄板伸出方向图

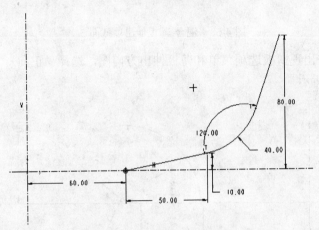

图 4-66 混合薄板伸出项截面 2

单击☑按钮，出现薄板选项菜单和薄板伸出方向图，选择"正向"，出现薄板伸出方向图，如图 4-67 所示。

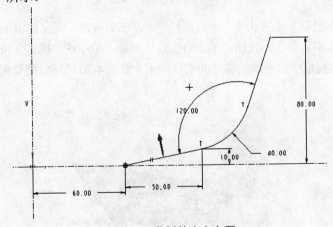

图 4-67 薄板伸出方向图

步骤 6：在主视窗下边的继续下一截面栏中，单击▣按钮，在主视窗下边的截面 3 绕 Y 轴旋转的角度栏内"输入 30 度"，单击☑按钮，进入截面 3 的绘制环境。用↙工具绘制坐标系，用⬚工具绘制通过坐标原点的互相垂直的两直线，用◥工具绘直线，用◥工具绘圆弧，用◥工具绘直线，用⬚中的⬚工具添加连接处的相切关系，用⬚工具标注尺寸，用◢工具修改尺寸，得如图 4-68 所示截面 3。

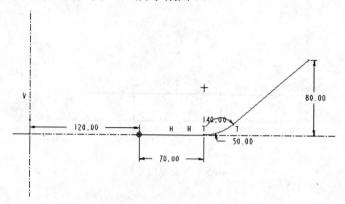

图 4-68　混合-薄板伸出项截面 3

单击✓按钮，出现薄板选项菜单和薄板伸出方向图，选择"正向"，出现薄板伸出方向图，如图 4-69 所示。

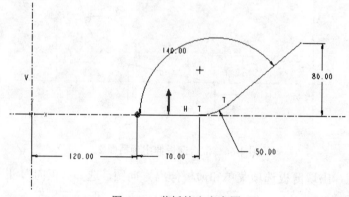

图 4-69　薄板伸出方向图

步骤 7：在主视窗下边的继续下一截面栏中，单击⬚按钮，在主视窗下边的输入薄体特征宽度栏内"输入 5"，单击✓按钮；单击右上角伸出项菜单中的"确定"按钮，完成混合薄板零件的建构，主视窗中出现所绘零件的实体图形，如图 4-70 所示，结果可见文件 4-11.prt。

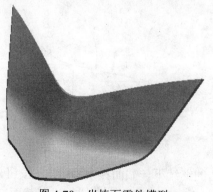

图 4-70　坐椅面零件模型

注意：由于篇幅的原因，还有混合减材料（切口）及薄板伸出项中的平行混合、一般混合的例子未举，教师可根据情况举例说明。

4.6　扫描混合特征

扫描混合命令使用一条（或两条）轨迹线与几个剖面来创建一个实体（曲面）特征，这种特征同时具有扫描与混合的效果。

例 4-12　扫描混合实体特征创建举例。

步骤 1：选择"文件"→"新建"，在弹出的对话框中选择"零件"选项进入零件环境。

步骤 2：选择主菜单中的"插入"→"扫描混合"，系统弹出操控板，如图 4-71 所示。

步骤 3：单击"基准"工具栏中的"草绘工具"按钮，系统弹出"草绘"对话框，选择 FRONT 面作为草绘平面，单击"草绘"按钮进入草绘环境。

步骤 4：在绘图区绘制如图 4-72 所示的图形，单击右工具栏中 ✔ 按钮，退出草绘环境。

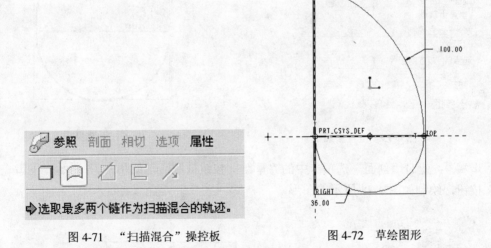

图 4-71　"扫描混合"操控板　　　　图 4-72　草绘图形

步骤 5：在"基准"工具栏中单击"基准点工具"按钮，系统打开"基准点"对话框，如图 4-73 所示。

步骤 6：在刚绘制的曲线上单击一点作为 PNT0 点，设置"偏置"距离为"0.4"，"偏移参照"为"曲线末端"，预览效果如图 4-74 所示。

步骤 7：单击操控板中 按钮，继续创建扫描混合特征，打开"参照"选项卡，选择刚创建的轨迹线为轨迹，设置"剖面控制"为"垂直于轨迹"，如图 4-75 所示。

步骤 8：单击"剖面"标签，系统弹出"剖面"选项卡，在绘图区选择起始点，如图 4-76 所示。

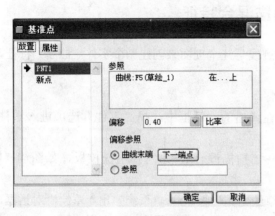

图 4-73　"基准点"对话框

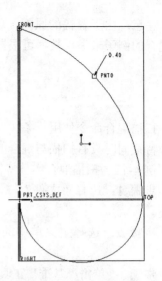

图 4-74　预览效果

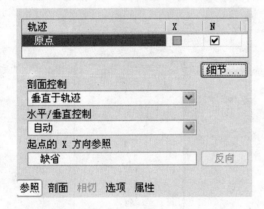

图 4-75　设置参照

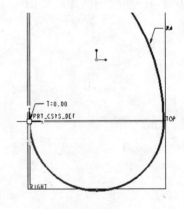

图 4-76　选择点

步骤 9：此时"剖面"选项卡中的"草绘"按钮被激活，如图 4-77 所示，单击"草绘"按钮，绘制如图 4-78 所示的图形。

图 4-77　"剖面"选项卡

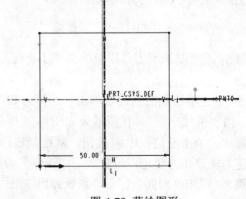

图 4-78　草绘图形

步骤 10：绘制完成后退出草绘环境，返回到刚才的"剖面"选项卡，此时"插入"按钮被激活。

步骤 11：单击"插入"按钮，选择 PNT0 作为起始点，设置相关参数，如图 4-79 所示。

步骤 12：单击"草绘"按钮，绘制如图 4-80 所示的图形。

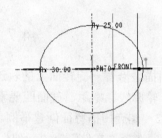

图 4-79　插入剖面　　　　　　　　　　图 4-80　绘制剖面 2

步骤 13：在"草绘"菜单中取消对"目的管理器"项的勾选，系统弹出菜单管理器，如图 4-81 所示。

步骤 14：选择"几何形状工具"菜单中的"分割"命令，对图形进行分割，分割效果如图 4-82 所示。

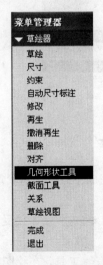

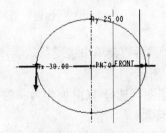

图 4-81　菜单管理器　　　　　　　　图 4-82　调整方向

步骤 15：选择轨迹线的顶点，绘制如图 4-83 所示的图形并进行分割。

步骤 16：最后创建的效果如图 4-84 所示，结果可见文件 4-12.prt。

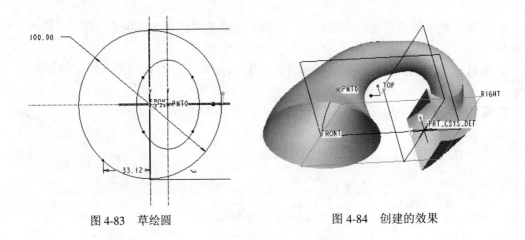

图 4-83　草绘圆　　　　　　　　　　图 4-84　创建的效果

4.7　螺 旋 扫 描

　　螺旋扫描是沿着一旋转面上的轨迹线来扫描以产生螺旋状的特征。特征的建立需要有旋转轴、轮廓线、螺距、截面四要素。用螺旋扫描命令可以创建弹簧和螺纹。

　　例 4-13　螺旋扫描特征创建举例。

　　步骤 1：选择"文件"→"新建"，系统弹出"新建"对话框，在"类型"区域中选择"零件"项，单击"确定"按钮，新建零件文件。

　　步骤 2：选择"插入"→"螺旋扫描"→"伸出项"，系统弹出螺旋扫描对话框和"属性"菜单，如图 4-85 所示。

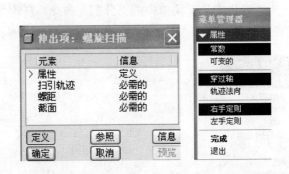

图 4-85　螺旋扫描对话框和"属性"菜单

　　步骤 3：在"属性"菜单中接受默认选项，单击"完成"命令，系统弹出"设置平面"菜单，如图 4-86 所示。

　　步骤 4：在绘图区选择 TOP 面作为草绘平面，如图 4-87 所示，接受系统的其他默认选项，进入草绘环境。

　　步骤 5：在绘图区绘制扫描轨迹线，使用中心线和直线工具，在绘图区绘制如图 4-88 所示的轨迹线。

　　步骤 6：单击工具栏中 ✔ 按钮，退出草绘环境，系统提示输入节距值，如图 4-89 所示，输入弹簧节距值为"3"，单击后面的"是"按钮。

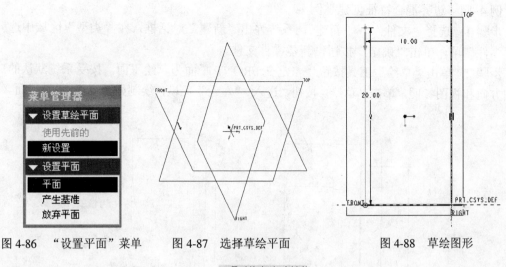

| 图 4-86 "设置平面"菜单 | 图 4-87 选择草绘平面 | 图 4-88 草绘图形 |

图 4-89 输入节距

步骤 7：系统接着显示如图 4-90 所示的提示信息，在绘图区绘制如图 4-91 所示的弹簧横截面。

| 图 4-90 提示信息 | 图 4-91 草绘截面 |

步骤 8：绘制完成后单击右工具栏中的按钮 ✔，系统提示选择命令，在特征创建对话框中单击"确定"按钮，最后创建的特征如图 4-92 所示，结果可见文件 4-13.prt。

图 4-92 创建效果

4.8 边界混合

当曲面呈现平滑但无明显的截面与轨迹时，常以曲线的各种用法先绘制其外形上的关键线型，创建出曲面的边界线，然后再利用"边界混合"命令，以边界线将这些曲线围成一张曲面。这样的曲面称为边界混合曲面。

例 4-14 边界混合特征创建举例。

步骤 1：选择"文件"→"新建"，系统弹出"新建"对话框，在"类型"区域中选择"零件"项，单击"确定"按钮，新建零件文件。

步骤 2：单击"草绘"工具按钮，定义 FRONT 平面为草绘平面，按受系统默认的视图方向和视图参照，单击"草绘"按钮，进入"草绘"环境，绘制如图 4-93 所示截面。

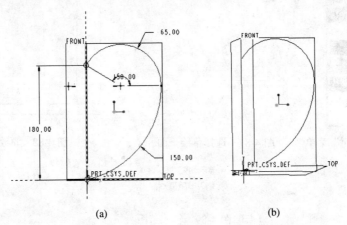

(a)   (b)

图 4-93 边界曲线 1 的截面尺寸和完成效果

步骤 3：单击"草绘"工具按钮，定义 RIGHT 平面为草绘平面，按受系统默认的视图方向，设置 TOP 平面正方向指向顶部为视图参照，单击"草绘"按钮，进入"草绘"环境，绘制如图 4-94 所示截面。

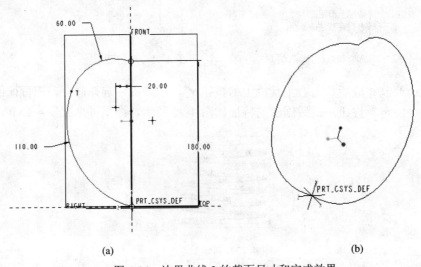

(a)   (b)

图 4-94 边界曲线 2 的截面尺寸和完成效果

步骤 4：选取边界曲线 1，执行"编辑"→"镜像"，选取 RIGHT 平面为镜像参照平面，单击中键完成镜像，如图 4-95 所示。

步骤 5：执行"插入"→"边界混合"，或单击图标，系统弹出"边界混合"操控板，如图 4-96 所示。

142

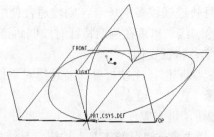

图 4-95　曲线 3 完成图

图 4-96　"边界混合"操控板

步骤 6：依次选择 3 条曲线，如图 4-97 所示，单击 ✔，完成边界混合曲面建构。

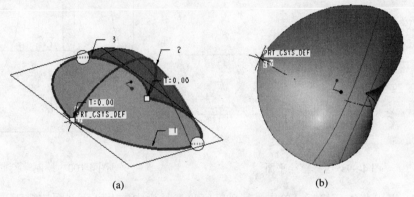

(a)　　　　　　　　　　　　(b)

图 4-97　边界混合曲面选择和完成效果

步骤 7：以 FRONT 基准面为镜像参考面，镜像所作曲面，即得心形玩具汽球曲面，如图 4-98 所示，结果可见文件 4-14.prt。

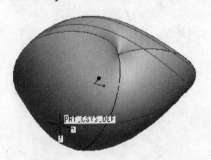

图 4-98　心形玩具汽球曲面

4.9　可变截面扫描

"可变截面扫描"命令用于建立一个可变化的截面，此截面将沿着轨迹线和轮廓线进行扫描操作。截面的形状大小将随着轨迹线和轮廓线的变化而变化。当给定的截面较少，轨迹线的尺寸很明确，且轨迹线较多的场合，则较适合使用可变剖面扫描，可选择现有的基准线作为轨迹线或轮廓线，也可在构造特征时绘制轨迹线或轮廓线。

例 4-15 可变截面扫描实体特征实例。

步骤 1：选择"文件"→"新建"，系统打开"新建"对话框，单击"零件"单选按钮，在"子类型"区域中选择"实体"项。

步骤 2：单击"确定"按钮，进入零件环境。

步骤 3：在"基准"工具栏中单击"草绘工具"按钮，系统打开"草绘"对话框，选择 TOP 面作为草绘平面，RIGHT 面作为参考平面，如图 4-99 所示。

步骤 4：单击"草绘"按钮，进入草绘环境，在右工具栏中单击 ∿ 和 ╲ 按钮，创建样条曲线和直线，创建效果如图 4-100 所示。

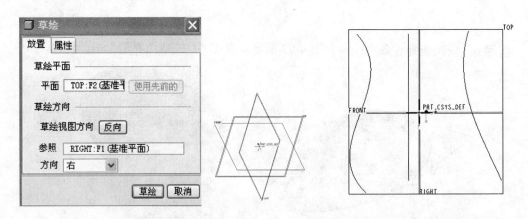

图 4-99　选择草绘平面　　　　　　　　　图 4-100　绘制草绘曲线

步骤 5：退出草绘环境后，单击"基础特征"工具栏中的"可变剖面扫描工具"按钮，然后按住 Ctrl 键分别选取这 3 条线（先选择直线），如图 4-101 所示。

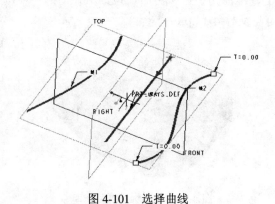

图 4-101　选择曲线

步骤 6：在操控板中单击"参照"标签，系统弹出选择卡，如图 4-102 所示。

步骤 7：选择中间的线作为原点轨迹，并设定左侧的轨迹线作为 X 向轨迹，如图 4-103 所示。

步骤 8：在扫描特征操控板中单击 ✎ 按钮，进入草绘环境。

144

步骤9：使用矩形工具绘制如图4-104所示的矩形，退出草绘环境后单击操控板中的"应用"按钮，完成特征的创建，创建效果如图4-105所示。

图4-102　参照选择卡

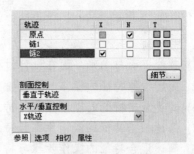

图4-103　设置轨迹

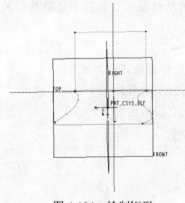

图4-104　绘制矩形

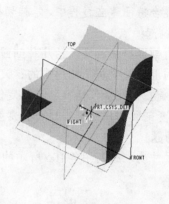

图4-105　创建效果

本 章 小 结

本章介绍了草绘、拉伸、旋转、扫描、混合（平行、旋转、一般）、扫描混合、螺旋扫描、边界混合、可变剖面扫描等特征的绘制方法，为用户创建实体模型提供强有力的工具。

各特征的特点和用途归纳如下：

特点、用途 特征类型	截面形状	截面大小	截面方向	用　途
拉伸	—	—	—	外形较为简单、规则的实体或曲面成形
旋转	—	可变	—	内孔截面大小有变化的轴、圆盘类实体
扫描	—	—	连续可变	能够找到截面轨迹变化的特征的设计
混合	可变	可变	变化有限	截面之间形状和方向变化不大的零件
扫描混合	可变	可变	可变	具有混合和扫描的共同特征
螺旋扫描	—	—	可变	截面具有螺旋变化规律的零件
边界混合	可变	可变	可变	外形变化较大的曲面
可变截面扫描	—	可变	—	使用可以变化的剖面创建扫描特征。用于创建曲面变化更加丰富的场合

思考与练习题

1．思考题

(1) 草绘平面与参照平面在设计过程中的作用是什么？

(2) 简述拉伸特征的操作步骤与特点。

(3) 简述旋转特征的操作步骤与特点。

(4) 简述扫描特征的操作步骤与特点。

(5) 简述混合特征的操作步骤与特点。

(6) 比较 3 种混合特征的异同。

(7) 在混合特征建立过程中，怎样切换到不同的特征截面？如何保证各特征的边数相同？如何控制起始点？

(8) 可变剖面扫描特征包括几种剖面定位方式？

(9) 扫描混合特征是怎样形成的？该特征包括几种截面定位方式？

(10) 螺旋扫描特征包括几种截面定位方式？怎样实现螺距可变？

(11) 可变剖面扫描与扫描混合有哪些相似性？它们的区别是什么？

2．练习题

(1) 按尺寸要求绘制图 4-106 所示的二维草绘图形。

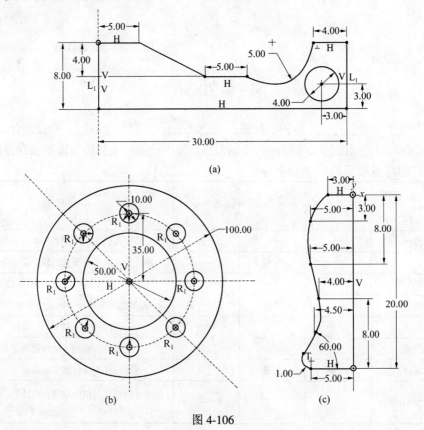

(a)

(b)　　　　　　　　(c)

图 4-106

146

(2) 拉伸特征题（图 4-107）。

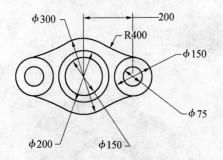

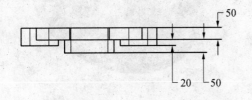

（a）

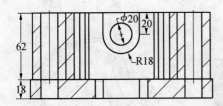

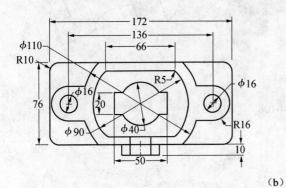

（b）

图 4-107

(3) 旋转特征题（图 4-108）。

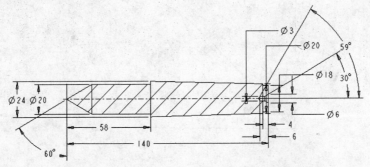

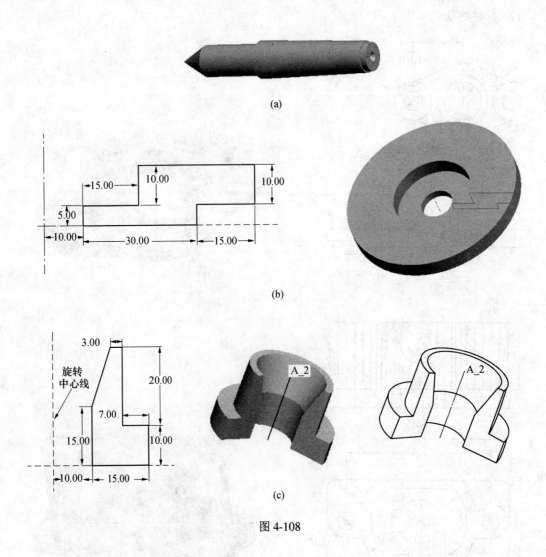

(a)

(b)

(c)

图 4-108

(4) 扫描特征题（图 4-109）。

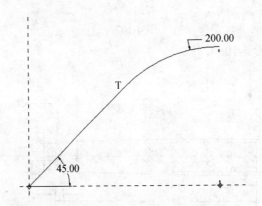

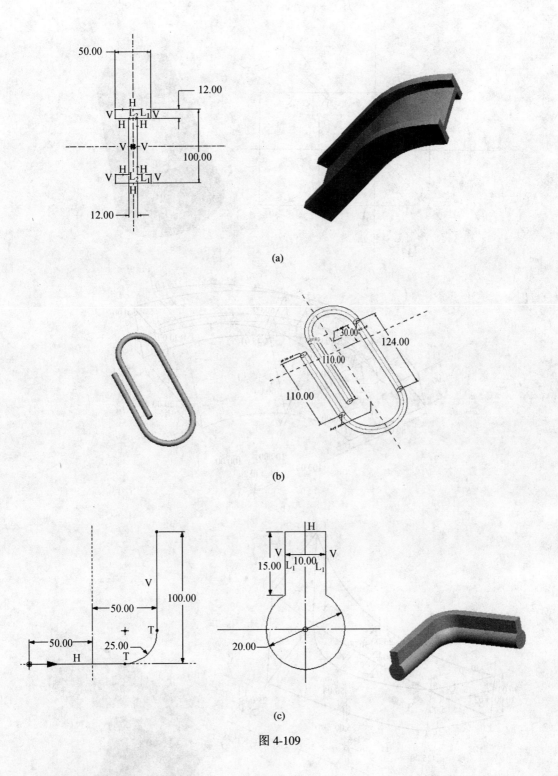

(a)

(b)

(c)

图 4-109

(5) 混合特征题（图 4-110）。
平行混合深度 100。

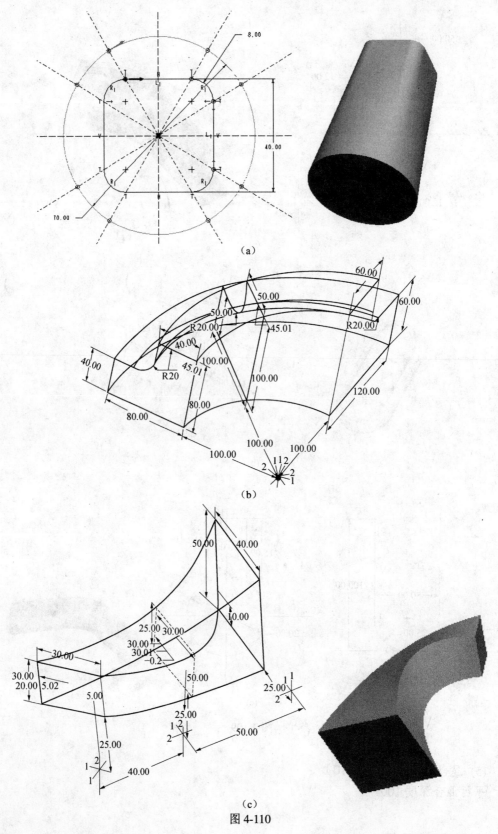

（a）

（b）

（c）

图 4-110

150

(6) 扫描混合特征题（图 4-111）。

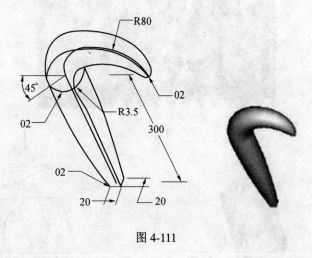

图 4-111

(7) 螺旋扫描特征题（图 4-112）。

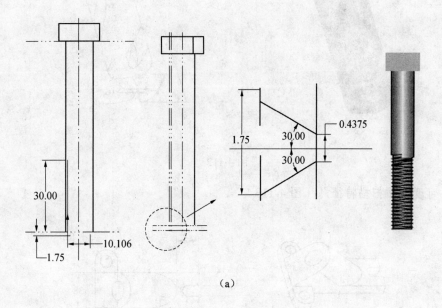

（a）

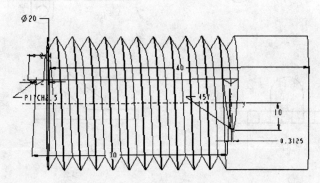

151

(b)

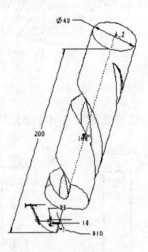

(c)

图 4-112

(8) 可变截面扫描特征题（图 4-113）。

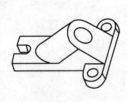

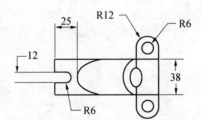

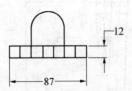

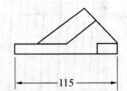

（a）

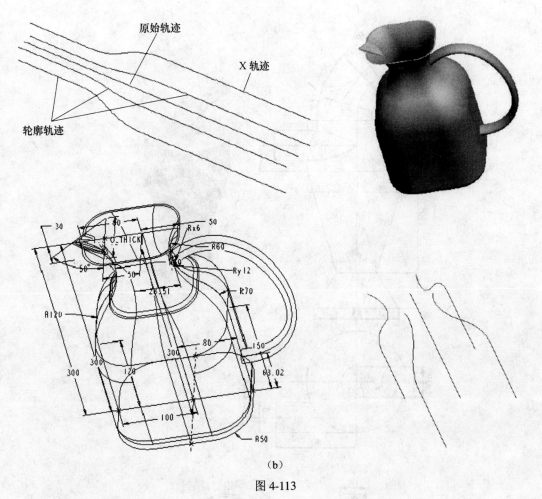

图 4-113

(9) 综合题（图 4-114）。

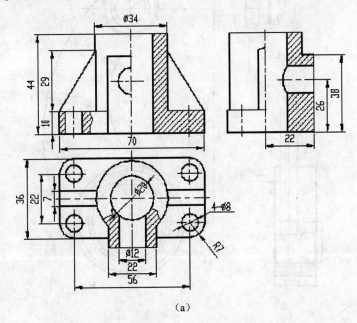

（a）

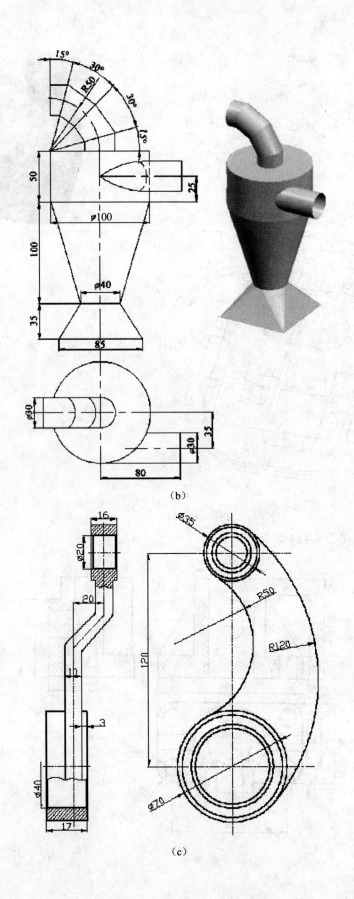

（b）

（c）

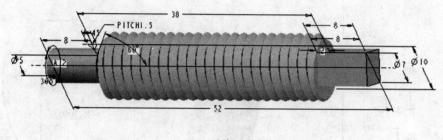

（d）

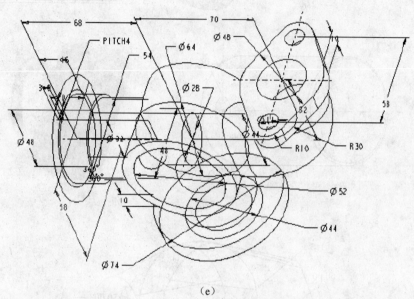

（e）

A—A

其余 ∇

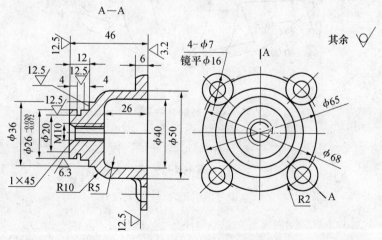

（f）

155

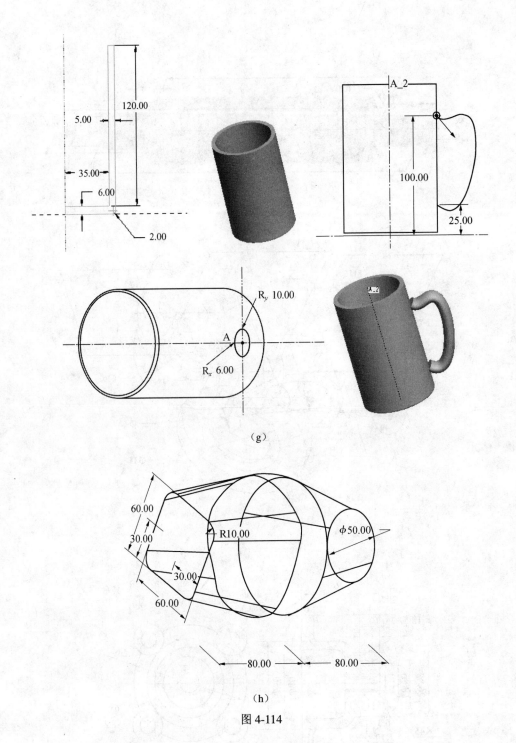

（g）

（h）

图 4-114

第 5 章　三维工程特征建模

Pro/ENGINEER Wildfire 4.0 提供了许多类型的放置特征，如孔特征、倒角特征、抽壳特征、筋特征和拔模特征等。在零件建模过程中使用放置特征，用户一般需要给系统提供以下信息：放置特征的位置和放置特征的尺寸。

5.1　孔　特　征

在 Pro/ENGINEER Wildfire 4.0 中，把孔分为"简单孔"、"草绘孔"和"标准孔"。除使用前面讲述的减料功能制作孔外，还可直接使用 Pro/ENGINEER Wildfire 4.0 提供的"孔"命令，从而更方便、快捷地制作孔特征。

在使用"孔"命令制作孔特征时，只需指定孔的放置平面并给定孔的定位尺寸及孔的直径、深度即可。

5.1.1　孔的定位方式

使用"孔"命令建立孔特征，应指定孔的放置平面并标注孔的定位尺寸，系统提供了 4 种标注方法，即线性、径向、直径、同轴。

建立孔特征的操作：单击"插入"→"孔"，或单击 按钮，打开如图 5-1 所示的孔特征操控板。该面板中各功能选项的意义说明如下。

图 5-1　孔特征操控板

放置：单击该按钮，显示如图 5-2 所示的面板，在该面板上可进行放置孔特征的操作。

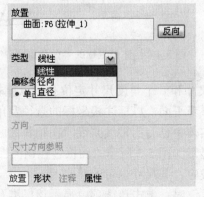

图 5-2　在面板上进行放置孔特征的操作

放置（图5-2所示面板中的）：该栏中定义孔的放置平面信息。

偏置参照：在该栏定义孔的定位信息。

反向：改变孔放置的方向。

线性：使用两个线性尺寸定位孔，标注孔中心线到实体边或基准面的距离，如图5-3所示，标注的信息将显示在图5-2所示的面板中。

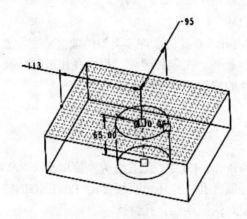

图5-3　使用两个线性尺寸定位孔

径向：使用一个线性尺寸和一个角度尺寸定位孔，以极坐标的方式标注孔的中心线位置。此时应指定参考轴和参考平面，以标注极坐标的半径及角度尺寸，如图5-4所示。

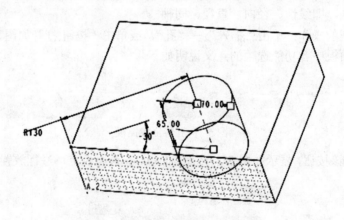

图5-4　标注极坐标的半径及角度

直径：使用一个线性尺寸和一个角度尺寸定位孔，以直径的尺寸标注孔的中心线位置，此时应指定参考轴和参考平面，以标注极坐标的直径及角度尺寸。

同轴：使孔的轴线与实体中已有的轴线共线，在轴和曲面的交点处放置孔。

形状：单击此按钮，显示如图5-5所示的面板。在该面板上设置孔的形状及其尺寸，并可对孔的生成方式进行设定，其尺寸也可即时修改。

注释：当生成"标准孔"时，单击该选项，显示该标准孔的信息。

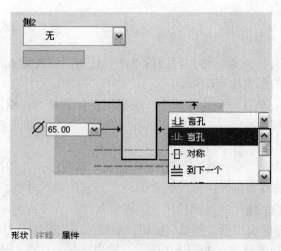

图 5-5　设置孔形状及其尺寸的面板

属性：单击该选项，在打开的面板中显示孔的名称（可进行更改）及其相关参数信息。

: 创建"简单孔"。

: 进入"草绘孔"创建。

: 打开一个草绘文件。

: 进入草绘环境绘制一个剖面。

: 在该栏显示或修改孔的直径尺寸。

: 该按钮的下拉列表中显示孔的各种生成方式，可根据需要进行选定。

: 设置单侧深度，在右侧文本框内输入孔深度值，也可以从下拉列表中选择最近使用过的深度值。

: 设置双侧深度，孔特征将在放置平面的两侧各延伸指定深度值的一半。

: 延伸到特征生成方向的下一个曲面。

: 穿透实体模型。

: 延伸到特征生成方向的指定曲面。

: 延伸到指定的参照点、参照平面、参照曲面。

: 创建标准孔，操控板显示如图 5-6 所示内容。

: 设置标准孔的螺纹类型，包括 ISO、UNC、UNF 三个标准。

: 输入或选择螺钉尺寸。

: 以攻丝钻孔方式生成符合相应标准的孔径。

: 孔的形状为埋头孔钻孔。

: 孔的形状为沉头孔钻孔。

图 5-6　创建标准孔的操控板

5.1.2 简单孔

简单孔具有单一直径参数，结构较为简单，设计时只需指定孔的直径和深度并指定孔轴线在基础实体上的放置位置即可。

使用"孔"命令，在孔特征操控板中，通过选定放置平面，给定孔的形状尺寸及定位尺寸即可完成孔特征。

例5-1 建立简单孔举例。

步骤1：单击"插入"→"孔"，或单击 按钮，系统显示孔特征操控板。

步骤2：选择孔的放置平面，依次拖孔的两个方向的动尺寸柄，确定孔的定位方式。

步骤3：修改孔的定位尺寸、直径尺寸、深度尺寸。

步骤4：单击控制面板中的"预览"按钮，观察生成的孔特征，单击控制面板中的 按钮，完成简单孔特征的建立，如图5-7所示，结果可见文件5-1.prt。

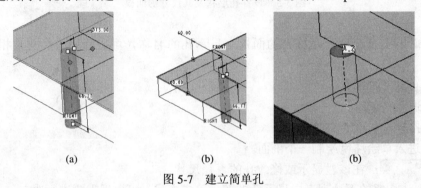

图5-7 建立简单孔

提示：建立简单孔，只需选定放置平面，给定形状尺寸与定位尺寸即可，而不需要设置草绘面、参考面等，这也是将孔特征归为放置特征的原因。

5.1.3 草绘孔

草绘孔具有相对复杂的剖面结构，首先通过草绘的方法绘制孔的剖面来确定孔的形状和尺寸，然后选取恰当的定位参照来正确放置孔特征，先创建草绘剖面，从而确定孔特征的形状。其特征生成原理与旋转减料特征类似。

例5-2 建立草绘孔举例。

步骤1：单击"插入"→"孔"，或单击 按钮，系统显示孔特征操控板。

步骤2：单击 按钮，选择 打开一个草绘文件或单击 按钮进入草绘环境绘制一个剖面。

步骤3：在草绘状态绘制一条旋转中心线和剖面，并标注尺寸。

步骤4：单击 按钮，系统返回孔特征操控板。

步骤5：选择孔的放置平面，依次拖孔的两个方向的动尺寸柄，确定孔的定位方式。

步骤6：修改孔的定位尺寸、直径尺寸、深度尺寸。

步骤7：单击"预览"按钮 ，观察完成的孔特征；单击 按钮，完成草绘孔特征建立，如图5-8所示，结果可见文件5-2.prt。

提示：绘制的剖面至少要有一条边与旋转中心线垂直。

160

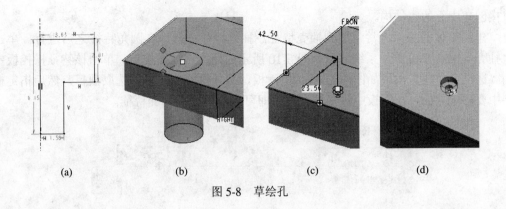

(a)　　　　　　(b)　　　　　　(c)　　　　　　(d)

图 5-8　草绘孔

5.1.4　标准孔

标准孔广泛应用于创建螺纹孔等生产中，根据行业标准指定相应参数来确定孔的大小和形状后，再指定参照来放置孔特征。

Pro/ENGINEER 2001 以后的版本中新增了"标准孔"类型（ISO、UNC、UNF 三个标准）并允许用户选择孔的形状，如埋头孔、沉孔等。建立标准孔的过程与前述两种孔的建立过程基本上是一样的，下面以实例说明其具体操作过程。

例 5-3　建立标准孔举例。

步骤 1：单击"插入"→"孔"，或单击 按钮，系统显示孔特征操控板。

步骤 2：单击 按钮，单击 按钮，修改螺纹制式和参数。

ISO　　　　M16x1.5　　　　43.50

步骤 3：选择孔的放置平面，依次拖孔的两个方向的动尺寸柄，确定孔的定位方式。

步骤 4：修改孔的定位尺寸、直径尺寸、深度尺寸。

步骤 5：单击"预览"按钮 ，观察完成的孔特征；单击 按钮，完成标准孔特征建立，如图 5-9 所示，结果可见文件 5-3.prt。

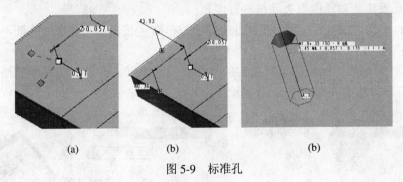

(a)　　　　　　　(b)　　　　　　　(b)

图 5-9　标准孔

5.2　壳 特 征

使用壳特征创建的模型具有较少的材料消耗和较轻的质量。壳特征常用于塑料或铸造零件中，成品是将实体内部挖空，获得均匀的薄壁结构，用户甚至可以不选择任何面，

161

直接创建中空的壳结构。

　　建立箱体类零件，常常用到抽壳特征。抽壳特征一般放在圆角特征之后进行。单击"抽壳"工具按钮回，系统显示如图 5-10 所示的抽壳特征操控板。单击该特征操控板中的"选项"按钮，出现如图 5-11 所示上滑板，选择排除曲面中的选取项目，然后指定模型中要移走的面，在面板中设定抽壳厚度即可完成模型的抽壳特征。

图 5-10　抽壳特征操控板

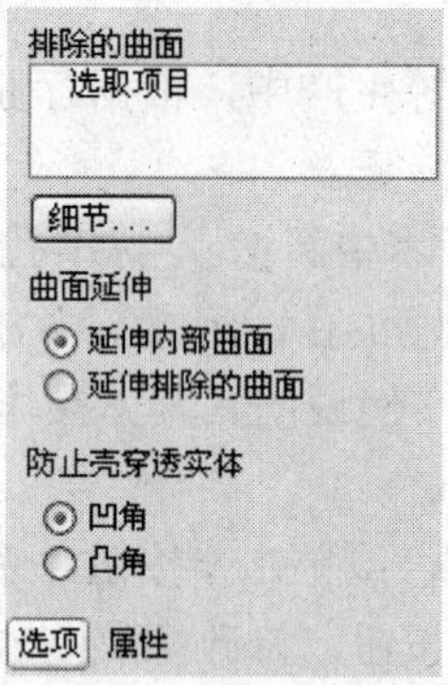

图 5-11　"选项"按钮上滑板

　　例 5-4　建立壳特征举例。

　　步骤 1：单击"插入"→"壳"，或单击回按钮，打开抽壳特征操控板。

　　步骤 2：在模型中选择要移除的面。如果要移走多个面，应按下 Ctrl 键，然后依次单击要移走的面。

　　步骤 3：设定壳体厚度及去除材料方向。

　　步骤 4：单击"预览"按钮，观察抽壳情况，单击☑按钮，完成抽壳特征，如图 5-12 所示，结果可见文件 5-4.prt。

　　提示：在"参照"面板中可对指定的抽壳面设定厚度，产生不同厚度的抽壳特征，如图 5-13 所示，结果可见文件 5-4-1.prt。

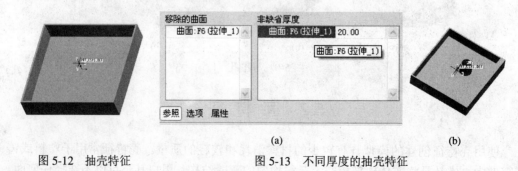

(a)　　　　　　　　　　　　　　　　　(b)

图 5-12　抽壳特征　　　　　　　图 5-13　不同厚度的抽壳特征

162

5.3 筋 特 征

筋是连接到实体曲面的薄翼或腹板的伸出项，在产品设计上起着重要作用，对薄壳外形的产品有提升强度的功能。一般而言，加强筋的外形为薄板，其位置常见于相邻实体面的相接处，用于加固简单的或者复杂的筋特征，也常用来防止出现不需要的折弯。

根据相邻平面的类型不同，生成的筋分为直筋和旋转筋两种形式。相邻的两个面均为平面时，生成的筋称为直筋，即筋的表面是一个平面；相邻的两个面中有一个为弧面或圆柱面时，草绘筋的平面必须通过圆柱面或弧面的中心轴，生成的筋为旋转筋，其表面为圆锥曲面。

单击"插入"→"筋"或单击◇按钮，打开如图 5-14 所示的筋特征操控板，各功能选项的意义说明如下。

"定义"：建立或修改筋特征的草绘截面（对已有的筋特征进行修改时，该按钮显示为"编辑"）。

"反向"：控制筋特征的生成方向是向外还是向内。

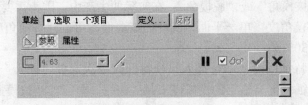

图 5-14　筋特征操控板

例 5-5　建立筋特征举例。

步骤 1：单击"插入"→"筋"或单击◇按钮，打开筋特征操控板。

步骤 2：绘制筋剖面。在操控板上单击"参照"标签，系统弹出选项卡，单击"定义"按钮后即可设置草绘平面并绘制筋剖面。剖面用于确定筋特征的轮廓，除了临时草绘筋剖面之外，还可以打开已经存在的草绘剖面作为筋剖面，筋剖面通常需要使用开放剖面。

步骤 3：确定筋特征相对于草绘平面的生成侧。

步骤 4：在操控板的文本框中设置筋特征的厚度尺寸。

步骤 5：单击"预览"按钮，观察抽壳情况，单击✔按钮，完成抽壳特征，如图 5-15所示，结果可见文件 5-5.prt。

注意：草绘的端点必须与形成封闭区域的连接曲面对齐。

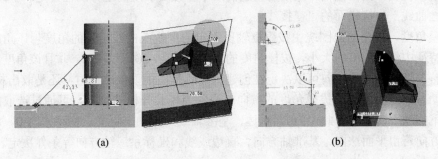

(a)　　　　　　　　　　　　　　　　　　　(b)

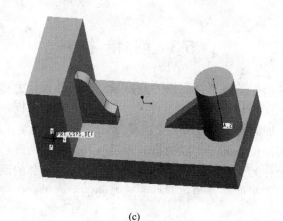

(c)

图 5-15　生成的筋特征

5.4　拔 模 特 征

在塑料拉伸件、金属铸造件中，为了便于加工脱模，在成品与模具之间一般会引入结构斜度，称为"拔模角"或"脱模角"。在实际的生产中，因为需要配合模具的形成，零件必须要制作拔模角度，单一平面、圆柱面或曲面均可创建拔模角度，系统允许的拔模角度为 $-30° \sim +30°$。

在创建完基础特征以后，即可插入拔模特征，依次选择"插入"→"斜度"，或者直接单击"工程特征"工具栏上的"拔模工具"按钮，即可打开拔模操控板，如图 5-16 所示。

图 5-16　拔模操控板

创建拔模特征也必须指定相应的定形和定位参数。当然，由于拔模特征是一种特殊的放置特征，其参数的指定方式和其他特征有所差异。

拔模曲面：在模型上要指定拔模特征的曲面，即拔模特征的放置参照，简称拔模面。

拔模枢轴：曲面围绕其旋转的拔模面上的直线或曲线，也就是中立曲线，可通过选取平面（在此情况下拔模曲面围绕其与此平面的交线旋转）或拔模曲面上的单个曲线链来定义拔模枢轴。拔模枢轴（拔模角构造前后不会改变长度的边）的位置是"中性平面"或"中性曲线"与拔模面的"交接线"。

拔模角度：拔模曲面围绕由拔模枢轴所确定的直线或曲线旋转的角度。该角度决定了拔模特征中结构斜度的大小，拔模角度的取值范围为 $-30° \sim +30°$，并且该角度的方向可以调整。调整角度的方向可以决定在创建特征时是在模型上添加材料还是取出材料。

拖动方向：用于测量拔模角度的方向。通常为模具开模的方向，可通过选取面（这种情况下拖动方向垂直于此平面）、直边、基准轴或坐标轴来定义。拖动方向 0° 时的基准，其方向可由平面法向、基准轴方向、直边或线和坐标系三轴方向等条件决定。

拔模特征操控板：主要包含 5 个选项卡，即"参照"、"分割"、"角度"、"选项"和"属性"。

拔模的主要设置如下。

1. 设置拔模参照

在操控板上单击"参照"标签，系统弹出如图 5-17 所示的"参照"选项卡。

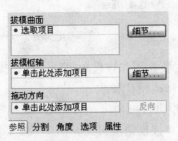

图 5-17　"参照"选项卡

首先激活"拔模曲面"列表框，选取拔模曲面，使用鼠标单击选取希望创建拔模特征的曲面，被选中的拔模曲面会以红色网格线显示。如果需要同时在多个曲面上创建拔模特征，可以按住 Ctrl 键并依次选取拔模曲面。

单击"拔模曲面"列表框右侧的"细节"按钮，可以打开如图 5-18 所示的"曲面集"对话框，该对话框用于创建曲面集作为拔模曲面。

选取了拔模曲面后，接着在"参照"选项卡中激活"拔模枢轴"列表框来选取拔模枢轴，如果选取实体边线作为拔模枢轴，单击列表框右侧的"细节"按钮，打开如图 5-19 所示的"链"对话框来详细编辑该边链。

图 5-18　"曲面集"对话框

图 5-19　"链"对话框

最后激活"参照"选项卡的"拖动方向"列表框，选取适当的参照来决定拖动方向，单击列表框右侧的"反向"按钮，可以调整拖动方向的指向。

2. 设置拔模角度

单击"角度"标签，弹出"角度"选项卡，在此设置合适的角度，单击"选项"标签，可以弹出"选项"选项卡，如图 5-20 所示。

图 5-20   "选项"选项卡

设置完拔模特征的 3 个主要参照和拔模角度后，拔模操控板上的按钮数量将增加，使用这些按钮可以更加简便地修改设计参数。

与创建倒圆角特征相似，根据拔模角度是否恒定，拔模特征也分为基本拔模特征（拔模角度恒定）和可变拔模特征（拔模角度可变）两个类型。

例 5-6   建立拔模特征举例 1（简单拔模）。

步骤 1：单击特征工具栏中的"拔模工具"按钮 ，或选择下拉菜单中的"插入"→"斜度"命令，系统弹出拔模特征操控面板。

步骤 2：选取要拔模的曲面（选择多面要按 Ctrl 键）。

步骤 3：单击操控板 处的"单击此处添加项目"，选取一个平面、一条边或一条曲线作为拔模枢轴。

步骤 4：单击操控板 处的"单击此处添加项目"，选取一个平面、一条边、一个轴或两个点作为拖动方向，单击图中箭头还可改变方向。

步骤 5：修改拔模角及拔模方向 ，单击操控板上的 按钮，或直接按鼠标中键完成特征的构建，如图 5-21 所示，结果可见文件 5-6.prt。

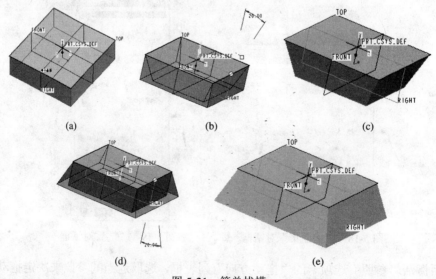

(a)　　　　　　　　　　(b)　　　　　　　　　　(c)

(d)　　　　　　　　　　(e)

图 5-21   简单拔模

例 5-7   建立拔模特征举例 2（分割面拔模，将上侧拔模 15°，下侧拔模 10°）。

步骤 1：单击特征工具栏中的"拔模工具"按钮 ，系统弹出拔模特征操控面板。

步骤 2：选取图 5-22 中的圆柱面为拔模面。

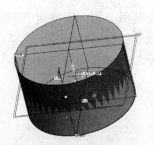

图 5-22　圆柱面

步骤 3：在操控面板的 ⬜ "拔模枢轴"收集器中单击将其激活，然后选取 "TOP" 基准平面作为拔模枢轴。

步骤 4：在操控面板中单击 "分割" 选项，弹出上滑面板，如图 5-23 所示。在 "分割" 选项中选择 "根据拔模枢轴分割" 选项，可以在模型中看到两个角度尺寸，如图 5-24 所示。

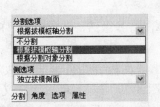

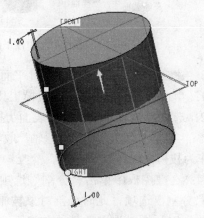

图 5-23　"分割" 选项上滑面板　　　　图 5-24　输入拔模角度

步骤 5：在操控板中输入拔模角度 "15" 和 "10" 或在模型中双击修改尺寸值，系统将更新预览几何模型，如图 5-25 所示。

步骤 6：在操控面板中单击 ⬥ 按钮，切换拔模角度反转。单击 ✓ 按钮，完成拔模特征，如图 5-26 所示。

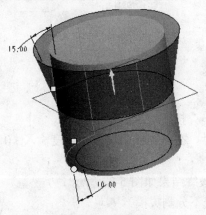

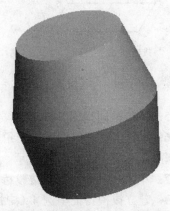

图 5-25　特征预览　　　　　　　图 5-26　中性平面分割拔模结果

167

草绘分割时，拔模面被草绘截面分为内、外两个不同的区域，分别进行拔模操作。草绘的几何图形可以封闭也可以开放，但截面的形状要让系统能够明确判定拔模参照曲面的两个不同区域，如图 5-27 所示，结果可见文件 5-8-1.prt。

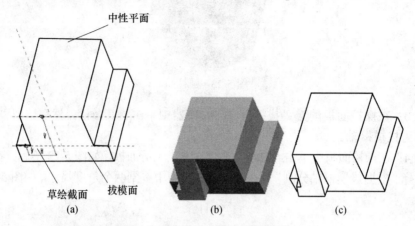

图 5-27　中性平面草绘分割拔模

例 5-8　建立拔模特征举例 3（中性平面草绘分割拔模）。

步骤 1：单击特征工具栏中的"拔模工具"按钮，系统弹出拔模特征操控面板。

步骤 2：选取图 5-28 中的实体前表面为拔模面。

步骤 3：在操控板的"拔模枢轴"收集器中单击将其激活，然后选取"RIGHT"基准平面作为拔模枢轴。

步骤 4：在操控板中单击"分割"选项，弹出上滑面板。在分割选项中选择"根据分割对象分割"选项，此时分割对象被激活，如图 5-29 所示。单击"定义"按钮，弹出"草绘"对话框，选取零件的前表面为草绘面，在对话框中单击"草绘"进入草绘环境。

图 5-28　原始实体特征

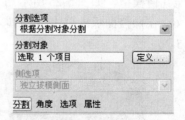

图 5-29　"分割"选项上滑面板

步骤 5：绘制截面如图 5-30 所示，单击 ✔ 按钮，退出草绘。

步骤 6：可以在模型中看到两个角度尺寸，在操控板中第一个角度输入"0"，第二个拔模角度输入"15"，如图 5-31 所示。

步骤 7：单击 ✔ 按钮，完成拔模特征，最终结果如图 5-32 所示。

例 5-9　建立拔模特征举例 4（中性曲线不分割拔模）。

拔模的具体操作步骤，将图 5-33 所示实体前表面进行 10° 拔模。

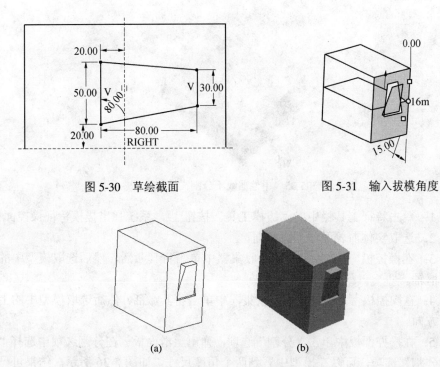

图 5-30　草绘截面　　　　　　　　　图 5-31　输入拔模角度

(a)　　　　　　　　　　　　　(b)

图 5-32　中性平面草绘分割拔模结果

步骤 1：单击特征工具栏中的"拔模工具"按钮，系统弹出拔模特征操控面板。

步骤 2：选取实体前表面作为拔模面。

步骤 3：在操控板"拔模枢轴"收集器中单击将其激活，然后选取模型中的曲线作为拔模枢轴。

步骤 4：在操控板"拖动方向"收集器中单击将其激活，然后选取模型的上表面作为拖动方向，如图 5-34 所示。

步骤 5：在操控板中输入拔模角度"10"或在模型中双击修改尺寸值，系统将更新预览几何，如图 5-34 所示。

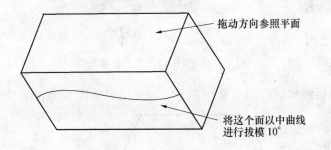

图 5-33　原始实体特征

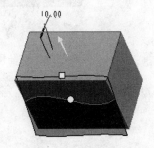

图 5-34　特征预览

步骤 6：单击✔按钮，完成拔模特征。最终结果如图 5-35 所示，结果可见文件 5-9.prt。

例 5-10　建立拔模特征举例 5（中性曲线分割拔模）。

要求：将图 5-33 所示实体前表面以中曲线分割拔模，拔模角度上面为 15°，下面为 10°。

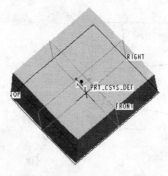

图 5-35 中性曲线不分割拔模结果

步骤 1：单击特征工具栏中的"拔模工具"按钮，系统弹出拔模特征操控面板。

步骤 2：选取实体前表面作为拔模面。

步骤 3：在操控板 "拔模枢轴"收集器中单击将其激活，然后选取模型中的曲线作为拔模枢轴。

步骤 4：在操控板 "拖动方向"收集器中单击将其激活，然后选取模型中的上表面作为拖动方向。

步骤 5：在操控面板中单击"分割"选项，弹出上滑面板。在分割选项中选择"根据拔模枢轴分割"选项，可以在模型中看到两个角度尺寸，如图 5-36 所示，结果可见文件 5-10。

步骤 6：在操控板中输入拔模角度"15"和"10"或在模型中双击修改尺寸值，系统将更新预览几何，如图 5-37 所示。

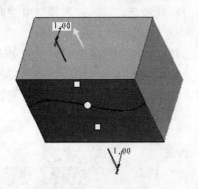

图 5-36 特征预览

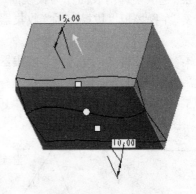

图 5-37 修改拔模角度

步骤 7：单击 按钮，完成拔模特征，如图 5-38 所示，结果可见文件 5-10.prt。

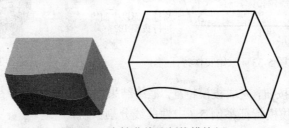

图 5-38 中性曲线分割拔模特征

170

例 5-11 建立拔模特征举例 6（中性曲线草绘分割拔模）。

步骤 1：单击特征工具栏中的"拔模工具"按钮⟲，系统弹出拔模特征操控面板。

步骤 2：选取实体前表面作为拔模面。

步骤 3：在操控板⟲"拔模枢轴"收集器中单击将其激活，然后选取模型中的曲线作为拔模枢轴。

步骤 4：在操控板⟲"拖动方向"收集器中单击将其激活，然后选取模型中的上表面作为拖动方向。

步骤 5：在操控面板中单击"分割"选项，弹出上滑面板。在"分割"选项中选择"根据分割对象分割"选项，此时分割对象被激活，如图 5-39 所示，单击"定义"按钮弹出"草绘"对话框，选取零件的前表面为草绘面，在对话框中单击"草绘"进入草绘环境。

步骤 6：绘制截面如图 5-40 所示，绘制结束，单击 ✔ 按钮，退出草绘。

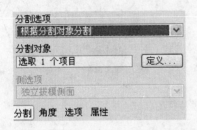

图 5-39　"分割"选项上滑面板

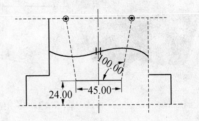

图 5-40　草绘截面

步骤 7：在模型中可以看到两个角度尺寸，在操控板中第一个角度输入"15"，第二个拔模角度输入"0"，如图 5-41 所示。

步骤 8：单击✔按钮，完成拔模特征创建，如图 5-42 所示，结果可见文件 5-11.prt。

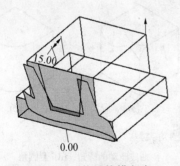

图 5-41　修改拔模角度

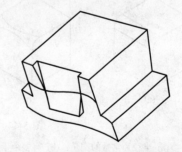

图 5-42　中性曲线草绘分割拔模特征

例 5-12 建立拔模特征举例 7（多角度拔模（可变拔模））。

多角度拔模特征的倾斜度是可变的，拔模曲面以不同的倾斜角度形成拔模斜面。多角度拔模的创建过程和可变倒圆角很相似。在创建拔模的过程中，出现了角度参照之后，在操控柄处按鼠标右键，弹出快捷菜单，选择"添加角度"命令，在拔模面上添加了一个角度参照，继续使用此方法可以添加更多的角度，分别修改这些角度值，最后完成结果如图 5-43 所示，结果可见文件 5-12.prt。

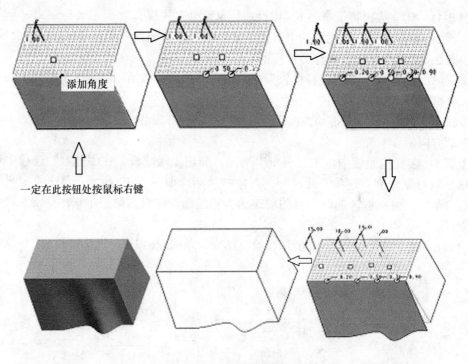

添加角度

一定在此按钮处按鼠标右键

图 5-43　多角度拔模特征的创建

5.5　倒圆角特征

圆角特征在零件设计中必不可少，它有助于模型设计中造型的变化或产生平滑的效果，图 5-44 所示为 4 种常用圆角类型的示意图。

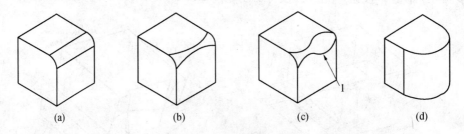

(a)　(b)　(c)　(d)

图 5-44　4 种常用圆角类型

(a) 半径为常数的圆角；(b) 有多个半径的圆角；(c) 由曲线驱动的圆角；(d) 全圆角。

在 Pro/ENGINEER Wildfire 4.0 中，圆角特征非常丰富，读者应注意学习和使用。

单击"圆角"工具按钮 ，或单击菜单"插入"→"倒圆角"选项，显示如图 5-45 所示的圆角特征操控板。现将其各功能选项说明如下。

图 5-45　圆角特征操控板

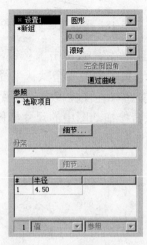：打开"圆角"设定模式。

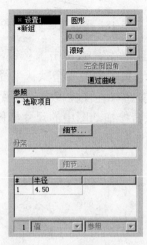：打开"圆角过渡"设定模式。

4.50 ▼：定义圆角半径大小。

"设置"：单击该按钮，显示如图5-46所示的面板，在该面板上设定模型中各圆角或圆角集的特征及大小。

图5-46　设置面板

"过渡"：要使用此面板，必须激活"过渡"模式。该栏中列出除缺省过渡外的所有用户定义的过渡。

"段"：在此面板上可查看倒圆角特征的全部倒圆角集，查看当前倒圆角集中的全部倒圆角段，修剪、延伸或排除这些倒圆角段，以及处理放置模糊问题。

"选项"：单击该按钮，在弹出的面板中选择创建实体圆角或者曲面圆角。

"属性"：单击该按钮，显示当前圆角特征名称及其相关信息。

建立圆角特征的操作步骤如下：

步骤1：单击"插入"→"倒圆角"；或单击 ⟍ 按钮，打开圆角特征操控板。

步骤2：单击"设置"按钮，在打开的面板中设定圆角类型、形成圆角的方式、圆角的参照、圆角的半径等。

步骤3：单击"圆角过渡"模式按钮 ，设置转角的形状。

步骤4：单击"选项"按钮，选择生成的圆角是实体形式还是曲面形式。

步骤5：单击"预览"按钮，观察生成的圆角，单击 ✔ 按钮，完成圆角特征的建立。

提示：如果想把几条边的圆角放入同一组（集）中，即同时具有一个圆角半径，应按下Ctrl键，然后单击要加入的边线即可。

例5-13　建立常用圆角特征举例。

步骤1：打开文件5-13.prt，如图5-47所示。

步骤2：单击"插入"→"倒圆角"，或单击 ⟍ 按钮，打开圆角特征操控板。

步骤3：选取图5-47中箭头指示的平面和与其相对的平面，选择图5-48箭头指示的平面，建立全圆角，如图5-49所示。

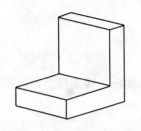
图 5-47　文件 5-13.prt 中的图形

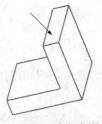
图 5-48　选取要建立全圆角的面

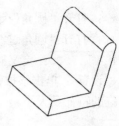
图 5-49　建立全圆角结果

步骤 4：单击"插入"→"倒圆角"，或单击 ⌒ 按钮，打开圆角特征操控板。选择要建立倒圆角的边，如图 5-50 所示，自动产生一个默认半径的圆角，选取图中倒圆角的点，单击右键出现"添加半径"快捷菜单（在操控板中的设置滑板上可进行同样操作），如图 5-51 所示。修改半径值（也可以直接拖动图中的尺寸柄修改半径值），如图 5-52 所示。单击 ✓ 按钮，建立全圆角，如图 5-53 所示。

图 5-50　选择要建立倒圆角的边

图 5-51　添加圆角控制点

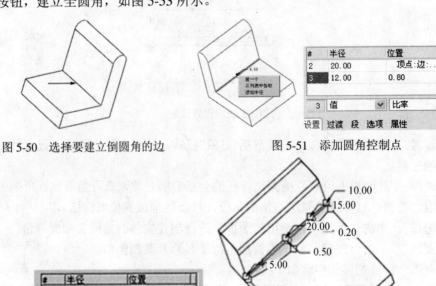
(a)　　　　　　　　　　　　　　(b)

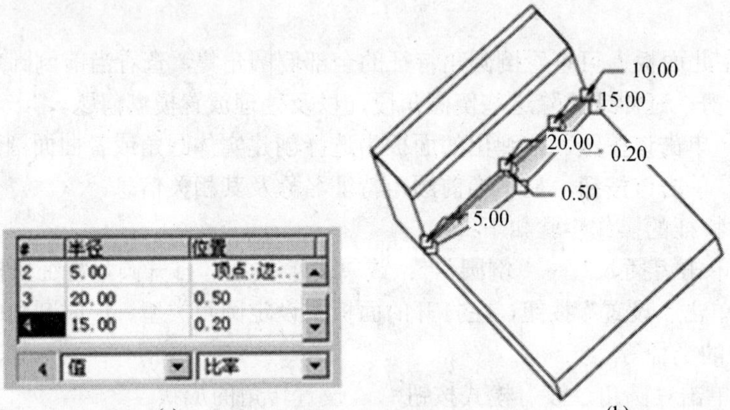

图 5-52　继续添加圆角控制点，修改各点的圆半径

图 5-53　预览并着色显示

174

提示：图 5-52 中 "0.20"、"0.50" 分别指圆角控制点在圆角片上的位置比例。例如，"0.50" 指圆角控制点位于圆角片的中点。

步骤 5：选择图示面为草绘平面，如图 5-54 所示。绘制一条曲线，如图 5-55 所示。单击 "插入" → "倒圆角"，或单击 ⟍ 按钮，打开圆角特征操控板，如图 5-56 所示。选取要倒圆角的边。在操控板中的设置滑板上选取通过曲线，选取刚刚草绘的曲线，单击 ✔ 按钮，建立依曲线倒圆角，如图 5-57 所示。

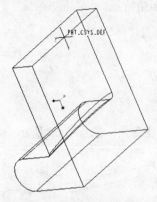

图 5-54　草绘平面

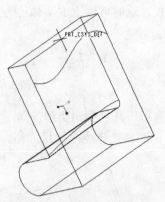

图 5-55　绘制一条曲线

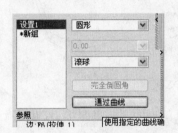

图 5-56　设置滑板

图 5-57　依曲线倒圆角

步骤 6：选择一个顶点上要建立圆角的 3 条边，如图 5-58 所示，预览结果如图 5-59 所示。在操控板中修改各条边半径，单击 ✔ 按钮，建立转角，如图 5-60 所示。

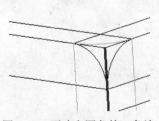

图 5-58　要建立圆角的 3 条边

图 5-59　预览结果

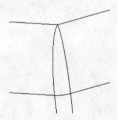

图 5-60　建立转角

5.6　倒角特征

倒角又称为 "去角"，主要用于处理模型特征周围较为尖锐的棱角，倒角特征可以对

175

模型的实体边或拐角进行斜切加工。

选择"插入"→"倒角"，可以打开"倒角"子菜单，其中有"边倒角"和"拐角倒角"两个命令。

1. 边倒角

创建边倒角要选取实体边线作为倒角特征的放置位置，选择"插入"→"倒角"→"边倒角"，或者单击"工程特征"工具栏中的"倒角工具"按钮，系统打开如图 5-61 所示的操控板，这时可以选取实体边为参照创建边倒角特征。

图 5-61　边倒角操控板

边倒角有以下几种倒角类型。

DXD：在距离选择边两侧尺寸都为 D 的位置创建倒角，如图 5-62 所示。

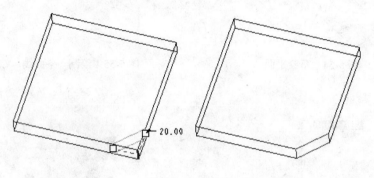

图 5-62　DXD

D1XD2：在一个曲面上距参照边 D1、另外的曲面上距参照边 D2 创建倒角特征，如图 5-63 所示。

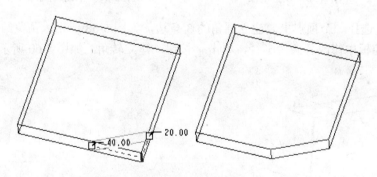

图 5-63　D1XD2

45XD：在距选择的边尺寸为 D 的位置创建 45°的倒角，此选项仅适用于在两个垂直平面相交的边上创建倒角，如图 5-64 所示。

角度 XD：距离所选择边为 D 的位置建立一个可自行设置角度的倒角，如图 5-65 所示。

176

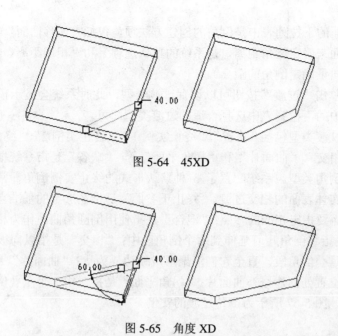

图 5-64　45XD

图 5-65　角度 XD

0X0：沿各面上偏移值为 0 处创建倒角，仅当"DXD"类型不可用时，系统才会默认选取此选项。

01X02：在一个面距离定边的偏移距离为 01、另外的一个面距选定边的偏移距离值为 02 处创建倒角。

操控面板中的"集"选项卡中，可一次同时定义多组不同 D 值，甚至不同形式的边倒角，也可以使用鼠标点选、定义多组边倒角，并针对过渡区域在"过渡"选项卡中设置合适的过渡样式，"集"选项卡如图 5-66 所示。

图 5-66　"集"选项卡

该选项卡中包含倒角集列表，用于选取倒角集并进行编辑，如果要在模型上创建多个不同的倒角，可以分别为其设置不同的倒角集，然后在特征创建中生成即可。"参照"列表用于显示当前处于激活状态的倒角集中的所有参照，若想移除某个参照，单击鼠标右键，选择快捷菜单中的"移除"命令即可，倒角尺寸列表用于设置倒角的相关尺寸和参照尺寸，最下面的下拉列表中是倒角的创建方法项，包括"偏移曲面"（用于通过偏移参照边的相邻曲面来确定倒角距离，是系统的默认选项）和"相切距离"（使用与参照边相邻曲面相切的向量确定倒角的距离）。

在操控板中单击"过渡"按钮可以设置过渡类型，此时系统会显示模型上所有倒角过渡，在操控板中的下拉列表中选择合适的过渡类型即可。

倒角特征的过渡类型包括"缺省"、"终止实例 1"、"终止实例 2"、"终止实例 3"、"混合"、"连续"、"相交"、"曲面片"和"拐角平面"等。"缺省"是指系统根据当前倒角的特点选择最佳的倒角类型。系统配置了 3 种默认形式的终止实例倒角，常用于单个倒角特征在终止处与实体表面的相交过渡。"终止于参照"是指在选定的基准点或基准平面处终止倒角，这时需要指定相应的参照；"混合"是指使用倒圆角曲面作为相交倒角的过渡形式；"连续"是指将倒角几何延伸到两个倒角段中；"相交"是指以向彼此延伸的方式延伸两个或多个重叠倒角段，直至它们汇聚形成锐边界为止；"曲面片"是指在 3 个或 4 个倒角段重叠的位置处创建修补曲面片；"拐角平面"是指对由 3 个重叠倒角段形成的拐角进行倒角过渡。图 5-67 所示为倒角过渡的实例。

图 5-67　倒角过渡实例

2. 拐角倒角

拐角倒角选取实体顶点作为倒角的放置参照，创建基础实体特征后，依次选取"插入"→"倒角"→"拐角倒角"，系统弹出如图 5-68 所示的对话框。然后在绘图区选择一个"角落点"（该点仅限于 3 条边的交点），再选择拐角上任意一条边，此边便以红色高亮显示，用户可以利用"选出点"或"输入"的方式来定义该边倒角的长度，如图 5-69 所示。依次输入尺寸便可以预览创建的特征，效果如图 5-70 所示。

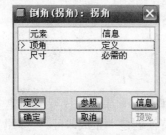

图 5-68　"拐角倒角"对话框

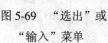

图 5-69　"选出"或"输入"菜单

图 5-70　创建效果

(1) 选出点：系统会以红色高亮显示第一条边线，用鼠标直接点选该边线上任意位置，然后按顺序完成第二条边与第三条边的操作，该选项为系统默认选项。

(2) 输入：如果用户希望指定确定的距离值，可用选择菜单管理器中的"输入"命令，接着在弹出的提示框中输入距离值。

在实际应用中，可以综合运用两种方法来确定倒角的尺寸。当选择第一条边确定倒角顶点后，再通过"选出点"或是"输入"的方式在该边线上确定一个参照点或长度尺寸，然后系统会加亮该顶点的另一条边线，并提示用户在该边线上设置参照或输入尺寸，直到在一个顶点的 3 条边上都设置了参照或长度尺寸为止。

5.7 综合实例

例 5-14 创建图 5-71 所示的支座零件。

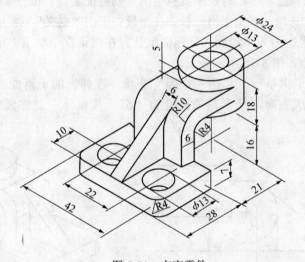

图 5-71 支座零件

步骤 1：创建新文件，取文件名为 5-14.prt。运用前面章节中介绍的知识完成基础实体特征，如图 5-72 所示。

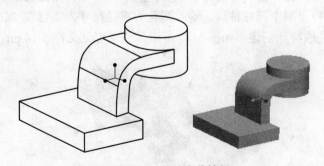

图 5-72 基础实体特征

步骤 2：倒圆角。在过滤器中选择"几何"，按住 Ctrl 键，在模型中选取要倒圆角的边，按住鼠标右键直到弹出快捷菜单，如图 5-73 所示。在菜单中选择"倒圆角边"命令，

179

弹出倒圆角操控面板，在操控面板中输入倒圆角尺寸"4"或在模型中直接双击参照尺寸修改数值，按鼠标中键完成特征，如图 5-74 所示。

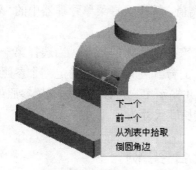

下一个
前一个
从列表中拾取
倒圆角边

图 5-73　快捷菜单

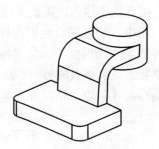

图 5-74　倒圆角特征

步骤 3：建立筋特征。单击特征工具栏中的"筋特征工具"按钮，弹出操控面板，按下操控板"参照"选项，弹出上滑面板，在面板中单击"定义"，弹出"草绘"对话框，选择"RIGHT"基准平面为草绘面，参照面默认。在对话框中单击"草绘"进入草绘界面，拾取参照，绘制如图 5-75 所示截面。

单击 ✓ 按钮，退出草绘，单击"参照"选项，在弹出的上滑面板中单击"反向"按钮，调整筋的生成方向，输入筋的厚度为"6"，按鼠标中键完成特征，如图 5-76 所示。

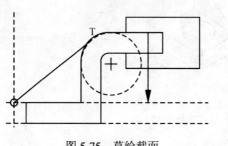

图 5-75　草绘截面

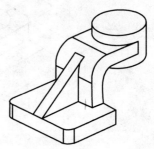

图 5-76　筋特征

步骤 4：建立同轴孔特征。单击特征工具栏的"孔"工具图标按钮，选择圆柱上表面为放置面，选择模型中圆柱轴线，输入圆孔的直径尺寸为"13"，深度设为"穿过所有"，按鼠标中键完成特征创建，如图 5-77 所示，结果可见文件 5-14.prt。

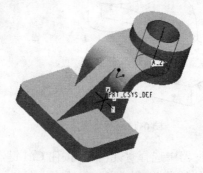

图 5-77　同轴孔特征

180

步骤 5：建立线性孔特征。单击特征工具栏的"孔"工具图标按钮 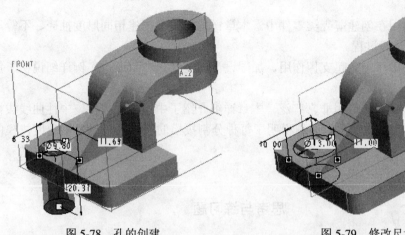，选取零件底座的上表面为放置面，拖动控制柄到参照平面，如图 5-78 所示。修改参照尺寸值，输入圆孔的直径为"13"，深度设为"穿过所有"，如图 5-79 所示。按鼠标中键完成特征，结果如图 5-80 所示。

图 5-78 孔的创建　　　　　　　　　　　　图 5-79 修改尺寸

步骤 6：以同样的方法完成另一个孔的创建，最后结果如图 5-81 所示。

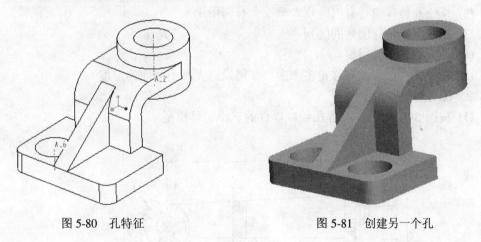

图 5-80 孔特征　　　　　　　　　　　　图 5-81 创建另一个孔

本 章 小 结

本章主要介绍了在基础实体特征上创建各种放置实体特征的基本方法及一般步骤，这些放置实体特征包括孔特征、圆角特征、倒角特征、抽壳特征、筋特征和拔模特征，其主要内容如下。

1. Pro/ENGINEER Wildfire 4.0 中可以创建直孔、草绘孔及标准孔 3 种类型的孔特征。结合孔特征操控板(图标板)的使用方法，从孔的类型、孔的尺寸及孔的放置位置 3 个方面讲述了这 3 类孔特征的一般创建流程。

2. 倒圆角在实际设计过程中应用非常广泛。倒圆角在类型中可以分为一般倒圆

181

角和高级倒圆角。在本章只介绍了一般倒圆角，重点介绍了常数、可变、完全倒圆角、曲线驱动 4 类圆角及倒圆角边线的选取技巧，帮助读者掌握创建圆角的基本过程。

3. 倒角也是运用较多的一种放置实体特征。本章详细介绍了创建边倒角与顶角的基本过程。

4. 抽壳通常用在创建薄壳类零件中。本章详细介绍了创建相同厚度抽壳、不等厚度抽壳和体抽壳的一般过程。

5. 筋特征在零件中是起支撑作用、加固设计的零件。本章通过实例详细说明了筋特征的创建过程。

6. 拔模在模具方面应用非常广泛。本章详细介绍了中性平面拔模、中性曲线拔模及其草绘分割类型，又通过实例详细说明了每种分割拔模的创建过程以及多角度拔模的创建方法。

思考与练习题

1. 思考题

(1) 创建孔特征有哪些定位方式？有何区别？

(2) 草绘孔与普通孔有何区别？草绘孔有何用途？

(3) 比较倒圆角与倒角的区别。

(4) 抽壳特征有何用途？

(5) 在抽壳特征中如何移走多个面？如何设定壳体不同面的厚度？

2. 练习题

(1) 按图 5-82 所示的工程图绘制零件的三维实体模型。

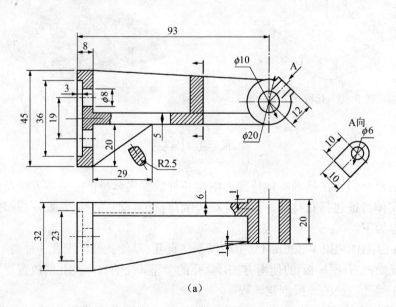

（a）

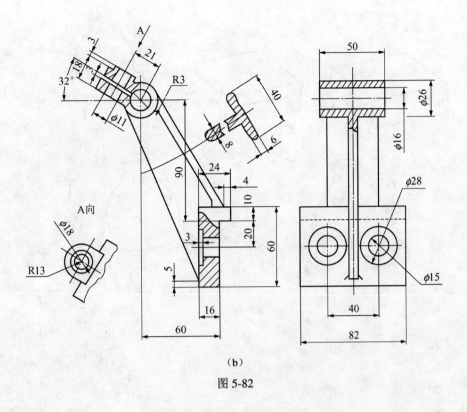

图 5-82

(2) 使用拉伸特征、孔特征、倒角特征、圆角特征、抽壳特征，大致绘制如图 5-83 所示的箱体零件模型。

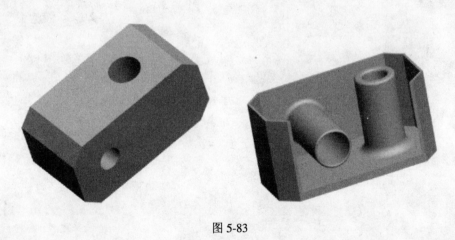

图 5-83

(3) 综合利用前面所学的拉伸特征、旋转特征、扫描特征、筋特征，建立如图 5-84 所示的模型。

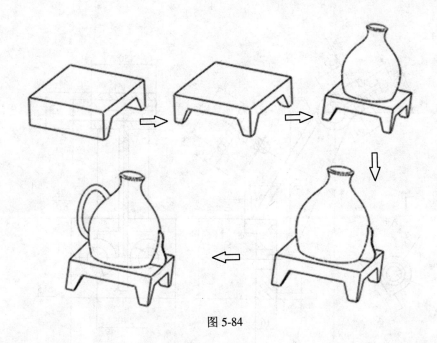

图 5-84

第6章　特征的编辑及修改

在产品建模的过程中，经常需要创建一些相同的实体特征，如果一一创建这些实体的话，工作量很大，而且容易出错。Pro/ENGINEER Wildfire 4.0 系统提供的特征的编辑、修改功能可以方便地编辑、修改实体特征。

6.1　特征的复制

"复制"命令可以以选定特征为母本生成一个与其完全相同或相似的另外一个特征，是特征操作中的常用命令。复制特征时，可以改变如参照、尺寸值和放置位置等内容。

6.1.1　复制特征菜单命令

启动"复制"命令的方法如下。

步骤 1：在下拉菜单栏中选择"编辑"→"特征操作"，打开"特征"菜单管理器，如图 6-1 所示。

步骤 2：单击"特征"菜单中的"复制"命令，即可打开"复制"菜单，如图 6-2 所示。

图 6-1　"特征"菜单　　　　图 6-2　"复制特征"菜单

"复制特征"菜单列出了复制特征的不同选项。各选项命令功能如下。

1. 指定放置方式

新参考：使用新的放置面与参考面来复制特征。

相同参考：使用与原模型相同的放置面与参考面来复制特征，可以改变复制特征的尺寸。

镜像：通过关于一平面或一基准镜像来复制特征。Pro/ENGINEER Wildfire 4.0 自动镜像特征，而不显示对话框。

移动：以"平移"或"旋转"这两种方式复制特征。平移或旋转的方向可由平面的法线方向或由实体的边、轴的方向来定义。该选项允许超出改变尺寸所能达到的范围之外的其他转换。

2．指定要复制的特征

选取：直接在图形窗口内单击选取要复制的原特征。

所有特征：选取模型的所有特征。

不同模型：从不同的模型中选取要复制的特征。只有使用"新参考"时，该选项才可用。

不同版本：从当前模型的不同版本中选择要复制的特征。

3．指定原特征与复制特征之间的尺寸关系

独立：复制特征的尺寸与原特征的尺寸相互独立，没有从属关系。即原特征的尺寸发生了变化，新特征的尺寸不会受到影响。

从属：复制特征的尺寸与原特征的尺寸之间存在关联，即原特征的尺寸发生了变化，新特征的尺寸也会随之改变。该选项只涉及截面和尺寸，所有其他参照和属性都不是从属的。

6.1.2 "新参考"方式复制

使用"新参考"方式进行特征复制时，需重新选择特征的放置面与参考面，以确定复制特征的放置平面。

回顾特征建立的过程可知，建立一个特征（无论是草绘特征还是放置特征）首先要选择特征草绘或放置参照——主参照和放置参照，这些参照可以是基准面、边、轴线等。"新参考"方式复制要重新选择与原参照作用相同的参照用以特征的定位。例如，如果原特征是一个孔特征，而主参照是一个平面，选择线性定位的次参照是主参照平面上的两条边线，则复制的孔特征需要重新选择一个新的平面作为主参照，同时要指定两条边来取代原来的次参照的两条边用于孔的定位。

提示：如果原特征以平面定位，复制特征时系统会提示选择平面用以代替原定位平面；如果原特征以边定位，则系统会提示选择边线用以定位。总而言之，新参照的类型与原特征的对应参照形式相同，起同样的作用。

下面举例说明用"新参考"复制特征的操作过程。例如，复制如图 6-3（见文件 6-1.prt）所示的孔特征。

步骤 1：选择"编辑"→"特征操作"，打开"特征"菜单。

步骤 2：单击"复制"选项，系统显示"复制特征"菜单。

步骤 3：依次选择"新参考"→"选取"→"独立"→"完成"。

提示：此时，系统会在底部的消息栏中提示"选择要复制的特征"。

步骤 4：在图形窗口内选取要复制的孔特征，然后在"选取"对话框中单击"确定"按钮。在"选取特征"子菜单中单击"完成"选项。

步骤 5：系统弹出"参考"菜单，如图 6-4 所示。同时，系统会在提示窗口内显示提示信息"选取曲面对应于加亮的曲面"，这是要求用户为孔特征选择新的主参照。

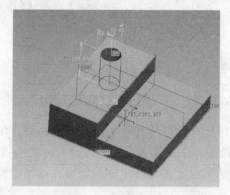

图 6-3　复制孔特征　　　　　图 6-4　　"参考"菜单

"参考"：菜单中各选项功能如下。

替换：为复制特征选取新参照。

相同：指明原始参照应用于复制特征。

跳过：跳过当前参照，以便以后可重定义参照。

参照信息：提供解释放置参照的信息。

在这个例子中，选择图 6-5（a）所示的平面作为主参照，单击"参考"菜单中的"替换"选项。此时系统会再次弹出"参考"菜单，同时在提示窗口内显示提示信息"选取平面对应于加亮的平面"，这是要求用户为孔特征选择新的次参照。选择图 6-5（b）所示的两个平面作为新的次参照，复制结果如图 6-5（c）所示。

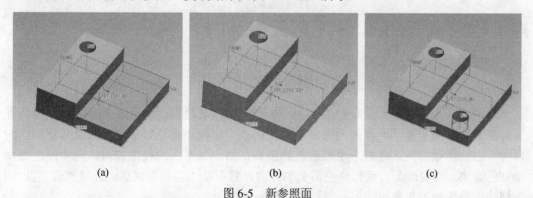

(a)　　　　　　　　　　(b)　　　　　　　　　　(c)

图 6-5　新参照面

(a) 主参照平面；(b) 两个次参照平面；(c) "新参考"复制结果。

步骤 6：系统弹出"组元素"对话框，如图 6-6 所示。在"组元素"对话框内，系统列出了完成复制操作所需要重新定义的 3 个元素：可变尺寸、参照以及再生动作。由于当前正在定义"可变尺寸"元素，因此系统在图形窗口内显示了可以变化的孔特征尺寸，如图 6-7 所示。可以选择改变孔的定型和定位尺寸，即孔的直径和两个线性定位尺寸，此时复制出与原特征相似的孔特征，大小和定位均已改变；也可以选择不改变这些尺寸，这时复制出与原特征相同的特征，只不过其定位由于选择了新的参照而改变了其空间位置。

187

图 6-6 "组元素"对话框

图 6-7 "组可变尺寸"菜单

当在"组可变尺寸"菜单中移动鼠标指针以选择可更改尺寸的时候,图形窗口内相应的尺寸数值会突出显示。另外,系统窗口的底部也会显示这个尺寸的当前值。

提示:如果原特征的定位参照不是平面而是边线,则系统会在选择定位参照时提示"选取边对应加亮边。"

步骤 7:此时系统会弹出"组放置"子菜单,如图 6-8 所示。单击"完成"选项即完成特征复制,系统回到"特征"菜单。单击"完成"选项可关闭"特征"菜单,或者单击其他命令,以进行其他操作。从复制以后得到的结果可以看出,新的孔特征与原孔特征位于不同的平面上,说明它们的主参照是不相同的。由于在步骤 6 中没有修改孔的尺寸,因此孔被完全复制,只是改变了参照。在下面的例子中将改变复制特征的尺寸。

图 6-8 "组放置"菜单

说明:如果复制特征或为生成的特征选择新参照(草绘平面或参照平面),可出现两种不同的箭头来指示新平面参照的方向。系统用参照颜色加亮原始参照平面及其相应的新参照平面。原始参照上连有一个带颜色的箭头,指向该平面的视图方向,新参照连有一个红色箭头。必要时,可反转红色箭头的方向,然后从"方向"菜单中选择"确定",则参照颜色箭头指示新参照的那一侧与原始参照相符。

6.1.3 "相同参考"方式复制

"相同参考"复制相对于"新参考"复制没有与"参照"有关的内容,从而不需要定义新参考。这样只能在同一个参照下改变元特征的定位尺寸和定型尺寸。下面仍然以复制图 6-3 所示孔特征为例,说明"相同参考"的复制过程。

步骤 1:选择"编辑"→"特征操作",打开"特征"菜单。

步骤 2:单击"复制"选项,系统显示"复制特征"菜单。

步骤 3:依次选择"相同参考"→"选取"→"独立"→"完成"。

188

提示：此时系统会在底部的消息栏中提示"选择要复制的特征"。

步骤4：选取几何模型中的小孔作为要复制的特征，单击"选取"对话框中的"确定"按钮，单击"选取特征"子菜单中的"完成"命令。此时系统会弹出"组元素"对话框，并在图形窗口内显示这个孔特征上可供更改的尺寸，如图6-3中所示的尺寸。

提示：因为在本例中选择了"相同参照"选项，从而不需要定义新参考。复制结果如图6-9所示。

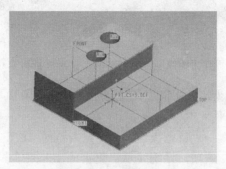

图6-9　"相同参照"的复制

从复制以后得到的结果(对比图6-9和图6-3)可以看出，新的孔特征与原孔特征位于一个平面上，说明它们的主参照是相同的，次参照还是图6-3中的"TOP"基准平面和"RIGHT"基准平面。由于在步骤4中修改了孔径和另外两个次参照的偏移尺寸，所以孔的大小和位置也随之发生了变化。

6.1.4　"镜像"方式复制

"镜像"复制可以将选定的特征相对于选定的对称面进行对称的复制操作，从而得到与原特征完全对称的新特征。

在使用"镜像"方式复制特征的时候，与一般的镜像操作一样需要确定两个要素：一是镜像对象，二是镜像平面。在复制时，首先要选择复制特征，然后选择镜像平面。

在选择镜像平面的时候，可以有两种选择方式，既可以选择几何模型上现有的平面或基准平面，也可以在复制过程中重新建立一个新的基准平面。另外，与前面介绍的复制特征类似，在镜像特征的时候，也可以选择"独立"或"从属"，这两个选项的含义与前面介绍的一样，这里不再赘述。

本小节将用几个简单的例子说明镜像特征的操作过程，分为选择现有平面为镜像平面和创建新的基准平面作为镜像平面两种情况。

(1) 选择现有的平面(平表面或基准平面)作为镜像平面，如图6-10所示。

步骤1：选择"编辑"→"特征操作"，打开"特征"菜单。

步骤2：单击"复制"选项，系统显示"复制特征"菜单。

步骤3：依次选择"镜像"→"选取"→"独立"→"完成"。

提示：此时，系统会在底部的消息栏中提示"选择要复制的特征"。

步骤4：在图形窗口中选择孔特征，单击"选取特征"菜单中的"完成"。此时会弹出"设置平面"菜单，单击其中的"平面"选项。然后在图形窗口内选择镜像平面，如图6-10所示，系统马上就完成了镜像操作，其结果如图6-11所示。

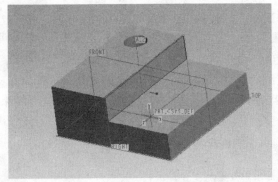
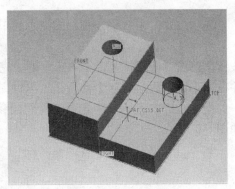

图 6-10　选择现有平面作为镜像平面图　　　　　图 6-11　"镜像"复制结果

(2)　创建新基准面作为镜像平面。本例仍然使用图 6-10 所示的几何模型介绍如何创建一个新平面来作为镜像平面。

步骤 1：选择"编辑"→"特征操作"，打开"特征"菜单。

步骤 2：单击"复制"选项，系统显示"复制特征"菜单。

步骤 3：依次选择"镜像"→"选取"→"独立"→"完成"。

提示：此时，系统会在底部的消息栏中提示"选择要复制的特征"。

步骤 4：在图形窗口中选择孔特征，单击"选取特征"菜单中的"完成"选项。此时会弹出"设置平面"菜单。单击其中的"产生基准"选项，然后弹出图 6-12 所示的"基准平面"菜单。

步骤 5：单击"穿过"选项，然后选择几何模型上的一条边作为参照，再次单击"穿过"选项，选择另外一条边作为参照，如图 6-13 所示。通过这两条边线会产生一个基准平面，这个新产生的基准平面将作为镜像平面，镜像结果如图 6-14 所示。

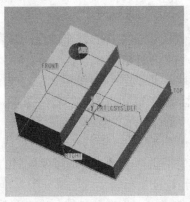
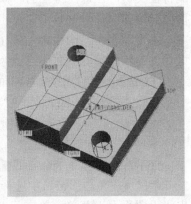

图 6-12　"基准平面"菜单　　图 6-13　产生镜像平面的两条边线　　图 6-14　"镜像"复制结果

190

利用"基准平面"菜单，还可以用多种方法产生基准平面，例如"穿过"、"法向"、"平行"等。关于这些选项的用法已经在介绍基准平面的时候进行了详细介绍，请读者自行复习前面的内容。

提示：如果在创建基准平面的过程中，发现定义的基准平面不满足要求，可以单击"基准平面"菜单底部的"重新开始"选项，就可以重新开始定义过程。

由此可见，创建新基准面作为镜像平面是镜像和常见基准面这两个命令的综合应用，这种方法可以大大提高创建几何模型的灵活性。

6.1.5 "移动"方式复制

"移动"复制是以移动的方式进行选定特征的复制方式，将选定的特征按照一定的移动方式复制到指定的位置，复制过程中同样可以选择是否更改选定特征的尺寸。移动方式又分为"平移"和"旋转"两种。

1. "平移"复制

以复制图6-15所示圆柱体特征为例，介绍"平移"方式复制操作步骤如下。

步骤1：选择"编辑"→"特征操作"，打开"特征"菜单。

步骤2：单击"复制"选项，系统显示"复制特征"菜单。

步骤3：依次选择"移动"→"选取"→"独立"→"完成"。

步骤4：在图形窗口内选择圆柱体特征，单击"选取"对话框中的"确定"按钮，再单击"选取特征"菜单中的"完成"选项。此时会弹出"移动特征"菜单，如图6-16所示。单击"平移"，此时会弹出"选取方向"菜单。在这个菜单中，可以选取确定移动方向的方法。单击"平面"，然后选取图6-15中箭头所指的面来确定方向，该平面的法向即为移动方向。

提示：确定移动方向的方法有3种。

平面：特征的移动方向与选定平面的法线方向平行。

曲线/边/轴：特征的移动方向与直线、边界线或轴线的方向平行。

坐标系：特征的移动方向与坐标轴的轴向平行。

步骤5：系统会询问移动的方向与选定边的方向相同或者相反，如图6-15所示。图中的红色箭头代表移动方向，单击"方向"菜单中的"反向"命令可以改变移动方向。单击"正向"按钮即可确定红色箭头代表的方向为移动方向。

步骤6：系统提示在窗口底部输入偏距距离。按下回车键，在"移动特征"菜单（见图6-16）中，单击"完成移动"。此时会出现"组元素"对话框，系统询问是否要改变新特征的尺寸。在本例中，更改圆柱体直径和高度，然后单击"组元素"对话框中的"确定"按钮即可完成移动操作，如图6-17所示。

2. "旋转"复制

"旋转"复制与"平移"复制的过程类似，只不过其移动的方式由"平移"改为"旋转"，所以操作过程相对来说比较简单。以复制如图6-18（见文件6-2.prt）所示的孔特征为例，说明"旋转"复制的步骤。此孔由"孔"命令创建，采用径向定位方式定位。

步骤1：选择"编辑"→"特征操作"，打开"特征"菜单。

步骤2：单击"复制"选项，系统显示"复制特征"菜单。

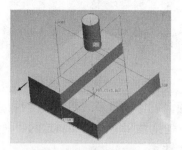

图 6-15 复制圆柱体特征

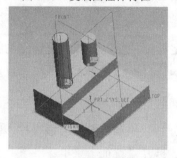

图 6-17 "移动"复制结果   图 6-16 "移动特征"菜单

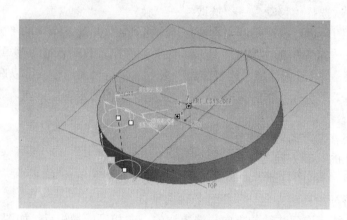

图 6-18 复制孔特征

步骤 3：依次选择"移动"→"选取"→"独立"→"完成"。

步骤 4：选择孔特征，单击"选取"对话框中的"确定"按钮，在单击"选取特征"菜单中的"完成"选项。在"移动特征"菜单中，单击"旋转"选项，系统弹出"选取方向"菜单，如图 6-19 所示，单击"曲线/边/轴"选项。选取图 6-18 中圆柱体的中心线，此时在图形窗口内会出现一个红色箭头，它代表了确定旋转角度时所使用的右手螺旋方向，可以根据需要调节旋转角度的方向，然后单击"正向"。

注意：在选取方向的时候，实际上选取的是旋转轴的方向。

步骤 5：系统在窗口底部要求输入旋转角度。输入"90"，按下回车键。在"移动特征"菜单中单击"完成移动"。在弹出的"组元素"对话框以及"组可变尺寸"菜单中，修改孔径，单击"组可变尺寸"中的"完成"命令，然后单击"组元素"对话框中的"确定"按钮，此时就完成了"旋转"复制操作，如图 6-20 所示。

192

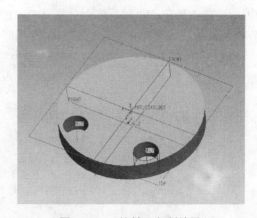

图 6-19 旋转方向菜单   图 6-20 "旋转"复制结果

6.2 特征的阵列

"阵列"命令可以根据一个特征，在一次操作中复制出多个完全相同的特征。在建模过程中，如果需要建立许多相同或类似的特征，如手机的按键、法兰的固定孔等，就需要使用阵列特征。

系统允许只阵列一个单独特征。如果要阵列多个特征，可创建一个"局部组"，然后阵列这个组。创建组阵列后，可取消阵列或取消分组实体以便可以对其进行独立修改。要执行"阵列"命令，可选取要阵列的特征，然后在"编辑特征"工具栏中单击按钮，或单击"编辑"→"阵列"，或在模型树中用鼠标右键单击特征名称，然后从快捷菜单中选取"阵列"命令，系统弹出"阵列"特征操控面板，如图 6-21 所示。

"阵列"特征操控面板分为对话栏和上滑面板两个部分。对话栏中包括阵列类型的下拉列表框，在默认情况下会选择"尺寸"类型，如图 6-21 所示。对话框中的其他内容取决于所选择的阵列类型。

图 6-21 "阵列"特征操控面板

Pro/ENGINEER Wildfire 4.0 提供了 6 种阵列类型，下面分别进行介绍。

尺寸：通过使用驱动尺寸并指定阵列的增量变化来创建阵列。尺寸阵列可以是单向的，也可以是双向的。

方向：通过指定方向并使用拖动句柄设置阵列增长的方向和增量来创建阵列。方向阵列可以是单向或双向。

轴：通过使用拖动句柄设置阵列的角增量和径向增量来创建径向阵列。也可将阵列拖动成为螺旋形。

表：通过使用阵列表并为每一阵列实例指定尺寸值来创建阵列。

参照：通过参照另一阵列来创建阵列。

填充：通过选定栅格用实例填充区域来创建阵列。

其中,"方向"阵列和"轴"阵列分别是 Pro/ENGINEER Wildfire 4.0 版新提供的阵列类型。阵列特征按阵列尺寸的再生方式分为"相同"、"可变"及"一般"3 种类型,如图 6-22 所示。这 3 种类型可以在"选项"选项卡中根据需要选择。下面分别介绍这 3 种类型的特点。

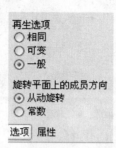

图 6-22 "轴"阵列的再生方式

相同:产生相同类型的特征阵列,它是生成速度最快的尺寸阵列。它有如下限制条件。

(1) 所有实体大小相同。

(2) 所有实体放置在同一曲面上。

(3) 没有与放置曲面边、任何其他实体边或放置曲面以外任何特征的边相交的实体。

这 3 种阵列类型中,"相同"阵列最简单。对于相同阵列,系统生成第一个特征,然后完全复制包括所有交截在内的特征。

提示:在"相同"阵列中,系统不对阵列中的实体间是否存在重叠进行检查。这种检查会减慢阵列的再生,并无法利用使用相同阵列时的优点。必须自己对重叠情况进行检查。如果不想自己检查,可使用一般阵列。

可变:用于产生变化类型的阵列特征,"可变"阵列比"相同"阵列复杂。系统对"可变"阵列做如下假设:

(1) 实体大小可变化。

(2) 实体可放置在不同曲面上。

(3) 实体不能与其他实体相交。

对于"可变"阵列,Pro/ENGINEER Wildfire 4.0 分别为每个特征生成几何,然后一次生成所有交截。变化阵列可与零件几何相交,作为一个完整的组。

一般:用于产生一般类型的阵列特征。"一般"阵列允许创建极复杂的阵列。系统对一般特征的实体不做假设。因此,Pro/ENGINEER Wildfire 4.0 计算每个单独实体的几何,并分别对每个特征求交。特征阵列后,可用该选项使特征与其他实体接触、自交,或与曲面边界交叉。

下面分别详细介绍这 6 种阵列方式。

6.2.1 "尺寸"阵列

"尺寸"阵列实质上就是用特征的定形和定位尺寸作为阵列的方向驱动尺寸,当选定驱动尺寸并给出在该尺寸方向上的增量和数量时就可以创建所需的阵列了。阵列的方向可以是单向的，此时只需要选择一个方向；也可以是双向的，此时需要选择两个驱动尺寸，如图 6-23 所示。

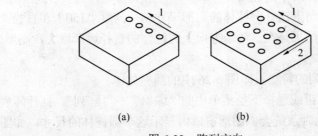

(a)   (b)

图 6-23   阵列方向

"尺寸"阵列特征操控面板如图 6-24 所示。操控面板各选项功能如下：

图 6-24   "尺寸"阵列特征操控面板

阵列第一方向的用户界面用号码 1 标示。

⨀ 2：包含阵列第一方向成员数量的文本框，包括阵列导引，缺省为 2。可键入任意数值。为此方向中的阵列选取至少一个尺寸后，此文本框即可用。 选取项目 ：阵列第一方向的尺寸收集器。单击收集器将其激活，然后选取尺寸。

阵列第二方向的用户界面(可选)用号码 2 标示。

⨀ 2：包含阵列第二方向成员数量的文本框。 单击此处添加项目 ：阵列第二方向的尺寸收集器。

在阵列特征操控面板中要选择阵列方向，分别用 1 和 2 表示阵列的两个方向，在方向后面的灰色文本框中的数字 2 是默认的阵列方向上的特征数目，当把阵列的驱动尺寸选中后，数量的文本框就被激活，可以输入特征数目。在"尺寸"上滑面板上(见图 6-25)有方向 1 和方向 2 的尺寸收集框。

图 6-25   "尺寸"上滑面板

下面以实例说明尺寸阵列特征的创建过程。阵列特征是圆柱体，尺寸如图 6-26 所示，这个圆柱体共有 4 个定形和定位尺寸，这 4 个尺寸分别决定了圆柱体的直径、高度和其在长方体上的定位。选择两个定位尺寸"200"和"70"作为阵列尺寸驱动的第一和第二方向，同时在这两个方向上选择圆柱体的定形尺寸——高度"150"和直径"30"作为驱动尺寸。所以，阵列的结果是在这两个方向上圆柱体的直径逐渐增大，高度逐渐增加。

具体操作步骤如下。

步骤 1：选择要阵列的特征，即图 6-26 中的圆柱体。

步骤 2：单击 ⊞ 按钮或选择下拉菜单中的"编辑"→"阵列"，打开阵列特征操控面板，如图 6-26 所示。此时系统会在图形窗口内显示这个圆柱体的尺寸，如图 6-26 所示。

步骤 3：接受默认的"尺寸"阵列类型，单击上滑板上的"尺寸"，打开阵列"方向"对话框，如图 6-27 所示。

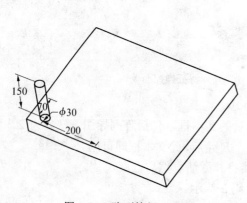

图 6-26　阵列特征

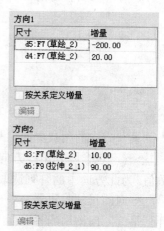

图 6-27　阵列方向

步骤 4：在"方向 1"中的尺寸选项中单击鼠标左键，然后在图形窗口中选择尺寸"200"，这个尺寸控制着圆柱体的圆心到基准面的距离，图中并未显示出基准面，给出增量"100"，按住 Ctrl 键选择圆柱体的直径尺寸"30"，给出增量"20"。

提示：此时的直径尺寸"30"将附属于方向 1，在方向 1 中同时选择这两个尺寸的结果是圆柱体的直径在方向 1 上逐渐增大。

步骤 5：同理，在方向 2 中单击鼠标左键，在图形窗口中选择尺寸"70"，给出增量"80"，按住 Ctrl 键选择尺寸"150"，给出增量"10"。

提示：尺寸增量的正负决定由特征产生的阵列是靠近还是远离特征参照。

步骤 6：在阵列数目中分别填入对应阵列方向的个数。创建结果如图 6-28 所示。

图 6-28　尺寸阵列

196

提示：如果使用一个特征来作为阵列的原特征，则创建该阵列之后，这个特征就变成了阵列的组成部分，不能再独立操作。

如果在方向对话框中将尺寸驱动方向设置为如图 6-29 所示，即将圆柱体的定位尺寸"70"和"200"设为在同一个方向中，阵列的结果如图 6-30 所示。

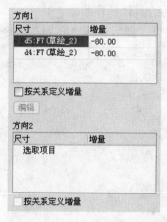

图 6-29　尺寸驱动方向设置

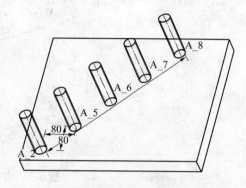

图 6-30　阵列的结果

"尺寸"阵列除了前面所述的线性阵列，还可以进行圆周阵列，只不过此时需要选择一个角度作为驱动尺寸。圆周阵列参见课后练习题，这里不作过多叙述。

6.2.2　"方向"阵列

"方向"阵列是 Pro/ENGINEER Wildfire 4.0 版所推出的新功能，这个功能可以通过选择平面、边或坐标系等方式确定一个阵列方向。"方向"阵列的操控面板如图 6-31 所示。"方向"阵列除了选择阵列的方式和尺寸阵列不同之外，其他操作与"尺寸"阵列相同。使用"方向"阵列在一个或两个选定方向上添加阵列成员。在"方向"阵列中，可拖动每个方向的放置句柄来调整阵列成员之间的距离或反向阵列方向。

图 6-31　"方向"阵列操控面板

创建或重定义方向阵列时，可更改以下项目。

(1) 每个方向上的间距：拖动每个放置句柄以调整间距，或在操控面板文本框中键入增量。

(2) 各个方向上的阵列成员数 (Number of pattern members in each direction)：在操控板文本框中键入成员数，或通过在图形窗口中双击进行编辑。

(3) 特征尺寸：可使用操控板上的"尺寸"(Dimension) 上滑面板来更改阵列特征的尺寸。

(4) 阵列成员的方向 (Direction of pattern members)：要更改阵列的方向，向相反方向拖动放置控制滑块，单击，或在操控面板文本框中键入负增量。

在图 6-31 所示的"方向"阵列的操控面板中，分别用"1"和"2"表示阵列的两个方向，可以通过其后面的切换箭头调整方向的正负。方向后面的文本框中的数字"2"是默认的阵列方向上的特征数目，当把阵列的驱动尺寸选中后，数量的文本框就被激活，可以输入特征数目。在阵列数目的文本框后的文本框是该方向上的尺寸增量。

下面以图 6-32 中的圆柱特征为例说明"方向"阵列的具体操作步骤。

步骤 1：选择要阵列的特征，即图 6-32 所示的圆柱体，然后选择"阵列"命令。

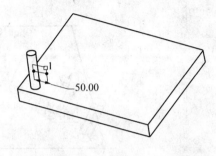

图 6-32　第一方向

步骤 2：将默认的"尺寸"阵列方式改为"方向"阵列，打开"方向"阵列特征操控面板。

步骤 3：选择图 6-32 中的边作为方向 1，键入第一方向的阵列成员数为"6"，各成员之间的距离为"60"。

步骤 4：单击第二方向收集器，选择图 6-33 中所示的边作为方向 2，键入第二方向的阵列成员数为"6"，各成员之间的距离为"60"。

提示：如果要创建可变阵列，可以在"尺寸"上滑面板中添加要改变的尺寸。系统阵列选定特征后的结果如图 6-34 所示。

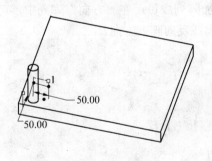

图 6-33　第二方向

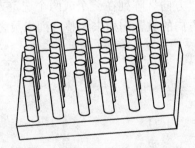

图 6-34　"方向"阵列结果

6.2.3　"轴"阵列

"轴"阵列方式也是 Pro/ENGINEER Wildfire 4.0 版所推出的阵列方式，这种方式可以通过选取旋转轴作为参照进行圆周阵列，而且可以在没有角度尺寸作为尺寸参照时进行圆周阵列。"轴"阵列允许在两个方向放置成员：

(1) 角度(Angular)：(第一方向)阵列成员绕轴线旋转。"轴"阵列默认按逆时针方向等间距放置成员。

(2) 径向(Radial)：(第二方向)阵列成员被添加在径向方向。

"轴"阵列操控面板如图 6-35 所示。

图 6-35　"轴"阵列操控面板

在"轴"阵列操控面板中用号码"1"标示阵列第一方向，包括以下内容：

第一方向参照收集器：单击收集器以激活它，然后选取一个轴作为阵列的中心。 ⅍ 按钮用于使第一方向的阵列增量的方向反向。 4 是阵列第一方向成员数量的文本框，包括阵列导引，默认为"2"，可键入任意数值。指定方向后此文本框变为可用。 90.00 是指定第一方向增量值的组合框：指定方向后此框也变为可用。 ⌐ 按钮可用于指定角度方向上两种放置方法的切换。

类似地，阵列第二方向的用户界面(可选)用号码"2"标示，包括以下内容：

第二方向参照收集器：单击收集器将其激活，然后选取参照。 ⅍ 按钮用于反向第二方向的阵列增量的方向。 ß 是阵列第二方向成员数量的文本框。 33.53 是指定第二方向增量值的组合框，该图标按钮可控制阵列成员的方向是否垂直于径向方向。

有两种方法可将阵列成员放置在角度方向：其一为指定成员数(包括第一个成员)以及成员之间的距离(增量)；其二为指定角度范围及成员数(包括第一个成员)。角度范围是 $-360°\sim+360°$。阵列成员在指定的角度范围内等间距分布。

下面以图 6-36 为例说明轴阵列的具体操作步骤。

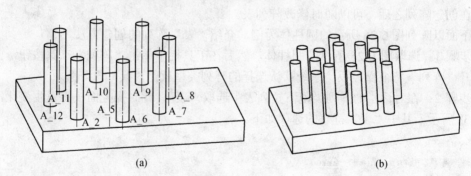

图 6-36　轴阵列结果

(a) 单方向轴阵列；(b) 两个方向轴阵列。

步骤 1：选择要阵列的特征，即图 6-36(a)中的圆柱体，然后选择"阵列"。

步骤 2：将默认的"尺寸"阵列方式改为"轴"阵列，弹出"轴"阵列操控面板。

步骤 3：选择图 6-36（a）中的基准轴 A_5 作为轴阵列的中心。指定第一方向成员的数量为"8"，角度增量为"45"。如果不选择第二方向，则阵列结果如图 6-36(a)所示。

步骤 4：单击第二方向收集器，第二方向成员被自动加在径向方向，键入第二方向的阵列成员数为"2"，各成员之间的距离为"60"。同时点击，使阵列成员的方向垂直于径向方向。系统阵列选定特征后的结果如图 6-36(b)所示。

提示：如果要创建可变阵列，可以在"尺寸"上滑面板中添加要改变的尺寸。

6.2.4 "表"阵列

"表"阵列是通过使用阵列表并为每一阵列实体指定尺寸值来控制阵列。使用"表"阵列工具可创建复杂的、不规则的特征阵列或组阵列。在阵列表中可对每一个子特征单独定义，而且可以随时修改该表。

阵列表是一个可以编辑的表格，其中为阵列的每个特征副本都指定了唯一的尺寸，可以使用阵列表创建复杂或不规则的特征阵列，如图6-37所示。

图 6-37　阵列表

可以为一个阵列建立多个阵列表，这样通过更改阵列的驱动表就可以方便地修改阵列。在创建阵列之后，可以随时修改阵列表。

下面以阵列图6-26所示的圆柱体为例，介绍"表"阵列的创建方法。

步骤1：选取图6-26所示的圆柱体。然后在工具栏中单击"阵列"工具按钮，此时将打开"阵列"特征操控板。系统默认选择的阵列类型就是"尺寸"阵列。

步骤2：在对话栏的阵列类型下拉列表中选取"表"，此时操控面板将发生变化，如图6-38所示。其中"表"特有的选项如下。

图 6-38　"表"操控面板

"表尺寸"上滑面板：如图6-39(a)所示，其中主要包括阵列表中的尺寸的收集器。

"表"上滑面板：如图6-39(b)所示，其中包含用于创建阵列的表收集器。每一行包括一个表索引以及相关的表名称。在"名称"列中单击，然后键入新名称即可更改表名。如果在收集器的表索引项上单击鼠标右键，则会弹出快捷菜单，其中包括下列命令。

添加：可以编辑阵列的另一个驱动表。退出编辑器之后，新表就会添加到收集器列表的底部。

移除：从收集器中移除选定的阵列表。

应用：激活所选的表。激活的表就是阵列的当前驱动表。

<table>
<tr><td colspan="2">索引</td><td>名称</td></tr>
<tr><td>#1（活动）</td><td>TABLE1</td></tr>
</table>

| d10:F9 (拉伸_2_1) |
| d8:F7 (草绘_2) |
| d9:F7 (草绘_2) |

(a)　　　　　　　　　　　　　　(b)

图 6-39　"表尺寸"上滑面板和"表"上滑面板

(a) "表尺寸"上滑面板；(b) "表"上滑面板。

编辑：编辑所选的表。编辑表的时候，可以用"文件"菜单中的选项，将表以.ptb 文件格式保存到磁盘，或者读入以前保存的.ptb 文件。在完成编辑之后，单击"文件"→ "退出"，即可将表保存到阵列中。

读取：读取先前保存的阵列表文件(.ptb 文件)。

写入：用来保存所选的阵列表。这个表将保存在当前 Pro/ENGINEER 工作目录下，文件名称是<表名称>.ptb。

步骤 3：激活要包括在阵列表中的尺寸收集器，在图形窗口内选择要包括在阵列表中的尺寸。按下 Ctrl 键可以选择多个尺寸，此时表尺寸对话框中就列入所选的尺寸。在本例中，将圆柱体的两个定形和两个定位尺寸全部选中。

步骤 4：在操控面板中，单击"编辑"按钮，此时会打开表编辑器窗口。表中包含索引列，其他列中包括选定尺寸。在编辑器窗口中为各个阵列成员输入各个尺寸值，如图 6-37 所示。然后单击窗口上的文件菜单中的"退出"命令即可。

步骤 5：在对话栏中，单击"确认"按钮，即可生成特征阵列，如图 6-40 所示。

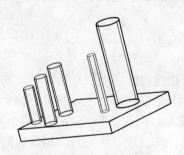

图 6-40　表阵列结果

6.2.5　"参照"阵列

"参照"阵列将一个特征阵列复制在其他阵列特征的"上部"，创建的参照阵列数目与原阵列数目一致。

提示：要创建参照阵列特征，模型中必须存在阵列特征，才能使用"参照"类型阵列新特征。并不是任何特征都可建立参照阵列，只有要阵列特征的参照与被参照阵列特征的参照相一致时才可以，如同轴孔、阵列孔的圆角、倒角等特征均可建立参照阵列。

"参照"阵列的建立比较简单，以图 6-41 为例(图 6-41 中的孔特征和凸台为同轴特征，并将孔特征先阵列)说明其操作步骤。

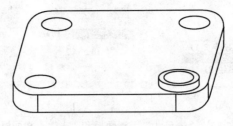

图 6-41 "参照"阵列零件

步骤 1：选取图 6-41 所示的凸台特征，在工具栏中单击"阵列"工具按钮，系统自动选择"参照"类型，弹出如图 6-42 所示的"参照"特征操控面板。

图 6-42 "参照"特征操控面板

步骤 2：在特征操控面板中，单击"确认"按钮，即可生成参照阵列。生成的参照阵列如图 6-43 所示。

图 6-43 完成的"参照"阵列

提示：如果选定特征属于无法以其他方式阵列的类型(例如圆角或倒角)，系统将立即创建次特征的"参照"阵列。

6.2.6 "填充"阵列

"填充"阵列用于在某一指定的区域以用户指定的方式填充阵列元素。在创建"填充"阵列的时候，特征的副本会定位在栅格上，并填充整个区域。可以从几个栅格模板中选取一个模板(例如矩形、圆形、三角形)，并指定栅格参数(例如阵列成员的中心距、圆形和螺旋形栅格的径向间距、阵列成员中心与区域边界间的最小间距以及栅格围绕其原点的旋转角度等)。

在定义阵列填充的区域时，可以草绘基准曲线或者选取现有的基准曲线。

如果不希望在整个区域内填充阵列实体，也可以选取"曲线"栅格沿着这个区域的边界定位阵列成员。

"填充"阵列根据栅格、栅格方向和成员间的间距，从原点出发来确定成员的位置，草绘的区域以及与边界的最小间距决定可以创建多少成员以及在什么位置创建成员。如果成员的中心位于草绘边界的最小间距范围之内，则将创建这个成员。最小间距不会改变成员的位置。

下面以创建图 6-44 所示零件为例，说明"填充"阵列的操作步骤。

步骤 1：选取要阵列的特征，然后在窗口右侧工具栏内单击阵列工具按钮，打开阵列工具操控面板。

图 6-44　完成的填充阵列

步骤 2：在操控面板的"阵列类型"下拉列表框中选择"填充"，此时操控面板将显示有关"填充"阵列的选项，如图 6-45 所示。操控面板各选项功能如下。

图 6-45　"填充"操控面板

：草绘内部剖面作为阵列填充的区域。激活草绘截面收集器可添加或删除一个草绘。

：选取阵列填充的栅格模板。

正方形：以正方形阵列分隔成员。

菱形：以菱形阵列分隔成员。

三角形：以三角形阵列分隔成员。

圆：以圆形阵列分隔成员。

曲线：沿填充区域边界分隔成员。

螺旋：以螺旋形阵列分隔成员。

：设置阵列成员中心间的间距。

：设置阵列成员中心和草绘边界之间的最小距离。负值允许中心位于草绘之外。

：设置栅格绕原点的旋转角度。

：设置圆形或螺旋栅格的径向间距。

步骤 3：单击"参照"→"定义"，打开"草绘"对话框，设置草绘平面、草绘参照，进入草绘环境，绘制阵列填充的区域。选用"边"命令，选择图 6-44 中拉伸特征的上表面的边线。

提示：在退出草绘器之后，系统会马上根据默认设置显示阵列栅格的预览视图，每个成员的位置都用点来表示。

步骤 4：系统默认的栅格类型是"方形"。按照图 6-45 更改珊格、珊格方向、成员之间的间距等参数。

提示：如果规定最小距离是负值，则成员中心可以位于草绘边界之外。

步骤 5：在特征操控面板中，单击"确认"按钮，即可生成特征阵列，结果如图 6-44 所示。

6.3　编 辑 特 征

在前面介绍模型树的设置时，曾经提到过利用模型树对选定的特征进行编辑和修改。当设计者要对所创建的特征进行相关的尺寸修改时，可以先在模型树窗口中选取需要修改的特征，然后单击右键，在弹出的菜单中执行"编辑"命令，窗口模型即显示该特征截面的各组成尺寸。双击需要修改的尺寸，显示尺寸修改框，即可对尺寸值进行修改。修改完后，单击"再生模型"图标，即按修改尺寸生成新的模型。

操作步骤如下。

步骤 1：双击特征或在模型树中右击特征，并选择"编辑"命令。

步骤 2：工作区中显示特征的相关尺寸，双击某一尺寸，输入数值或关系式。

步骤 3：单击"回车"按钮让系统按照新数值重新计算生成模型。

使用"编辑"进行设计变更时有以下几点需特别注意。

(1) 使用"编辑"命令仅能修改特征的尺寸，并不能改变特征的参数。若要改变特征的参数，如深度定义方式、剪切的方向等，则需使用"编辑定义"命令。

(2) 若要改变特征长出或剪切的方向，不可使用"编辑"直接将深度尺寸改为一个负值，应使用"编辑定义"以改变特征长出的方向。

6.4　编 辑 定 义

使用"编辑"功能可以修改特征的外形尺寸，但无法修改特征的截面形状和尺寸关系等。当设计者需要对特征进行较为全面的修改时，可以通过"编辑定义"功能来实现。

重定义特征用来对特征的定义进行修改，基本上相当于对特征进行重新构建，不但可以改变特征的尺寸，还可以修改特征的参数。

在模型树或工作区中点选某一特征，单击鼠标右键调出相应快捷菜单，单击"编辑定义"，系统显示相应界面，即可进行重新定义。

在建立特征时，主要有 3 种操作界面，则定义图标面板、特征建立对话框及基准建立对话框，如图 6-46 所示。因此，在对这些特征进行重新定义时，也会出现这 3 种界面。

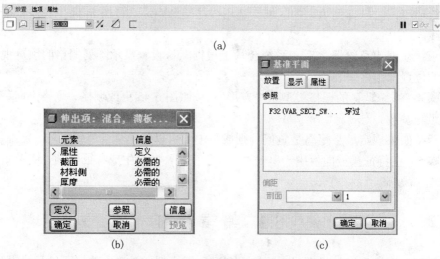

图 6-46　重定义特征界面
(a) 定义图标面板；(b) 特征建立对话框；(c) 基准建立对话框。

6.5 特征的父子关系

零件设计和建模过程是一个不断修改的过程。特征生成之后，必然要对特征进行各种操作，如删除、重新定义、特征排序等。而在进行特征操作时，必须注意特征之间的相互依赖关系，即父子关系。

通常，创建一个新特征时，不可避免地要参考已有的特征，如选取已有的特征表面作为绘图平面和参考平面，选取已有的特征边线作为尺寸标注参照等，此时特征之间便形成了父子关系，新生成的特征称为子特征，被参考的已有特征称为父特征。

如图 6-47 所示，创建方槽时，选取了方形板的上表面作为草绘面，选取了"RIGHT"基准平面作为参考面，选取了"FRONT"基准平面和"RIGHT"基准平面作为尺寸标注参考，所以方形板、"RIGHT"基准平面和"FRONT"基准平面就构成了方槽特征的父特征，而方槽是方形板、"RIGHT"基准平面和"FRONT"基准平面的子特征。

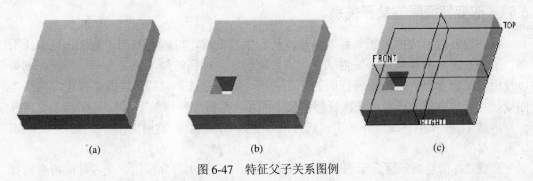

图 6-47　特征父子关系图例

要查看特征之间的父子关系，有以下两种操作方法。

(1) 在模型树或工作区中点选某一特征，单击鼠标右键调出相应快捷菜单，如图 6-48 所示。单击"信息"→"参照查看器"，系统显示"参照查看器"对话框，如图 6-49 所示。在该对话框中可以查看该特征的父特征和子特征，以及构成父子关系的参照元素。

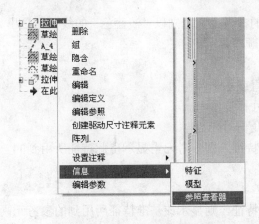

图 6-48　模型树右键快捷菜单

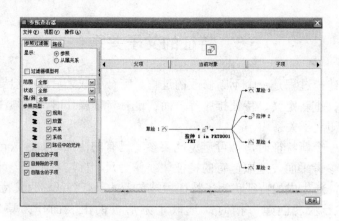

图 6-49　"参照查看器"对话框

(2) 选择一个特征，单击"信息"→"参照查看器"，系统即弹出"参照查看器"对话框，显示该特征的父特征和子特征。

6.5.1　改变特征间的父子关系

特征建立时形成的父子关系，当父特征发生改变时，可能影响到子特征，这取决于创建子特征需要的参照是否发生了变化。如果想使父特征的修改不会影响子特征，则可以使用"编辑参照"来更改特征间的父子关系，即通过选择新的草绘面、视图方向参考面或尺寸标注参考面等来改变特征间的父子关系，其操作步骤如下。

步骤 1：在模型树或工作区中点选某一特征，单击鼠标右键调出相应快捷菜单，单击"编辑参照"选项。

步骤 2：信息提示区显示图 6-50 所示的提示，若按"否"按钮，则零件的所有特征都会显示出来；若按"是"按钮，则所选特征的所有子特征将从屏幕上消失。一般按回车键接受默认的"否"即可。

是否恢复模型?　　　　　　　　　　　　　　　　　　　　　　是　否

图 6-50　提示"是否恢复模型"

步骤 3：所选特征的参考元素分别以"淡蓝色"的线条凸显出。若所选特征为草绘特征，则参考元素按下列顺序显示出。

(1) 绘图平面。

(2) 定位草图的垂直或水平参考面。

(3) 草图的位置尺寸标注参考。

(4) 草图绘制时的几何对应数据。

若所选特征为放置特征，则参考元素显示出此特征所用到的。

(1) 特征放置面。

(2) 特征放置边。

若所选特征为基准特征，则显示该基准特征所用到的参考元素。

步骤 4：对每一个凸显的参考元素，可以做下列选择，如图 6-51 所示。

图 6-51　"重定参照"菜单

替换：选择不同的参考元素进行替换。

相同参照：参考元素不变。

参照信息：列出较详细的参考元素信息。

完成：完成操作。

退出重定参照：放弃操作。

步骤 5：当所有的参考元素被做相应操作后，所选定的特征会被自动再生。若再生成功，则新的父子关系将被确立；若再生失败，则此特征所有的参考元素将被还原。

6.5.2　插入特征

一般在建立新的特征时，Pro/ENGINEER Wildfire 4.0 会将该特征建立在所有已建立的特征之后(包括隐藏特征)。零件建模过程中，如果发现一个特征应创建在某些已有特征之前，则可以使用"插入模式"任意地插入特征，改变建构的顺序。

操作方法很简单，只需打开模型树，点选"在此插入"，按住鼠标左键将其拖放至相应位置即可。

6.6　特征的隐含、恢复及删除

可以使用"隐含"命令将特征暂时隐藏，也可以使用"删除"命令将其彻底删除。两者的区别是隐含的特征可以视需要随时使用"恢复"命令恢复，而删除的特征将被永久删除。

"隐含"命令主要用于以下场合：

(1) 在"零件"模块下，隐藏零件中某些较复杂的特征，如复杂圆角、阵列的特征等，以节省再生或清除残影的时间。

(2) 在"装配"模块下，进行复杂特征的装配时，使用"隐含"命令隐藏各组合件中较不重要的特征，以减少再生的时间。

隐藏某个特征以尝试不同的设计效果。

特征的隐含有两种操作方法，下面分别进行介绍。

6.6.1 特征的隐含方法1

步骤1：在模型树或工作区中点选某个或几个特征，单击鼠标右键调出相应快捷菜单，单击"隐含"选项。

步骤2：若要隐含的特征没有子特征，则系统显示如图6-52所示的"隐含"对话框，提示加亮的特征将被隐含，单击"确定"按钮即可完成操作。

步骤3：若要隐含的特征是其他特征的父特征，则系统会将其所有的子特征都以高亮度的方式呈现在主窗口中，并显示如图6-53所示的"隐含"对话框，其上的"选项"按钮提供子特征的高级显示方式。

图6-52 没有子特征的"隐含"对话框

图6-53 有子特征的"隐含"对话框

步骤4：单击"隐含"对话框上的"选项"按钮，系统显示如图6-54（a）所示的"子项处理"对话框，在"子项"列表中选择处理对象，使用下拉菜单进行处理。

"状态"菜单如图6-54（b）所示，各选项的功能如下：

隐含：隐含高亮显示的子特征。

保留：暂时略过高亮显示的子特征，留待稍后再作处理。

冻结：冻结该高亮显示的特征并让其留在原位，此选项仅用于装配模块中的装配组件。

"编辑"菜单如图6-54（c）所示，各选项的功能如下：

替换参照：更改子特征的绘图平面与参考平面等参照元素以断绝父子关系。

重定义：对子特征进行重新定义。

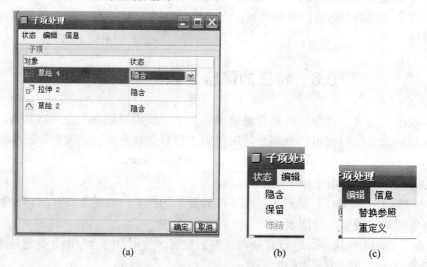

(a)   (b)   (c)

图6-54 "隐含"对话框上的"选项"

(a) "子项处理"对话框；(b) "状态"菜单；(c) "编辑"菜单。

步骤 5：对子特征处理完成后，即可单击"确定"按钮完成隐含操作。

6.6.2　特征的隐含方法 2

步骤：单击主菜单中的"编辑"→"隐含"→"隐含"，对子特征处理完成后，即可单击"确定"按钮完成隐含操作。

6.6.3　隐含特征的恢复

通过"隐含"命令暂时隐藏的特征可以恢复，有以下两种操作方法。

(1) 单击主菜单"编辑"→"恢复"，系统显示如图 6-55 所示菜单，各菜单项的作用如下。

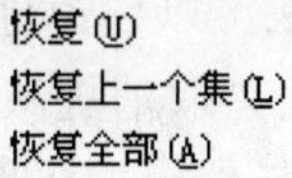

恢复(U)
恢复上一个集(L)
恢复全部(A)

图 6-55　"恢复"菜单

恢复：恢复选定的隐含特征。

恢复上一个集：恢复最近一次隐藏的特征。

恢复全部：恢复所有被隐藏的特征。

(2) 在模型树中选择隐含特征并恢复。由于默认情况下模型树中不显示隐含特征，可以通过"树过滤器"的设置使隐含特征显示在模型树中，操作步骤如下。

步骤 1：单击模型树上方的"设置"→"树过滤器"。

步骤 2：系统显示"模型树项目"对话框，勾选"显示"区中的"隐含的对象"复选框，单击"确定"。

步骤 3：在模型树中选择隐含特征(隐含特征左上方有一黑色的矩形)，单击鼠标右键调出相应快捷菜单，单击"恢复"选项，即可恢复隐含特征。

6.6.4　特征的删除

特征的删除也有与特征隐含类似的两种操作方法，在此不再介绍。

6.7　特征生成失败及其解决办法

在使用 Pro/ENGINEER Wildfire 4.0 进行零件建模的时候，常会因为各种原因造成特征生成的失败，常见的情形可归纳为如下几个方面。

(1) 创建特征时给定的数据不当。

(2) 设计变更后导致其他特征的参考边、参考面或参考线消失。

(3) 打开组合件文件时无法找到包含于其中的零件。

(4) 破坏了尺寸关系式的限制。

遇到以上情况时，系统会自动打开"诊断失败"窗口并显示"求解特征"菜单(见图 6-56、图 6-57)，此时可以适当地改变特征的定义方式，将模型重新生成后退出失败解决模式。

图 6-56 "诊断失败"窗口　　　　　　　　　　　　　图 6-57 "求解特征"菜单

利用"求解特征"菜单可以了解失败的原因并对失败特征进行修复,以下介绍各选项的使用方法和操作步骤。

(1) 取消更改:使用该选项,可以放弃先前对模型所做的改变,并将模型还原到前一个重新成功生成的状态下。使用此方法可以快速地离开失败解决环境,但对于用户本身所做改变造成的特征失败,则无法使用"取消更改"解决问题。

(2) 调查:使用该选项,可以查询导致模型生成失败的原因,并可将模型返回至上一次重新成功生成的状态。以下为"检测"菜单(见图 6-58)中各选项所提供功能的简介。

当前模型:对目前所显示的模型进行调查。

备份模型:对备份的模型进行调查。选择此选项时系统会打开另一个窗口,用来显示备份的模型。

诊错:控制失效诊断窗口的显示与否。

列出修改:显示模型中被修改过的几何尺寸及其相关信息。

显示参考:显示模型中失败特征的所有参考特征。

失败几何形状:显示失败特征中无效的几何尺寸。

转回模型:将模型恢复为"模型滚动目标"子菜单(见图 6-59)所选的选项。选项如下。

失败特征:将模型恢复到失败特征(只对备份模型适用)。

失败之前:将模型恢复到失败特征之前的特征。

上一次成功:将模型恢复为上一次特征成功生成结束时的状态。

指定:将模型恢复至指定的特征。

(3) 修复模型:使用该选项,可以改变模型中的特征或尺寸以解决模型失败的问题。以下为"修复模型"菜单(见图 6-60)中各选项所提供功能的简介。

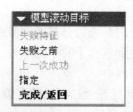

图 6-58 "检测"菜单　　　　　图 6-59 "模型滚动目标"子菜单　　　　　图 6-60 "修复模型"菜单

当前模型：对目前所显示的模型进行修复。

备份模型：对备份的模型进行修复。选择此选项时系统会打开另一个窗口来显示备份的模型。

特征：使用"特征"菜单来修复模型。

修改：修改特征的尺寸来修复模型。

再生：重新生成修改后的模型。

切换尺寸：切换尺寸的显示方式(符号或数值)。

恢复：恢复所有的改变、尺寸、参数或关系式等至模型失败前的状态下。

关系：使用"关系"对话框以增加、删除或修改关系式来修复模型。

设置：使用"零件设置"菜单进行零件参数设定。

剖截面：使用"视图管理器"对话框中的"X 截面"选项卡以增加、删除或修改模型的截面视图。

程序：进入 Pro/PROGRAM 工作环境。

(4) "快速修复"：使用该选项，可以针对失败特征进行快速的修改，以下为"快速修复"菜单（见图 6-61）中所提供的功能简介。

图 6-61   "快速修复"菜单

重定义：重新定义特征的各项参数，如参考特征、尺寸数值等。

重定参照：重新定义失败特征的参考元素。

隐含：隐藏失败特征与其所有的子特征。使用"隐含"仅能将特征隐藏，而并不能真正解决模型失败的问题，将来使用"恢复"选项恢复隐藏特征时模型失败的问题仍会存在。

修剪隐含：隐藏失败特征与其后所有的特征。

删除：删除失败特征与其后所有的特征。

6.8 综合实例

例 6-1 创建如图 6-62 所示的零件。

步骤 1：创建新文件 6-3.prt。

步骤 2：单击"插入"→"拉伸"。弹出"拉伸特征"控制面板。

步骤 3：设置草绘平面，选取"TOP"基准平面为绘图平面，"RIGHT"基准平面为参考平面，方向选取"右"。

步骤 4：进入草绘环境，绘制如图 6-63 所示的草绘截面。

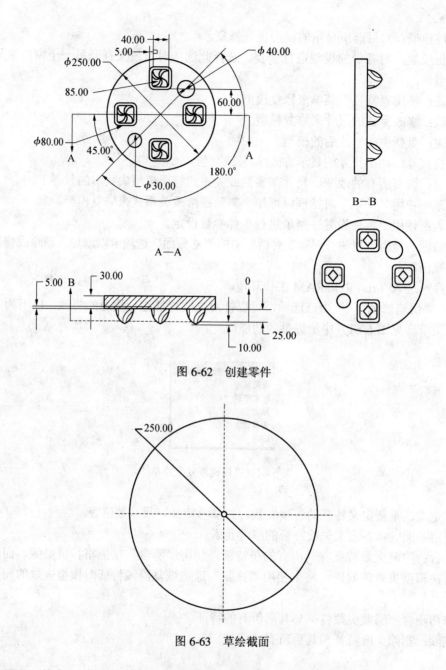

图 6-62 创建零件

图 6-63 草绘截面

步骤 5：单击"草绘器工具"工具栏中的 ✔ 按钮，完成截面的绘制。

步骤 6：在拉伸面板中输入深度值"30"，并点击"确定"按钮，结束拉伸 1 的创建。拉伸结果如图 6-64 所示。

步骤 7：在下拉菜单中选择"插入"→"混合"→"伸出项..."，弹出"混合选项"菜单。

步骤 8：在"混合选项"菜单中选择"平行"→"规则截面"→"草绘截面"→"完成"，弹出"平行混合"对话框和"属性"菜单。选择"属性"菜单中"光滑"→"完成"，弹出"设置草绘平面"菜单。

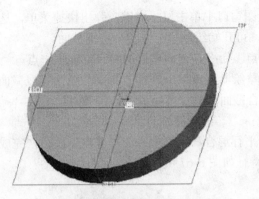

图 6-64　拉伸结果

步骤 9：单击"使用先前的"→"完成"按钮，选用与前面相同的草绘平面与参考平面，进入草绘环境。在草绘环境中绘制如图 6-65 所示的第一个混合截面。

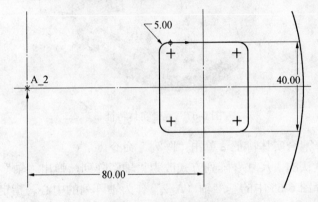

图 6-65　第一个混合截面

步骤 10：在绘图窗口中单击鼠标右键，弹出快捷菜单，选择"切换剖面"，此时刚绘制完毕的第一个截面颜色变淡，可开始绘制第二个混合特征截面。

步骤 11：在草绘环境中绘制如图 6-66 所示的第二个特征截面。注意起始点位置。

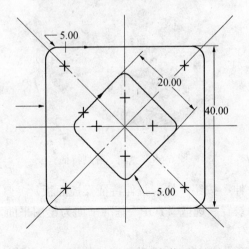

图 6-66　第二个混合截面

步骤 12：再在绘图窗口中单击鼠标右键，弹出快捷菜单，选择，此时刚绘制完毕的第二个截面颜色变淡，可开始绘制第三个混合特征截面。

步骤 13：使用"点"命令在前面截面的中心位置画一点。

步骤 14：单击"草绘器工具"工具栏中的✔按钮，完成截面的绘制。

步骤 15：输入混合截面间的深度距离"25"、"10"，单击"确定"按钮，回到平行混合对话框。

步骤 16：单击"平行混合"对话框中的"确定"按钮，完成平行混合实体特征的创建。完成的混合实体特征如图 6-67 所示。

图 6-67　混合实体特征

步骤 17：选择混合实体特征，单击"阵列"命令。

步骤 18：将默认的"尺寸"阵列方式改为"轴"阵列，弹出"轴"阵列操控面板。

步骤 19：选择图 6-65 中的基准轴"A_2"作为轴阵列的中心。指定第一方向成员的数量为"4"，角度增量为"90"。如果不选择第二方向，则阵列结果如图 6-68 所示。

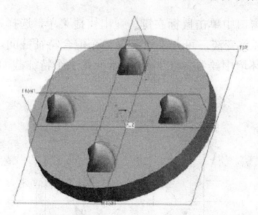

图 6-68　"轴"阵列特征

步骤 20：单击"拉伸"按钮，打开拉伸特征操控面板。

步骤 21：进行草绘设置。选取"TOP"基准平面为绘图平面，"RIGHT"基准平面为参考平面，方向选取"右"。

步骤 22：单击"草绘"按钮，系统进入草绘状态，使用默认尺寸参考。使用"边"

命令绘制图 6-69 所示草绘截面。截面绘制完毕，单击工具栏中的 ✔ 按钮，系统回到拉伸特征操控面板。

步骤 23：单击"拉伸"按钮，建立去除材料拉伸特征。设定拉伸深度为"5"。

步骤 24：单击拉伸特征操控面板中的"确定"按钮，完成拉伸去除材料特征的建立，如图 6-70 所示。

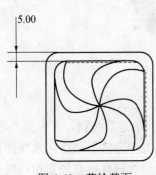

图 6-69　草绘截面

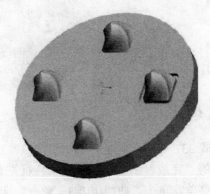

图 6-70　拉伸去除材料特征

步骤 25：选取前面完成的拉伸去除材料特征，在工具栏中单击"阵列"工具按钮，系统自动选择"参照"类型，弹出"参照"特征操控面板。

步骤 26：在特征操控面板中，单击"确认"按钮，即可生成参照阵列。生成的参照阵列如图 6-71 所示。

图 6-71　参照阵列特征

步骤 27：选取上平面为主参照，单击"孔特征"工具图标按钮，弹出"孔特征"的操控面板。

步骤 28：在"放置"面板中选定"径向/直径"选项，选取"FRONT"基准平面和"A_2"轴线为次参照，输入径向半径尺寸"80"，角度"45"。

步骤 29：输入孔的直径"30"，孔深为"通孔"，按下鼠标中键结束孔特征的创建，结果如图 6-72 所示。

步骤 30：选择"编辑"→"特征操作"，打开"特征"菜单。

步骤 31：单击"复制"选项，系统显示"复制特征"菜单。

步骤 32：依次选择"移动"→"选取"→"独立"→"完成"。

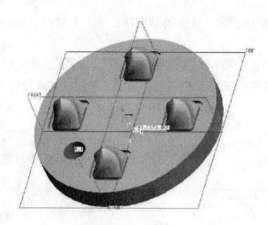

图 6-72　孔特征

步骤 33：选择孔特征，单击"选取"对话框中的"确定"按钮，再单击"选取特征"菜单中的"完成"命令。在"移动特征"菜单中，单击"旋转"命令。系统弹出"选取方向"菜单，单击"曲线/边/轴"命令。选取"A_2"轴线，此时在图形窗口内会出现一个红色箭头，它代表了确定旋转角度时所使用的右手螺旋方向，可以根据需要调节旋转角度的方向，然后单击"正向"命令。

步骤 34：在窗口底部输入旋转角度"180"，按下回车键。在"移动特征"菜单中单击"完成移动"。在弹出的"组元素"对话框以及"组可变尺寸"菜单中，修改孔径为"40"，单击"组可变尺寸"中的"完成"命令，然后单击"组元素"对话框中的"确定"按钮，此时就完成了"旋转"复制操作，如图 6-73 所示。

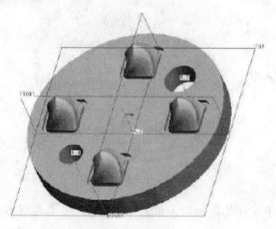

图 6-73　旋转复制特征

步骤 35：保存文件（结果可见文件 6-3.prt），然后关闭当前工作窗口。

本 章 小 结

本章介绍了特征的复制方法，包括复制、阵列和群组等。熟练掌握这些方法对图形的绘制有很大帮助，可以大大提高工作效率。同时，利用这些复制命令还可以建立特征间的尺寸和参考关系，形成参数关系便于修改。还介绍了特征父子关系的基本概念，对零件设计进行变更的各种操作方法，以及在创建或修改零件发生失败时的处理方法。读者应熟练掌握这些操作方法，以便灵活地设计产品。

思考与练习题

1．思考题

(1) 特征之间的父子关系是怎样形成的?对零件建模及其设计更改有何影响?

(2) "隐含"命令和"隐藏"命令有何区别?

(3) 复制特征分为哪几种方式?各自的特点是什么?

(4) Pro/ENGINEER Wildfire 4.0 版新提供的两种阵列方式是什么? 各自有什么特点?

(5) 几种阵列方式的特点和主要操作步骤是什么?

(6) 创建组特征的目的以及在操作中的注意事项是什么?

2．练习题

(1) 使用"新参考"命令复制图6-74所示的孔特征。

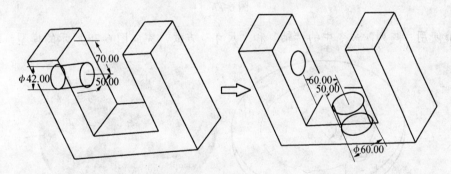

图 6-74

(2) 使用"镜像"命令完成图6-75所示的模型。

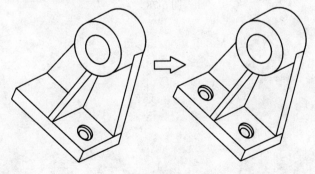

图 6-75

(3) 使用"镜像"、"旋转"命令完成图6-76所示的模型。

(4) 使用"阵列"命令完成图6-77所示的模型。

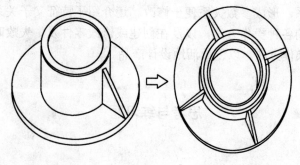

图 6-76

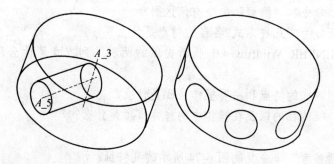

图 6-77

(5) 使用"阵列"命令中的"轴"和"尺寸"方式，完成图 6-78 所示的模型。

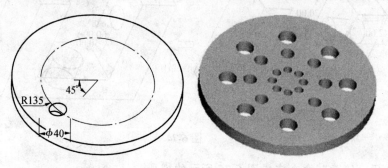

图 6-78

第 7 章　高级曲面特征建模及编辑

在 Pro/ENGINEER Wildfire 4.0 中造型时，可以把所用特征分为 3 类：实体特征、基准特征和曲面特征。一般来说，最后希望得到的数学模型是实体模型，但在实体零件的造型过程中，经常会使用到基准特征和曲面特征来作为参考或辅助。

实体特征造型方式比较固定，仅能使用拉伸、旋转、扫描、混合等方式来建立实体特征的造型，当然使用可变剖面扫描等高级方式也能产生一定的特殊效果，但毕竟是有限的。所以，实体特征造型方式适用于比较规则的零件。

但是对于复杂程度较高的零件来说，如某些消费电子产品及模具零件等，仅使用实体特征来造型就很困难了，这时可利用曲面特征来造型。曲面特征提供了非常灵活的方式来建立曲面，也可将多张单一曲面合并为一张完整且没有间隙的曲面模型，最后再转化为实体模型。曲面特征的建立方式除了与实体特征相同的拉伸、旋转、扫描、混合等方式外，也可由基准点建立基准曲线，再由基准曲线建立为曲面，或由边界线来建立曲面。曲面与曲面间还可有很高的操作性，例如曲面的合并、修剪、延伸等。

前面已经介绍基本曲面建构方法，下面主要介绍"高级曲面"的建构方法。

7.1　曲面合并

将两个相邻或相交的曲面或面组合并成一个面组，若有多个曲面或面组需要合并，则需两两合并。

步骤 1：点选需要合并的两个曲面(选完一个曲面后，按住 Ctrl 键再选另一个曲面)，如图 7-1 所示（见文件 7-1.prt）。在菜单栏中点选"编辑"→"合并"，或在系统绘图区右侧工具条单击 ⬚ 按钮，系统显示曲面合并操控面板，如图 7-2 所示。

提示：曲面的合并"对象—操作"型命令，即先选两个面才可选命令。

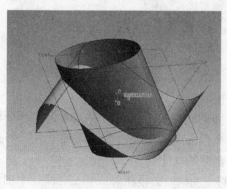

图 7-1　要合并的两个曲面

219

图 7-2　曲面合并操控面板

步骤 2：工作区中两个曲面上显示方向箭头，如图 7-3 所示。箭头所指方向为合并后保留的曲面侧，可分别单击图标板上的 ✗ 按钮和 ✗ 按钮进行转换。图 7-4 所示为两个曲面采用不同保留侧的 4 种组合情况。

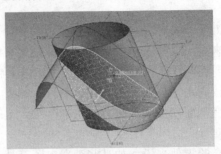

图 7-3　箭头表示合并后保留的曲面侧

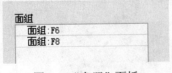

图 7-4　不同保留侧的合并效果

提示：在 Pro/ENGINEER Wildfire 4.0 中，所有涉及方向的定义除了可用按钮操作，还可直接单击绘图区的箭头。

步骤 3：单击图标板上的 ☑ 6∘ 按钮预览生成的曲面或单击 ☑ 按钮完成曲面的创建。

说明：

(1) 图标板上的"参照"面板如图 7-5 所示，如果之前曲面选择有误，可单击"面组"下方区域，重新选择。"交换"按钮的作用为进行合并的两曲面中主曲面和附加曲面的交换。先选择的为主曲面，后选择的为附加曲面。

(2) 图标板上的"选项"面板如图 7-6 所示，可以定义合并类型如下：

图 7-5　"参照"面板　　　　图 7-6　"选项"面板

求交：通过求交来连接两个相交曲面。

连接：通过将一个曲面的边与另一个曲面对齐来合并两个相邻曲面。因此，一个曲面的单侧边必须位于另一个曲面上。如果一个曲面超出另一个曲面，则通过单击 ✗ 按钮指定曲面的一部分包括在合并特征中。

(3) 进行合并操作的两个曲面，必须相邻或相交，即一个曲面的单侧边必须位于另一个曲面上，或者是两个曲面间必须有交线。

220

7.2 曲 面 修 剪

曲面的修剪可分为以下 3 种情况：使用另一个曲面(或基准面)来修剪一个曲面；以曲面上的基准曲线来修剪一个曲面；以顶点来修剪一个曲面，即通过对曲面拐角进行圆角过渡。

1. 新建一个曲面来修剪现有曲面

可以通过"拉伸"、"旋转"、"扫描"、"混合"、"扫描混合"、"螺旋扫描"、"可变剖面扫描"等特征创建一曲面来修剪现有的曲面。现有待修剪曲面如图 7-7 所示。

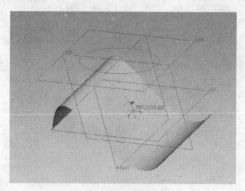

图 7-7 待修剪曲面

(1) 对于用"拉伸"、"旋转"和"可变剖面扫描"等创建一曲面来修剪现有的曲面，操作步骤如下。

步骤 1：选择拉伸、旋转或可变剖面扫描命令。

步骤 2：系统显示相应操控面板(以拉伸为例，见图 7-8)，单击 按钮和 按钮，并选择被修剪曲面，如图 7-9 所示。然后创建一个拉伸曲面，操作跟拉伸特征相同。操控面板上第一个按钮 为拉伸方向定义，第二个按钮 为裁减掉的曲面侧定义(有 3 种情况，即曲面一侧裁减、另一侧裁减及两侧都不裁减)。修剪效果如图 7-10 所示。

图 7-8 创建"修剪"曲面操控面板

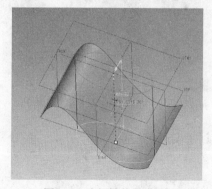

图 7-9 选择被修剪曲面

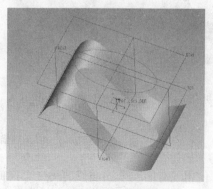

图 7-10 修剪效果

说明：图标板上□按钮按下时为用带状曲面修剪(图 7-11)，且操控面板有如图 7-12 所示的改变，第一个按钮□为拉伸方向定义，第二个按钮□为带状曲面的宽度生成方向定义。

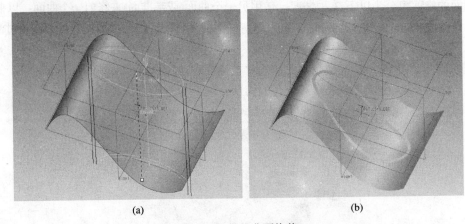

(a)   (b)

图 7-11　带状曲面修剪

图 7-12　带状曲面"修剪"操控板

(2) 对于用"扫描"、"混合"、"扫描混合"、"螺旋扫描"等创建一曲面来修剪现有的曲面，操作步骤如下(以扫描为例，下同，如图 7-13 所示，可见文件 7-3.prt)。

步骤1：在菜单栏中选择"插入"→"扫描"→"曲面修剪"或"薄曲面修剪"。

步骤2：选择被修剪曲面。

步骤3：以相应方法创建一曲面。

步骤4：定义裁减掉的曲面侧。

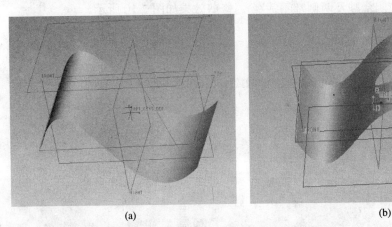

(a)   (b)

图 7-13　创建扫描曲面来修剪现有曲面

2. 使用现有的一个曲面修剪另一个曲面

步骤1：选择被修剪曲面，如图 7-14 所示（见文件 7-4.prt）。

222

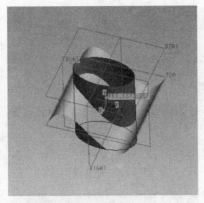

图 7-14　被修剪曲面

步骤 2：在菜单栏中选择"编辑"→"修剪"，或在系统绘图区右侧工具条单击 □ 按钮，系统显示如图 7-15 所示的曲面修剪操控面板。

图 7-15　曲面修剪操控面板

步骤 3：选择修剪曲面，并定义修剪方向，如图 7-16 所示。

说明：也可以使用基准面来修剪现有曲面。

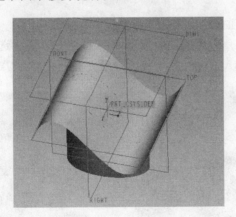

图 7-16　修剪曲面

3. 以曲面上的基准曲线来修剪一个曲面

步骤 1：选择被修剪曲面，如图 7-17 所示（见文件 7-5.prt）。

步骤 2：在菜单栏中选择"编辑"→"修剪"，或在系统绘图区右侧工具条单击 □ 按钮。

步骤 3：如图 7-18 所示，选择修剪曲线，并定义修剪方向，结果如图 7-19 所示。

4. 以顶点倒圆角来修剪一个曲面

步骤 1：在菜单栏中点选"插入"→"高级"→"顶点倒圆角"，系统显示"曲面裁剪：顶点倒圆角"对话框，并显示"选取"菜单，如图 7-20 所示。

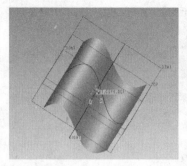
图 7-17 被修剪曲面

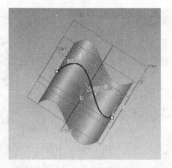
图 7-18 定义修剪方向

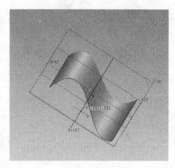
图 7-19 修剪结果

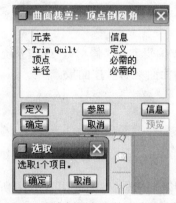
图 7-20 "顶点倒圆角"的"选取"菜单

步骤 2: 选取被修剪曲面。

步骤 3: 选择要做圆角过渡的曲面顶点(可以按住 Ctrl 键多选),如图 7-21 所示。

步骤 4: 在文本区输入过渡圆角半径。最后完成效果如图 7-22 所示。

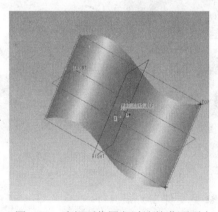
图 7-21 选择要作图角过渡的曲面顶点

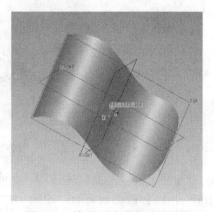
图 7-22 完成顶点圆角后的效果

7.3 曲面延伸

延伸曲面即将一曲面沿着其边界线延伸。

步骤 1: 选择要延伸曲面的边界线,如图 7-23 所示(见文件 7-6.prt)。

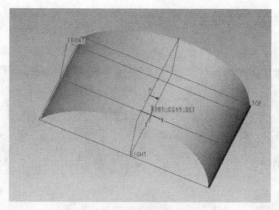

图 7-23　选择要修剪的曲面边线

提示：若曲面有多个边界需一次延伸，则需先选一条边界线，待调出命令后再选其他各条边界线。

步骤 2：在菜单栏中点选"编辑"→"延伸"，系统显示如图 7-24 所示的曲面延伸操控面板。

图 7-24　曲面延伸操控面板

步骤 3：定义延伸类型，共有 4 种："相同"型、"切线"型、"逼近"型及"方向"型。前 3 种可通过单击"选项"，弹出"选项"上滑面板（见图 7-25），在方式列表框中加以定义；方向型延伸可单击图标板上的　按钮加以定义。

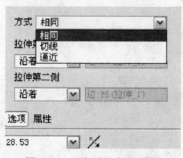

图 7-25　"选项"上滑面板

各延伸类型功能如下：

"相同"型：延伸所得的曲面与原来的曲面类型相同。例如，原来的曲面为一圆弧面，则延伸出来的曲面也为圆弧面，如图 7-26(a)所示。

"切线"型：延伸所得的曲面与原曲面相切，如图 7-26(b)所示。

"逼近"型：用逼近曲面选项延伸曲面，系统创建延伸部分作为边界混成。将曲面延伸至不在一条直边上的顶点时，此方法尤其适用。另外，对于从其他系统中创建后输入的不太理想的曲面(如曲面有高曲率或不合适的顶点)，此方法也很有用。

"方向"型：将曲面的边延伸至指定的平面，延伸的方向与此平面垂直，如图7-26(c)所示。

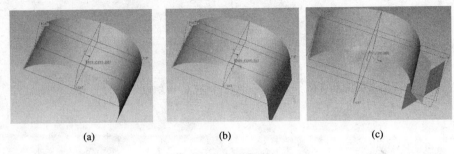

(a)　　　　　　　　(b)　　　　　　　　(c)

图7-26　延伸类型

(a)"相同"型；(b)"相切"型；(c)"方向"型。

以下步骤适用于"相同"型、"切线"型及"逼近"型曲面延伸。

步骤4：定义延伸距离，单击图标板上的"量度"按钮，系统向上弹出"量度"上滑面板，如图7-27所示。默认情况下只有单一距离，在表格中单击鼠标右键，弹出快捷菜单，如图7-28所示。单击"添加"可以增加不同的延伸距离，如图7-29所示。

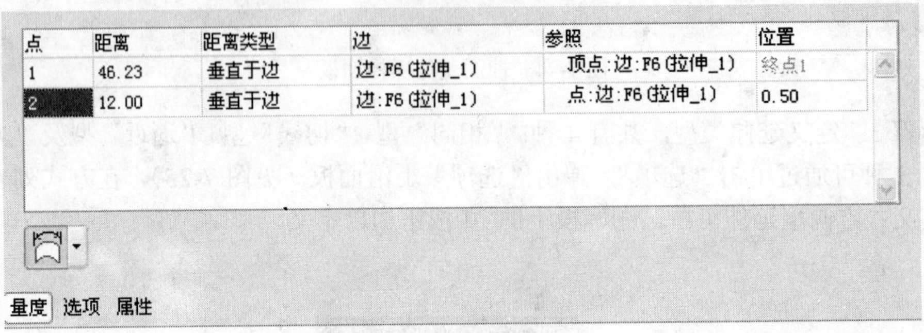

点	距离	距离类型	边	参照	位置
1	46.23	垂直于边	边:F6(拉伸_1)	顶点:边:F6(拉伸_1)	终点1
2	12.00	垂直于边	边:F6(拉伸_1)	点:边:F6(拉伸_1)	0.50

量度 选项 属性

图7-27　"量度"上滑面板

添加
删除

图7-28　快捷菜单

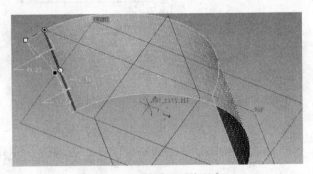

图7-29　不同的延伸距离

步骤5：定义延伸方向。单击操控面板上的"选项"按钮，系统向上弹出"选项"上滑面板，如图7-30所示。在此定义延伸的边界线两端点的延伸方向：沿侧边做延伸或延伸的方向与边界线垂直，如图7-31所示。

226

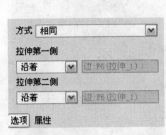

图 7-30 "选项"上滑面板

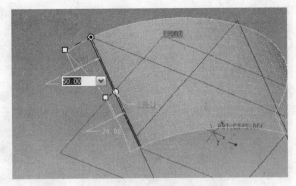

图 7-31 定义延伸方向

如果是方向型延伸，步骤 4 和步骤 5 应换成：选择要延伸到的平面。

7.4 曲面偏移

偏移曲面特征是通过对现有实体表面或曲面进行偏移来创建一个曲面特征，偏移时可以指定距离、方式和参考曲面。

步骤 1：点选实体表面或曲面。

步骤 2：在菜单栏中点选"编辑"→"偏移"，系统显示如图 7-32 所示的曲面"偏移"操控面板。

步骤 3：点选"选项"，系统弹出如图 7-33 所示的上滑面板。系统提供了 3 种偏移方式：垂直于曲面、自动拟合及控制拟合，分别简介如下。

图 7-32 曲面"偏移"操控板

图 7-33 "选项"上滑面板

(1) 垂直于曲面：沿参考曲面的法线方向进行偏移，是系统默认的偏移方式，示例如图 7-34 所示（可见文件 7-7.prt）。

(2) 自动拟合：由系统估算出最佳的偏移方向和缩放比例，向曲面的法线方向生成与原曲面外形相仿的结果，但不能保证各方向都为均匀偏移，示例如图 7-35 所示。

(3) 控制拟合：向用户指定的坐标系及轴向进行偏移，示例如图 7-36 所示。在"选项"上滑面板中点选"创建侧曲面"项，可以在偏移的同时创建侧曲面，如图 7-37 所示。

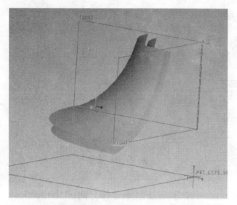

图 7-34　垂直于曲面偏移

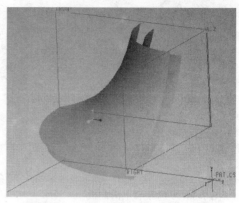

图 7-35　自动拟合偏移

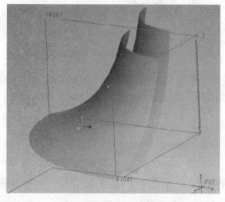

图 7-36　控制拟合偏移

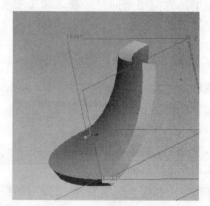

图 7-37　偏移并点选"创建侧曲面"项产生的曲面

步骤 4：在曲面偏移图标板的文本输入框中输入偏移距离，并指定方向。

步骤 5：单击 ☑ ∞ 按钮预览生成的曲面或单击 ☑ 按钮完成曲面的创建。

7.5　曲面加厚

曲面加厚用于将曲面或面组特征生成实体薄壁，或者移除薄壁材料。

步骤 1：选择要加厚的曲面，如图 7-38 所示（见文件 7-8.prt）。

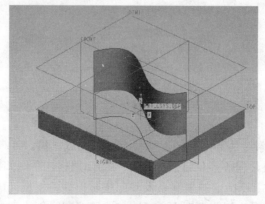

图 7-38　选择要加厚的曲面

228

步骤 2：在菜单栏中选择"编辑"→"加厚"，系统显示如图 7-39 所示的曲面"加厚"操控面板。

步骤 3：在操控面板的文本输入框中输入加厚的厚度值，并可单击 ╳ 按钮修改加厚方向；若要移除薄壁材料，则应单击 ⬋ 按钮。图 7-40 所示为两种加厚效果。

图 7-39　曲面"加厚"操控面板

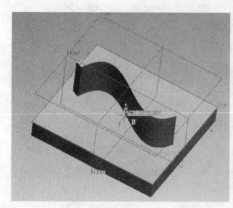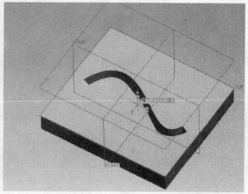

图 7-40　两种加厚效果

7.6　曲面实体化

曲面实体化用于以曲面特征或面组作为参考来添加、删除或替换实体材料。

1. 添加实体材料

使用曲面特征或面组作为边界来添加实体材料，可用于一个闭合曲面，也可用于外凸包络曲面，其实体化操作步骤如下。

步骤 1：选择要作实体化操作的曲面，如图 7-41 所示（见文件 7-9.prt）。

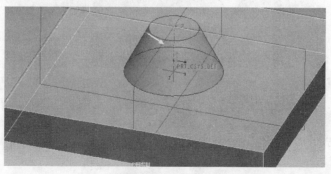

图 7-41　选择要作实体化操作的曲面

步骤 2：在菜单栏中选择"编辑"→"实体化"，系统显示如图 7-42 所示的曲面"实体化"操控面板。

229

图 7-42 曲面"实体化"操控面板

步骤 3：单击  按钮预览生成的实体零件或单击 ✔ 按钮完成实体零件的创建，如图 7-43 所示。

提示：曲面实体化前后的区别可以通过线框显示来观察，曲面为紫色线，实体为白色线。

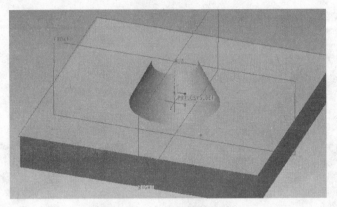

图 7-43　实体零件的创建

2. 删除实体材料

以曲面特征或面组作为边界去切除实体中的部分材料，其实体化操作步骤如下。

步骤 1：选择作为移除实体材料边界的参考曲面，如图 7-44 所示（见文件 7-10.prt）。

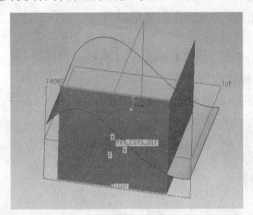

图 7-44　选择作为移除实体材料边界的参考曲面

步骤 2：在菜单栏中选择"编辑"→"实体化"，系统显示如图 7-45 所示的曲面"实体化"操控面板。

图 7-45　曲面"实体化"操控面板

步骤 3：单击 ⧄ 按钮，并单击 ⤬ 按钮定义切除材料方向，不同材料切除方向的效果如图 7-46 所示。

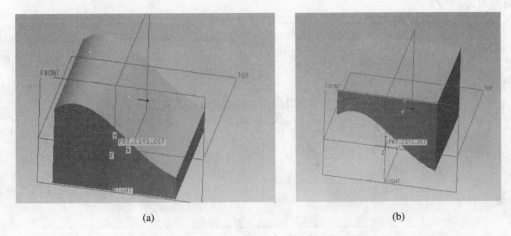

      (a)   (b)

图 7-46   不同材料切除方向的效果

步骤 4：单击 ☑ ∞ 按钮预览生成的实体零件，或单击 ✔ 按钮完成实体零件的创建。

3. 替换实体材料

用曲面特征或面组替换部分实体表面。使用该选项时曲面或面组边界必须位于实体表面上，其实体化操作步骤如下。

步骤 1：选择要作实体化操作的曲面，如图 7-47 所示（见文件 7-11.prt）。

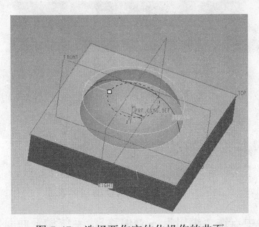

图 7-47   选择要作实体化操作的曲面

步骤 2：在菜单栏中选择"编辑"→"实体化"，系统显示如图 7-48 所示的曲面"实体化"操控面板。

图 7-48   曲面"实体化"操控面板

231

步骤 3：如果该曲面或面组满足"边界必须位于实体表面上"的条件，则系统默认情况下，□按钮已被选中。单击✄按钮定义曲面材料侧。图 7-49 所示为定义不同曲面材料侧的效果。

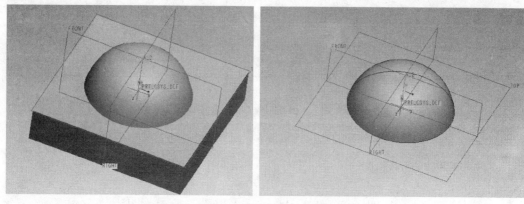

图 7-49　定义不同曲面材料侧的效果

步骤 4：单击☑∞按钮预览生成的实体零件，或单击✔按钮完成实体零件的创建。

提示：使用该选项来作曲面替换实体材料的操作时，有很大的局限性，即必须满足"曲面或面组边界位于实体表面上"的条件。若不满足该条件，可考虑使用前面介绍的"曲面替换实体表面"。

曲面替换实体表面是使用曲面、面组或基准平面来替换实体表面。

步骤 1：选择被替换的实体表面，如图 7-50 所示（见文件 7-12.prt）。

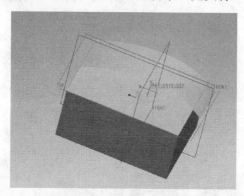

图 7-50　选择被替换的实体表面

步骤 2：在菜单栏中点选"编辑"→"偏移"，系统显示曲面偏移图标板。

步骤 3：点选˅按钮，单击⬚按钮，系统显示如图 7-51 所示的操控面板。

图 7-51　操控面板

步骤 4：单击替换曲面。可以通过"选项"面板设置保留替换曲面，如图 7-52 所示。

步骤 5：单击☑∞按钮预览或单击✔按钮完成。

232

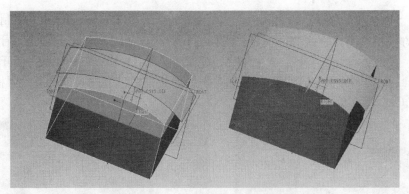

图 7-52 设置保留替换曲面的效果

7.7 圆锥曲面和 N 侧曲面片

圆锥曲面和 N 侧曲面片是通过选取边界线及控制线来建立截面为二次曲线的平滑曲面，或以至少 5 条边界线(必须形成一个封闭的循环)建立出多边形(至少五边形)的曲面。

1. 圆锥曲面

圆锥曲面是通过选取边界线及控制线来建立截面为二次方的平滑曲面，即曲面的每一个截面都为二次曲线。

步骤 1：创建基准曲线备用，如图 7-53 所示（见文件 7-13.prt）。

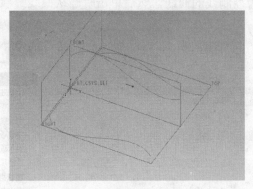

图 7-53 创建基准曲线备用

步骤 2：在菜单栏中点选"插入"→"高级"→"圆锥曲面和 N 侧曲面片"，系统显示"边界选项"菜单，如图 7-54 所示。单击"圆锥曲面"，菜单项"肩曲线"和"相切曲线"变为可选状态，如图 7-55 所示。单击其中一项，并单击"完成"确认。

图 7-54 "边界选项"菜单　　图 7-55 "圆锥曲面"选项

说明："肩曲线"(Shoulder curve)或"渐近线的切线"(Tangent curve)是控制线控制曲面的两种方式。这两种方式的区别是：当控制线为肩曲线时，剖面将通过此肩曲线，该线可视为二次方曲线的马鞍线；当控制线为渐近线的切线时，剖面两侧的渐开线的交点通过此曲线。图 7-56 所示为使用"肩曲线"选项的效果，图 7-57 所示为使用"相切曲线"选项的效果。

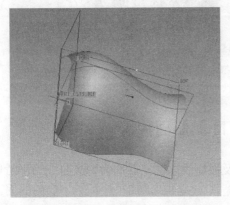

图 7-56　使用"肩曲线"选项的效果

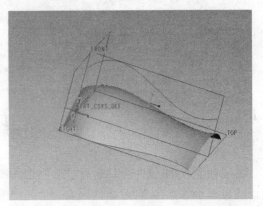

图 7-57　使用"相切曲线"选项的效果

步骤 3：系统显示"曲面：圆锥，相切曲线"对话框（见图 7-58），并弹出"曲线选项"菜单，如图 7-59 所示。选择作为边界的曲线，完成后菜单自动切换到"肩曲线"或"相切曲线"，选择作为控制线的曲线，然后单击"确认曲线"项。

图 7-58　"曲面：圆锥，相切曲线"对话框

图 7-59　"曲线选项"菜单

步骤 4：单击"预览"按钮预览生成的曲面或单击"确定"按钮完成曲面的创建。

2. N 侧曲面片

N 侧曲面片是通过至少 5 条边界线建立出多边形(至少五边形)的曲面，并且所选的边界线必须形成一个封闭的循环才能形成封闭的多边形。

步骤 1：创建基准曲线备用，如图 7-60 所示（见文件 7-14.prt）。

步骤 2：在菜单栏中点选"插入"→"高级"→"圆锥曲面和 N 侧曲面片"，系统显示"边界选项"菜单，如图 7-61 所示。单击"N 侧曲面"，并单击"完成"确认。

步骤 3：系统显示"曲面：N 侧"对话框（图 7-62），以及"链"菜单（图 7-63），依次单击 6 条曲线，再单击"完成"确认。

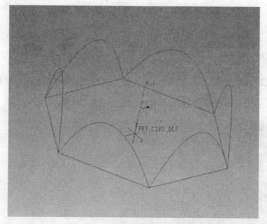

图 7-60 创建基准曲线备用

图 7-61 "边界选项"菜单

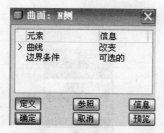

图 7-62 "曲面：N 侧"对话框

图 7-63 "链"菜单

步骤 4：单击"曲面：N 侧"对话框上的 ☑∞ 按钮预览生成的曲面，或单击✔按钮完成曲面的创建，如图 7-64 所示。

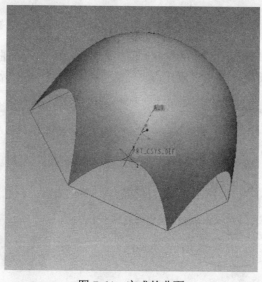

图 7-64 完成的曲面

7.8 混合剖面到曲面

混合剖面到曲面就是将一个截面延伸到指定的表面，并与此表面相切的操作。

步骤1：创建一个光滑的实体，如图7-65所示（见文件7-15.prt）。

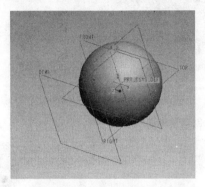

图7-65 光滑的实体

步骤2：选择"插入"→"高级"→"混合剖面到曲面"，出现如图7-66所示对话框和菜单。

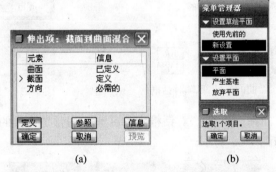

(a)   (b)

图7-66 "伸出项：截面到曲面混合"对话框和菜单

步骤3：选择DTM1曲面作为绘制剖面曲线的面，绘制剖面曲线，如图7-67所示。

步骤4：单击☑按钮，单击"确定"，完成创建，如图7-68所示。

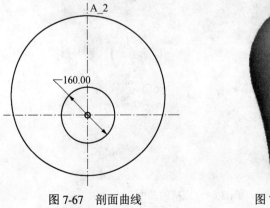

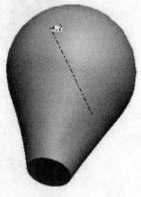

图7-67 剖面曲线   图7-68 完成创建

236

7.9 曲面间混合

曲面间混合是将两个表面沿相切方向混合，类似于将剖面混合到曲面的成形方法。

步骤1：创建两个光滑的实体，如图7-69所示（见文件7-16.prt）。

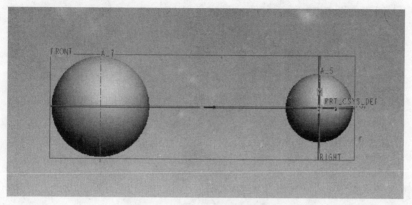

图7-69 光滑的实体

步骤2：选择"插入"→"高级"→"曲面间混合"→"伸出项"，系统弹出"伸出项：曲面到曲面混合"对话框，如图7-70所示。

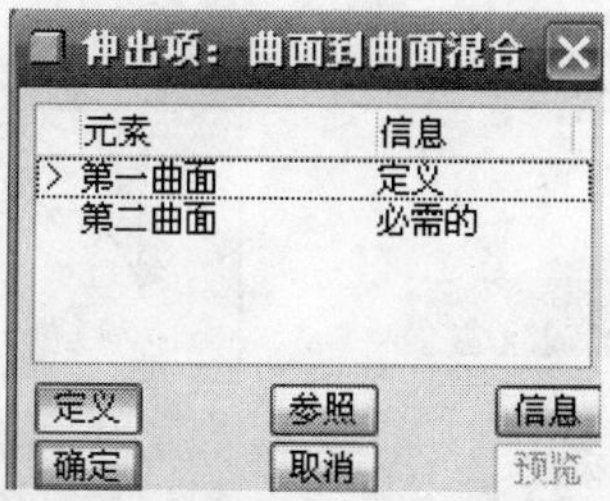

图7-70 "伸出项：曲面到曲面混合"对话框

步骤3：选择第一个实体曲面，再选择第二个实体曲面，单击对话框中的"确定"按钮，即完成创建，如图7-71所示。

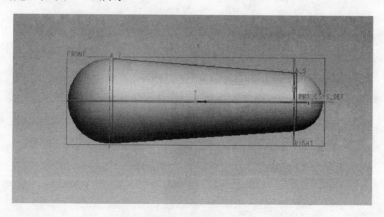

图7-71 完成创建

7.10　实体自由形状

实体自由形状是通过对实体或曲面进行调整，交互地改变其形状，从而创建一个新的曲面。

步骤1：创建如图7-72所示文件（见文件7-17.prt）。

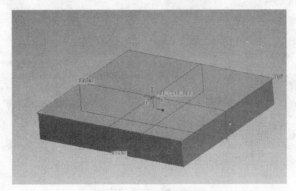

图 7-72　要创建的文件

步骤2：选择"插入"→"高级"→"实体自由形状"，系统弹出"形式选项"菜单，如图7-73所示。

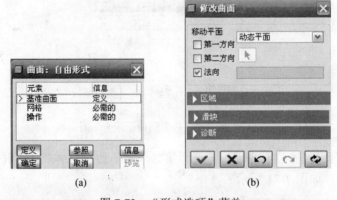

(a)　　　　　　　　　　　　　　(b)

图 7-73　"形式选项"菜单

步骤3：选择要变形的曲面，输入两次控制曲线号数（即网络数），如图7-74所示。

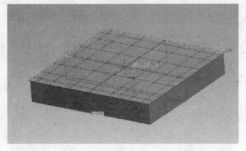

图 7-74　输入两次控制曲线号数后的曲面

步骤4：选择要移动的点（网格上的交点），移动这些点，可改变实体面形状，单击 ✔ 按钮，单击对话框中的"确定"按钮，结果如图7-75所示。

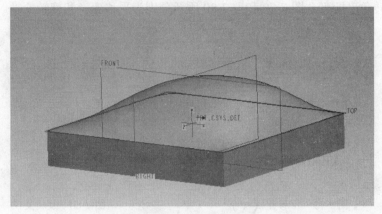

图7-75　实体自由形状

7.11　曲面的变换

曲面的变换是对现有的曲面创建备份并进行平移、旋转操作等变换。

步骤1：选择要变换的曲面，如图7-76所示（见文件7-18.prt）。

步骤2：在系统绘图区上侧工具条单击 按钮，或同时按Ctrl键和C键，或在菜单栏中选择"编辑"→"复制"。

步骤3：单击 按钮(或在菜单栏中选择"编辑"→"选择性粘贴")，系统显示如图7-77所示的"选择性粘贴"对话框。

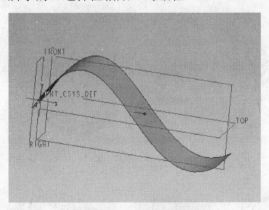

图7-76　要变换的曲面

图7-77　"选择性粘贴"对话框

步骤4：选取"对副本应用移动/旋转变换"选项，单击 确定(O) 按钮，系统显示如图7-78所示的曲面"变换"操控面板。

图7-78　曲面"变换"操控面板

239

步骤 5：系统默认为移动，即 ↔ 按钮已处于按下状态，此时选择移动参考(可以是基准平面或坐标轴等)，并输入移动距离即可。如果要旋转曲面，单击 ⟳ 按钮，选择移动参考并输入旋转角度即可。图 7-79 和图 7-80 所示分别为平移变换和旋转变换。

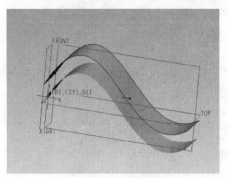

图 7-79　平移变换

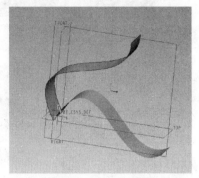

图 7-80　旋转变换

7.12　综合实例

例 7-1　创建如图 7-81 所示的零件，练习基本曲面特征的建立及编辑，创建思路如图 7-82 所示。

图 7-81　曲面实例

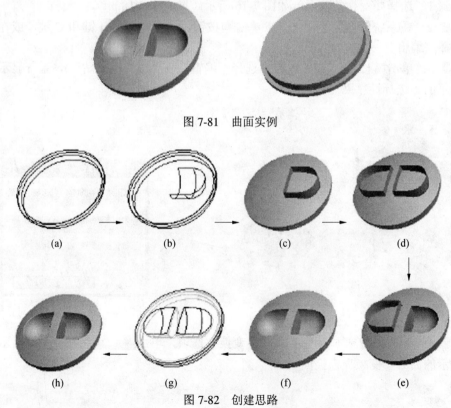

(a)　　　　　　(b)　　　　　　(c)　　　　　　(d)

(h)　　　　　　(g)　　　　　　(f)　　　　　　(e)

图 7-82　创建思路

(a) 旋转曲面；(b) 扫描曲面；(c) 曲面延伸；(d) 曲面镜像；(e) 曲面合并；

(f) 曲面合并；(g) 曲面加厚；(h) 倒圆角。

240

步骤 1：在工具栏上单击"新建文件"按钮，弹出"新建"对话框。

步骤 2：在"名称"文本框中输入"7-19"，单击"确定"按钮，进入零件设计模块。

步骤 3：在基础特征工具栏上单击"旋转工具"按钮，系统显示"旋转"特征创建操控面板。

步骤 4：单击▢按钮，以明确创建曲面特征。

步骤 5：单击位置按钮，弹出"位置"上滑面板，单击"定义"按钮。

步骤 6：系统显示"草绘"对话框，在工作区中点选"FRONT"基准平面作为草绘平面，接受系统默认的草绘视图方向和参考平面，单击"草绘"按钮进入草绘模式。

步骤 7：系统显示"参照"对话框，接受默认的"RIGHT"基准平面投影线和"TOP"基准平面投影线作为尺寸标注参考，单击"关闭"按钮。

步骤 8：先草绘一条与"RIGHT"基准平面投影线对齐的中心线，再草绘如图 7-83 所示的特征截面。截面定义完成后，单击草绘模式工具条上的"草绘"按钮。

说明：其中 R150 的圆弧的圆心位于"RIGHT"基准平面投影线上。

步骤 9：系统退出二维草绘环境，返回旋转特征创建操控面板，接受默认的旋转角度 360°。单击✔按钮完成旋转曲面特征的创建，如图 7-84 所示。

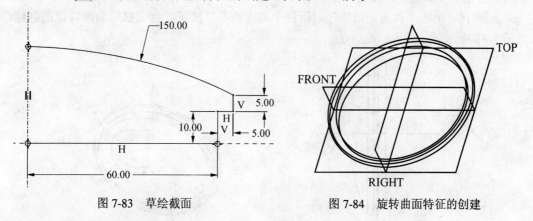

图 7-83　草绘截面　　　　　　　　　　图 7-84　旋转曲面特征的创建

步骤 10：在菜单栏中选择"插入"→"扫描"→"曲面"。系统显示"曲面：扫描"对话框及"扫描轨迹"菜单，如图 7-85 所示。

图 7-85　"曲面：扫描"对话框及"扫描轨迹"菜单

步骤 11：单击"草绘轨迹"选项，系统显示"设置草绘平面"菜单，单击点选"FRONT"基准平面作为草绘面，单击"正向"选项接受默认的视图方向，并单击"缺省"选项接受默认的参考平面，系统进入草绘模式。

步骤12：系统显示"参照"对话框，接受默认的"RIGHT"基准平面投影线和"TOP"基准平面投影线作为尺寸标注参考，单击"关闭"按钮。

步骤13：草绘如图7-86所示的截面作为扫描曲面的轨迹线。草绘完成后，单击草绘模式工具条上 ✓ 按钮。

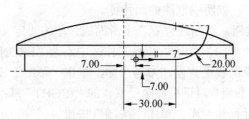

图7-86　扫描曲面的轨迹线

步骤14：系统显示"属性"菜单，接受默认的"开放终点"选项，然后单击"完成"项。

步骤15：系统再次进入草绘模式，草绘如图7-87所示的截面作为扫描曲面的截面。单击草绘模式工具条上 ✓ 按钮，退出草绘模式。

步骤16：单击"曲面：扫描"对话框中的"确定"按钮，完成扫描曲面特征的创建，如图7-88所示。

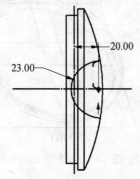

图7-87　扫描曲面的截面

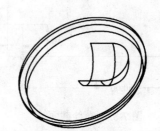

图7-88　扫描曲面特征的创建

步骤17：选择扫描曲面的其中一条边界线，如图7-89所示。

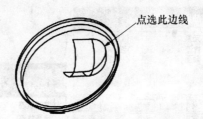

图7-89　选扫描曲面的一条边界线

说明：扫描曲面有多个边界需一次延伸，但仍需先选一条边界线，待调出命令后才可选其他各条边界线。

步骤18：在菜单栏中选择"编辑"→"延伸"，系统显示如图7-90所示的"曲面延伸"操控面板。

↔选取曲面的边界边链以进行延伸。

图 7-90　"曲面延伸"操控面板

步骤 19：单击图标板上的"参照"按钮，弹出"参照"上滑面板。按住 Shift 键，点选扫描曲面的其他边界线。

步骤 20：单击操控面板上的 ▣ 按钮，以定义延伸类型为"方向"型。

步骤 21：单击图标板上的 ▌▌按钮暂停曲面延伸，先创建一个临时基准平面。

步骤 22：单击基准工具栏上的 ▱ 按钮，系统显示"基准平面"对话框，单击"TOP"基准平面，并在"平移"文本框中输入"40"。单击"确定"按钮完成偏移平面的创建。

步骤 23：系统自动选择步骤 5 创建的偏移平面作为延伸到的平面，单击 ✓ 按钮完成扫描曲面的延伸，如图 7-91 所示。

图 7-91　扫描曲面的延伸

步骤 24：在模型树中点选扫描曲面和延伸曲面特征，如图 7-92 所示。

步骤 25：在菜单栏中选择"编辑"→"镜像"(或单击按钮)，系统显示曲面镜像操控面板。

步骤 26：点选"RIGHT"基准平面作为镜像参考面。

步骤 27：单击 ✓ 按钮，完成扫描曲面及其延伸曲面的镜像，如图 7-93 所示。

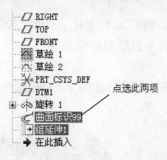

图 7-92　点选扫描曲面和延伸曲面特征　　图 7-93　完成扫描曲面及其延伸曲面的镜像

步骤 28：点选需要合并的两个曲面(选完曲面 1 后按住 Ctrl 键再选曲面 2，如图 7-94 所示，在菜单栏中选择"编辑"→"合并"，或在系统绘图区右侧工具条单击"合并"按钮，系统显示曲面"合并"操控面板。

步骤 29：单击操控面板上的 ▱ 按钮和 ▱ 按钮进行合并后保留曲面侧的定义，最后，工作区中两个曲面上显示箭头方向如图 7-95 所示。

243

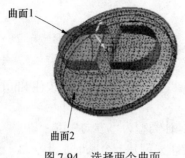

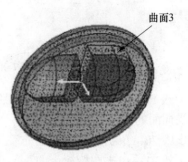

图 7-94　选择两个曲面　　　　　　　图 7-95　合并后保留曲面侧的定义

步骤 30：单击 ✔ 按钮完成曲面 1 与曲面 2 的合并，如图 7-96 所示。

步骤 31：默认合并曲面已选上，此时按住 Ctrl 键单击曲面 3，在系统绘图区右侧工具条单击 🗔 按钮，系统显示曲面合并图标板。

步骤 32：单击图标板上 ✗ 的按钮和 ✗ 按钮进行合并后保留曲面侧的定义，最后，工作区中两个曲面上显示箭头方向如图 7-97 所示。

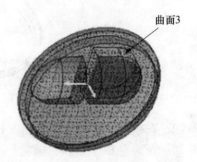

图 7-96　完成曲面 1 与曲面 2 的合并　　　图 7-97　合并后保留曲面侧的定义

步骤 33：单击 ✔ 按钮完成前合并曲面与曲面 3 的合并，如图 7-98 所示。

步骤 34：点选创建的合并曲面。

步骤 35：在菜单栏中选择"编辑"→"加厚"，系统显示曲面"加厚"操控面板。

步骤 36：在操控面板的文本输入框中输入加厚的厚度值为"1.5"，并接受默认加厚方向，即薄壁造型向曲面外延伸。

步骤 37：单击 ✔ 按钮完成薄壁实体特征的创建，如图 7-99 所示。

图 7-98　完成第二次曲面合并　　　　图 7-99　完成薄壁实体特征的创建

步骤 38：在工具栏中单击 ⟍ 按钮，系统显示"圆角特征"创建操控面板。

步骤 39：按住 Ctrl 键点选要倒圆角的边，并在操控面板的文本框中输入圆角半径值

"1"。

步骤 40：单击 ✓ 按钮完成圆角特征的创建，如图 7-100 所示。

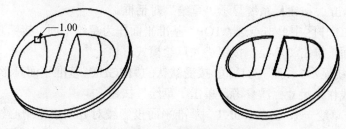

图 7-100　完成圆角特征的创建

例 7-2　创建如图 7-101 所示的零件，练习高级曲面特征的建立及曲面编辑，创建思路如图 7-102 所示。

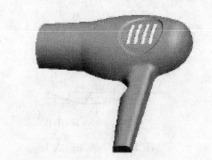

图 7-101　创建零件

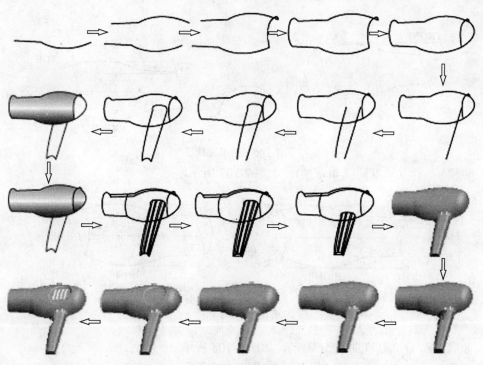

图 7-102　创建思路

步骤 1：在工具栏上单击"新建文件"按钮，弹出"新建"对话框。

步骤 2：在"名称"文本框中输入"7-20"，单击"确定"按钮，进入零件设计模块。

步骤 3：单击 ⌒ 按钮，系统显示"草绘"对话框。

步骤 4：在工作区中单击点选"TOP"基准平面作为草绘平面，接受系统默认的视图方向及参考平面，单击"草绘"按钮进入草绘模式。

步骤 5：系统显示"参照"对话框，接受默认的"RIGHT"基准平面投影线和"FRONT"基准平面投影线作为尺寸标注参考，单击"草绘"按钮。

步骤 6：先草绘一条与"FRONT"基准平面投影线对齐的水平中心线，再草绘如图 7-103 所示的特征截面。截面定义完成后，单击草绘模式工具条上 ✓ 按钮。创建的基准曲线 1 如图 7-104 所示。

注意：其中 R12 的圆弧的圆心位于"RIGHT"基准平面投影线上。

步骤 7：建立基准曲线 2(镜像)，如图 7-105 所示。

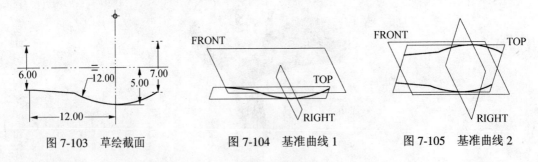

图 7-103　草绘截面　　　　图 7-104　基准曲线 1　　　　图 7-105　基准曲线 2

步骤 8：建立基准曲线 3(草绘)，如图 7-106 所示。

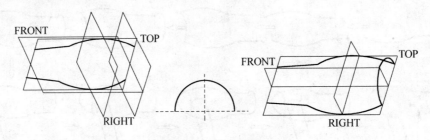

图 7-106　基准曲线 3

步骤 9：建立基准曲线 4(草绘)，如图 7-107 所示。

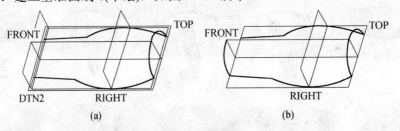

(a)　　　　　　　　　　　　　　(b)

图 7-107　基准曲线 4

步骤 10：建立基准曲线 5(草绘)，如图 7-108 所示。

步骤 11：建立基准曲线 6(草绘)，如图 7-109 所示。

246

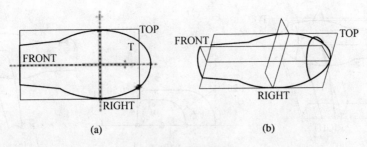

(a)   (b)

图 7-108   基准曲线 5

步骤 12：建立基准曲线 7(草绘)，如图 7-110 所示。
步骤 13：建立基准曲线 8(草绘)，如图 7-111 所示。

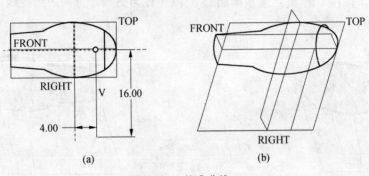

(a)   (b)

图 7-109   基准曲线 6

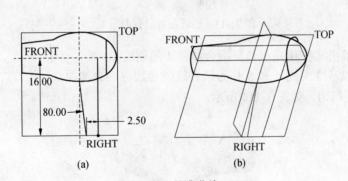

(a)   (b)

图 7-110   基准曲线 7

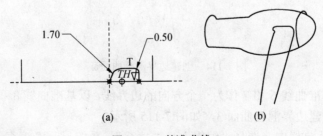

(a)   (b)

图 7-111   基准曲线 8

步骤 14：建立基准曲线 10(草绘)，如图 7-112 所示。
步骤 15：单击"插入"→"边界混合"按钮，系统显示边界混合曲面图标板。

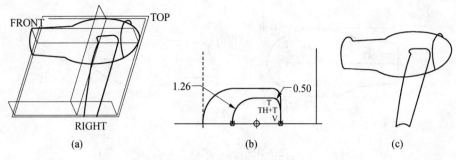

图 7-112　建立基准曲线 10

步骤 16：按住 Ctrl 键点选基准曲线 1 和 2 作为一个方向的边界线，单击图标板上的第二个输入框，按住 Ctrl 键点选基准曲线 3 和 4 作为另一个方向的边界线，如图 7-113所示。

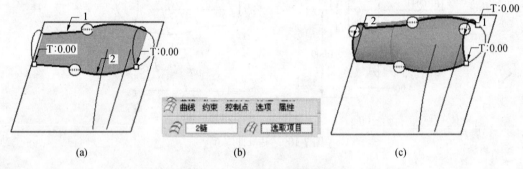

图 7-113　创建边界混合曲面 1

步骤 17：单击 ✓ 按钮完成边界混合曲面 1 的创建。

步骤 18：以基准曲线 4 和 5 作为边界线创建边界混合曲面 2，并加约束使曲面 2 与曲面 1 在交界处相切，如图 7-114 所示。

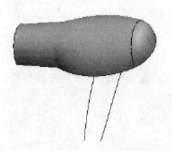

图 7-114　创建边界混合曲面 2

步骤 19：以基准曲线 6 和 7 作为一个方向的边界线，以基准曲线 8 和 10 作为另一个方向的边界线，创建边界混合曲面 3，如图 7-115 所示。

步骤 20：在菜单栏中，选择"编辑"→"填充"，系统显示"填充"特征创建操控面板。

步骤 21：单击图标板上的 ‖ 按钮暂停曲面创建，先创建一个临时基准平面，如图 7-116所示。

248

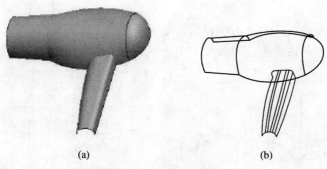

| (a) | (b) |

图 7-115　边界混合曲面 3

步骤 22：草绘如图 7-117 所示的闭合截面，可使用"边"命令创建图元。

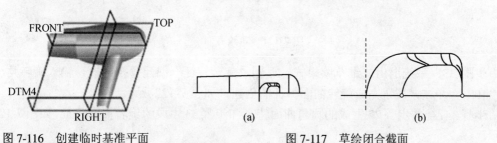

图 7-116　创建临时基准平面　　　　图 7-117　草绘闭合截面

步骤 23：合并边界混合曲面 1 和边界混合曲面 2。

步骤 24：对上一步创建的合并曲面和边界混合曲面 3 进行合并。

步骤 25：通过隐藏基准曲线层将基准曲线隐藏，如图 7-118 所示。

步骤 26：对步骤 24 创建的合并曲面和平面型曲面进行合并，最后得到的曲面如图 7-119 所示。

步骤 27：创建主体和把手之间的圆角，圆角半径值为 1mm，如图 7-120 所示。

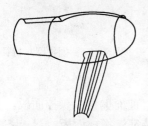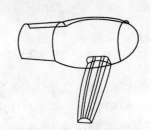

图 7-118　合并 3 个边界混合曲面　　图 7-119　合并平面型曲面　　图 7-120　建立圆角特征

步骤 28：单击旋转工具按钮 ，系统显示"旋转特征"创建操控面板。单击 按钮，以明确创建曲面特征。

步骤 29：单击 "位置"按钮，弹出"位置"上滑面板，单击"定义"按钮。

步骤 30：系统显示"草绘"对话框，在工作区中单击点选"TOP"基准平面作为草绘平面，接受系统默认的草绘视图方向和参考平面，单击"草绘"按钮进入草绘模式。

步骤 31：系统显示"参照"对话框，接受默认的"RIGHT"基准平面投影线和"FRONT"基准平面投影线作为尺寸标注参考，并添加边线 1 和 2 作为尺寸标注参考(便于捕捉)，单击"关闭"按钮。

步骤 32：先草绘一条与"RIGHT"基准平面投影线相距 3mm 的中心线，再草绘一圆弧(圆弧端点在零件边线上)，如图 7-121 所示。截面定义完成后，单击草绘模式工具条上✔按钮。

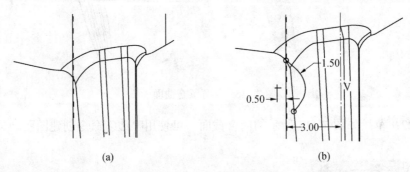

(a) (b)

图 7-121　草绘截面

步骤 33：系统退出二维草绘模式，返回"旋转特征"创建操控面板，输入旋转角度为"100"，单击✔按钮完成旋转曲面特征的创建，如图 7-122 所示。

步骤 34：合并步骤 27 生成的圆角曲面特征和步骤 33 生成的旋转曲面特征，如图 7-123 所示。

步骤 35：对步骤 34 两曲面合并时交界处添加圆角，圆角半径值为 0.5mm，如图 7-124 所示。

图 7-122　完成旋转曲面特征的创建　　图 7-123　合并旋转曲面　　图 7-124　创建圆角特征

步骤 36：点选前面生成的曲面。

步骤 37：在菜单栏中选择"编辑"→"偏移"，系统显示"曲面偏移"操控面板。

步骤 38：单击⁎按钮，单击▣按钮，系统显示"拔模偏移特征"操控面板。

步骤 39：单击"参照"按钮，系统弹出"参照"上滑面板。单击"定义"按钮进行偏移区域的草绘。在"TOP"基准平面上草绘如图 7-125 所示圆形。

步骤 40：在图标板上两个文本输入框中分别输入偏移距离为"0.25"和侧面拔模角度为"30°"，单击✕按钮定义曲面向内侧偏移。

步骤 41：单击"选项"按钮，系统弹出如图 7-126 所示的上滑面板。在"选项"面板上进行偏移方式、侧面类型和侧面轮廓的定义。定义侧面轮廓为"相切"，即偏移区域侧面与其他界面交界处相切。

步骤 42：单击✔按钮完成曲面特征的拔模偏移，如图 7-127 所示。

250

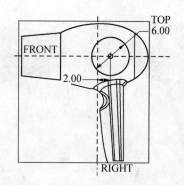

图 7-125　草绘圆形

图 7-126　"选项"面板

图 7-127　完成曲面特征的拔模偏移

步骤 43：选择"拉伸"命令。

步骤 44：系统显示"拉伸"图标板，单击　按钮和　按钮，

步骤 45：选择前面生成的曲面为被修剪曲面，其余操作跟拉伸相同。在"TOP"基准平面上草绘一个如图 7-128 所示的截面。

步骤 46：单击图标板上第一个按钮　定义拉伸方向为向上。裁剪后的曲面如图 7-129 所示。

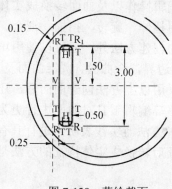

图 7-128　草绘截面

图 7-129　裁剪后的曲面

步骤 47：选择裁剪曲面特征，单击　按钮。

步骤 48：接受默认的阵列方式即"尺寸"阵列，点选"0.25"为引导尺寸，并输入尺寸增量为"1"。最后生成的曲面如图 7-130 所示。

步骤 49：点选以上步骤创建的曲面。

251

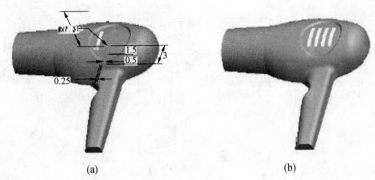

(a)   (b)

图 7-130   裁剪曲面阵列

步骤 50：在菜单栏中选择"编辑"→"加厚"，系统显示曲面"加厚"操控面板。

步骤 51：在图标板的文本输入框中输入加厚的厚度值为"0.125"，并单击 ⫽ 按钮定义加厚方向为向内。

步骤 52：单击 预览，系统显示"定义特殊处理"对话框，如图 7-131 所示，单击"是"按钮。单击 ✔ 按钮完成薄壁实体特征的创建，如图 7-132 所示。

图 7-131   "定义特殊处理"对话框   图 7-132   完成薄壁实体特征的创建

本 章 小 结

本章主要介绍了曲面特征的创建、曲面特征的编辑操作以及曲面转换成实体的方法。曲面的创建方法比实体更加丰富，除了可以使用拉伸、旋转、扫描、混合、扫描混合、螺旋扫描及可变剖面扫描等与实体特征类似的创建方法外，还可以使用填充、复制、偏移及倒圆角等方式来构建曲面，也可以使用边界混合曲面、圆锥曲面及 N 侧曲面片等方式通过指定曲面的边界线来创建曲面。采用以上方法创建曲面后，还可以通过合并、修剪、延伸、变换、区域偏移和拔模偏移等编辑工具对曲面进行更为细致的加工和编辑。最后，介绍了曲面转换成实体的 3 种方法。实践表明，进行具有复杂表面形状的实体零件的建模时，采用先创建曲面特征后转换成实体特征的方法是非常有效的。

思考与练习题

1. 思考题

(1) 曲面造型与实体造型相比有哪些不同？优势在哪里？

(2) 了解 Pro/ENGINEER Wildfire 4.0 采用的建模内核技术，说明 Pro/ENGINEER Wildfire 4.0 中的曲面模型的数学基础。

(3) Pro/ENGINEER Wildfire 4.0 中有哪些文件的输入、输出接口？

2. 练习题

(1) 使用曲面特征对图 7-133 所示零件进行建模。

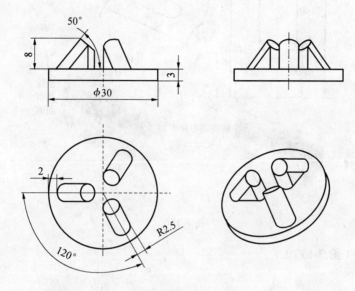

图 7-133

(2) 替换面（图 7-134）。

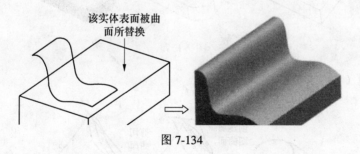

图 7-134

(3) 移动面（图 7-135）。

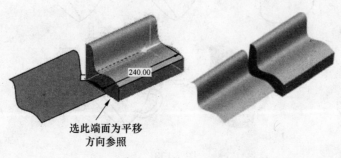

图 7-135

(4) 修剪面（图 7-136）。

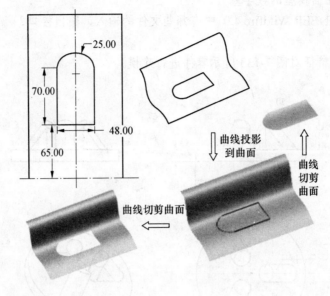

图 7-136

(5) 偏移面（图 7-137）。

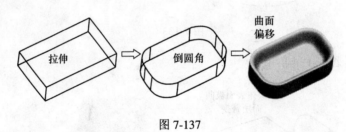

图 7-137

(6) 合并面（图 7-138）。

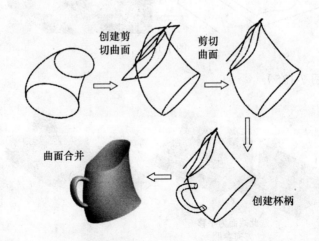

图 7-138

254

(7) 延伸面（图 7-139）。

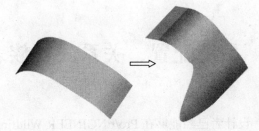

图 7-139

(8) 边界混合（图 7-140）。

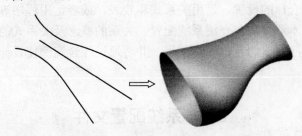

图 7-140

(9) 自由状曲面（图 7-141）。

(a)   （b）

图 7-141

(10) 圆锥曲面和 N 侧曲面片（图 7-142）。

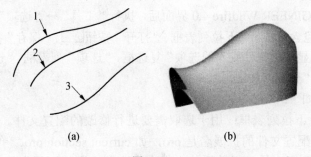

(a)   （b）

图 7-142

第8章 系统配置、关系式、族表及程序

经过前面的学习，设计者已经能够在 Pro/ENGINEER Wildfire 4.0 中完成创建模型的工作。然而，设计者每次进入系统工程后都要进行一些例行的设置，即对一些外形重复的零件尺寸进行反复的标注和修改等，这样势必影响设计者的工作效率。如果设计者能够对系统进行一些合理的设置，运用关系式和族表，或者运用程序等加入设计，将收到事半功倍的效果。本章将重点介绍系统配置、关系的概念及关系式的使用、族表的概念及族表的使用、程序的概念及程序的使用，并将通过综合实例使设计者加深对这些概念和运用方法的理解。

8.1 系统配置文件

设置系统的工作环境在第 1 章里已经做过简单的介绍。这些介绍仅限于一些简单的单位、精度、材料和用户参数等设置，而一旦关闭系统，再重新启动时，必须重新设置，这样显得十分麻烦。本章所介绍的系统工作环境的设置就是通过设置系统配置文件的方法进行设置，这是一劳永逸的方法，除非重装系统或改变设置，否则这些设置永远有效。配置文件的主要目的就是简化每次的临时设置为一劳永逸的设置。

有两种常用的设置方法，即直接定制系统配置文件和间接定制系统配置文件。

8.1.1 直接定制系统配置文件

直接定制系统配置文件就是利用系统的"选项"对话框配置选项，该方法可以使系统同时拥有多个配置方案，在使用的时候将相应的配置方案载入系统即可。

1. 具体操作方法

进入 Pro/ENGINEER Wildfire 4.0 界面后，执行"工具"→"选项"，系统弹出"选项"对话框。对话框包含"显示"下拉列表框、"打开"按钮、"保存"按钮、"排序"下拉列表框、"仅显示从文件载入的选项"复选框、"选项"列表框、"选项"文本框、"值"下拉列表框以及"查找"按钮。

各选项意义如下：

(1) "显示"下拉列表框：用于选取需要进行修改的配置文件。在 Pro/ENGINEER Wildfire 4.0 中，配置文件的扩展名是.pro，如 current section.pro。单击右边的 按钮，系统将下拉一个列表，显示当前系统中拥有的配置方案（配置文件）。如果没有设置，则下拉列表框中只存在"当前进程"字符，且文本框中无任何选项显示。此时，可取消选中 仅显示从文件载入的选项复选框，对话框显示如图 8-1 所示，显示系统默认的配置文件。

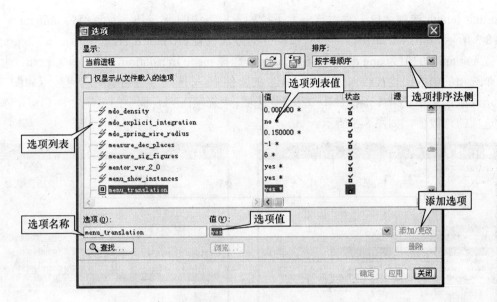

图 8-1 "选项"对话框

(2) "打开"按钮：用于打开系统配置文件。

(3) "保存"按钮：用于将当前修改好的配置文件保存为配置文件的一个副本。

(4) "排序"下拉列表框：用于选择配置文件各选项的排序方法，其中系统提供的排序方法有"按字母顺序"、"按设置"和"按类别"3 个选项。

(5) "仅显示从文件载入的选项"复选框：用于过滤配置文件中的配置选项，选中该复选框，系统只显示从文件中载入的配置选项，否则就显示配置文件中所有的配置选项。

(6) "选项"列表框：共有两个列表框，用于显示当前配置文件的一些配置选项、选项值、选项状态和一些选项说明。

(7) "选项"文本框和"值"下拉列表框：当用户在列表框中选中某一选项时，"选项"文本框中显示该选项的名称，"值"下拉列表框中显示配置选项的值。当要修改某一选项时，首先选中该选项，然后在"值"下拉列表框中选择或输入选项的数值，并单击"添加/更改"按钮即可。也可以单击"删除"按钮来删除某一选项。

(8) "查找"按钮：用于帮助查找需要修改的选项。单击"查找"按钮，系统弹出"查找选项"对话框，只要输入需要查找的选项名称，在"选择选项"列表框内就会显示其说明，然后用户可以在"值"文本框内设置需要修改的值。

2. 设置实例

下面通过设置系统默认单位、双语种显示等有关选项，来介绍设置系统配置文件的方法。

具体设置过程如下。

步骤 1：单击 Pro/ENGINEER Wildfire 4.0 启动快捷图标，启动进入 Pro/ENGINEER Wildfire 4.0 系统后，选择"工具"→"选项"，在"选项"对话框中单击"查找"按钮，在"查找选项"对话框中的"输入关键字"文本框中输入"unit"，如图 8-2 所示。找到

pro unit length 选项，单击"设置值"下拉列表框右边的 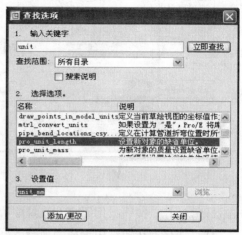 按钮，设置值为 unit mm，如图 8-3 所示。单击"添加/更改"按钮，按同样的方法设置 pro unit mass 的值为 unit kilogram，设置 ang units 的值为 ang deg*。查找 menu，选择 menu translation，修改值为 both，上面 4 个选项的修改值均被载入"当前进程"的文件中，"选项"对话框中对应显示如图 8-4 所示。取消选中 ☑ 仅显示从文件载入的选项 复选框，"选项"列表框中的系统文件则显示刚设置选项的修改值，如图 8-5 所示。

图 8-2　输入查找项目

图 8-3　修改项目设置值

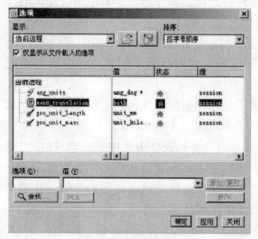

图 8-4　载入文件显示

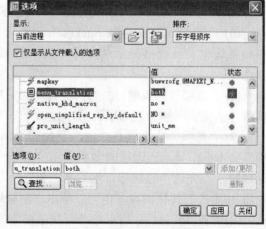

图 8-5　修改后系统文件显示

步骤 2：单击 应用 按钮，单击 ，系统弹出"另存为"对话框，在"名称"栏输入 "config.pro"，单击 Ok 按钮，即可将设置的相关选项保存到当前工作目录。

步骤 3：打开当前工作目录文件夹，找到 config.pro 文件，将其复制，然后粘贴到 Pro/ENGINEER Wildfire 4.0 文件夹的子目录 text 文件夹中。在"选项"对话框中，在"显示"下拉表框中选择"当前进程"，取消选中 ☑ 仅显示从文件载入的选项 复选框，在"选项"列表框中选中 template solidpart 后，单击 浏览... 按钮，选择安装目录下 templates 下的 mms part solid.prt，然后单击 打开 ▾ 按钮，单击 添加/更改 按钮，再单击 图标，另存到启动目录下的 config.pro 文件里，如果没有，可以直接输入"config.pro"，再单击

258

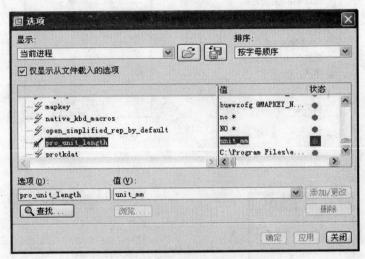 按钮。该设置只要不删除或修改，则将长久地存于系统中。以后新建文件时，不需要取消选中"使用缺省模板"复选框，再重新选择 mms part solid 模板。因为以后的默认模板的单位已经设定为 mm 制了。

步骤 4：关闭 Pro/ENGINEER Wildfire 4.0 系统后，重新打开 Pro/ENGINEER Wildfire 4.0 系统，再次执行"工具"→"选项"，"选项"对话框中显示如图 8-6 所示，长度的默认单位为 mm。

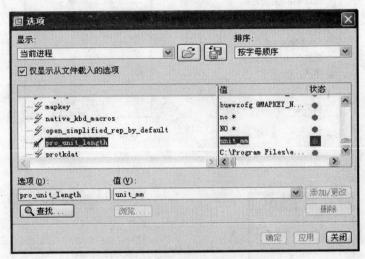

图 8-6　设置配置文件后重新启动的选项显示

提示：config.pro 是系统配置文件，系统启动时，首先调用 Pro/ENGINEER Wildfire 4.0 安装目录下 text 子目录下的 config.pro 配置文件，然后再调用当前工作目录下的 config.pro 文件，当两者有冲突时，以当前工作目录为准。也就是说，第 1 章所介绍的设置实际上是当前工作目录中的设置。

8.1.2　间接定制系统配置文件

直接定制系统配置文件十分简单方便，但对于热键的配置却不太方便。热键的配置需要采用间接配置的方法。下面通过一个实例介绍创建热键的具体方法。

例 8-1　新建文件的热键。

具体操作步骤如下。

步骤 1：在 Pro/ENGINEER Wildfire 4.0 的主界面执行"工具"→"映射键"，系统弹出"映射键"对话框，如图 8-7 所示。

步骤 2：单击对话框中的"新建"按钮，在弹出的"录制映射键"对话框中输入字符，如图 8-8 所示。

步骤 3：单击"录制"按钮，系统开始录制工作。然后用户开始新建文件的操作。单击"新建"图标，在"新建"对话框中默认零件类型，取消选中"使用缺省模板"复选框，单击"确定"按钮，设置 mmns_prt_solid 模板，单击"确定"按钮。操作完后，单击"停止"按钮，系统停止录制，计算运行一会儿，弹出"映射键"对话框，如图 8-9 所示。用户可以单击"运行"按钮检查设置效果。

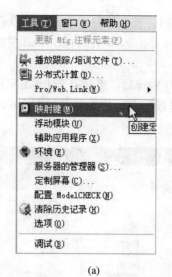

(a)   (b)

图 8-7 "映射键"对话框

图 8-8 "录制映射键"对话框   图 8-9 "映射键"对话框

步骤 4：热键定义完后，单击"保存"按钮或"改变"按钮或"所有"按钮，系统将弹出"保存"对话框，输入一个配置文件名称，如 current section.pro，保存文件即可。

注意："保存"、"改变"和"所有"按钮都用于保存热键定义，但是三者有区别，"保存"和"改变"按钮只是保存当前选中的热键定义，而"所有"按钮是将配置文件中的所有设置项都保存到一个配置文件中（包括已定义的热键）。

通过定义热键以后，新建零件文件只要按一下 F1 键就可以了，取代原来一系列的操作。

用户再执行"工具"→"选项"，就可以从"选项"对话框中看到刚定义的热键选项，如图 8-10 所示。

图 8-10　热键选项

8.2　关　系

关系是用户定义符号尺寸或参数之间联系的数学表达式。关系捕捉特征之间、参数之间或装配原件之间的设计联系，是捕捉设计意图的一种方式。设计者可用它来驱动模型，既改变了关系也就改变了模型。

8.2.1　简单关系的定义及参数

在 Pro/ENGINEER Wildfire 4.0 中，用户可以使用给定的关系来定义零件或组件之间的尺寸关系。Sd15=30+5×sin（trajpar×360×6）就是一个关系，表示 d15 的尺寸始终在 30mm～35mm 之间变化，其变化周期为 π /3，按正弦规律变化。

1. 关系的类型

有如下两种类型的关系：

(1) 等式：使方程左边的参数等于右边的表达式。这类关系用于给定尺寸和参数的赋值。有以下两种方式：

① 简单的赋值：d2=50；

② 复杂的赋值：d3=d2*（sqrt（d5/3+d4））。

(2) 比较：比较方程左边的表达式和右边的表达式。这种关系式通常用于一个约束或用于逻辑分支的条件语句中。有以下两种方式：

① 作为约束：（d4+d5）＞（d3+4）。

② 在条件语句中：IF（d5+3）＜＝d6。

2. "关系"对话框

在零件设计中选择"工具"→"关系"。从"关系"对话框中，用户可以插入算术运算符号和常用的一些函数表达式。

关系式中的运算符如下：

(1) 算术运算符："＋"加、"－"减、"＊"乘、"／"除、"∧"指数、"（）"分组括号。

261

(2) 赋值运算符："="是一个赋值运算符，它使两边的式子或关系相等。应用时，等式左边只能有一个参数。

(3) 比较运算符：只要能返回 TRUE 或 FALSE 值，就可使用比较运算符。系统支持下列比较运算符："="等于、"<="小于或等于、">"大于、"｜"或、">="大于或等于、"&"与、"<"小于、"～或!"非、"! =或者<>"或者、"～="不等于。

运算符!、&、｜和～扩展了比较关系的应用，它们使得能在单一的语句中设置若干条件。例如，当 d1 在 2～3 之间且不等于 2.5 时，下面关系返回 TRUE：

d1>2&d1<3&d1～=2.5

关系式中的常用函数有"cos（）"余弦、"sin（）"正弦、"tan（）"正切、"asin（）"反正弦、"acos（）"反余弦、"atan（）"反正切、"cosh（）"双曲线余弦、"tanh（）"双曲线正切、"sqrt（）"平方根、"sinh（）"双曲线正弦、"log（）"以 10 为底的对数、"abs（）"绝对值、"ln（）"自然对数、"ceil（）"不小于其值的最小整数、"exp（）"e 的幂、"floor（）"不超过其值的最大整数。

注意：所有的三角函数都使用单位"度"。

3. 在关系中使用的参数符号

用户可以在关系中使用以下参数类型的符号：

1) 尺寸符号

(1) d#：零件或组件模式下的尺寸。

(2) d#:#：组件模式下的尺寸。组件或元件的进程标志添加为后缀。

(3) rd#：零件或顶级组件中的参照尺寸。

(4) rd#:#：组建模式中的参照尺寸。组建或元件的进程标志添加为后缀。

(5) rsd#：草绘器中的参照尺寸（包括截面）。

(6) kd#：草绘器中的已知尺寸（在父特征零件或组件中）。

(7) ad#：在零件、组件或绘图模式下的从动尺寸。

2) 公差

(1) tpm#：加减对称格式的公差，#是尺寸数。

(2) tp#：加减格式的正公差，#是尺寸数。

(3) tm#：加减格式的负公差，#是尺寸数。

3) 实例数

P#：其中#是实例的个数。如果将实例数改成一个非整数值，Pro/E 将截去其小数部分，如 3.6 将变为 3。

4) 用户定义参数

通过添加参数或关系而定义的参数。例如：

DA=D+2*HA

DB=D*cos(ALPHA)

注意：

(1) 用户自定义参数必须以字母开头。

(2) 不能使用尺寸符号（d#等）作为用户参数名，因为它们是由尺寸保留使用的。

(3) 用户参数名不能包含非字母数字字符，如!、#、%、@等。

262

(4) 下列参数是由系统保留使用的，PI（几何参数）：3.14159(不能改变该值)；G（引力常数）：$9.8m/s_2$。

5) 应用程序参数

利用外部所建立的程序来更改参数值。

4. 使用关系中的注释

在关系式中使用注释是一个好习惯。注释可帮助用户记住添加关系的意图，使用模型的其他人也会从中受益。每一个注释行必须以一个斜杠和一个星号开始。例如：

/*长度是高度的 3 倍

D1=3*D3

注释必须在应用关系之前编写。关系进行排序时，注释会随关系移动并保持在注释的上方。

5. 模型再生时关系式的计算顺序

再生过程中，按如下顺序计算关系：

(1) 再生开始时，系统按输入模型关系的顺序对其进行求解。在组件中，首先计算组件关系。然后，系统按放置元件的顺序计算全部子组件关系。这就意味着系统会在所有特征或元件开始再生前计算全部子组件关系。

(2) 系统按创建的顺序开始再生特征。如果某个特征具有依附自身的特征关系，则系统会在再生该特征之前求解这些关系。

(3) 如果用户将某些关系指定为"后再生"，则系统会在再生完成后求解这些关系。

8.2.2　逻辑关系式

逻辑关系式是一种比较类型关系，通常以两种逻辑关系形式出现。

1. IF 语句

在关系式中加入 IF 语句来创建条件关系，一般的形式为"IF…ENDIF"。例如：

IF HAX＜1

D14=0.46*M

ENDIF

IF HAX＞＝1

D14=0.38*M

ENDIF

2. ELSE 语句

用 ELSE 语句可以创建更多复杂的条件结构，而且可以使语句简化。例如：

IF HAX＜1

D14=0.46*M

ELSE

D14=0.38*M

ENDIF

注意：如果使用负尺寸，并且在关系式中有正负值之分，则需要在符号前加符号$（如$D14 或$width），无论配置选项 show dim sign 的设置如何，必须完成操作。

8.2.3 建立关系实例

例 8-2 创建六角螺母的尺寸关系。

具体操作步骤如下。

步骤 1：新建一个零件文件，输入名称"ljlm"，单击"确定"按钮，进入零件设计界面（前面已将默认模板的单位设置为 mm）。

步骤 2：单击"拉伸"工具按钮，定义 TOP 平面为草绘平面，接受系统默认的视图方向和视图参照，单击"草绘"按钮，进入草绘界面，绘制如图 8-11 所示的截面图形。单击✔，完成截面的绘制，退出草绘界面。输入深度值"25"，单击中键，完成拉伸，如图 8-12 所示。

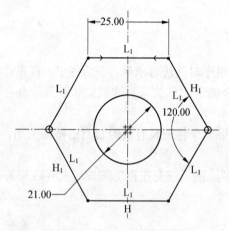

图 8-11 绘制截面图形

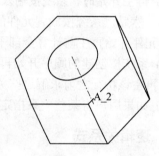

图 8-12 拉伸完成图

步骤 3：旋转切割倒角。单击"旋转"工具按钮，定义 FRONT 平面为草绘平面，接受系统默认的视图方向和视图参照，单击"草绘"按钮，进入草绘界面。绘制一条通过 RIGHT 平面的垂直中心线，绘制如图 8-13 所示旋转切割界面。单击✔，完成截面的绘制，退出草绘界面。单击"去除材料"按钮，设置旋转角度 360°，单击中键，完成旋转切割，如图 8-14 所示。

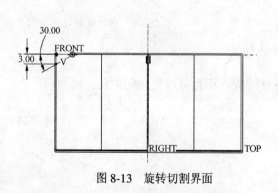

图 8-13 旋转切割界面

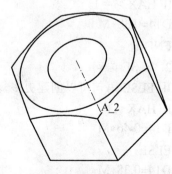

图 8-14 旋转切割完成图

步骤 4：显示尺寸。执行"应用程序"→"继承"，系统弹出"继承零件"菜单，如图 8-15 所示。选择"修改"选项，系统弹出"修改"菜单，如图 8-16 所示。选择"尺寸"

选项，选取边长、高度、旋转截面等尺寸，如图 8-17 所示（如尺寸位置不够理想，可在"修改"菜单中选择"尺寸装饰"选项，然后再选择"移动尺寸"选项，即可将尺寸移动到图示位置）。选择"完成"选项，选择"应用程序"→"标准"，完成尺寸显示的设置。

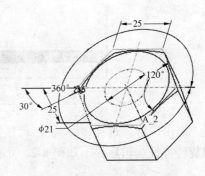

图 8-15　"继承零件"菜单　　图 8-16　"修改"菜单　　　　图 8-17　显示尺寸

步骤 5：显示尺寸代号。执行"信息"→"切换尺寸"，所有尺寸显示为代号，如图 8-18 所示。d1 表示边长尺寸，d0 表示高度尺寸，d3 表示内孔尺寸，d6 表示角高度尺寸。

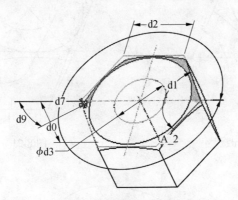

图 8-18　显示尺寸代号

步骤 6：执行"工具"→"关系"，弹出"关系"窗口，输入如下关系：

d0=d1

d6=0.1*d1

d3=d1

如图 8-19 所示，单击窗口的"确定"按钮，完成关系的输入。执行"信息"→"切换尺寸"，图形尺寸显示返回如图 8-17 所示。单击"重画"按钮，尺寸显示消失。

步骤 7：修改尺寸。在模型树窗口选取拉伸特征标志，右击鼠标，选择"编辑"，双击边长尺寸 25，将其修改为 30，如图 8-20 所示。单击"再生"按钮，再次选取拉伸

265

图 8-19　输入关系

特征，右击鼠标，选择"编辑"，尺寸显示如图 8-21 所示，高度和内孔尺寸变化为 30。选取旋转特征编辑后显示如图 8-22 所示。

图 8-20　修改尺寸　　　　　　　　　图 8-21　再生后显示

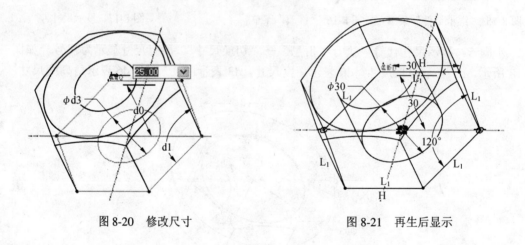

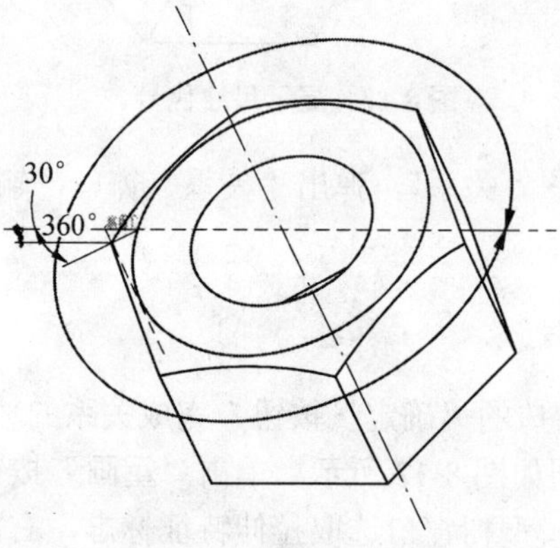

图 8-22　倒角尺寸显示

8.3 族 表

标准零件或重复性高、类似性大的零件（如螺栓、扳手等），不需要每个规格都创建一个零件，设计者可以在一个标准零件中赋予一个零件族表，即可代表无数个个别的零件。在任何时候，只要调出零件族表中一个零件的名称，即可自动产生一个依照零件族表所示尺寸比例的实例零件。

族表的特点如下：

(1) 标准零件的管理。

(2) 节省文件存储所需的磁盘空间。

下面通过一个实例介绍族表创建的具体方法。

例 8-3 创建一个凸缘联轴器族表。

具体操作步骤如下。

步骤 1：打开实例源文件 8-1.prt，如图 8-23 所示。

步骤 2：执行"应用程序"→"继承"，在"继承零件"菜单中选择"修改"选项，在"修改"菜单中选择"尺寸"选项，选取旋转特征和倒角特征的有关尺寸，选择"完成"选项，执行"信息"→"切换尺寸"，执行"应用程序"→"标准"，完成尺寸显示，如图 8-24 所示。

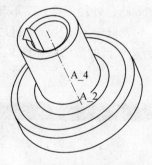

图 8-23　凸缘联轴器

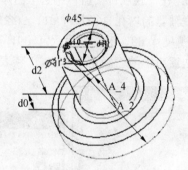

图 8-24　显示尺寸

步骤 3：选择"工具"→"族表"，系统弹出"族表"窗口。

步骤 4：单击"插入行"按钮，"族表"窗口显示一行示例数据，如图 8-25 所示。

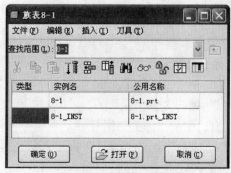

图 8-25　增加实例行

步骤 5：单击"添加/删除列"按钮，系统弹出"族项目"窗口，如图 8-26 所示。

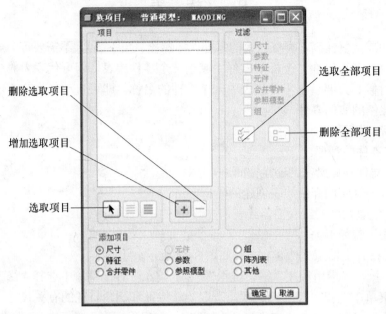

图 8-26 "族项目"窗口

步骤 6：在"族项目"窗口中选取"添加项目"选项中的尺寸选项，在图形窗口逐一选取凸缘联轴器的内孔直径尺寸 d1、凸缘外径尺寸 d2、凸台外径尺寸 d3、联轴器高度尺寸 d4、键槽尺寸 d8、键槽宽度尺寸 d9，则"项目"列表框中显示所选项目，如图 8-27 所示。单击窗口中的"确定"按钮，"族表"中显示所选项目的数值，如图 8-28 所示。

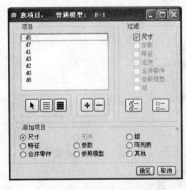

图 8-27 选取增加列项目

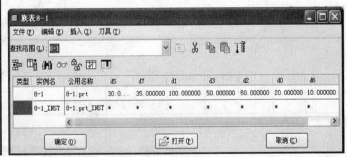

图 8-28 增加列显示

步骤 7：单击"公用名称"文本框中的字符（显示变为蓝底白色字），输入字符"YL5 联轴器 GB5843—86"，然后在各列项目中依次输入 d1"22"、d2"105"、d3"40"、d4"不变"、d8"24.8"、d9"不变"，如图 8-29 所示。

步骤 8：单击"族表"窗口中的"阵列"图标，系统弹出"阵列实例"对话框，如图 8-30 所示。单击"项目"列表框下面的"全选"按钮，再单击"转换"按钮，则所选项目全部显示在右边的列表框中。按需要输入阵列数量，此处输入为"2"，单击

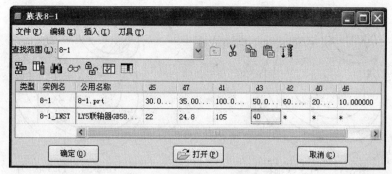

图 8-29　新建一个簇行

对话框中的"确定"按钮,"族表"窗口中显示新增的阵列,如图 8-31 所示。用户可以用步骤 6 中的方法,修改每行的内容,列出所需零件的尺寸,获得一个零件表,如图 8-32 所示。

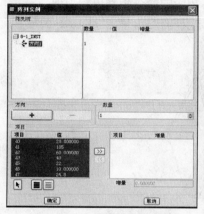

图 8-30　"阵列实例"对话框

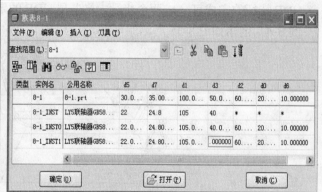

图 8-31　阵例实例

图 8-32　新建零件表

步骤 9:选取实例的第 3 行(YL5 联轴器),单击"打开"按钮,则该零件显示在窗口中,如图 8-33 所示(见文件 8-1.prt)。执行"窗口"→"关闭",关闭刚打开的实例零件。选取实例的第 4 行(YL5 联轴器),单击"打开"按钮,如图 8-34 所示。

步骤 10:保存文件,拭除内存。

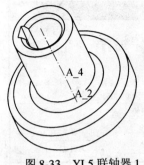
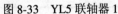
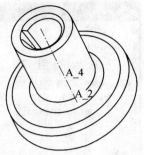

图 8-33　YL5 联轴器 1　　　　　　　　图 8-34　YL5 联轴器 2

8.4　用户自定义特征

　　用户自定义特征(UDF)是用来复制相同外形的特征组,此功能如同"组"、"复制新参考"与"阵列"的混合体，因此功能上较广泛而灵活，相应的命令步骤也较烦琐。

　　UDF 特征的完成可分成两个步骤，首先是 UDF 的定义与建立，然后是 UDF 的放置。

例 8-4　创建如图 8-35 所示的零件。

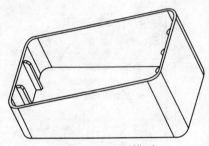

图 8-35　实例模型

1. 创建 UDF 特征

具体操作步骤如下。

　　步骤 1：新建一个零件文件，输入名称为"udf"，取消选中"使用缺省模板"复选框，选择 mmns part solid 模板，单击"确定"按钮，进入零件设计界面。

　　步骤 2：单击"拉伸"工具按钮 ⬚，定义 FRONT 平面为草绘平面，接受系统默认的视图方向和视图参照，单击"草绘"按钮，进入草绘界面，绘制如图 8-36 所示的截面图形。单击 ✔，完成截面的绘制，退出草绘界面。设置拉伸深度为"对称"，深度值"50"，单击中键，完成拉伸，如图 8-37 所示。

　　步骤 3：创建筋特征。单击"筋"特征工具按钮 ◣，选择"参照"选项卡，单击"定义"按钮，单击"基准平面"按钮，选择拉伸体后侧面为参照平面，拖动句柄向前，输入偏移值为"25"，如图 8-38 所示。单击对话框中的"确定"按钮，完成基准平面的创建。定义拉伸体上侧面的正方向指向顶部，如图 8-39 所示。单击"草绘"按钮，进入草绘界面。执行"草绘"→"参照"，加选两条内直角边为尺寸参照，绘制如图 8-40 所示的截面。单击 ✔，完成截面的绘制，退出草绘界面。设置筋厚度值为"4"，对称布置筋厚度，长材料向下，如图 8-41 所示。单击中键，完成筋特征的创建，如图 8-42 所示。

270

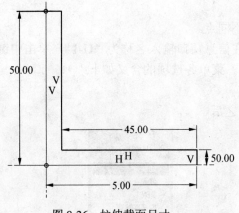

图 8-36　拉伸截面尺寸

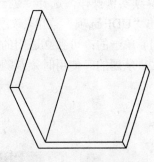

图 8-37　拉伸完成图

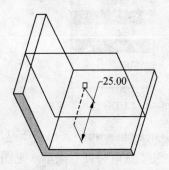

图 8-38　创建基准平面

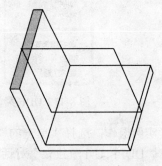

图 8-39　设置视图参照平面

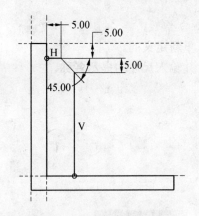

图 8-40　绘制筋特征截面图形

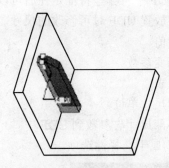

图 8-41　筋特征长材料方向

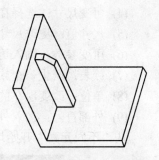

图 8-42　筋特征完成图

步骤 4：执行"工具"→"UDF 库"，系统弹出 UDF 菜单，如图 8-43 所示。菜单中选项的含义如下：

(1) 创建：产生并输入一个 UDF 名称。

(2) 修改：修改已存在的 UDF 特征。

(3) 列表：显示此工作目录所有的 UDF。

(4) 数据库管理：管理 UDF 的工具，有"保存"、"另存为"、"备份"、"重命名"、"拭

271

除"、"删除"等。

(5) 集成：分析原始与复制后 UDF 的不同点。

继续实例操作，选择"创建"选项，在信息窗口输入名称为"U-1"，单击中键，系统弹出"UDF 选项"菜单，如图 8-44 所示。菜单各选项的含义如下：

(1) 单一的：可独立适用的特征。

(2) 从属的：使用时须跟随另一个特征之后。

图 8-43　UDF 菜单

图 8-44　"UDF 选项"菜单

继续实例操作：选择"单一的"选项，信息栏提示 是否包括参照零件？，单击"是"按钮，系统弹出"UDF：U-1，独立"对话框（见图 8-45）及"选取特征"菜单（见图 8-46）。对话框各选项的含义如下：

(1) 特征：选择特征以加入 UDF 中。

(2) 参考提示：输入特征放置时参考的提示字句。

(3) 不同元素：指定 UDF 中有哪些特征是往后可以重新定义的。

(4) 可变尺寸：选择在放置 UDF 时可修改的尺寸，并输入尺寸的提示名称。

(5) 尺寸值：更改尺寸值。

(6) 可变参数：输入可变参数。

(7) 族表：产生一个族表。

(8) 单位：改变现在的尺寸单位。

(9) 外部符号：加入外部尺寸与参数到 UDF 中。

从"不同元素"开始均属于选择性选项。

图 8-45　"UDF：U-1，独立"对话框

图 8-46　"选取特征"菜单

272

步骤 5：选取"筋"特征，选择"完成/返回"选项，信息栏提示"以参照颜色为曲面输入提示："，图形后侧显示变亮，如图 8-47 所示。输入"草绘平面"，单击中键，信息栏又出现同样的提示，图形上表面变亮，如图 8-48 所示。输入"参照平面"，单击中键，图形左侧平面变亮，如图 8-49 所示。输入"放置平面"，单击中键，图形底面显示变亮，如图 8-50 所示。输入"底面平面"，单击中键，提示设置完成，选择菜单中的"完成/返回"选项，返回对话框设置界面。在对话框中选取"可变尺寸"选项，单击"定义"按钮，图形显示尺寸，如图 8-51 所示。单击偏移值 25，选择"完成/返回"选项，在信息栏输入"偏移值"，单击中键，完成输入。单击对话框中的"确定"按钮，完成 UDF 的定义。

图 8-47　草绘平面显示

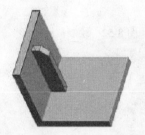
图 8-48　参照平面显示

图 8-49　放置平面显示

图 8-50　底面平面显示

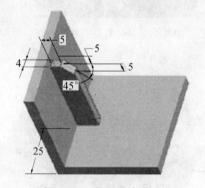
图 8-51　参照尺寸显示

2. 创建主体零件

具体操作步骤如下。

步骤 1：新建一个零件文件，输入名称为"ke"，取消选中"使用缺省模板"复选框，选择 mmns part solid 模板，单击"确定"按钮，进入零件设计界面。

步骤 2：单击"拉伸"工具按钮 ，定义 FRONT 平面为草绘平面，接受系统默认的视图方向和视图参照，单击"草绘"按钮，进入草绘界面，绘制如图 8-52 所示的截面图形。单击 ，完成截面的绘制，退出草绘界面。设置拉伸深度为"对称"，深度值"150"，单击中键，完成拉伸，如图 8-53 所示。

步骤 3：创建倒圆角特征。单击"倒圆角"工具按钮 ，选取 4 条直立边链，输入圆角半径为"20"，单击中键，完成倒角的创建，如图 8-54 所示。

步骤 4：创建壳特征。单击"壳"工具按钮 ，选取上面 3 个表面，如图 8-55 所示。设置壳厚度为 4，单击中键，完成壳特征的创建，如图 8-56 所示。

273

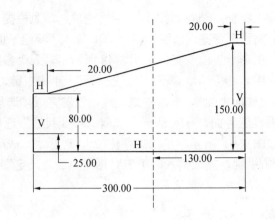

图 8-52　绘制截面图形

图 8-53　拉伸特征完成图

图 8-54　倒圆角特征完成图

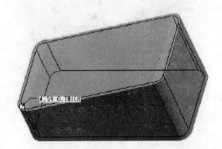

图 8-55　选取去除材料表面

图 8-56　壳特征完成图

3. 放置 UDF 特征

具体操作步骤如下。

步骤 1：执行"插入"→"用户定义特征"，系统弹出"打开"对话框，选取 u-1.gph 文件,单击"打开"按钮，系统弹出"插入用户定义"对话框，单击"确定"按钮，系统弹出"用户定义的特征放置"对话框。

步骤 2：选取后侧平面，如图 8-57 所示；选取第 2 原始特征参照，如图 8-58 所示；选取左侧上表面，如图 8-59 所示；选取第 3 原始特征参照，选取壳内侧表面，如图 8-60、图 8-61 所示。选取第 4 原始特征参照，选取壳底表面，如图 8-62 所示。

步骤 3：在对话框中选择"变量"选项卡，修改值为"50"，如图 8-63 所示。单击☑按钮，完成用户定义特征放置，如图 8-64 所示。选择"组放置"菜单中"完成"选项，退出放置用户定义特征界面。

图 8-57　选取草绘平面替换参照

图 8-58　选取第 2 原始特征参照

图 8-59　选取参照平面替换参照

图 8-60　选取放置平面替换参照

图 8-61　选取第 3 原始特征参照

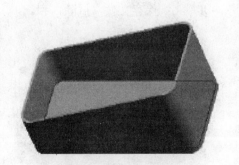

图 8-62　选取底部替换参照

图 8-63　修改偏移值

步骤 4：重复上述操作步骤，将"变量"偏移值修改为"100"，如图 8-65 所示。

图 8-64　放置用户定义特征完成图

图 8-65　修改偏移值后的特征放置

步骤 5：重复上述操作步骤，将草绘平面替换改为前侧表面，如图 8-66 所示，选取右侧上表面为参照平面替换，如图 8-67 所示，选取壳右侧内表面为放置平面替换，如图 8-68 所示，分别修改为 40、80、120；选取替换底部平面，如图 8-69 所示。完成后显示如图 8-35 所示。

步骤 6：保存文件，拭除内存。

图 8-66　选取替换草绘平面

图 8-67　选取替换参照平面

276

图 8-68　选取替换放置平面　　　　　　图 8-69　选取替换底部平面

8.5　程　序

程序是自动化零件与组件设计的一项重要工具，用户可以借助非常简易且高级的程序语言来控制特征的出现、零组件尺寸的大小、零组件的出现与否、零组件的个数等。当零件或组件的程序设计完成后，往后读取此零件或组件时，其变化情况即可以利用问答的方式得到不同的几何形状，以达成产品设计的要求。

1. 程序具有的功能

(1) 生成标准件库，要随时调用，自动生成。

(2) 能方便地对特征进行删除、隐含和重新排序的操作。

(3) 通过关系自动判断特征的建立与否。

2. 进入程序的步骤

步骤 1：执行"工具"→"程序"，系统弹出"程序"菜单，如图 8-70 所示。该菜单有 4 个选项供选择，具体含义如下。

(1) 显示设计：显示程序的内容与具体创建过程参数。

(2) 编辑设计：编辑程序的内容。

(3) 例证：将当前的零件储存为一个零件文件。

(4) J-链接：将 Java 程序设置到零件中。

步骤 2：选择"编辑设计"选项，系统弹出"记事本"编辑器。该编辑器分成了 5 个区域，即标题区、程序编辑区、关系编辑区、特征创建过程参数信息区和质量属性编辑区。

图 8-70　"程序"菜单

(1) 标题区：共有 3 行，用以表示模型名称、程序修订信息等内容，此段由系统自动产生，不需要设计者编辑。

(2) 程序编辑区：用以编辑程序，从"INPUT"至"END INPUT"区域。所谓编辑程序，主要是指编辑这一段内容和后面的关系。

(3) 关系编辑区：用以编辑关系式，控制零件参数的变化，从"RELATION"至"END RELATION"区域。

(4) 特征信息区：用以显示特征创建过程中的具体信息，内容包括整个特征的创建过程的所有参数。该区域占据分量最大。

(5) 质量属性编辑区：用以设置质量属性，从"MASSPROP"至"END MASSPROP"区域。

步骤 3：在"INPUT"与"END INPUT"之间插入程序。

3. 创建程序的具体方法

下面通过一个实例来介绍用程序创建零件的方法。

例 8-5 创建如图 8-71 所示的弹簧。

具体操作步骤如下：

步骤 1：新建一个零件文件，输入名称为"tanhuang"，取消选中"使用缺省模板"复选框，选择 mmmns part solid 模板，单击"确定"按钮，进入零件设计界面。

步骤 2：执行"插入"→"螺旋扫描"→"伸出项"，在"属性"菜单中选择"可变的"、"穿过轴"、"右手定则"，选择"完成"，设置 FRONT 平面为草绘平面，接受系统默认的视图方向和视图参照，选择"正向"，选择"缺省"，进入扫描轨迹绘制界面。绘制一条通过 RIGHT 平面的垂直中心线，绘制一条直线，绘制 4 个分割点，尺寸如图 8-72 所示。单击 ✔ 按钮，完成轨迹线的绘制，系统在信息栏提示 在轨迹起始输入节距值 22.1648 ，输入节距离值为"2.5"，单击中键，系统又提示 在轨迹末端输入节距值 22.1648 ，输入"2.5"，单击中键。选取倒数第 1 个分割点，输入节距值"2.5"，第 2 个分割点"5"，第 3 个分割点"5"，第 4 个分割点"2.5"，如图 8-73 所示。选择"完成/返回"，选择"完成"，进入扫描截面绘制界面。绘制一个圆，直径为"2.5"，如图 8-74 所示。单击 ✔ 按钮，完成截面的绘制，单击对话框中的"确定"按钮，完成螺旋扫描伸出项特征的创建，再按 Ctrl+D 组合键，按标准方向显示，如图 8-75 所示。

图 8-71　实例模型

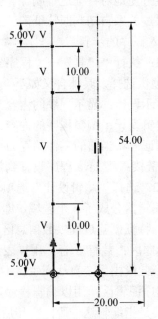

图 8-72　轨迹截面尺寸

步骤 3：创建磨平头部。单击"拉伸"工具按钮 ⟋⟍，定义 FRONT 平面为草绘平面，接受系统默认的视图方向和视图参照，单击"草绘"按钮，进入草绘界面。绘制一个矩形，如图 8-76 所示。单击 ✔ 按钮，完成截面的绘制，退出草绘界面。单击"去除材料"按钮 ⟋，单击箭头方向，令其朝上，如图 8-77 所示。选择"选项"选项卡，设置两侧均为"穿透"，单击中键，完成切剪，如图 8-78 所示。

278

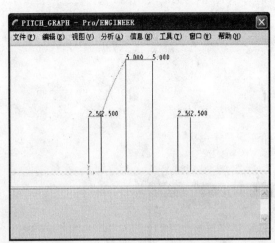

图 8-73　变节距各点节距值示意

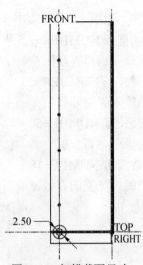

图 8-74　扫描截面尺寸

图 8-75　螺旋扫描伸出项完成图

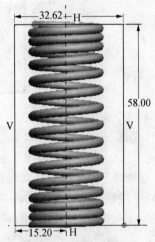

图 8-76　拉伸切剪截面尺寸

图 8-77　切剪方向示意

图 8-78　切剪完成图

步骤 4：编辑程序。执行"工具"→"程序"，在"程序"菜单中选择"编辑设计"
选项，弹出"设计"菜单，选择"自文件"选项，弹出 DOS 运行窗口和 tanhuang.pls 记

279

事本。在"记事本"编辑器中输入如下程序（图 8-79）：

钢丝直径 NUMBER=2.5

"请输入钢丝直径"

弹簧外径 NUMBER=25

"请输入弹簧外径"

弹簧长度 NUMBR=58

"请输入弹簧长度"

有效圈数 NUMBE=18

"请输入弹簧的有效圈数"

图 8-79　输入程序段

执行"文件"→"保存"，单击"关闭"按钮 ⊠，此时系统在信息栏提示 要将所做的修改体现到模型中? 是，单击"是"按钮，选择"程序"菜单中"完成/返回"选项，完成程序的编辑。如果以前已经在"记事本"编辑器里编辑保存过，则此时系统信息栏还会提示 此列表已过时.还要执行否? 否，单击"是"按钮，接着选择"程序"菜单中"完成/返回"选项，此时系统在信息栏提示 要重新编辑否? 否，单击"否"按钮，完成程序的编辑。

步骤 5：显示螺旋扫描特征的有关尺寸。执行"应用程序"→"继承"，在"继承零件"菜单中选择"修改"选项，在"修改"子菜单中选择"尺寸"选项，弹出"选取"子菜单，选取"螺旋扫描特征"，弹出"选取截面"子菜单和"指定"子菜单，在"选取截面"子菜单中选择"全部"选项（将把螺旋扫描特征的"轮廓"和"截面"全部显示出来）。此时"选取截面"菜单消失，返回"修改"菜单，选择"完成"选项，显示螺旋扫描特征的有关尺寸，执行"应用程序"→"标准"，"继承零件"菜单消失。执行"信息"→"切换尺寸"，显示如图 8-80 所示。

步骤 6：输入关系。执行"工具"→"关系"，系统弹出"关系"窗口，输入如下关系式（见图 8-81）：

d1=弹簧外径－钢丝直径

d14=钢丝直径

d5=弹簧长度

d0=2*d14

d3=d0

d6=d14

280

d8=d14

d7=d8

d11=d8

d9=（d5-2*d0-2*d2）/（有效圈数-4）

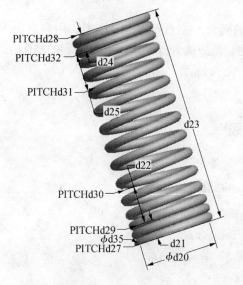

图 8-80　弹簧尺寸代号显示　　　　　　　图 8-81　输入关系式示意图

单击主工具栏的"再生"按钮，系统弹出"得到输入"菜单，如图 8-82 所示。选择"当前值"选项，生成图形如图 8-83 所示。再次单击"再生"按钮，在"得到输入"菜单中选择"输入"选项，系统弹出 INPUT SEL 菜单，如图 8-84 所示。在菜单中选中"请输入弹簧有效圈数"复选框，选择"完成选取"选项，信息栏提示⟶输入有效圈数NUMBE的新值 20.0000，输入新值"12"，显示如图 8-71 所示。

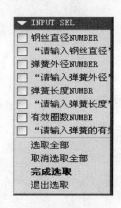

图 8-82　"得到输入"菜单　　　图 8-83　输入关系后的弹簧　　　图 8-84　"INPUT SEL"菜单

提示：如果对所有参数进行修改，可以在菜单中选择"选取全部"选项，然后按提示逐一修改相关数值，即可改变整个参数。但在修改长度值时，因受到切剪值的影响，有的范围局限在切剪长度范围之内，如果超出切剪长度范围，则要重定义切剪截面尺寸。

步骤 7：保存文件，拭除内在。

注意：在创建程序的过程中，关系式可以在程序编辑器中直接输入，也可通过执行"工具"→"关系"，在"关系"窗口中输入关系式，两种方法的效果完全一样。

本 章 小 结

本章主要介绍了系统配置文件的设置、关系的概念、关系的输入、族表、用户自定义特征和程序，这些都是提高设计效率的有效方法。希望读者深刻理解所讲内容的概念，反复实践，提高应用能力，让自己的设计工作上一个台阶。

思考与练习题

1. 思考题

(1) 系统配置文件的设置方法有哪两种？设置时要注意什么？

(2) 关系有哪些类型？

(3) 简述族表的作用和特点。

2. 练习题

(1) 为自己的系统设置几个快捷键。

(2) 创建一个螺栓零件的零件库（族表）。

第 9 章　实体特征的高级操作工具

在"插入"菜单的"高级"子菜单下，有 6 个工程特征：轴特征、唇特征、法兰特征、环形槽特征、耳特征和槽特征。这 6 个特征也属于工程特征的类型，需要在其他伸出项特征的基础上构建。当模型中没有任何伸出项特征时，这 6 个特征处于非激活状态，不可使用。

系统在默认状态下，这 6 个特征是不显示在高级子菜单中的。要使它们显示，需要在配置文件中设置，具体方法如下：

执行"工具"→"选项"，在弹出的"选项"对话框中取消"仅显示从文件中载入的选项"的勾选状态，在显示列表框中找到选项"allow_anatomic_features"，将其值设置为"yes"，如图 9-1 所示，并将此设置保存。如果想要每次都有这种设置，则将此设置保存到 Pro/ENGINEER Wildfire 4.0 的安装路径下的 text 目录下即可。

图 9-1　"选项"对话框

9.1 轴 特 征

1. 功能

建构圆轴特征与建构草绘孔特征相似，都必须先草绘旋转剖面，然后将其放置在模型上产生该特征。与草绘孔不同的是，圆轴特征是从模型上长出材料，而草绘孔特征是从模型中移除材料。

2. 命令位置

"插入"→"高级"→"轴…"。

3. 操作选项说明

轴特征的菜单选项说明如图 9-2 所示。

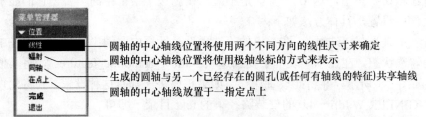

图 9-2 轴特征的菜单选项

4. 绘图步骤

步骤 1：单击"插入"→"高级"→"轴"。

步骤 2：选取圆轴中心轴线的定位方式后，单击"完成"按钮。

步骤 3：与草绘孔一样，必须让草绘旋转轴的中心线呈垂直状态，并且将截面的最顶层部分置于放置平面上。

步骤 4：当系统进入草绘器模式后，开始绘制圆轴的旋转中心线及旋转剖面，完成后单击"完成"按钮。

步骤 5：选取圆轴特征的放置面（注意：此处的放置面应与草绘剖面的顶面对齐）。

步骤 6：若选取"线性"或"辐射"，则需在信息视窗内输入相应的数值，以定位中心轴线；若选取"同轴"或"放置点"，则需选取所需的轴线或点，以定位中心轴线。

步骤 7：单击特征建构对话框中的"完成"按钮，完成圆轴线特征的建构。

5. 创建举例

打开文件 9-1.prt，文件中存在如图 9-3 所示的模型。需要在其一端创建同轴心的轴特征，方法如下。

步骤 1：选择"插入"→"高级"→"轴"，打开如图 9-4 所示的"轴：草绘"对话框和"位置"菜单。

图 9-3 源文件中的圆柱体

图 9-4 定义轴的对话框和菜单

步骤 2：选择"同轴"→"完成"。

步骤 3：进入内部草绘器，绘制如图 9-5 所示的草绘旋转截面，单击 ✔ 按钮完成草绘。

步骤 4：在模型中选择特征轴 A_2。

步骤 5：选择放置轴特征的端面，如图 9-6 所示。

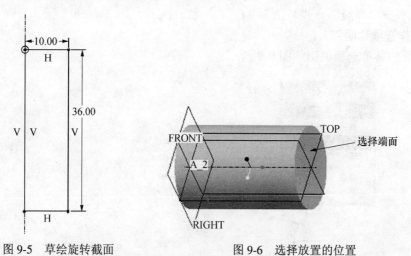

图 9-5　草绘旋转截面　　　　　　　　图 9-6　选择放置的位置

步骤 6：单击"轴：草绘"对话框中的"确定"按钮，完成的轴特征如图 9-7 所示。

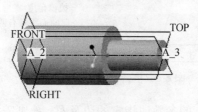

图 9-7　轴特征

9.2　唇 特 征

1. 功能

唇特征常用于塑胶件的上下盖的边缘连接，如图 9-8 所示。

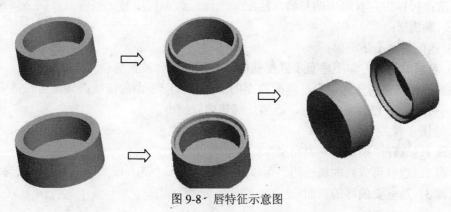

图 9-8　唇特征示意图

可以在组件中两个不同零件的匹配曲面上创建唇特征，以保证两个零件上的连锁几何相同。创建的唇将作为一个零件的伸出项和另一个零件上的切口。唇不是组件特征，它必须在每个零件上单独创建，然后再通过关系和参数将两个零件进行装配。

2. 命令位置

"插入"→"高级"→"唇…"。

3. 操作选项说明

唇特征的菜单选项说明如图 9-9 所示。

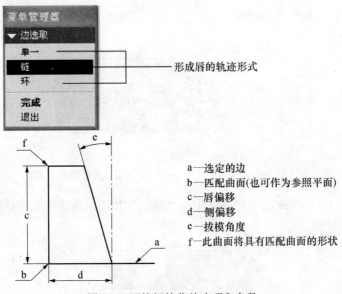

图 9-9　唇特征的菜单选项和参数

其中，a～d 为需要输入的参数或指定的边及面，e 则需要指定拔模枢轴和拔模角，生成的 f 面具有与原匹配曲面相同的形状（如原曲面为环状，则生成的曲面亦为环状）。唇特征是通过沿着所选边，并偏移匹配曲面来构建唇的。因此，所选边必须形成连续轮廓，但它可以是开放的或闭合的。

唇的方向（偏移的方向）是由垂直于参照平面的方向确定的。拔模角度是参照平面法向和唇的侧曲面之间的角度。

注意：可以指定参照平面与唇（匹配）曲面一致。但如有下列情况，则必须选择一个分离的参照平面。

(1) 匹配曲面不是平面；

(2) 若唇的创建方向不垂直于匹配曲面，则唇特征会被扭曲。

在唇特征创建的任何点上，匹配曲面的法线与参照平面的法线必须重合，或者形成一个很小的角度。法线靠得越近，唇的几何扭曲就越小。

4. 绘图步骤

步骤 1：选择"插入"→"高级"→"唇"。

步骤 2：选取形成唇的轨迹边。可以使用"单一"、"链"或"环"等选项来选取边。

步骤 3：选取要偏移的曲面。

步骤 4：输入从所选曲面开始的唇偏移。

步骤 5：输入侧偏移（从所选边到拔模曲面）。

步骤 6：选取拔模参照平面。

步骤 7：输入拔模角度。

步骤 8：完成唇特征的创建。

5. 创建举例一（上盖唇特征）

步骤 1：打开文件 9-2-1.prt，文件中的零件模型如图 9-10 所示。

步骤 2：选择"插入"→"高级"→"唇"。

步骤 3：此时出现"边选择"菜单，选择"链"命令。

步骤 4：选择轨迹如图 9-11 所示，单击"完成"按钮。

图 9-10　文件 9-2-1.prt 中的零件模型　　　图 9-11　选择轨迹

步骤 5：选择如图 9-12 所示的匹配曲面，该曲面与加亮边相邻。

步骤 6：输入从所选曲面开始的唇偏移距离"5"，单击 ✔ 按钮。

步骤 7：输入从所选边到拔模曲面的距离（侧偏移值）"5"，单击 ✔ 按钮。

步骤 8：选择拔模参照平面，该参照平面如图 9-13 所示。

步骤 9：设置拔模角度为"15"，单击 ✔ 按钮，完成上盖唇特征的创建，如图 9-14 所示。

图 9-12　选择匹配曲面　　　图 9-13　选择拔模参照平面　　　图 9-14　上盖唇特征

6. 创建举例二（下盖唇特征）

步骤 1：打开文件 9-2-2.prt，文件中的零件模型如图 9-15 所示。

步骤 2：选择"插入"→"高级"→"唇"命令。

步骤 3：此时出现"边选择"菜单，选择"链"命令。

步骤 4：选择轨迹如图 9-16 所示，单击完成按钮。

步骤 5：选择如图 9-17 所示的匹配曲面，该曲面与加亮边相邻。

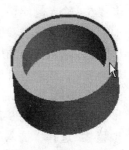

图 9-15　文件 9-2.2.prt 中的零件模型　　　图 9-16　选择轨迹　　　图 9-17　选择匹配曲面

步骤 6：输入从所选曲面开始的唇偏移距离"5"，单击 ✓ 按钮。

步骤 7：输入从所选边到拔模曲面的距离（侧偏移值）"5"，单击 ✓ 按钮。

步骤 8：选择拔模参照平面，该参照平面如图 9-18 所示。

步骤 9：设置拔模角度为"15"，单击 ✓ 按钮，完成下盖唇特征的创建，如图 9-19 所示。

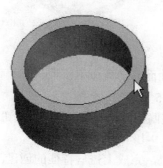

图 9-18　选择拔模参照平面　　　　　　图 9-19　下盖唇特征

9.3　法 兰 特 征

1. 功能

法兰特征属于旋转特征，就是在零件外草绘剖面并进行旋转后所生成的特征。图 9-20 所示为一个典型的法兰特征。

图 9-20　典型的法兰特征

法兰特征也是一种较为特殊的移除特征。在一般情况下，该特征经常用于建构旋转物体上的一个凸起材料。要建构法兰特征，一般需先选择一个通过旋转物体轴线的基准

288

平面，或是生成一个通过轴线的临时基准面，然后在此基准平面上草绘剖面而得。

2. 命令位置

"插入"→"高级"→"法兰…"。

3. 操作选项说明

法兰特征的菜单选项说明如图 9-21 所示。

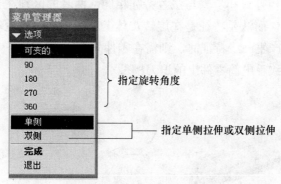

图 9-21　法兰特征的菜单选项

4. 绘图步骤

步骤 1：选取"插入"→"高级"→"法兰"选项。

步骤 2：在菜单内选择其中的选项，设置剖面的旋转角度并确定剖面为单侧旋转还是双侧旋转。

步骤 3：选取绘图平面，再选取另一平面作为水平或垂直参考面，系统将进入草绘模式。此时，请选取或绘制一条中心线，作为特征的旋转轴，然后绘制草绘剖面。

步骤 4：完成法兰特征的建构。

5. 创建举例

步骤 1：打开文件 9-3.prt，文件中的零件模型如图 9-22 所示。

步骤 2：选择"插入"→"高级"→"法兰"，打开如图 9-21 所示的"选项"菜单。

步骤 3：选择"360"→"单侧"→"完成"。

步骤 4：选择 RIGHT 基准平面作为草绘平面，分别在出现的菜单中选择"正向"和"缺省"选项。

步骤 5：进入草绘器中定义参照、添加旋转中心线并绘制由 3 条边组成的外轮廓截面，如图 9-23 所示。

步骤 6：单击 ✓ 按钮，完成的法兰特征如图 9-24 所示。

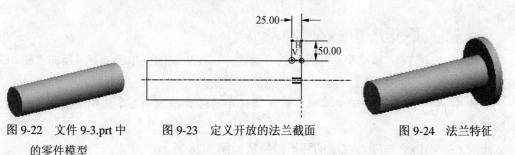

图 9-22　文件 9-3.prt 中　　　图 9-23　定义开放的法兰截面　　　图 9-24　法兰特征
　　　　　的零件模型

9.4　环形槽特征

1. 功能

环形槽特征的建构方式和步骤与法兰特征相同，两者的区别在于：环形槽特征是移除旋转实体上的材料，而法兰特征是在旋转实体上增加材料。产生环形槽特征时，需在零件内草绘剖面；而产生凸缘特征时，则需在零件外草绘剖面。图 9-25 所示为一个表现典型环形槽特征的精致手电筒零件上的退刀槽。

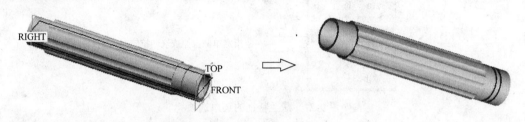

图 9-25　精致手电筒上的退刀槽

2. 命令位置

"插入"→"高级"→"环形槽…"。

3. 操作选项说明

环形槽特征的菜单选项说明如图 9-21 所示。

4. 绘图步骤

步骤 1：选择"插入"→"高级"→"环形槽"。

步骤 2：出现"选项"菜单，其选项含义与法兰特征相同。请选择其中的选项来设置剖面的旋转角度，以及确定剖面为单侧旋转还是双侧旋转。

步骤 3：选取绘图平面，再选取另一平面作为水平或垂直参考面，系统将进入草绘模式。此时，请选取或绘制一条中心线来作为特征的旋转轴，并绘制草绘剖面。

步骤 4：完成环形槽特征的建构。

5. 创建举例

步骤 1：打开文件 9-4.prt，源文件中的零件模型如图 9-26 所示。

步骤 2：选择"插入"→"高级"→"环形槽"，打开如图 9-21 所示的"选项"菜单。

步骤 3：选择"360"→"单侧"→"完成"。

步骤 4：选择 TOP 基准平面作为草绘平面，分别在出现的菜单中选择"反向"和"缺省"选项。

步骤 5：进入草绘器中定义参照、添加旋转中心线并绘制由 3 条边组成的环形截面，如图 9-27 所示。

步骤 6：单击 ✔ 按钮，完成的环形槽特征如图 9-28 所示。

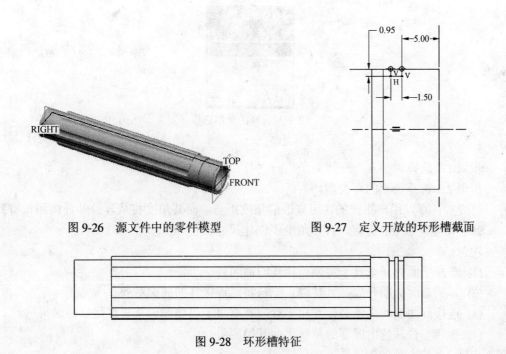

图 9-26 源文件中的零件模型　　　　图 9-27 定义开放的环形槽截面

图 9-28 环形槽特征

9.5 耳 特 征

1. 功能

耳特征是一个沿着曲面的顶部被拉伸的伸出项，同时可以在底部被折弯，类似钣金折弯。图 9-29 所示为一个典型的耳特征。

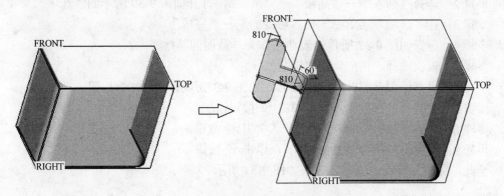

图 9-29 模型中的耳特征

Pro/ENGINEER Wildfire 4.0 将以指定的角度来折弯耳特征，该角度从耳特征被拉伸的所在曲面开始测量。耳特征将朝用户指定的方向折弯，并往屏幕内拉伸到指定厚度处。

2. 命令位置

"插入" → "高级" → "耳…"。

3. 操作选项说明

耳特征的菜单选项如图 9-30 所示。

图 9-30　耳的菜单选项

4. 绘图步骤

步骤 1：选择"插入"→"高级"→"耳…"。

步骤 2：选择需要的耳类型。

可变的：耳以用户指定的、可修改的角度折弯，而其角度将从耳拉伸曲面测量得到。

90：指定耳以 90° 折弯。对该角度不创建尺寸。

注意：

(1) 草绘平面必须垂直于将要连接耳的曲面。

(2) 耳的截面必须开放，且其端点应与将要连接耳的曲面对齐。

(3) 连接到曲面的图元必须互相平行，且垂直于该曲面，其长度足以容纳折弯。

(4) 折弯半径从超出屏幕的草绘平面开始测量。

步骤 3：输入耳的深度。

步骤 4：输入耳的折弯半径。

步骤 5：输入耳的折弯角。

步骤 6：完成耳特征的建构。

5. 创建举例

步骤 1：打开文件 9-5.prt，文件中的零件模型如图 9-31 所示。

步骤 2：选择"插入"→"高级"→"耳…"，打开如图 9-30 所示的"选项"菜单。

步骤 3：在"选项"菜单中选择"可变的"→"完成"。

步骤 4：选择如图 9-32 所示的表曲面作为耳截面的草绘平面。

步骤 5：依次选择"正向"和"缺省"。

步骤 6：设置绘图参照并绘制耳截面，如图 9-33 所示。单击 ✓ 按钮。

步骤 7：设置耳的深度为"3"，单击 ✓ 按钮。

步骤 8：设置耳的折弯半径为"10"，单击 ✓ 按钮。

步骤 9：设置耳的折弯角度为"60"，单击 ✓ 按钮。

至此，完成耳特征的创建，效果如图 9-34 所示。

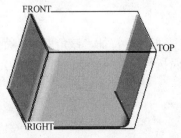

图 9-31　文件 9-5.prt 中的零件模型图

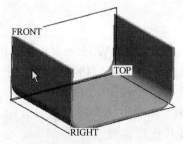

图 9-32　选择草绘平面

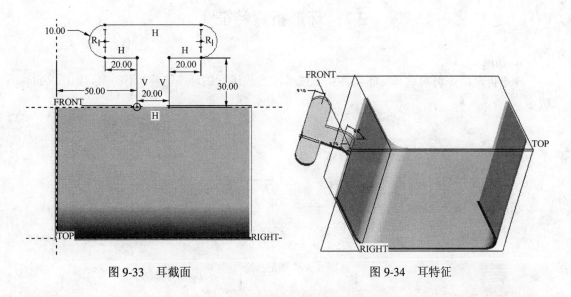

图 9-33 耳截面   图 9-34 耳特征

9.6 槽 特 征

1. 功能

严格来说，槽特征不是一个特征，它只是一些去除材料的命令综合，如拉伸去除材料、旋转去除材料等。

2. 命令位置

"插入" → "高级" → "槽..."。

3. 操作选项说明

槽特征的菜单选项如图 9-35 所示。

图 9-35 槽特征的菜单选项

选择其中命令及执行该命令对应的特征之后，可以进行去除材料的操作，其过程与前述相同，这里就不再举例。

9.7　环形折弯特征

1. 功能

环形折弯命令可对实体、非实体曲面或基准曲线进行的环（旋转）形折弯，如图9-36所示。

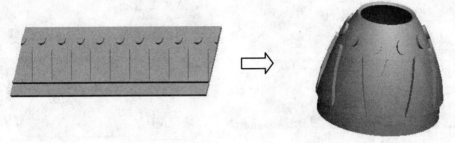

图9-36　环形折弯

2. 命令位置

"插入"→"高级"→"环形折弯…"。

3. 操作选项说明

环形折弯的菜单选项如图9-37所示。

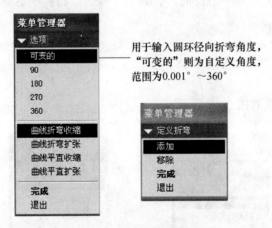

用于输入圆环径向折弯角度，
"可变的"则为自定义角度，
范围为0.001°～360°

图9-37　环形折弯的菜单选项

4. 绘图步骤

步骤1：单击"插入"→"高级"→"环形折弯…"。

步骤2：出现"选项"菜单。选择"可变的"、"90"、"180"、"270"或"360"，以指定折弯角。

步骤3：通过选择下列选项之一，指定在折弯过程中，基准曲线是否应该收缩。

曲线折弯收缩：在折弯时，基准曲线径向收缩。

曲线折弯扩展：在折弯时，基准曲线径向不收缩。

曲线平整收缩：基准曲线保持为平面的，并在中性平面中收缩。

曲线平整扩展：基准曲线保持平面的，并在中性平面中扩展。

注意：用"平整"选项创建的环形折弯特征，要求所有包括在折弯中的曲线位于中性平面上。

步骤4：出现"定义折弯"菜单，其中有以下命令。

添加：选择要折弯的对象。

移除：取消折弯特征中的对象选择。

选择"添加"，并选取要包括在折弯中的实体曲面、面组或基准曲线。折弯基准曲线时，显示了折弯方式和它们的原始位置。

注意：要包括的对象，不能超出通过终止平面指定的边界，否则环形折弯将会失败。

步骤5：选择"完成"，完成选取要折弯的对象。

步骤6：拾取草绘平面和草绘器参照平面来草绘截面折弯轮廓。

步骤7：草绘图元（样条、弧、直线等）的链，来定义环形的横截面的形状。

步骤8：创建草绘坐标系。

步骤9：选择两个平行平面，在指定角度互相折弯，这些平行平面定义了圆环的半径。对于360°折弯，这些平面将会重合。

5. 创建举例

花样装饰模型

步骤1：打开源文件9-6.prt，文件中存在一个平直的模型，如图9-38所示。

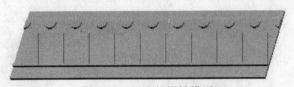

图9-38　平直的原始模型

步骤2：选择"插入"→"高级"→"环形折弯"。

步骤3：在"选项"菜单中选择"360"→"曲线折弯收缩"→"完成"。

步骤4：出现"定义折弯"菜单，默认选择"添加"，在图形窗口中选择平直的原始模型，然后单击"确定"按钮并在"定义折弯"菜单中选择"完成"。

步骤5：选择如图9-39所示的端面作为草绘平面，依次选择"正向"和"缺省"。

步骤6：选择绘图参照，绘制如图9-40所示的折弯截面。

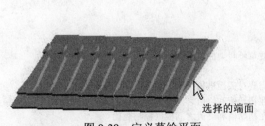

选择的端面

图9-39　定义草绘平面

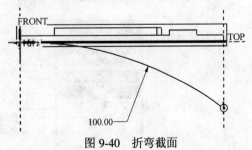

图9-40　折弯截面

实用知识与技巧：绘制的折弯截面中必须添加草绘坐标系。

步骤7：单击 ✓ 按钮。

步骤8：选择两个平行平面来间接定义折弯半径，选择的两平行平面如图 9-41 所示。在选择时可利用鼠标中键来翻转模型。

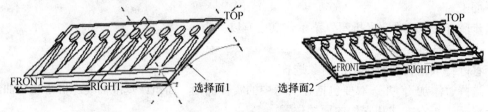

图 9-41　选择两平行面

至此，完成了环形折弯特征（图 9-36）的创建过程。

9.8　骨架折弯

1. 功能

"骨架折弯"中的"骨架"表示一条轨迹，"骨架折弯"命令用于将一个实体或曲面沿着某折弯轨迹进行折弯，图 9-42 所示为一个骨架折弯的范例。如果折弯前的实体或曲面的截面垂直于某条轨迹线，那么折弯后的实体或曲面的截面将垂直于折弯轨迹。因此，折弯后的实体的体积或表面积均可能发生变化。

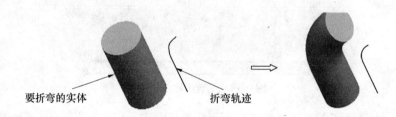

图 9-42　骨架折弯效果示意图

2. 命令位置

"插入"→"高级"→"骨架折弯…"。

3. 操作选项说明

骨架折弯的选项说明如图 9-43 所示。

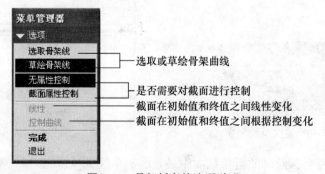

图 9-43　骨架折弯的选项说明

296

4. 绘图步骤

步骤 1：单击"插入"→"高级"→"骨架折弯..."。

步骤 2：通过从"选项"菜单中选择选项来指定特征属性。选项如下：

选取骨架线：选取边或边链来定义"骨架"轨迹。

草绘骨架线：草绘骨架轨迹。

无属性控制：不调整生成几何。

截面属性控制：调整生成的几何沿骨架控制变截面质量属性的分配。

然后，通过关系定义该属性。选择下列选项之一：

线性：截面属性在起点值和终点值之间成线性变化。

控制曲线：截面属性在起点值和终点值之间根据图形值变化。

不管是选择"无属性控制"、"截面属性控制"、"线性"，还是"控制曲线"，都是用截面的同一个族定义生成的骨架折弯特征，但骨架折弯中截面的分配则随选项的不同而不同。

步骤 3：选取要折弯的面组或实体。可以只折弯一个面组特征，也可以折弯零件中的所有实体特征。如果选取一个实体特征，在创建骨架折弯特征后，系统可不显示原始的实体特征，但还可以选取特征及其几何。如果选取一个面组特征，则原始面组特征仍可见。

步骤 4：按步骤 2 的选项草绘或选取骨架。骨架必须是 C1 连续（相切）。如果骨架不是 C2 连续（曲率连续），则特征曲面可能不相切。如果选择"截面属性控制"，则通过骨架起点并垂直于骨架的平面必须相交原始面组或实体特征。

步骤 5：如果选择"无属性控制"，则进行步骤 8。

步骤 6：如果选择"截面属性控制"，则 Pro/ENGINEER Wildfire 4.0 显示"草绘器"菜单。草绘要在截面属性计算中使用坐标系，该坐标系将被投影到每个截面平面上。

步骤 7：输入特征关系，该特征关系将符合"SEC PROP"定义为原始面组或实体截面的质量属性函数。关系的右边可以包括下列内容：

AREA，CENTROID X，CENTROID Y（截面的区域相对于草绘坐标系的坐标）

IXX，IXY，IYY（截面相对于草绘坐标系的平面惯性矩）

IXX AT CENTROID，IXY TA CENTROID，IYY AT CENTROID（截面的平面惯性矩，它是相对质心处的坐标系且坐标轴平行于指定坐标系）

PRINCIPAL1（较大的平面主惯性矩）

PRINCIOAL2（较小的平面主惯性矩）

步骤 8：用"设置平面"菜单指定第二个平面，该平面必须平行于第一个平面，以定义要折弯的原始面组或实体的体积块。如果选择"截面属性控制"选项，则两个平面都必须与原始面组或实体相交。系统将创建和显示定义体积块的第一个平面。第一个平面垂直于骨架，并通过骨架的起点，而且可用于第二个平面创建的参照。

步骤 9：如果选择"控制曲线"，则需选取一个现有的图形特征。该图形必须通过点（0，0）和（1，1），而且在 0～1 之间必须是单调非递减的。

步骤 10：如果选择"截面属性控制"，则系统根据下列公式，将原始面组或实体的每个截面都放置到有关骨架的轨迹参数中。

$$G（Trajpar）=（F（p）-F（0））/（F（p1）-F（p0））$$

式中，相关的变量说明如下：

G（）：如果选择"控制曲线"，此函数由参照图形特征定义。如果选择"线性"，则由 trajpar 本身定义函数（恒等式函数）。

F（）：由特征关系定义的截面属性函数。

P:源面组或实体截面的属性(AREA,CENTROED X 等)。

P0,P1:由步骤 8 中指定的两个平面所定义的第一个和最后一个截面的属性。

5. 创建举例

步骤 1：打开文件 9-7.prt，如图 9-44 所示。

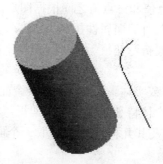

图 9-44　文件 9-7.prt 中的零件模型

步骤 2：选择"插入"→"高级"→"骨架折弯..."，打开"选项"菜单。

步骤 3：选择"选取骨架线"→"无属性控制"→"完成"。

步骤 4：在图形窗口中选择实体模型。

步骤 5：在链菜单中，选择"曲线链"如图 9-45 所示，选择图中曲线。

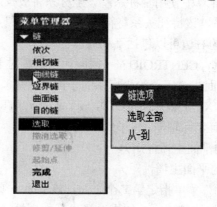

图 9-45　链菜单和链选项菜单

步骤 6：在链选项菜单中,选择"选取全部"。

步骤 7：修改起始点，在链菜单中（图 9-46），选择"起始点"，在选取菜单中，选择"下一个"，单击"接受"，单击"完成"。

步骤 8：选择实体的上平面如图 9-47 所示，完成骨架折弯后的实体模型如图 9-48 所示。

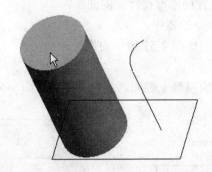

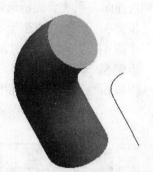

图 9-46 "起始点"选项　　　图 9-47 实体的上平面　　　图 9-48 完成骨架折弯

9.9 局部推拉

1. 功能

局部推拉特征是通过拉伸或拖移曲面上的圆形或矩形区域而使曲面变形的一种高级特征。

2. 命令位置

"插入"→"高级"→"局部推拉..."。

3. 操作选项说明

局部推拉的选项说明如图 9-49 所示。

图 9-49　局部推拉的选项说明

4. 创建举例

创建局部推拉特征的步骤比较简单,例如要在图 9-50 所示的模型(见文件 9-8.prt)上表面上创建局部推拉特征,其步骤如下。

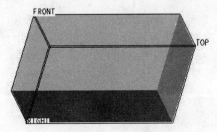

图 9-50　原模型

步骤 1：选择"插入"→"高级"→"局部推拉..."。

步骤 2：选择模型上表面作为草绘平面。注意：作为草绘平面的曲面不必是放置局部拉伸的曲面，系统会提示选择放置局部推拉特征的曲面。

步骤 3：选择"缺省"，进入草绘器中。

步骤 4：设置绘图参照，绘制如图 9-51 所示的推拉截面。

步骤 5：单击 ✔ 按钮。

步骤 6：选择应用局部推拉的模型上表面，此时，模型如图 9-52 所示。

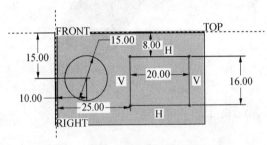

图 9-51　局部推拉截面

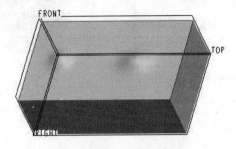

图 9-52　局部推拉的模型

实用知识与技巧：局部推拉特征的高度。

系统自动以缺省值给定局部推拉特征的高度，该高度值是从草绘平面开始测量的。可以双击局部推拉特征，双击要修改的高度值，从而创建指定高度的曲面变形。输入的正值使局部推拉特征向零件曲面之外变形，而输入负值则向内变形，如图 9-53 所示。

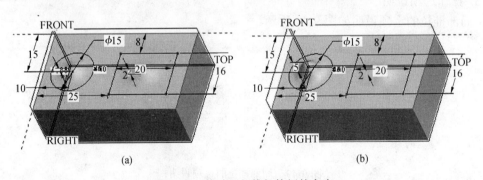

图 9-53　修改局部推拉特征的高度

9.10　半径圆顶

1. 功能

"半径圆顶"选项可创建圆顶选项特征。这里使用一个半径和偏距距离作为参照，将曲面进行半径圆顶的变形，如图 9-54 所示。

2. 命令位置

"插入"→"高级"→"半径圆顶..."。

3. 操作选项说明

半径圆顶的选项说明如图 9-55 所示。

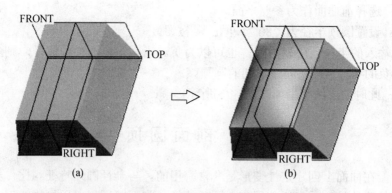

(a)　　　　　　　　　　　　(b)

图 9-54　创建半径圆顶特征

指定参照曲面、参照边和圆顶半径即可

图 9-55　半径圆项的选项说明

4. 绘图步骤

步骤 1：选择"插入"→"高级"→"半径圆顶..."。

步骤 2：选取要创建圆顶的曲面。圆顶曲面必须是平面、圆环面、圆锥或圆柱。指定曲面时的那个选择点，同时也是偏距距离。

步骤 3：选取基准平面、平面曲面或边，对其参照圆顶弧。

步骤 4：输入圆顶半径。半径值的正或负，决定生成凸或凹的圆顶。

注意：Pro/ENGINEER Wildfire 4.0 使用两个尺寸创建圆顶曲面，即圆顶弧半径和从该弧到参照基准平面或边的距离。圆顶半径是穿过圆顶曲面两边的弧半径。因此，较大的半径值导致原始曲面形成更小的仰角。放置尺寸将影响圆顶陡度。圆顶弧与圆顶曲面中间越近，圆顶仰角就越小。

步骤 5：在模型中选择半径圆顶特征，单击右键进行编辑，修改偏距后再生模型。

5. 创建举例

步骤 1：打开文件 9-9.prt。

步骤 2：选择"插入"→"高级"→"半径圆顶..."。

步骤 3：选择要进行半径圆顶变形的曲面，如图 9-56 所示。

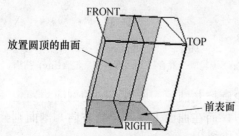

图 9-56　选择放置圆顶的曲面

步骤 4：选择前曲面作为参照平面。

步骤 5：设置圆顶半径为"80"，单击 ✔ 按钮。

注意：输入的半径值可以为正，也可以为负。当输入正的半径值时，则生成凸的圆顶；当输入负的半径值时，将生成凹的圆顶。

步骤 6：此时生成的模型如图 9-54(b)所示。

9.11　剖面圆顶

建模时，在曲面上创建定性变形是非常有用的。与半径圆顶特征相比，如果要对几何体进行更精确的控制，可以使用剖面圆顶特征。剖面圆顶可以用扫描或混合两种方式来定义，其中混合又分为 "无轮廓"的普通混合和"有轮廓"的混合，如图 9-57 所示。

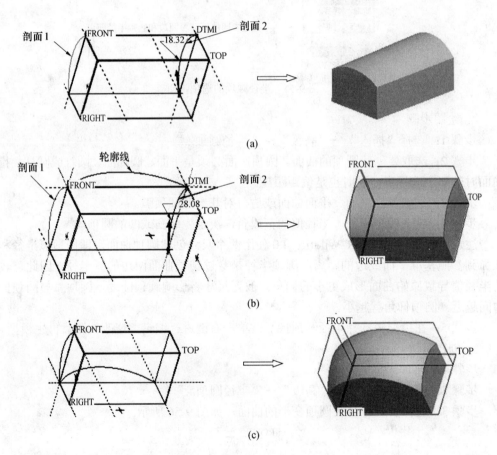

图 9-57　剖面圆顶效果示意图

(a) "无轮廓"混合；(b) "有轮廓"混合；(c) 扫描。

由于剖面圆顶通过轮廓控制圆顶，所以草绘的剖面将决定添加或去除材料。倾斜到曲面下的剖面会去除材料，而在曲面上（在正侧方向）剖面则会添加材料。在创建剖面圆盖特征时，请注意以下事项：

(1) 当草绘剖面时，要进行剖面圆顶变形的曲面必须是水平的。

(2) 剖面不应与零件的边相切。

(3) 不能将剖面圆顶添加到沿着任何边有过渡圆角的曲面上。如果需要圆角，应先添加圆盖，然后对边界倒圆角。

(4) 每个剖面段数不需要相同。

(5) 剖面至少应和曲面等长，且不必连接到曲面上。

(6) 剖面必须被草绘为开放的，而不是封闭的。

1. 命令位置

"插入"→"高级"→"剖面圆顶..."。

2. 操作选项说明

剖面圆顶的选项说明如图 9-58 所示。

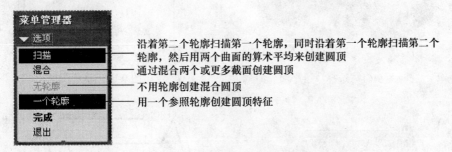

图 9-58　剖面圆顶选项

3. 扫描类型的剖面圆顶

使用轮廓和垂直于扫描剖面圆顶的剖面，创建扫描剖面圆顶。

1) 绘图法提示。

步骤 1：选择"插入"→"高级"→"剖面圆顶..."。

步骤 2：选择"扫描"和"一个轮廓"。

步骤 3：选取要添加剖面圆顶的平曲面。

步骤 4：通过指示草绘平面创建轮廓，然后草绘并再生该截面。

步骤 5：返回到默认视图，并单击"完成"按钮。

步骤 6：通过选取或创建草绘平面，创建一个垂直于轮廓的剖面，并草绘该剖面。

步骤 7：单击"完成"按钮，完成扫描剖面圆顶的操作。

2) 创建举例。

步骤 1：打开文件 9-10-1.prt，如图 9-59 所示。

步骤 2：选择"插入"→"高级"→"剖面圆顶..."，打开"选项"菜单。

步骤 3：选择"扫描"→"一个轮廓""完成"，选取如图 9-60 所示要添加剖面圆顶的平曲面。

步骤 4：选择如图 9-61 所示指示草绘平面创建轮廓，然后草绘如图 9-62 所示扫描轨迹，并单击 ✓ 按钮。

步骤 5：选择一个垂直于轮廓的剖面（图 9-63），然后草绘如图 9-64 所示剖面，并单击 ✓ 按钮。

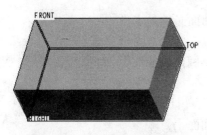

图 9-59　文件 9-10-1.prt 中的零件模型

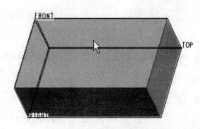

图 9-60　选取要添加剖面圆顶的平曲面

图 9-61　选择草绘平面

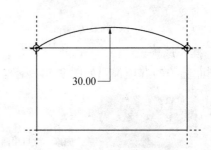

图 9-62　草绘图形

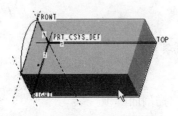

图 9-63　选择剖面

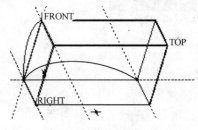

图 9-64　草绘剖面

步骤 6：完成扫描剖面圆顶后的实体模型如图 9-65 所示。

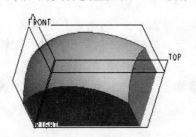

图 9-65　完成扫描剖面后的圆顶

4. 无轮廓混合剖面圆顶

1) 无轮廓混合剖面圆顶的创建

使用无轮廓的选项时，Pro/ENGINEER Wildfire 4.0 将通过混合平行截面创建圆盖曲面。即使用于圆顶变形的两个剖面未覆盖整个实体表面，整个曲面仍被以一定的变形参数来进行剖面圆顶变形。

2) 绘图步骤

步骤 1：选择"插入"→"高级"→"剖面圆顶..."。

步骤2：从"剖面圆顶"菜单中，单击"混合"和"无轮廓"。

步骤3：选择要加圆顶的平曲面。

步骤4：指定第一个截面的草绘平面，并草绘第一个截面。当选择了草绘平面时，视图方向箭头指示偏距方向的正向。完成后，单击"完成"按钮。

步骤5：输入第一个截面和要草绘的新截面之间的距离。截面的定向是相同的。完成后，绘制新截面并单击"完成"按钮。

注意：该选项至少需要两个截面。要确保对截面的起始点进行定位，以使与圆盖相连的是正确的点。在草绘上起始点显示为一个小圆。要定义起始点，从"截面工具"菜单中选择"起始点"，并在截面上选取一个新的起始点。

步骤6：如果需要其他截面，选择"是"以继续，并在需要时输入到新截面中。如果不需要其他截面，则请在出现提示时，选择"否"，以完成圆顶的绘制。

3) 创建举例

步骤1：打开文件9-10-2.prt，如图9-66所示。

步骤2：选择"插入"→"高级"→"剖面圆顶..."，打开"选项"菜单。

步骤3：选择"混合"→"无轮廓"，选取如图9-67所示要添加剖面圆顶的平曲面。

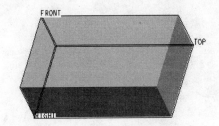

图 9-66 文件 9-10-2.prt 中的零件模型

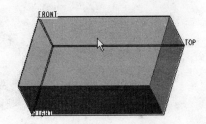

图 9-67 选取要添加剖面圆顶的平曲面

步骤4：选择如图9-68所示第一个截面的草绘平面，然后草绘左边弧轮廓（图9-69），并单击 ✓ 按钮。

图 9-68 选择草绘平面

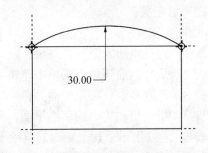

图 9-69 草绘图形

步骤5：在偏距选项菜单中，选择"输入值"，输入第一个截面和要草绘的新截面之间的距离"50"。截面的定向是相同的。完成后，绘制新截面并单击"完成"按钮。

步骤6：出现参照对话框，要求选择新截面的参照面、线或点，选择如图9-70所示的边作为新参照。

步骤7：绘制如图9-71所示的右边弧轮廓，并单击 ✓ 按钮。

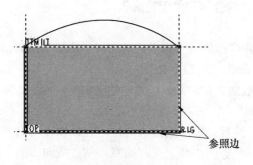

图 9-70 选择新参照

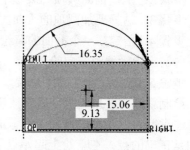

图 9-71 绘制右边弧轮廓

步骤 8：出现如图 9-72 所示的对话框，选择"否"。

图 9-72 询问对话框

步骤 9：完成无轮廓混合剖面圆顶后的实体模型如图 9-73 所示。

图 9-73 无轮廓混合剖面圆顶完成图

5. 有轮廓混合剖面圆顶

可以用一个轮廓和两个或更多截面来创建一个混合截面圆顶。轮廓和单轮廓混合圆顶的截面不必相关。

1) 绘图步骤

步骤 1：选择"插入"→"高级"→"剖面圆顶..."。

步骤 2：从"剖面圆顶"菜单中单击"混合"和"一个轮廓"。

步骤 3：选取要制作圆顶的曲面。

步骤 4：指定用作轮廓的草绘平面，草绘该剖面，然后单击"完成"按钮。

步骤 5：通过指示垂直于轮廓的草绘平面来创建第一个剖面。该截面的视图方向指示了新剖面的正偏移方向。定位草绘平面后，系统就在草绘平面和轮廓相交处显示一组十字叉线。

步骤 6：当草绘剖面时，系统在草绘开始位置显示一个圆的起始点。所有新截面的起始点都应连成一条线。完成后，单击"完成"按钮。

步骤 7：选择草绘平面并完成该草绘的下一个剖面。

注意：对于混合圆顶来说，至少需要两个剖面。

步骤 8：如果圆顶需要另一个截面，那么当提示询问是否要继续下一个截面时，选择

"是",然后草绘下一个截面。该平行截面将切换为灰色。如果圆顶不需要其他截面,则在出现提示时,选择"否",以完成圆顶的绘制。

注意:圆顶总是创建在整个指定曲面上。如果将截面草绘在没有覆盖整个曲面的地方,Pro/E 会在必要时延伸圆顶来完成。

2) 创建举例

步骤 1:打开文件 9-10-3.prt,如图 9-74 所示。

步骤 2:选择"插入"→"高级"→"剖面圆顶...",打开"选项"菜单。

步骤 3:选择"混合"→"一个轮廓"→"完成",选取如图 9-75 所示要添加剖面圆顶的平曲面。

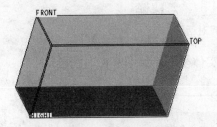
图 9-74 文件 9-10-3.prt

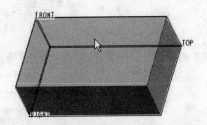
图 9-75 选取要添加剖面圆顶的平曲面

步骤 4:选择如图 9-76 所示平面作为草绘平面,然后草绘如图 9-77 所示曲线,并单击 ✓ 按钮。

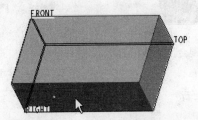
图 9-76 选择草绘平面

图 9-77 草绘曲线

步骤 5:选择如图 9-78 所示平面作为第一剖面,然后绘出如图 9-79 所示曲线,并单击 ✓ 按钮。

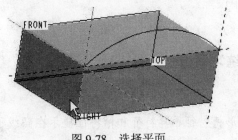
图 9-78 选择平面

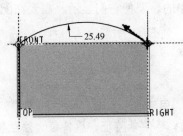
图 9-79 草绘曲线

步骤 6:在偏距选项菜单中,选择"输入值", 输入第一个截面和要草绘的新截面之间的距离"50"。截面的定向是相同的。完成后,绘制右边弧轮廓如图 9-80 所示,单击 ✓ 按钮。

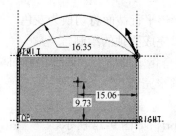

图 9-80 绘制右边弧轮廓

步骤 7：出现如图 9-81 所示的对话框，选择"否"。

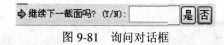

图 9-81 询问对话框

步骤 8：完成一个轮廓混合剖面圆顶后的实体模型，如图 9-82 所示。

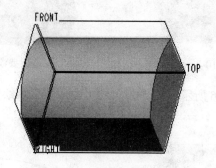

图 9-82 完成一个轮廓混合剖面圆顶

本 章 小 结

本章简要介绍了"插入"菜单的"高级"子菜单下的 6 个工程特征：轴特征、唇特征、法兰特征、环形槽特征、耳特征和槽特征。当模型中没有任何伸出项特征时，这 6 个特征处于非激活状态，不可使用。系统在默认状态下，这 6 个特征是不显示在高级子菜单中的。要使它们显示，需要在配置文件中设置。

思考与练习题

1. 思考题

(1) 要使轴特征、唇特征、法兰特征、环形槽特征、耳特征和槽特征显示在高级子菜单中，配置文件中应怎样设置？

(2) 轴特征、唇特征、法兰特征、环形槽特征、耳特征和槽特征的操作步骤各是怎样的？

2. 练习题

(1) 轴特征题（图 9-83）。

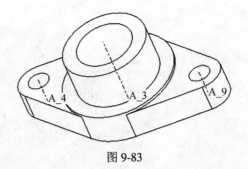

图 9-83

(2) 唇特征题（图 9-84）。

图 9-84

(3) 法兰特征题（图 9-85）。

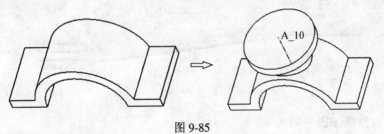

图 9-85

(4) 环形槽特征题（图 9-86）。

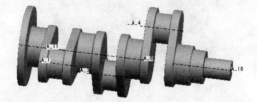

图 9-86

(5) 耳特征题（图 9-87）。

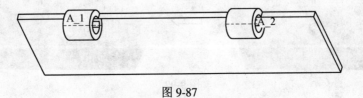

图 9-87

(6) 槽特征题（图 9-88）。

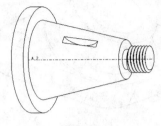

图 9-88

(7) 环形折弯特征题（图 9-89）。

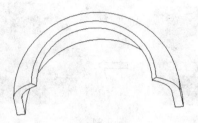

图 9-89

(8) 骨架折弯题（图 9-90）。

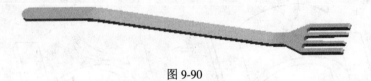

图 9-90

(9) 局部推拉题（图 9-91）。

图 9-91

(10) 半径圆顶题（图 9-92）。

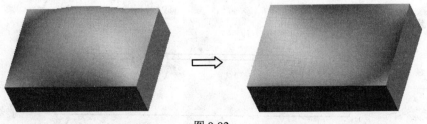

图 9-92

(11) 扫描类型的剖面圆顶题（图 9-93）。

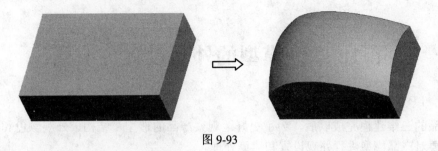

图 9-93

(12) 混合型剖面圆顶题（图 9-94）。

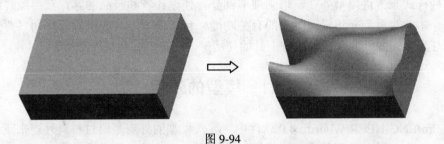

图 9-94

(13) 综合实例：创建一个门把手（图 9-95）。

图 9-95

第 10 章　模型的外观设置与渲染

产品的三维建模完成以后，为了更好地观察产品的造型、结构、外观颜色和纹理情况，需要对产品模型进行外观设置和渲染处理。

Pro/ENGINEER Wildfire 4.0 拥有强大和方便的模型渲染功能。通过 PhotoRender 模块调整各种样式来改进模型外观，增强细节部分，使设计者和产品的客户获得照片级的视图效果。本章将重点介绍模型渲染的有关功能，包括模型外观的设置、房间（背景）的设置、灯光（光源）的设置、渲染工具的使用等。

10.1　模型的外观

在 Pro/ENGINEER Wildfire 4.0 软件中，零件模型的外观是通过材料外观来赋予的，材料外观取决于材料的颜色、照明效果、表面纹理、反射、透明度等要素。可以单独通过颜色、纹理或者通过颜色和纹理的组合来定义一种材料外观。

10.1.1　外观编辑器

模型的外观设置是通过外观编辑器来完成的。选择"视图"→"颜色和外观"，系统弹出外观编辑器。

整个编辑器分成 4 个区域，即下拉菜单区、"外观"列表区、"指定"栏和"属性"栏。

1. 下拉菜单区

下拉列表区包括 3 个下拉菜单，即"文件"、"材料"、"选项"，如图 10-1、图 10-2、图 10-3 所示。

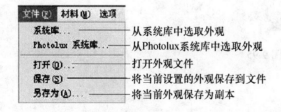

图 10-1　"文件"下拉菜单

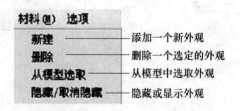

图 10-2　"材料"下拉菜单

"外观"列表中的每一种外观都用一个圆球（外观球）表示。当鼠标指针在某个外观球上停留片刻后，系统将显示出该外观球的名称。在 Pro/ENGINEER Wildfire 4.0 版本中，每次启动 Pro/ENGINEER Wildfire 4.0 软件后，调色板中会显示 15 种外观供用户直接选用，其中第一个外观为默认的外观，不能删除，如图 10-4 所示。在对图形区的模型进行外观处理前，必须先从"外观"列表中选取一种外观。

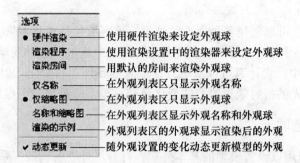

图 10-3 "选项"下拉菜单

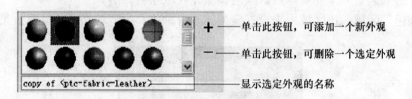

图 10-4 "外观"列表区

2. "外观"列表区

在外观编辑器中选择"文件"→"打开",可将所需的外观调入到外观列表中。

3. "指定"栏

"指定"栏如图 10-5 所示。利用"指定"栏,设计者可以将列表中的某种外观应用到当前模型上。

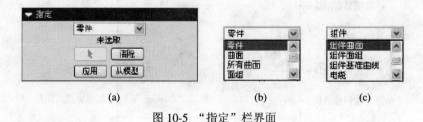

　　(a)　　　　　　　　　　　(b)　　　　　　　　　　　(c)

图 10-5 "指定"栏界面

各选项释义如下:

(1)  零件 下拉列表:用来选取要分配外观的对象,单击下拉列表框右边的三角按钮,系统弹出下拉列表,如图 10-5(b)、(c)图所示,(c)图为装配状态时外观设置显示。

(2) 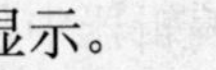 ▶ 按钮:该按钮为"选取"按钮,当需要在模型上选取元素时,可先单击该按钮,然后再选取对象。

(3)  清除 按钮:消除模型对象上的外观。要清除零件模型上的外观,可先在"零件"下拉列表中选取"零件"选项,然后单击"清除"按钮。

(4)  应用 按钮:对模型对象应用外观,选取某个外观球后,单击"应用"按钮,即可以应用到模型上。

(5)  从模型 按钮:用来从模型中提取外观,并将其添加到"外观"列表中。

4. "属性" 栏

通过 "属性" 栏可以创建各种属性的外观，该区域包括 "基本"、"映射" 和 "高级" 3 个选项卡和一个显示框。当设计者从 "外观" 列表中选取一个外观球时，该外观球的示例即出现在显示框中，设计者可以从中方便地观察到外观的变化，但有些外观特性（如凸缘高度、光泽、光的折射效果等）的变化只有在设定渲染后的图像中才能观察到。

10.1.2 "基本" 选项卡

"基本" 选项卡用以设置模型的基本外观，打开 "外观编辑器" 系统默认状态下，选项卡处于打开状态，该选项卡界面包括 "颜色" 和 "加亮" 两个区域，如图 10-6 所示。

注意：必须选定一个外观球后，颜色和加亮区域才被激活。

1. "颜色" 区域：该区域用来设置模型的本身颜色和模型对光线的反射效果。

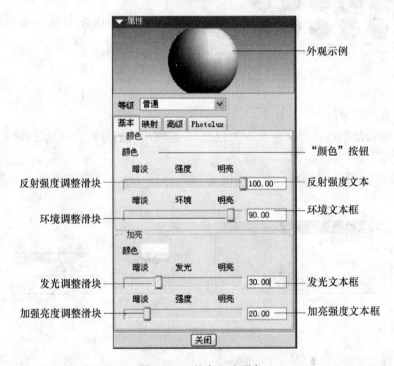

图 10-6 "基本" 选项卡

(1) "颜色" 按钮：此区域的 "颜色" 按钮用于定义模型材料的颜色，单击该按钮后，系统弹出颜色编辑器，设计者可凭此定义颜色，如图 10-7 所示。颜色编辑器中包括 3 个颜色选择方法，即 "颜色轮盘"、"混合调色板" 和 "RGB/HSV"，如图 10-7、图 10-8 所示。

(2) 反射 "强度" 选项：控制模型表面反射光源（包括点光源、定向光或聚光源）光线程度，反映在视觉效果上是模型材料本体的颜色变明或变暗。调整时，可移动该项中的调整滑块或在其后的文本框中输入值。

(3) "环境" 选项：控制模型表面反射环境光的程度，反映在视觉效果上是模型表面变明或变暗。调整时，可移动该项中的调整滑块或在其后面的文本框中输入值。

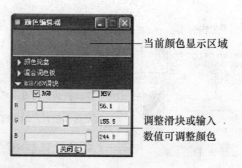

当前颜色显示区域

调整滑块或输入
数值可调整颜色

图 10-7 颜色编辑器

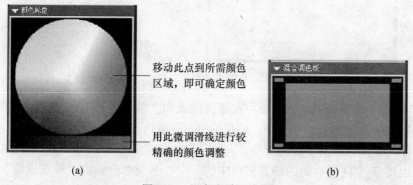

移动此点到所需颜色
区域，即可确定颜色

用此微调滑线进行较
精确的颜色调整

(a)   (b)

图 10-8 调色方法示意图

2. "加亮"区域：该区域用来设置模型的加亮区。当光线照射到模型上时，一般会在模型的局部表面上产生加亮区（高光区）。

(1) "颜色"按钮：控制模型上加亮区的颜色。对于金属，加亮区的颜色为金属的颜色，其颜色应设置成与金属本身的颜色相近，这样金属在光线的照射下更有光泽；而对于塑料，加亮区的颜色则是光源的颜色。单击该按钮，系统弹出颜色编辑器，通过该编辑器可定义加亮区的颜色。

(2) "发光"选项：控制加亮区的范围大小。加亮区越小，则模型表面越有光泽。

(3) 发光"强度"选项：控制加亮区的光强度，它与光亮度和材料的种类直接相关。高度抛光的金属应设置为较"明亮"，使其具有较小的明加亮区；而蚀刻过的塑料应设置成较"暗淡"，使其有较大的暗加亮区。

10.1.3 "映射"选项卡

"映射"选项卡用于外观在模型的表面上附着图片，用来表达模型表面凹凸不平的程度、模型的材料纹理和模型表面的特殊图案。

选择"映射"选项卡，如图 10-9 所示。该选项卡包括"凸缘"、"颜色纹理"和"贴花"3 个区域。

(1) "凸缘"选项：实际含义为"凸凹"，利用该功能可以把图片附于模型表面上，使模型表面产生凹凸不平状，这对创建具有粗糙表面的材质很有用。

(2) "颜色纹理"选项：利用该项功能可以把材质图片附于模型表面上，使模型具有某种材质的纹理效果。例如，可以将木纹纹理图片附于模型表面上。

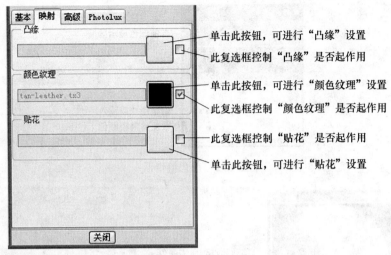

单击此按钮，可进行"凸缘"设置

此复选框控制"凸缘"是否起作用

单击此按钮，可进行"颜色纹理"设置

此复选框控制"颜色纹理"是否起作用

此复选框控制"贴花"是否起作用

单击此按钮，可进行"贴花"设置

图 10-9 "映射"选项卡

(3)"贴花"选项：利用此选项可在零件的表面上放置一种图案，如公司的徽标。一般是在模型上的指定区域进行贴花，贴花后指定区域内部填充图案并覆盖其下面的外观，而没有贴花之处则显示其下面的外观。

单击上述 3 个区域后面的放置按钮中的一个，系统都会弹出"外观放置"对话框，如图 10-10 所示。

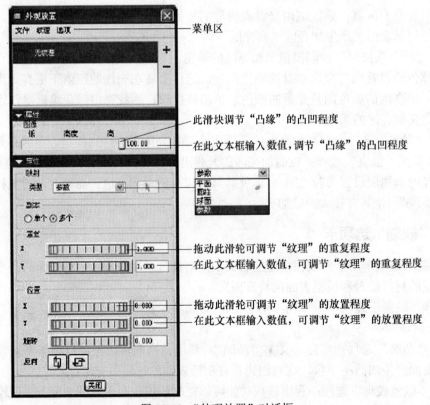

菜单区

此滑块调节"凸缘"的凸凹程度

在此文本框输入数值，调节"凸缘"的凸凹程度

拖动此滑轮可调节"纹理"的重复程度

在此文本框输入数值，可调节"纹理"的重复程度

拖动此滑轮可调节"纹理"的放置程度

在此文本框输入数值，可调节"纹理"的放置程度

图 10-10 "外观放置"对话框

316

单击对话框中的 **＋** 按钮，系统弹出"打开"对话框，设计者可在系统配置的文件中找到所需要的图案，也可配置自己喜爱的图案（但需要通过图像编辑器编辑之后，保存为.txt 文件才能调用）。

单击对话框中的 **—** 按钮，可删除选定的文件。

在"映射"区域的"类型"下的列表框中有 4 个选项，分别为"平面"、"圆柱"、"球面"和"参数"。

(1) 平面：用于在平整、简单的对象或曲面上进行映射。图像落在整个应用区域上。这是一种采用投影进行的映射方法，投影方向与屏幕所在的平面垂直。对于大多数模型而言，"平面"的映射方法是一种不错的选择。

(2) 圆柱：用于在回转对象或曲面上进行映射。图像相对于用户所选取的坐标系进行定向，为获得最佳效果，应使 Z 轴指向圆柱轴线的方向。单击后面的 ▶ 按钮，可重新选取坐标系。

(3) 球面：用于在球面对象或曲面上进行映射。图像相对于用户所选取的坐标系进行放置。单击后面的 ▶ 按钮，可重新选取坐标系。

(4) 参数：此方法根据曲面的 U-V 网格线进行映射，检验"参数"对于某曲面是否工作正常的简单方法是检验其网格线，如果曲面有规则的网格线，则"参数"可能是一种好的映射方法。

下面通过一个实例介绍创建纹理的一般步骤。

步骤 1：打开文件 10-1.prt，如图 10-11 所示。

步骤 2：执行"视图"→"颜色与外观"，在外观编辑器的"外观"列表区单击右边的 **＋** 按钮，添加一个外观球，如图 10-12 所示。

图 10-11　文件 10-1.prt 中的零件模型

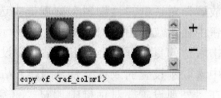

图 10-12　添加一个外观球

步骤 3：在"基本"选项卡中单击"颜色"区域的"颜色"按钮，在颜色编辑器中拖动 R、G、B 滑块，调整颜色为蛋壳本色，如图 10-13 所示。单击"关闭"按钮，关闭颜色编辑器。再在"加亮"区域单击"颜色"按钮，在颜色编辑器中拖动 R、G、B 滑块，调整颜色为土黄色，如图 10-14 所示。在外观编辑器的"颜色"区域调整"强度"滑块和"环境"滑块，如图 10-15 所示；在"加亮"区域调整"发光"滑块和"强度"滑块，如图 10-16 所示，外观球显示如图 10-17 所示。

步骤 4：选择"映射"选项卡，在"凸缘"区域单击右边的复选框，再单击"凸缘"设置按钮，在弹出的"外观放置"对话框中单击 **＋** 按钮，在"打开"对话框中打开 word

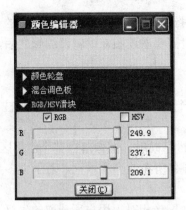

图 10-13　调整颜色区域的颜色

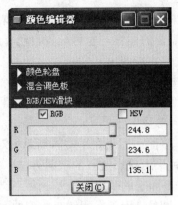

图 10-14　调整加亮区域的颜色

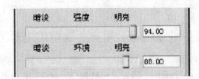

图 10-15　调整反射强度和环境

图 10-16　调整发光和加亮强度

图 10-17　调整后颜色效果示意

文件夹，再打开 maple.tx3 文件，"纹理"列表框显示如图 10-18 所示。关闭"外观设置"对话框，在"纹理"区域单击右边的复选框，再单击"颜色纹理"设置按钮，在"外观放置"对话框的"纹理"列表框中选取刚设置的纹理文件，则在"颜色纹理"设置按钮中显示纹理图案，如图 10-19 所示。关闭"外观设置"对话框。在"贴花"区域单击右边的复选框，再单击"贴花"设置按钮，在"外观放置"对话框的"纹理"列表框中选取刚设置的纹理文件，则在"贴花"设置按钮中显示贴花图案，如图 10-20 所示。在"外观设置"对话框中调整"重复"区域的 X、Y 滑轮，调整"位置"区域的 X、Y 和旋转滑轮，如图 10-21 所示。关闭"外观设置"对话框。在"映射"类型下拉列表框中选择"球面"选项，选取系统坐标系，"属性"框显示效果如图 10-22 所示。

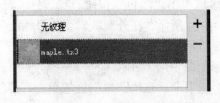

图 10.18　添加纹理文件

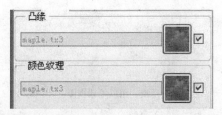

图 10-19 "凸缘"和"纹理"设置后显示   图 10-20 "贴花"设置后显示

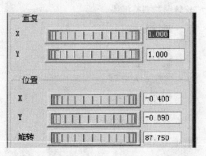

图 10-21 设置贴花的"重复"和"位置"   图 10-22 设置的外观球效果示意图

步骤 5：在外观编辑器中的"指定"区域的"指定"下拉列表框中选择"零件"，在模型树窗口选取零件，单击"应用"按钮，外观效果如图 10-23 所示。单击外观编辑器中的"关闭"按钮，退出"颜色与外观"的设置。

图 10-23 设置颜色与外观后的效果

步骤 6：执行"文件"→"保存副本"，输入名称为"10-1-ok"，单击"确定"按钮，保存副本完成，拭除内存。

10.2 设置模型的透视图

在进行一些渲染设置时，有时需要调整视图的位置，此时须先设置模型的透视图。

设置模型透视图的方法是选择"视图"→"模型设置"→"透视图"，系统弹出"透视图"对话框，如图 10-24 所示。

319

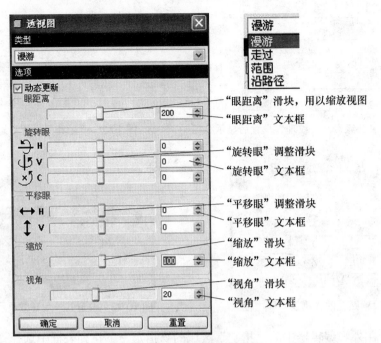

图 10-24 "透视图"对话框

该对话框包括两个栏："类型"栏和"选项"栏。

1. 类型

用于设置移动视图的方法，包括"漫游"、"走过"、"范围"和"沿路径"4项。

(1) 漫游：手动更改透视图的方法是系统默认的选项，也是最方便的方法。模型的方向和位置通过类似于飞行模拟器的相互作用进行控制。

(2) 走过：此方法仅允许在二维视图中移动对象。

(3) 范围：沿对象查看模型，查看路径由两个基准点或定点定义。

(4) 沿路径：沿路径查看模型，查看路径由轴、边、曲线或侧面影像定义。

2. 选项

用于设置对视图进行具体调整的数值。包括"动态更新"复选框和"眼距离"、"旋转眼"、"平移眼"、"缩放"、"视角"5个项目。

(1) "动态更新"复选框：用于即时自动显示设置的调整。

(2) 眼距离：沿通过模型选择的路径移动视点。

(3) 旋转眼：指定沿着水平轴、垂直轴或中心的旋转角度，取值范围为-180°～180°。

(4) 平移眼：设置水平和垂直的显示位置。

(5) 缩放：设置显示的放大百分比。

(6) 视角：指定视角值，范围为 0°～45°。

10.3　光源的设置

光源的设置是渲染的点睛之笔，它可以使模型产生光泽、阴影和反光效果，所以一般的渲染都需要设置光源，利用光源来加亮模型的一部分或创建背光以提高图像质量。

在光源编辑器中最多可以使用 6 个自定义和两个默认光源。光源有如下几种类型：

环境光源：环境光源均衡照亮所有曲面。不管模型与光源之间的夹角多大，光源在空间的位置不影响渲染。其强度不能调节。

点光源：类似于房间中的灯泡，光线从中心辐射出来。根据曲面与光源的相对位置不同，曲面的反射光会有所不同。

平行光：平行光源发射平行光线，不管位置如何，都以相同角度照亮所有曲面。平行光源用于模拟太阳或其他远距离光源。

默认平行光：默认平行光的强度和位置可以调节。

聚光灯：聚光灯是光线被限制在一个圆锥体内的点光源。

10.3.1　创建点光源

点光源是创建反光效果和阴影的常见光源设置。下面沿用上一实例介绍点光源设置的具体方法，具体操作如下：

步骤 1：打开文件 10-1-ok .prt，如图 10-23 所示。

步骤 2：执行"视图"→"模型设置"→"光源"命令，系统弹出光源编辑器，如图 10-25 所示。

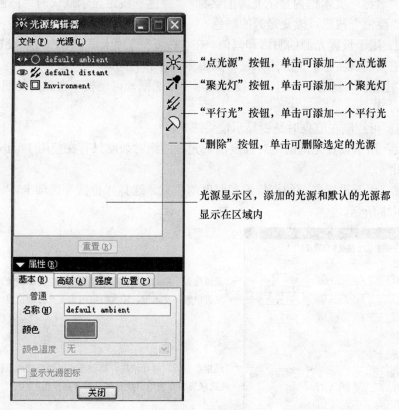

图 10-25　光源编辑器

步骤 3：在编辑器中单击"添加点光源"按钮※，增加一个点光源。"光源"显示区显示一个新的光源，如图 10-26 所示,图形区显示一个灯光标志，如图 10-27 所示。

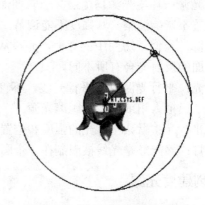

图 10-26 添加一个点光源   图 10-27 添加光源后图形区显示

步骤 4：进行光源属性设置。光源的属性设置有 4 个选项，即"基本"、"高级"、"强度"和"位置"。

(1) 基本用于设置光源的名称和颜色。添加光源之后，"基本"选项卡默认状态下被激活。此时"名称"文本框内显示光源的名称，"颜色"按钮显示默认的"白色"。设计者可以单击"颜色"按钮，改变光源的颜色。

(2) 高级：用于设置光源的阴影和阈值。在"高级"选项卡里，用户可以设置"高级"选项来增加渲染的真实感，但会给系统增加很多的计算时间。

① "投射阴影"复选框：选中"投射阴影"复选框，可使模型在光源的照射下产生阴影（渲染时）。

② 阈值：可控制在渲染时是否显示镜头眩光。

(3) 强度：用于设置光源的绝对强度值。光源的绝对强度只有在使用 PhotoLux 渲染器时才可使用。

(4) 位置：用于设置光源的点位置和照射的位置。选择"位置"选项卡，"属性"栏显示如图 10-28 所示。

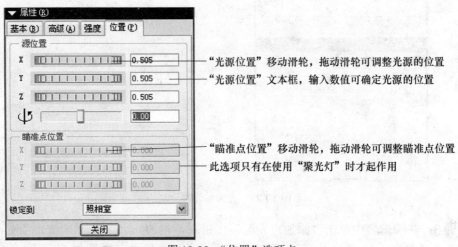

图 10-28 "位置"选项卡

322

（1）X、Y、Z方向：X表示水平方向，Y表示垂直方向，Z表示垂直于屏幕方向。

（2）锁定到：设置光源的锁定方式。锁定方式有4种，即照相室、模型、摄影和房间。

照相室：将光源锁定到照相室，根据模型与照相机的相对位置来固定光。

模型：将光源锁定到模型的同一位置上，旋转或移动模型时，光源随之旋转或移动。此时光源始终照亮模型的同一部位，而与视点无关。

摄影：光源照着模型的同一部位，而与房间（背景）和模型的旋转无关。

房间（背景）：将光源锁定到房间中的某个方位上。

在"基本"选项卡中接受系统默认的白色光源，在"位置"选项卡中拖动"源位置"滑轮，调整源位置，如图10-29、图10-30所示。

图10-29　调整光源位置

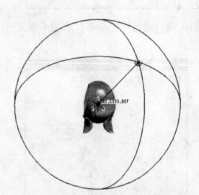

图10-30　点光源设置完毕后的效果

10.3.2　创建聚光灯

聚光灯将使光源的照射成锥面状，因而产生较强的反光效果。

下面继续上例设置聚光灯。

具体操作步骤如下：

步骤1：在光源编辑器中单击"聚光灯"按钮　　，增加一个聚光灯。

步骤2：在"属性"栏中单击"基本"按钮，"属性"栏显示如图10-31所示。此时"聚光灯"选项被激活，在"基本"选项卡中可以设置光源投射的角度及焦点。

（1）角度：控制光束的角度。

（2）焦点：控制光束的焦点。

拖动"角度"滑块和"焦点"滑块，调整角度和焦点，"基本"选项卡中显示如图10-31所示。

步骤3：在"属性"栏中选择"强度"选项卡，"属性"栏显示如图10-32所示。在"强度"选项卡中可以设置光源的光散射属性。只有"点光源"和"聚光灯"才能设置光散射效果。此处设置"散射"为"自然"。

步骤4：在"属性"栏中选择"位置"选项卡，"属性"栏显示如图10-33所示。在"位置"选项卡中可以设置光源的位置。渲染时，需要不断调整"源位置"和"瞄准点位置"的滑轮，调整聚光灯位置和照射点位置，如图10-34所示。

图 10-31 聚光灯"基本"选项卡设置

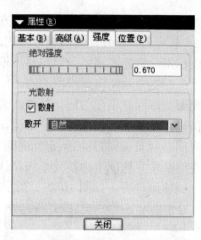

图 10-32 "强度"选项卡设置

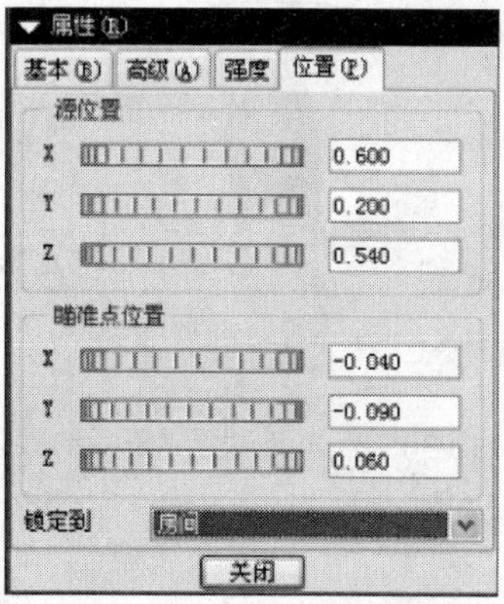

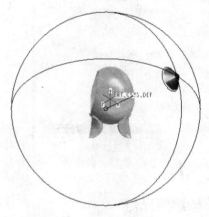

图 10-33 聚光灯"位置"选项卡设置

图 10-34 光源设置的最后效果

步骤 5：在光源编辑器中执行"文件"→"保存"，系统弹出"保存"对话框，选取保存对象的文件夹，输入"light"，单击"确定"按钮，单击光源编辑器中的"关闭"按钮，关闭光源编辑器，退出光源设置。

10.4 房间的设置

房间就是渲染的背景，它为渲染设置舞台，是渲染图像的一个组成部分。房间的元素包括大小、位置、地板和壁纸，这些元素的布置都会影响图像的质量。

下面仍然沿用上例介绍房间设置的具体方法。具体操作步骤如下。

步骤 1：执行"工具"→"环境"，系统弹出"环境"对话框，在"标准方向"下拉列表框中选择"等轴测"选项，如图 10-35 所示。单击"应用"按钮，图形标准方向显示为"等轴测"视图（注意：图 10-35 截去了无关的一部分）。单击"关闭"按钮，关闭对话框。

步骤 2：执行"视图"→"模型设置"→"房间编辑器"，系统弹出房间编辑器，如图 10-36 所示。

房间编辑器分为 3 个区域，一个菜单区、一个显示区和一个调整区。菜单区含有两

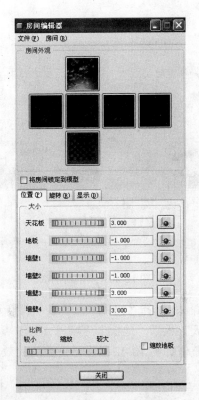

图 10-35　等轴测图设置　　　　　　图 10-36　房间编辑器

个菜单，分别为"文件"和"房间"，如图 10-37 所示。在对话框中执行"文件"→"系统库"，系统弹出"系统库"对话框，如图 10-38 所示。选择 oasis-room.drm，单击 **+** 按钮，系统弹出"警告"对话框，如图 10-39 所示。单击"全部覆盖"按钮，即完成了房间的墙壁、地板和天花板图案的设置。显示区即显示刚设置的房间纹理，如图 10-40 所示，图形区显示如图 10-41 所示。在调整区调整房间的位置、方位和显示等。调整区有 3 个选项卡，即"位置"、"旋转"和"显示"。

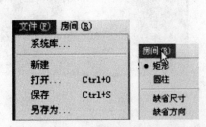

图 10-37　菜单栏的两个菜单

图 10-38　"系统库"对话框

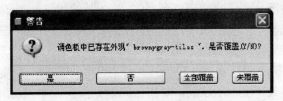

图 10-39　"警告"对话框

图 10-40 新的房间纹理

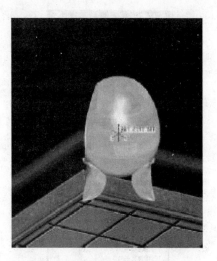

图 10-41 房间在图形区的显示

步骤 3：选择"位置"选项卡，调整天花板、地板和四周墙壁纸的大小和比例。先后拖动"天花板"、"地板"、"墙壁 1"、"墙壁 2"、"墙壁 3"、"墙壁 4"和"比例"滑轮，具体调整值如图 10-42 所示。调整后的效果如图 10-43 所示。

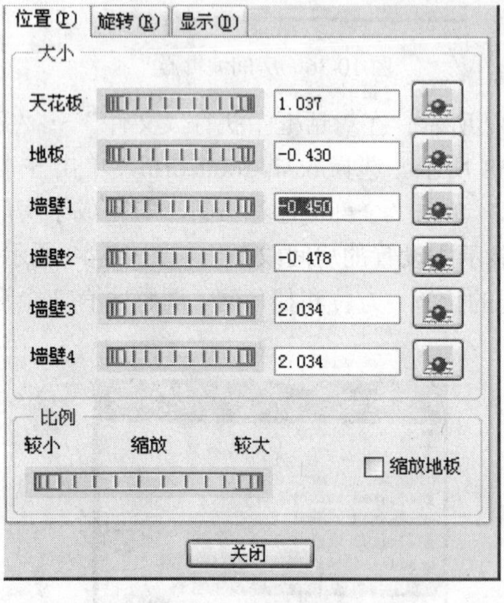

图 10-42 调整位置值示意图

图 10-43 调整后的效果

步骤 4：选择"旋转"选项卡，可调整房间绕 X 轴、Y 轴或 Z 轴的旋转角度，单击"重置房间旋转"按钮，可将房间调整到（0，0，0）的位置，如图 10-44 所示。

步骤 5：选择"显示"选项卡，可选择显示或不显示房间的某些部分，并可控制显示为"着色"方式或"线框"方式。

步骤 6：房间编辑器中选择"文件"→"保存"，系统弹出"保存"对话框，选取保存对象的文件夹，输入"oasis-room"，单击"确定"按钮，单击房间编辑器中的"关闭"按钮，关闭房间编辑器，退出房间设置。

图 10-44 "重置房间旋转"显示

10.5 模型的渲染

要设置和定制渲染，一般要先设置配置文件 config.pro 的有关选项。

photorender default width：设置定制输出大小的默认宽度（以像素为单位）。

photorender default height：设置定制输出大小的默认高度（以像素为单位）。

blended transspareeney：设置为"yes"。

photorender menmory usage：设置 Pro/PhotoRender 允许用于模型处理的存储器的空间。计量单位为兆字节（MB）。设置为 256，仅在未覆盖默认的色块大小时，此选项才有效。

photorender capability warnings：在 PhotoRender 渲染器中，在选取 PhotoLux 相关选项时是否出现警告。设置为"yes"。

spherical map size：选取用于实时渲染的环境映射的图像分辨率。设置为"256×256"。

10.5.1 渲染控制工具

"渲染控制"工具栏用于控制的设置、修改，是一个相当实用的工具。

执行"视图"→"模型设置"→"渲染控制"，系统弹出"渲染控制"工具栏，如图10-45 所示。通过该工具栏可以进行渲染的所有操作。

图 10-45 "渲染控制"工具栏

10.5.2 渲染器

渲染器是进行渲染的"发动机"，要获得渲染图像，必须使用渲染器。Pro/ENGINEER Wildfire 4.0 软件有两个渲染器。

PhotoRender 渲染器：选取此渲染器可以进行一般的渲染，它是系统默认的渲染器。

PhotoLux 渲染器：选取此渲染器可以进行高级渲染，这是一种使用光线跟踪来创建照片级逼真图像的渲染器。

选择渲染器的方法有如下两种：

执行"视图"→"模型设置"→"渲染设置"，系统弹出"渲染设置"窗口。

执行"视图"→"模型设置"→"渲染控制"，在"渲染控制"工具栏中单击"修改渲染设置"按钮，系统弹出"渲染设置"窗口，如图 10-46 所示。在窗口的"渲染程序"下拉列表框中，选择 PhotoRender 渲染器或 PhotoLux 渲染器。

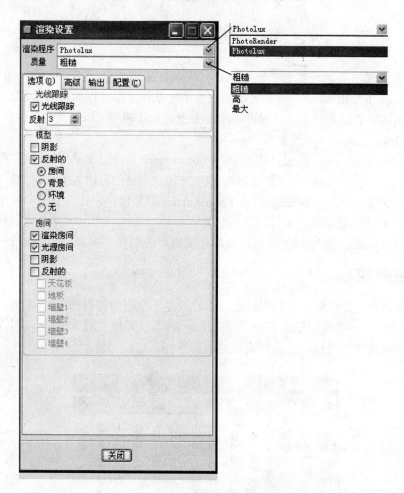

图 10-46 "渲染设置"对话框

窗口包括"渲染程序"下拉列表框、"质量"下拉列表框和 4 个选项卡。

"质量"下拉列表框用于设置图像的质量，有 3 个选项，即"粗糙"、"高"和"最大"。

选择"粗糙"时，图像效果最粗糙，但渲染时间短，在调整参数的初步渲染时，可选择此选项以节约时间。选择"最大"时，图像效果最精细，但渲染时间最长。

4 个选项卡用来设置模型的渲染效果。

1. "选项"选项卡

(1) 渲染分辨率：渲染图像的分辨率，有"正常"、"高"和"最高"3 个选项。

(2) 加亮分辨率：加亮区的分辨率，有"正常"和"高"两个选项。

(3) 模型：设置模型的渲染效果，有"透明"、"外观纹理"、"自身阴影"和"反射房间"4 个选项。

① 透明：在渲染过程中显示透明材质的透明效果。

② 外观纹理：在渲染过程中显示材质的纹理。

③ 自身阴影：在渲染过程中产生由模型投射到自身的阴影。

④ 反射房间：在渲染过程中，在模型上反射房间的墙壁、天花板和地板。

(4) 房间：用于设置房间（即背景）的渲染效果，有 4 个选项。

① 渲染房间：在渲染过程中，对房间也进行渲染。

② 在地板反射模型：在渲染过程中，在地板上反射所渲染的模型。

③ 地板上的阴影：在渲染过程中，在地板上产生模型的阴影。

④ 光源房间：在渲染过程中，决定房间是由用户自定义的光照亮还是由标准的环境光照亮。

2. "高级"选项卡

用于设置锐化效果，单击"高级"按钮，显示如图 10-47 所示。

图 10-47 "高级"选项卡示意

(1) 锐化几何纹理：使渲染几何材质更加清晰，但需要更多的渲染时间和硬盘容量。

(2) 成角度锐化纹理：对于与视图成某一渲染角度渲染的材质图像进行锐化，使其效果较为细致，但需要更多的渲染时间和硬盘容量。

3. "输出"选项卡

用于设置渲染的输出效果，有 3 个选项，即"输出"、"图像大小"和"Postscript"选项。

输出：用于设置输出路径、输出名称和预览效果。

(1) 输出到下拉列表框：列表框列出输出路径的形式有 12 个选项，选择"新窗口"

选项时，每次渲染后的图像均会显示在不同的独立窗口中，这样便于比较不同的渲染效果，因此建议使用该选项。选择其余选项后，可将渲染后的图像生成对应格式的图像文件，图像尺寸可在"图像大小"或"Postscript"选项区域中定义。

(2) 图像大小：在输出格式中定义图像的尺寸大小。

4."配置"选项卡

用于设置色块大小的控制方法。

"PhotoRender"色块大小：对于 PhotoRender 渲染器，利用此区域可以设置色块大小的控制方法，如果采用"计算色块尺寸"的方法（默认），则需设置可用内存的大小，默认的内存大小为 256MB；如果采用"覆盖色块大小"的方法，则需设置每层色块的宽度和高度。

将上一实例全部使用默认设置，在"输出"选项卡中的设置如图 10-48 所示。单击 按钮，获得最终渲染图像。

将模型保存为副本，输入名称为"xuanran-ok"，拭除内存。

图 10-48　图像输出设置

本 章 小 结

本章简要介绍了 Pro/ENGINEER Wildfire 4.0 软件渲染模型的全过程。渲染是一项非常细致、耐心的工作，而且需要一定的艺术素养。所以希望读者能够认真揣摩渲染的奥秘，把自己的设计以最美的形象展示出来。

330

思考与练习题

1. 思考题

(1) 如何设置一个模型的外观和渲染?

(2) "渲染控制"工具能够完成哪些工作?

(3) "渲染编辑器"设置颜色的方法有哪几种?

2. 练习题

绘制一个酒杯,并创建你所喜欢的外观,如图 10-49 所示。

(a)

(b)

图 10-49

第11章 装配设计

零件设计好了，可以在组件（Pro/ASSEMBLY）模式下进行装配，从而生成一个半成品或产品的模型。当然在组件模式下，还可以进行其他很多具有实际意义的操作。

在本章里，首先简述组件模式，然后深入浅出地介绍约束装配、连接装配、阵列元件、镜像装配、组件操作、替换元件、在组件模式下新建元件、设置装配爆炸视图、查看剖视图、检查干涉等实用知识。

11.1 组件模式简介

在 Pro/ENGINEER Wildfire 4.0 软件系统中，专门配置了一个具有强大零件装配功能的基本设计模块——组件（Pro/ASSEMBLY）模块。利用该模块提供的基本装配工具和其他工具，可以将设计好的零件按照指定的装配关系放置在一起而形成组件，可以在组件的模式下添加和设计新零件，可以对单个零件进行修改编辑，可以阵列元件、镜像装配、替换元件等。在组件模式下，产品的全部或部分结构将一目了然，这有助于检查各零件间的关系和干涉问题，从而更能把握产品细节结构的优化设计。

新建一个组件文件的步骤如下。

步骤 1：单击 □ 按钮，或者选择"文件"→"新建"。

步骤 2：在出现的"新建"对话框中，在"类型"选项组中选择"组件"，在"子类型"选项组中选择"设计"，然后输入文件名，取消选中"使用缺省模板"复选框，单击"确定"按钮，如图 11-1 所示。

步骤 3：在图 11-2 所示的"新文件选项"对话框中，可以在"模板"选项组中选择 design_asm_mmns 或 mmns_asm_design，然后单击"确定"按钮，进入如图 11-3 所示的组件模式窗口。

图 11-1 "新建"对话框

图 11-2 "新文件选项"对话框中

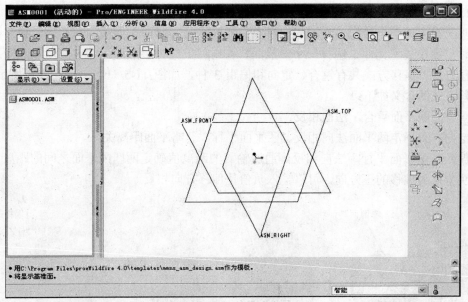

图 11-3　组件模式窗口

11.2　约束装配

零件的参数化装配有约束装配和连接装配之分。在实际装配中采用哪种装配方式，应该根据产品的结构关系和功能来判断。如果将要装配进来的零件或子组件作为固定件，采用约束装配方式；如果将要装配进来的零件或子组件作为活动件，一般采用结构连接的装配方式。

约束装配的约束类型有自动、匹配、对齐、插入、坐标系、相切、线上点、曲面上的点、曲面上的边、固定、默认等。

常见的 3 种装配约束类型如图 11-4 所示。其中，配对和对齐这两种类型容易混淆，应多加注意。

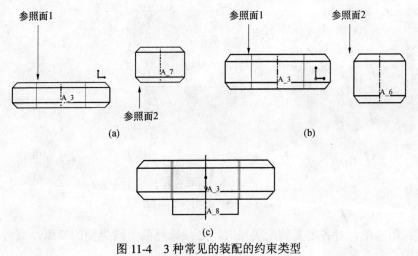

图 11-4　3 种常见的装配的约束类型

(1) 匹配；(b) 对齐；(c) 插入。

333

1. 匹配

匹配约束使两个装配元件的配合参照面相互平行，但两平面法向量相反。建立匹配约束时，需在装配元件上选择一个参照面，在组件上选择参照面，并定义两参照面之间的偏移方式。偏移方式共有重合、定向和偏距 3 种，如图 11-5（b）、（c）、（d）所示。3 种偏移方式的含义如下：

重合：两平面重合，法向相反。

定向：只确定两平面法向相反、两平面平行，忽略平面距离关系。

偏距：两平面平行，法向相反，通过输入的距离值确定两匹配平面之间的距离，紫色箭头方向为偏移的正方向，可以输入负值使偏移方向相反。

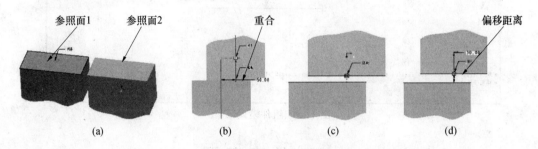

图 11-5　匹配约束类型

(a) 两装配元件；(b) 重合；(c) 定向；(d) 偏距。

匹配可确定元件的表面之间、元件表面与组件或组件中其他元件基准平面之间的装配关系。对于元件表面而言，其法向量只有正方向，指向模型外部；对于基准面而言，有两个法向，分别用不同的颜色表示，默认外观情况下，棕黄色方向为正方向，灰色方向为负方向。当选用基准面作为匹配平面时，系统默认平面的正方向相反。

2. 对齐

对齐约束与匹配约束类似，它使两个装配元件的对应平面相互平行，但两平面法向量相同，偏移方式也有重合、定向和偏距 3 种，如图 11-6 所示。

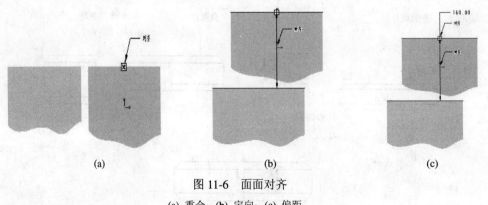

图 11-6　面面对齐

(a) 重合；(b) 定向；(c) 偏距。

提示：用匹配、对齐定义装配关系时，必须选择两个同类型的参照，点对点、线对线、面对面、曲面对曲面。

3. 插入

该约束用于轴与孔之间的配合，使之共轴线，定义该约束时可选择轴、孔的旋转曲面为参照。当轴选取无效或不方便选取时可以用这种约束，如图 11-7 所示。

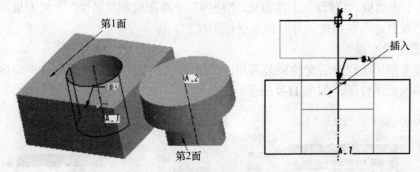

第1面
第2面
插入

图 11-7　插入约束

提示：一个零部件有 6 个自由度，为了完全约束装配元件，除了利用默认和固定装配外，零部件的装配至少需要两种以上约束关系才能完全限定零部件的位置，否则将出现不完全约束的情况。

11.3　元件放置操控面板

利用"装配"命令将装配元件插入到装配环境的同时，在图形工作区下侧即弹出"元件放置"操控面板，它由特征图标、上滑面板、对话栏和快捷菜单组成，结构如图 11-8 所示。

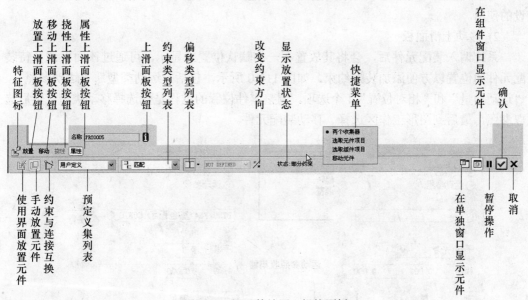

图 11-8　"元件放置"操控面板

1. 特征图标

特征图标指定放入组件中的元件，显示在"插入"/"元件"/"装配"和特征工具栏中。

2. 上滑面板

单击 放置 、 移动 、 属性 等按钮,"元件放置"操控面板上侧即打开各相应的上滑面,包括"放置"上滑面板、"移动"上滑面板、"挠性"上滑面板和"属性"上滑面板。"挠性"按钮一般呈灰色,当有挠性元件时则呈现可用状态。

1) 放置上滑面板

该面板主要用于建立装配约束关系和连接定义,"放置"上滑面板包含两个区域:导航收集区和约束属性区,如图 11-9 所示。

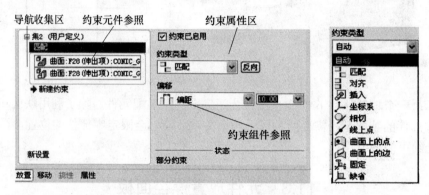

图 11-9 "放置"上滑面板

导航收集区:如同模型树一样,该区用于记录显示用户定义的约束集、定义的约束类型和约束的创建顺序。

约束属性区:用于显示约束类型和偏移设置。"允许假设"复选框将决定系统约束假设的使用。

2) 移动上滑面板

系统调入装配元件后,会将其放置在一个默认位置来显示,可通过该面板调节待装配元件的位置以方便添加装配约束,如图 11-10 所示,包括"运动类型"、"运动参照"、"运动增量"和"相对位置"4 个选项。调整零件位置的过程是先选择移动类型,然后选取参照,最后到图形工作区选择、移动装配元件。

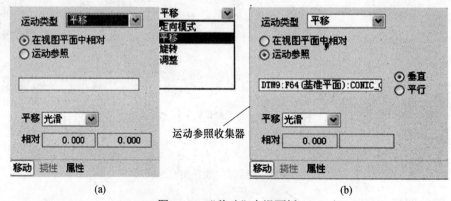

(a)   (b)

图 11-10 "移动"上滑面板

(a) 选中"在视图平面中相对"; (b) 选中"运动参照"。

336

运动类型：指定运动类型，默认值是"平移"。调整零件的方式一共有4种运动类型，分别是定向模式、平移、旋转和调整。

在视图平面中相对：（默认）相对于视图平面移动元件，选中此项，移动面板如图 11-10 （a）所示。

运动参照：相对于选择的参照移动元件，选中此选项，激活"运动参照收集器"，移动面板如图 11-10 （b）所示。

参照收集器：搜集元件移动的参照。运动与所选参照相关。最多可收集两个参照。选取一个参照后可激活垂直和平行选项。

垂直：垂直于选定参照移动元件。

平行：平行于选定参照移动元件。

平移：提供移动元件时的运动增量方式，有以下两种方式：

光滑：连续移动或旋转元件。

1、5、10 等：不连续移动或旋转，数字表示跳跃式移动或旋转的单位。

相对：显示元件相对于初始位置所平移的距离或旋转的角度。

当移动面板处于活动状态时，将暂停所有其他元件的放置操作。要移动元件，必须在装配元件或编辑元件装配约束时使用。

3）挠性上滑板

此面板仅对具有预定义挠性的元件是可用的。

4）属性上滑面板

"属性"上滑面板用于显示装配元件的名称，如图 11-11 所示。

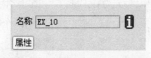

图 11-11　"属性"上滑面板

名称框：显示元件名称。

图标：在 Pro/ENGINEER Wildfire 4.0 浏览器中提供详细的元件信息。

3. 元件放置对话栏

元件放置对话栏用来设置与所选集类型和约束相关的一些选项，各按钮功能如图 11-8 所示。下面重点介绍几个按钮的功能。

1）约束与连接互换按钮

约束与连接互换按钮 用于将用户定义集（约束）转换为预定义集（连接），或将预定义集（连接）转换用户定义集（约束），即 弹起时，将连接关系转换为约束，"元件放置"操控面面板用于定义装配约束； 凹下时，将约束关系转换为连接关系，"元件放置"操控面板用于定义连接关系，一般在运动仿真时用。

2）预定义集列表

预定义集列表用于显示预定义约束的列表，列表内容如图 11-12 所示。选择"用户定义"选项时，可以创建一个用户定义约束集，此时"元件放置"操控面板用于定义装配约束， 弹起；选择其余选项，可以创建连接关系， 凹下。

3) 约束类型列表

该列表包含适用于所选集的约束。当选取一个用户定义集时，默认值为自动，但可以手动更改该值。图 11-12 所示约束列表中的其他选项均可选用，各约束的用法见上节内容。

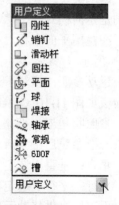

图 11-12　预定义集列表

4) 偏移类型列表

创建配合、对齐约束关系时，需指定偏移类型，包括如下几种类型。

（重合）：使元件参照和组件参照在同一平面上。

（定向）：使元件参照和组件参照平行，二者间距离不定。

（偏距）：使元件参照和组件参照平行，二者之间有一定的距离。根据在"偏距输入"框中输入的值，从组件中参照偏移元件参照。

5) 约束切换

约束切换按钮 用于切换配合约束和对齐约束，即单击该按钮，可将配合约束切换成对齐约束；反之亦然。

6) 约束状态

约束状态用于显示放置状态。根据建立的约束是否完全限制了装配元件的所有自由度，装配元件的放置状态可分为无约束、部分约束、完全约束和约束无效 4 种。

无约束：装配元件未建立任何约束。

部分约束：为元件添加的约束未完全限制元件的 6 个自由度。

完全约束：为元件添加的约束完全限制了元件的 6 个自由度。

约束无效：元件添加的约束设置不当，无法限制装配元件的自由度。

7) 工具选项

工具选项包括如下几个按钮，功能介绍如下。

：定义约束时，在其自己的窗口中显示元件。

：（默认）在图形窗口中显示元件，并在定义约束时更新元件放置。

提示：两个窗口选项可同时处于活动状态。

：暂停元件放置以使用工具。

：暂停后恢复元件放置。

：应用元件放置并退出操控面板。

：取消元件放置。这将从组件和窗口中移除元件并关闭操控面板。

4. 快捷菜单

右击"放置"面板或元件放置对话框，弹出快捷菜单，如图 11-13 所示。另外，在空白空间上右击、在导航区右击选定约束或选定集都会出现快捷菜单。

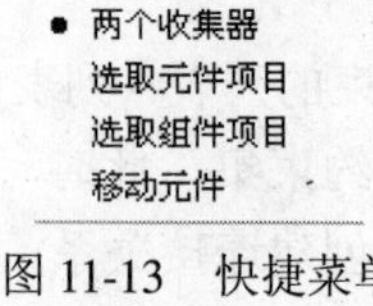

● 两个收集器
选取元件项目
选取组件项目
移动元件

图 11-13　快捷菜单

338

下面通过一个灯具底座的实例来讲解约束装配的应用。装配好的灯具底座如图 11-14 所示。

图 11-14　灯具底座

灯具底座的基本装配过程如下。

步骤 1：新建一个装配文件。

(1) 单击"新建"按钮，新建一个名为"TSM_LAMP_ASM"的装配文件，不采用默认的组件模板，而选择 mmns_asm_design 模板。新建的文件中存在一个装配坐标系 ASM_DEF_ CSYS 和 3 个正交的装配基准平面 ASM_FRONT、ASM_RIGHT、ASM TOP。

(2) 在模型树的上方，单击"设置"按钮，然后选择"树过滤器"，如图 11-15 所示。

(3) 在"显示"选项组中选中"特征"复选框，如图 11-16 所示，然后单击"确定"按钮。

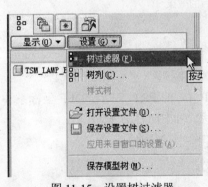

图 11-15　设置树过滤器

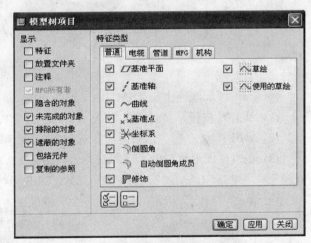

图 11-16　设置显示项目

步骤 2：放置第一个零件——底座 1（TSM_LAMP_1）。

(1) 单击 （添加元件）按钮，或者选择"插入"→"元件"→"装配"。

(2) 在"打开文件"对话框中，通过浏览打开 TSM_LAMP_1.PRT 文件，如图 11-17 所示。

(3) 单击 放置，在"约束类型"选项卡中单击 缺省 ，在默认位置上放置第一个零件——底座 1（TSM_LAMP_1.PRT），即底座 1 的自身坐标系与装配坐标系对齐重合。

（4）单击✓按钮，放置的底座 1 零件如图 11-18 所示。

（5）在模型树上使用鼠标右键将底座 1 零件上的部分基准平面隐藏起来，设置隐藏后的效果如图 11-19 所示。

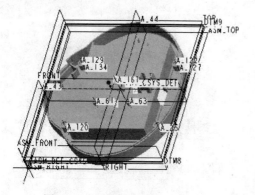

图 11-17　添加新零件

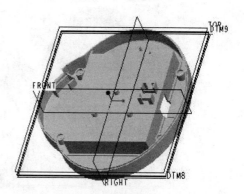

图 11-18　默认放置

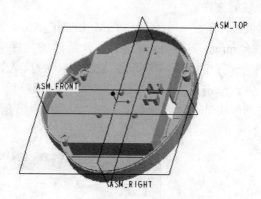

图 11-19　隐藏一些基准平面后的效果

步骤 3：装配底座上壳 TSM_LAMP_2。

（1）单击⬚按钮，打开文件 TSM_LAMP_2.PRT。

（2）单击⬚放置，在"约束类型"选项卡中单击 ⬚坐标系 ⬚。

（3）在组件图形窗口中，选择底座 1（TSM_LAMP_1）的 PRT_CSYS_DEF 坐标系和底座上壳（TSM_LAMP_2）的 PRT_CSYS_DEF 坐标系，如图 11-20 所示。

（4）单击"确定"按钮，完成底座上壳的装配，如图 11-21 所示。

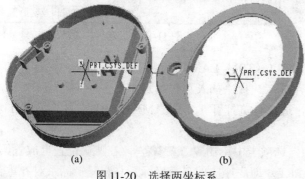

　　　（a）　　　　　　　　　　（b）

图 11-20　选择两坐标系

图 11-21　完成底座上壳的装配

340

步骤 4：装配储电池面盖 TSM_LAMP_3。

(1) 单击 按钮，在图形中选择底座 1（TSM_LAMP_3.PRT）。

(2) 单击 放置，在"约束类型"选项卡中单击 匹配 ，在图形中选择底座 1（TSM_LAMP_1）的配合面和面盖（TSM_LAMP_3）的上表面，如图 11-22 所示。

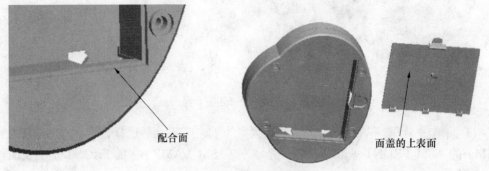

配合面　　　　　　　　　　　　面盖的上表面

图 11-22　选择匹配参照

(3) 单击 新建约束，选择第二个约束类型为"对齐" 对齐 ，然后选择装配体（TSM_LAMP_ASM）的 ASM_FRONT 基准平面和面盖（TSM_LAMP_3）的 RIGHT 基准平面。

(4) 单击 新建约束，选择第 3 个约束类型为"对齐" 对齐 ，然后选择装配体（TSM_LAMP_ASM）的 ASM_RIGHT 基准依次为平面和面盖（TSM_LAMP_3）的 FRONT 基准平面。此时，系统要求在指示的方向上输入偏距值。输入两基准平面参照之间的距离为"0"。

(5) 单击"确定"按钮，完成蓄电池面盖的装配，如图 11-23 所示。

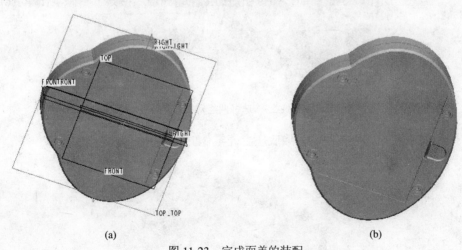

(a)　　　　　　　　　　　　　　　　　　(b)

图 11-23　完成面盖的装配

步骤 5：装配底座上壳 TSM_LAMP_4。

(1) 单击 按钮，打开文件 TSM_LAMP_4.PRT。

(2) 单击 放置，在"约束类型"选项卡中单击"匹配"，在图形中选择底座 1（TSM_LAMP_1）的上支承面和上壳（TSM_LAMP_4）的下表面（环形的），如图 11-24 所示。

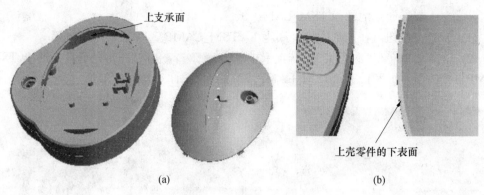

(a)

(b)

图 11-24　选择匹配参照

(3) 单击 ➡ 新建约束，选择第二个约束类型为"对齐"，然后选择装配体（TSM_LAMP_ASM）的 ASM_FRONT 基准平面和上壳零件（TSM_LAMP_4）的 FRONT 基准平面，如图 11-25 所示。

(4) 单击 ➡ 新建约束，选择第 3 个约束类型为"对齐"，然后选择装配体（TSM_LAMP_ASM）的 ASM_RIGHT 基准平面和上壳零件（TSM_LAMP_4）的 FRONT 基准平面。此时，系统要求在指示的方向上输入偏距值。输入两个基准平面参照之间的距离为"0"，如图 11-25 所示。

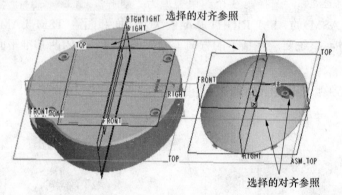

图 11-25　选择两组对齐参照

(5) 单击"确定"按钮，完成底座上壳零件的装配，如图 11-26 所示。

图 11-26　完成底座上壳零件的装配

342

实用知识与技巧：为了装配操作的方便性以及取得较佳的观察效果，可以隐藏一些不需要的基准平面和基准坐标系。

步骤 6：装配指示灯装饰条 TSM_LAMP_5。

(1) 单击 按钮，打开文件 TSM_LAMP_5.PRT。

(2) 单击 按钮，打开如图 11-27 所示的单独窗口。

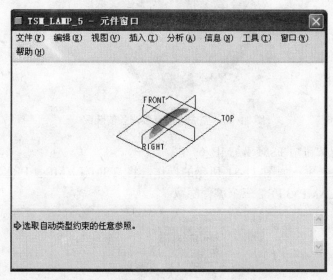

图 11-27　只显示指示灯装饰条的小窗口

(3) 单击 放置，在"约束类型"选项卡中单击"插入"，在组件窗口中选择如图 11-28 所示曲面，接着在指示灯装饰条的单独窗口中选择如图 11-29 所示的曲面（在该单独窗口中旋转模型后再选择插入参照曲面）。

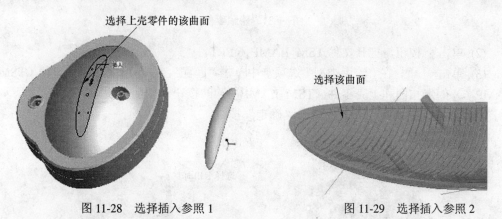

图 11-28　选择插入参照 1　　　　　　图 11-29　选择插入参照 2

(4) 单击 新建约束，选择第二个约束类型为"对齐"，然后选择装配体（TSM_LAMP_ASM）的 TSM_FRONT 基准平面和指示灯装饰条的 FRONT 基准平面。

(5) 单击 新建约束，选择第 3 个约束类型为"对齐"，然后选择装配体（TSM_LAMP_ASM）的 ASM_RIGHT 基准平面和指示灯装饰条的 RIGHT 基准平面。此时，系统要求在指示的方向上输入偏距值。输入偏距值为"0"，按回车键确定。

(6) 单击"确定"按钮，完成指示灯装饰条的装配，如图 11-30 所示。

图 11-30　完成指示灯装饰条的装配

步骤 7：装配按钮帽 TSM_LAMP_6。

(1) 在模型树上进行如图 11-31 所示的操作，将_TSM_LAMP_1.PRT、TSM_LAMP_2.PRTT 和 TSM_LAMP_3.PRT 三个零件隐藏。

图 11-31　隐藏零件

(2) 单击 按钮，打开文件 TSM_LAMP_6.PRT。

(3) 单击 放置，在"约束类型"选项卡中单击"匹配"，在图形中选择按钮帽（TSM_LAMP_6）的卡扣面和上壳零件（TSM_LAMP_4）的按钮卡扣配合面，如图 11-32 所示。设置两参照之间的距离为"0"，单击"确定"按钮。

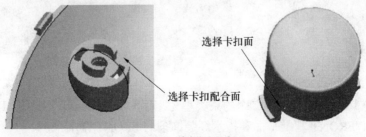

图 11-32　选择匹配参照

(4) 单击 新建约束，选择第二个约束类型为"匹配"，在图形中选择按钮帽（TSM_LAMP_6）的 RIGHT 基准平面和装配体（TSM_LAMP_ASM）的 TSM_FRONT 基准平面，

344

设置两参照之间的距离为"0"，单击"确定"按钮。

(5) 单击➡新建约束，选择第 3 个约束类型为"对齐"，在图形中选择按钮帽（TSM_LAMP_6）的 A_2 轴和上壳零件（TSM_LAMP_4）中的 A_16 轴，如图 11-33 所示。

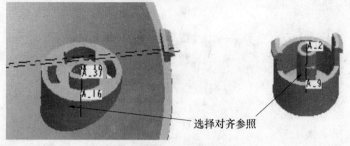

图 11-33　选择对齐参照

(6) 单击"确定"按钮，完成按钮帽的装配，如图 11-34 所示。

至此，本例的灯具底座装配好了，在模型树上选择 TSM_LAMP_1.PRT、TSM_LAMP_2.PRT 和 TSM_LAMP_3.PRT 三个零件，取消隐藏，效果如图 11-35 所示。

图 11-34　完成按钮帽的装配

图 11-35　显示全部装配零件

11.4　阵列元件

在组件模式下，可以使用阵列的方式来装配具有规则排列的多个相同元件（零部件）。在组件模式下使用阵列工具的方法和在零件模式下是一样的，只是在组件模式下，阵列对象为零部件。阵列操作的方法为：首先在合适的位置上装配好一个零部件，然后使用阵列的方式来装配余下的相同的零部件。这比按常规方法一个一个地装配这些零件要快捷得多。

如图 11-36 所示，在该电子产品的组件中装配铜柱，可以采用阵列的方式来完成，操作步骤如下。

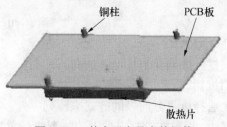

图 11-36　某电子产品中的组件

步骤 1：装配第一个铜柱。

(1) 打开文件 TSM_ARRAY_EX.ASM，在文件中已经存在着 TSM_ARRAY_EX_1.PRT 等组件，如图 11-37 所示。

图 11-37　原始组件

(2) 单击 按钮，打开文件 TSM_ARRAY_EX_4.PRT。

(3) 在"放置"选项卡上，接受第一个约束类型为"自由"，在图形中选择铜柱的台阶面和 PCB 板的上表面，如图 11-38 所示。

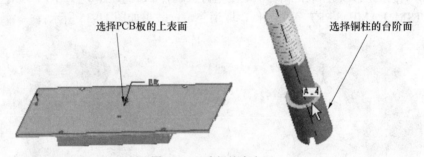

图 11-38　选择约束参照

(4) 此时系统自动将约束类型定为"匹配"选项，输入两参照在指示方向上的偏距为"0"，单击"确定"按钮。

(5) 选择第二个约束类型为"对齐"，然后选择铜柱的轴 A_4 和组件中的轴 A_8，如图 11-39 所示。

(6) 在对话框上单击"确定"按钮，装配好的第一个铜柱如图 11-40 所示。

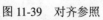

图 11-39　对齐参照　　　　　　　　　　　图 11-40　装配第一个铜柱

步骤 2：阵列铜柱 TSM_ARRAY_EX_4。

(1) 选择刚装配好的铜柱（或确保铜柱已被选择）。

(2) 单击工具栏上的 按钮。

(3) 在阵列操控面板上选择以"方向"的方式来阵列零件。

(4) 选择第一方向参照边，设置在第一方向上的阵列成员数为"2"，阵列间距为"70"，如图 11-41 所示。

(5) 在阵列操控面板上单击激活第二方向收集器，选择第二方向参照边，设置在第二方向上的阵列成员数为"2"，阵列间距为"74"，如图 11-42 所示。

(6) 单击"确定"按钮，完成铜柱的阵列操作。

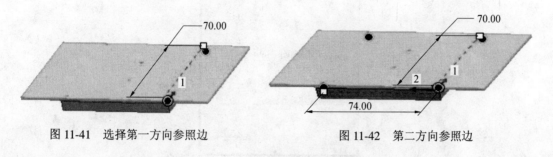

图 11-41 选择第一方向参照边   图 11-42 第二方向参照边

11.5 重复放置元件

重复放置元件也是装配相同零件的一种实用方法，该方法所用的命令是位于"编辑"菜单里的"重复"命令。在使用"重复"命令之前，需要先在组件中按常规方法（如约束装配方法）装配一个用于重复复制的父项元件。装配好父项元件之后，选择父项元件，然后选择"编辑"→"重复"，在打开的"重复元件"对话框上定义可变组件参照，并在组件中选择与新元件相配合的可变参照等，从而实现以重复放置的方式在装配体中添加新的相同元件。

在上一小节介绍的实例中，也可以采用重复放置的方式来装配其余 3 个铜柱，具体的方法和步骤如下。

步骤 1：打开文件 TSM_REPEAT.ASM，文件中的组件如图 11-43 所示。

图 11-43 文件中的组件

步骤 2：选择铜柱零件（TSM_REPEAT_4）。

步骤 3：选择"编辑"→"重复"，打开如图 11-44 所示的对话框。

步骤 4：在"可变组件参照"选项组中选择"对齐"参照列。

步骤 5：在"放置元件"选项组中单击"添加"按钮。

步骤 6：在图形窗口中分别选择其余 3 个同类通孔的轴线，如图 11-45 所示。

步骤 7：单击"确定"按钮，完成重复放置新元件，如图 11-46（图中不显示轴）。

图 11-44 "重复元件"对话框

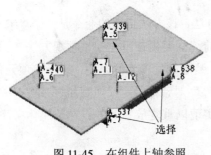

图 11-45 在组件上轴参照

图 11-46 重复元件的效果

11.6 镜 像 元 件

在组件模式下镜像元件,其实就是通过镜像的方式来创建一个新的零件。创建镜像元件的方法和步骤如下。

步骤 1:单击 按钮。

步骤 2:在出现的"元件创建"对话框中选择元件的类型为"零件",子类型为"镜像",输入新元件的文件名,如图 11-47 所示,单击"确定"按钮。

图 11-47 定义元件类型

步骤 3：在打开的如图 11-48 所示的"镜像零件"对话框中，选择镜像类型和参照，单击"确定"按钮，则在组件模式下新建一个镜像零件。

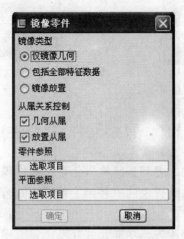

图 11-48 "镜像零件"对话框

实例操作：工业控制机箱

步骤 1：打开文件 TSM_CONTROL.ASM，文件中的组件模型是工业控制机箱，如图 11-49 所示。

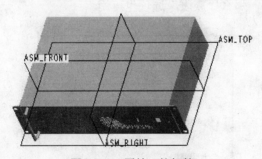

图 11-49 原始工控机箱

步骤 2：单击 按钮。

步骤 3：在出现的"元件创建"对话框中选择元件的类型为"零件"，子类型为"镜像"，输入新元件的文件名为"TSM_CONTROL_6"，单击"确定"按钮，出现"镜像零件"对话框。

步骤 4：在"类型"选项组中选择"参照"选项。

注意："参照"选项，意味着改变原零件时，镜像零件也会随之更新；而选择"复制"选项时，镜像零件不从属于原零件。

步骤 5：选择把手（TSM_CONTROL_2.PRT）作为零件参照，如图 11-50 所示。

步骤 6：选择 ASM RIGHT 基准平面作为镜像平面参照。

步骤 7：单击"确定"按钮，完成镜像零件 TSM_CONTROL_6.PRT 文件的创建，完成后的工业控制机箱如图 11-51 所示。

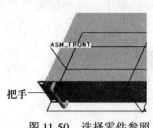

图 11-50 选择零件参照

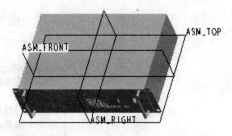

图 11-51 新建镜像零件后的机箱

11.7 替换元件(零部件)

在工业产品的设计过程中，尤其是结构深化设计的过程中，某些零部件可能需要变更、替换。替换零部件采用系统提供的"替换"功能，则可以很方便地置换需要变更的零部件。

替换零部件的形式有使用族表、功能元件互换、参照模型、布局、手工等。替换元件（零部件）的操作步骤如下。

步骤 1：选择欲替换的零部件。

步骤 2：选择"编辑"→"替换"，出现如图 11-52 所示的"替换"对话框。"替换为"（即替换形式）选项是否可用与之前选择的欲替换的零部件有关，例如之前选择的欲替换的零部件为类属零件，那么"族表"选项也可用。

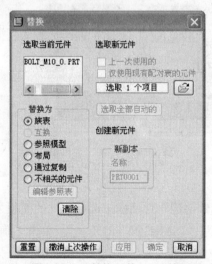

图 11-52 "替换元件"对话框

步骤 3：在"替换为"选项组中，选择"替换形式"选项，并指定替换件。

步骤 4：单击"确定"按钮，完成元件（零部件）的替换操作。

在这里，详细介绍使用族表的形式来替换元件（零部件）。而其他几种形式，希望读者在掌握操作方法的基础上，在今后的实际应用中慢慢体会，方法大同小异。

利用族表可以轻而易举地产生一系列相似零件，倘若在装配中应用到这些类属零件时，会带来一个潜在的好处，即可以轻轻松松地在族表内部替换零件。

如图 11-53 所示，要在一个平直连接件上装配螺栓，第一次装配螺栓后，发现螺栓的长度不够，需要替换长一点的螺栓。

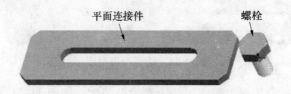

图 11-53　要装配的零部件

具体的操作步骤如下。

步骤 1：新建组件文件。

(1) 单击□按钮，新建一个名为 "TSM_PLATE" 的装配文件，不采用默认组件模板，而选择 desingn asm mmns 模板。新建的文件中存在着一个装配坐标系 ASM DEF CSYS 和 3 个正交的装配基准平面 AMS_FRONT、ASM_RIGHT、ASM_TOP。

(2) 在模型树的上方，单击 "设置" 按钮，然后选择 "树过滤器"。

(3) 在 "显示" 选项组中选中 "特征" 复选框（或确保该选项处于选中状态），单击 "确定" 按钮。

(4) 单击 (添加元件) 按钮，打开 TSM_BASE_PLATE.PRT。

(5) 在 "放置" 选项卡中单击 按钮，在默认位置上放置平直连接件。

(6) 单击 "确定" 按钮。

(7) 单击 按钮，在如图 11-54 所示的对话框中选择 TSM_PLATE.PRT 文件，单击 "打开" 按钮，出现如图 11-55 所示的 "选取实例" 对话框。在 "按名称" 选项卡中选择 BOLT_M10_0，单击 "打开" 按钮。

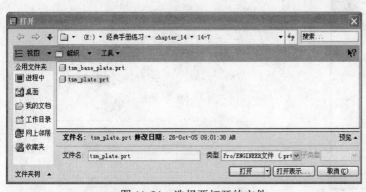

图 11-54　选择要打开的文件

图 11-55　选取实例

(8) 在 "放置" 选项卡中，接受第一个约束类型为 "自由"，在图形中选择平直连接件的上表面和螺栓的帽缘台阶面，如图 11-56 所示。此时系统自动将约束类型定为 "匹配" 选项。

(9) 选择第二个约束类型为 "对齐"，然后选择平直连接件的轴 A_2 和螺栓的轴 A_2，如图 11-57 所示。

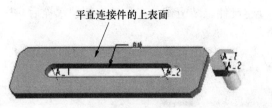

图 11-56　选择约束参照

(10) 单击"确定"按钮，完成第一个螺栓的装配，如图 11-58 所示。假设经过观察和设计分析，觉得该螺栓的长度显得较短，需要替换为长度稍长一点的同类螺栓。

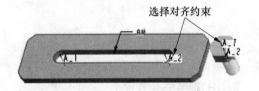
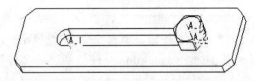

图 11-57　选择对齐约束参照　　　　　　图 11-58　装配第一个螺栓

步骤 2：替换螺栓

(1) 选择组件中的螺栓。

(2) 选择"编辑"→"替换"。

(3) 在"替换为"选项组中接受默认的"族表"选项，单击"打开"按钮，在出现的"族表"对话框中选择 BOLT_M10_1，如图 11-59 所示，单击该对话框中的"确定"按钮。

(4) 在"替换元件"对话框中单击"确定"按钮，替换后的螺栓如图 11-60 所示。

按照上述装配螺栓和替换螺栓的方法、步骤，练习装配另一个同规格的螺栓，完成的效果如图 11-61 所示。

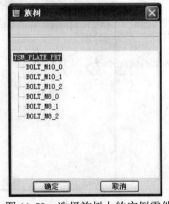
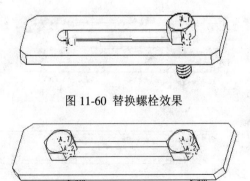

图 11-60　替换螺栓效果

图 11-59　选择族树上的实例零件　　　　　图 11-61　完成装配

11.8　在组件模式下新建元件

可以根据设计需要，有时需直接在组件模式下创建新元件。要在组件模型下创建新元件，首先应注意一点装配体中的任何元件都不可以处于被激活的状态，也就是说被激活的只能是顶级组件。当激活装配体中的某一个元件时，在系统窗口的右下角处会显示出该活动子模型的名称，同时在模型树上的该元件节点处显示一个绿色的活动标志，如图 11-62 所示。当没有激活装配体中的任何一个元件时，在图形窗口或模型树中看不到组件范围内有任何指明的活动子模型，如图 11-63 所示。

从活动子模型返回到顶级组件，可以在模型树上选择顶级组件节点，然后右击该节点调出快捷菜单，从快捷菜单中选择"激活"命令，如图 11-64 所示。

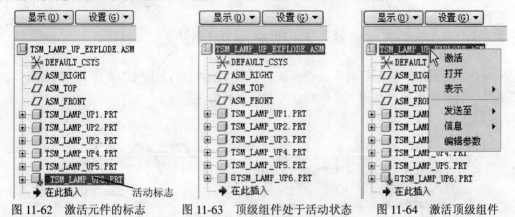

图 11-62　激活元件的标志　　　图 11-63　顶级组件处于活动状态　　　图 11-64　激活顶级组件

在组件模式下，创建的元件类型有零件、子组件、骨架模型和主体项目。以在组件模式下创建一个实体零件为例，说明创建该元件的一般方法和步骤。

步骤 1：单击 按钮，打开"元件创建"对话框，如图 11-65 所示。

步骤 2：在"元件创建"对话框中设定元件类型为"零件"，子类型为"实体"，输入新零件的名称，单击"确定"按钮。

步骤 3：在出现的如图 11-66 所示的"创建选项"对话框中选择创建方法。可供选择的创建方法选项有"复制现有"、"定位缺省基准"、"空"和"创建特征"选项。

实用知识与技巧：当采用的创建方法为"空"或者"创建特征"时，在所创建的新零件中不存在内部的三基准平面和基准坐标系。在实际设计中，推荐采用"定位缺省基准"的创建方法，此时可以选用的定位基准的方法有三平面、轴垂直于平面和对齐坐标系于坐标系，如图 11-67 所示。

图 11-65　"元件创建"对话框

图 11-66　定义创建方法

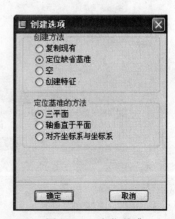

图 11-67　定位基准

步骤 4：单击"确定"按钮，然后按要求选择合适的参照，在零件内部创建相应的定位基准。

在此，新元件是活动子模型，可以在新元件里面创建特征、重定义特征、编辑关系等设计操作，就如同在零件模式下操作一般。在组件模式下创建新元件，可以很直观地参照组件中的其他元件，有助于把握元件相互之间的配合关系和结构的细节设计。对于那些无需参照的或者影响选择操作的元件，在模型树上通过快捷菜单将其设置为隐藏状态。

11.9　创建爆炸视图

爆炸视图是指将装配好的零部件拆散后所形成的视图，如图 11-68 所示。创建爆炸视图有助于直观地了解产品内部结构和各零部件之间的关系。

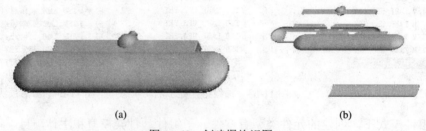

(a)　　　　　　　　　　　　　　　　(b)

图 11-68　创建爆炸视图

(a) 装配好的灯头；(b) 爆炸视图。

创建和编辑爆炸视图的操作指令位于"视图"→"分解"的级联菜单中，如图 11-69所示。当在该级联菜单中选择"分解视图"时，系统将自动创建默认的爆炸视图。所创建的默认爆炸视图往往不能够满足设计者或使用者的要求，因此需要在"视图"→"分解"的级联菜单中选择"编辑位置"命令，来调整各零件的相对位置。选择"编辑位置"后，打开如图 11-70 所示的"分解视图"对话框，在该对话框中可以设置移动类型、选择运动参照和设定运动增量等。

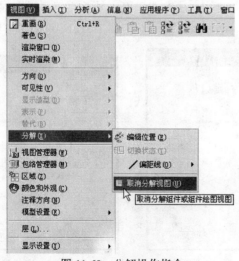

图 11-69　分解操作指令

图 11-70　编辑分解位置

下面通过实例——灯具灯头组件来详细介绍如何创建和编辑爆炸视图。

操作步骤如下。

步骤 1：创建自动爆炸视图。

(1) 打开文件 TSM_LAMP_UP_EXPLODE.ASM，文件中的装配体为某灯具产品的灯头组件，如图 11-71 所示。

(2) 选择"视图"→"分解"→"分解视图"，此时系统自动创建默认状态的爆炸视图，如图 11-72 所示。

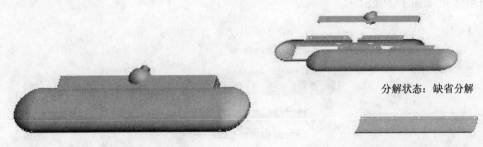

图 11-71　灯头组件　　　　　　　　　图 11-72　默认的爆炸视图

步骤 2：编辑分解位置。

(1) 选择"视图"→"分解"→"编辑位置"，打开"分解位置"对话框。

(2) 在"运动类型"选项组中选择"平移"，从"运动参照"下的列表中选择"平面法向"，接受默认为"光滑"的平移运动增量。

(3) 在图形窗口中选择 ASM_TOP 基准平面，如图 11-73 所示。

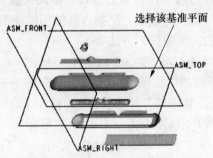

图 11-73　选择移动参照

实用知识与技巧：为了容易捕捉参照和不影响视觉效果，在编辑爆炸视图之前可以在模型树上通过快捷菜单，将各元件的内部基准平面和坐标系隐藏起来，只显示 ASM_FRONT、ASM_RIGHT 和 ASM_TOP 基准平面和 DEFAULT_CSYS 坐标系。

(4) 选择相应的零件，将其在 ASM_TOP 基准平面的法向方向上拖动至合适的放置位置。

(5) 在"运动参照"选项组中单击"选择"按钮，在图形窗口中选择 ASM_RIGHT 基准平面。

(6) 选择相应的零件，将其在 ASM_RIGHT 基准平面的法向方向上拖动至合适的放置位置。

(7) 在"运动参照"选项组中单击"选择"按钮，在图形窗口中选择 ASM_FRONT 基准平面。

(8) 选择相应的零件，将其在 ASM_FRONT 基准平面的法向方向上拖动至合适的放置位置。

实用知识与技巧：在编辑分解位置的过程中，一般都需要不断地改变运动参照甚至是移动类型，以此来调整各零件的分解位置，直到满意为止。

(9) 单击"分解位置"对话框中的"确定"按钮，完成对爆炸视图的编辑操作，最后的分解效果如图 11-74 所示。

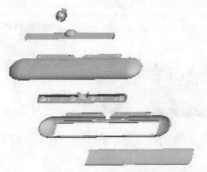

图 11-74　编辑完成后的爆炸视图

11.10　查看装配剖面

在工业产品的实际设计过程中，需要通过设置剖面来观察装配体中的结构关系，以此来直观地分析产品结构装配的合理性并把握内部结构的细节问题等。

以查看灯具底座组件的剖面为例，方法如下。

步骤 1：打开文件 TSM_LAMP_BASE_MAIN.ASM。

步骤 2：单击"视图管理器"按钮，或者选择"视图"→"视图管理器"。

步骤 3：在打开的"视图管理器"对话框的"X 截面"选项卡中，单击"新建"按钮，输入新的截面名称为 FRONT_SECTION，如图 11-75 所示。

步骤 4：输入截面名称后，按回车键来确定，此时出现"剖截面选项"菜单，从中选择"模型"→"平面"→"单一"→"完成"，如图 11-76 所示。

图 11-75　新建剖面　　　　　图 11-76　"剖截面选项"菜单

步骤 5：在图形窗口中选择 ASM_FRONT 基准平面，此时就可以在图形中观察到定义的 FRONT_SECTION 剖截面了，如图 11-77 所示。

实用知识与技巧：如果图形中没有显示 FRONT_SECTION 剖截面，那么需要在"视图管理器"中的"X 截面"选项卡中单击"显示"按钮，在其下拉列表中选择"剖面线"，如图 11-78 所示。

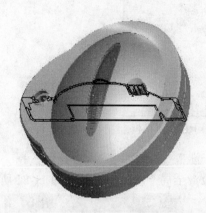

图 11-77　FRONT_SECTION 剖截面

图 11-78　显示剖面线

11.11　全局干涉检查及切除干涉体积

在进行装配设计的时候，经常需要进行干涉检查，从而找出零件中存在配合问题的地方。干涉检查有利于零件结构的分析、优化改进等。全局干涉检查属于模型分析的范畴，进行模型分析的操作指令为"分析"→"模型分型"。

消除干涉体积的方法多种多样，可以在获知干涉区域的情况下，采用常规的方法对产生干涉情况的零件进行编辑处理，切除干涉体积。方法包括打开该零件在零件模式下修改，以及在组件模式下激活该零件从而进行修改。另处，在组件模式下，选择"插入"→"共享数据"→"切口"，可以快捷地切除指定零件上的干涉体积。

下面是全局干涉检查及切除干涉体积的示例。

步骤 1：全局干涉检查。

(1) 打开文件 TSM_SH_MAIN.ASM，文件中的装配体是一个未完成全部设计的高级家用刀具研磨器产品，如图 11-79 所示。该装配体只有两个零件。

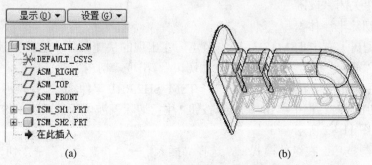

(a)　　　　　　　　　　　　　(b)

图 11-79　高级家用刀具研磨器

(2) 选择"分析"→"模型分析"，打开如图 11-80 所示的"全局干涉"对话框。

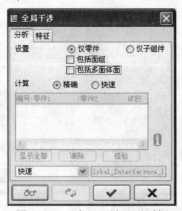

图 11-80 "全局干涉"对话框

(3) 在"类型"下拉列表中选择"全局干涉"，其他采用默认设置。

(4) 单击"计算"按钮，计算结果（即检查全局干涉的结果）如图 11-81 所示。

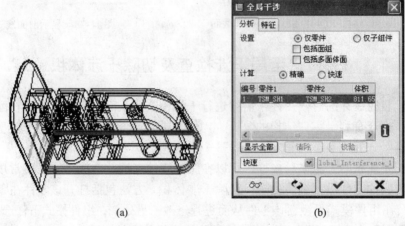

图 11-81 干涉图和干涉显示对话框参数选取

(a) 两零件干涉图；(b) 全局干涉显示。

检查结果显示两个零件 TSM_SH1 和 TSM_SH2 存在着干涉，需要在以后的设计中考虑这些干涉因素，并想方设法消除这些不必要的几何干涉。

(5) 单击"关闭"按钮。

步骤 2：切除干涉体积。

(1) 在模型树上右击 TSM_SH1.PRT 节点，在出现的快捷菜单中选择"激活"。

(2) 选择"插入"→"共享数据"→"切口"，出现"切出"对话框。

(3) 在模型树上或者在图形窗口中选择 TSM_SH2.PRT 零件。

(4) 在"切出"对话框中单击"确定"按钮，注意切除干涉体积的顺序，TSM_SH1.PRT 零件的变化如图 11-82 所示。

实用知识与技巧：在组件模式下，选择"插入"→"共享数据"→"切口"，可以巧妙地设计出与现有唇特征相配合的切口，并不再产生几何干涉。

(a)   (b)

图 11-82　切除干涉前后的零件

(a) 没有切切除干涉前的零件；(b) 切除干涉体积后的零件。

步骤 3：再次检查全局干涉情况。

(1) 选择 "分析" → "模型分析"。

(2) 在 "类型" 下拉列表中选择 "全局干涉"，其他采用默认设置。

(3) 单击 "计算" 按钮，计算结果显示没有零件干涉。

本 章 小 结

Pro/ENGINEER Wildfire 4.0 专门配置了组件（Pro/ASSEMBLY）模块。利用该模块提供的基本装配工具和其他工具，可以将设计好的零件按照指定的装配关系旋转在一起而形成组件，可以在组件的模式下添加和设计新零件，可以对单个零件进行编辑，可以阵列元件、镜像装配、替换元件等。

本章首先简单地介绍如何进入组件模式，并以简洁的截图来让读者初步认识组件模式的设计界面。然后介绍两种参数化的装配方式（约束装配和连接装配），并以应用实例来加以说明。接着结合实例介绍装配相同零件的 3 种方法，即阵列元件、重复放置元件和镜像元件。最后介绍替换元件（零部件）、在组件模式下新建元件、创建爆炸视图、查看装配剖面、检查全局干涉和切除干涉体积。

思考与练习题

1. 思考题

(1) 在装配约束中 "匹配" 与 "对齐" 有何异同？

(2) 试说出 5 种以上常见装配约束类型的名称并解释其具体含义？

(3) 装配连接一般用在什么场合？请说出几种典型的连接类型并解释其具体含义？

(4) 简述零件装配的操作步骤。

(5) 建立组件模型分解图的操作步骤是怎样的？

(6) 在组件模型分解图中如何建立和编辑偏距线？

2. 练习题

(1) 打开 gearpump 文件，创建其装配（图 11-83）。

359

图 11-83

(2) 打开 mobile 文件,创建 mobile 装配(图 11-84)。

图 11-84

(3) 打开 drilltool 文件,创建 drilltool 装配(图 11-85)。

图 11-85

第 12 章　工　程　图

随着制造信息化的飞速发展，现在可以将三维模型的设计数据传输到数控加工设备里面来直接加工了，但工程图仍然是工业产品（或机械设计）最终输出的一种重要形式，它是将三维模型通过一定的投影关系而形成的二维视图，在很多时候，产品的制造还是根据工程图纸来完成的。

12.1　工程图简介

工程图也是 Pro/ENGINEER Wildfire 4.0 的一个组成部分。利用系统提供的工程图模式，可能很方便地将三维模型转化为二维的工程视图来表示。生成的工程图与模型之间依然保持参数化的关联性。如果修改三维模型，则相应的工程图也会自动改变；反之，如果修改工程图，则关联的三维模型也会改变。

生成的工程图是由各种视图组成的，这些视图包括标准三视图、辅助视图、投影视图、半剖视图、剖视图、局部视图等。系统可以自动为视图标注尺寸，也可以由人工自行标注尺寸。

工程图需要遵循一定的制图规范或者标准，例如国家标准（GB）。为了确保工程图保持一定的格式和界面，需要为工程图选定合适的工程图模板或者定义统一的工程图格式。如无特殊说明，本章涉及的工程图以系统默认的标准为准。

在新建一个工程图文件的过程中，可以预先确定标准模板和格式。必要时，可以通过绘图设置文件选项和配置文件选项来进一步定义工程图的环境。

12.1.1　工程图的设置

设置工程图环境有两种途径，一种是设置与工程图相关的 Config.pro 配置文件选项，而另一种则是设置绘图配置文件（后缀为.dtl）。其中 Config.pro 配置文件选项控制着系统的运行环境和界面（包括工程图模式下的运行环境和界面）；绘图配置文件（.dtl）则控制着工程图中的相关变量，如文字的高度、尺寸标注的形式、箭头的形式与大小等。

下面详细介绍如何设置绘图配置文件（.dtl）。

步骤 1：进入工程图模式后，选择"文件"→"属性"，弹出如图 12-1 所示的菜单管理器。

步骤 2：选择"绘图选项"，打开如图 12-2 所示的"选项"对话框。

步骤 3：选择需要的绘图配置文件选项，在"值"文本框中输入新的参数值。

步骤 4：单击"应用"按钮，应用新的配置文件选项值，此时系统将更新工程图。

步骤 5：需要时，可以单击 🖫（保存）按钮，输入保存的文件名，从而将编辑好的绘

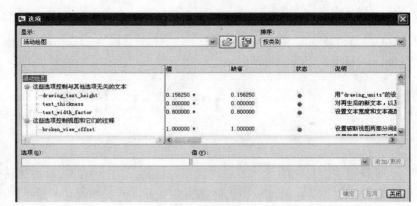

图 12-1 菜单管理器   图 12-2 "选项"对话框

图配置文件保存为后缀为.dtl 的专有文件。以后需要调用这些已保存的绘图配置文件时，可以在该对话框中单击 （打开）按钮来浏览而选择相应的 dtl 文件。

步骤 6：单击"关闭"按钮，完成设置绘图配置文件。

系统本身提供的绘图配置文件有 cns cn.dtl、cns tw.dtl、jis.dtl、din.dtl、dwgform.dtl、iso.dtl、prodetail.dtl、prodesign.dtl、prodiagraam.dtl，其中 cns cn.dtl 是符合中国大陆标准的，这些 dtl 文件在默认的情况下存放在 Pro/ENGINEER Wildfire 4.0 的安装目录下的 text 文件夹内。

12.1.2 工程图的工作界面

新建或打开工程图文件即进入 Pro/ENGINEER Wildfire 4.0 工程图操作界面，如图 12-3 所示。下面对该工作界面进行简要的说明。

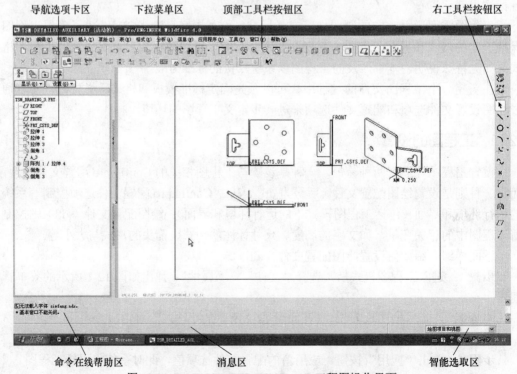

图 12-3 Pro/ENGINEER Wildfire 4.0 工程图操作界面

362

工程图操作界面包括下拉菜单区、顶部工具栏按钮区、右工具栏按钮区、消息区、图形区、命令在线帮助区、导航选项卡区、智能选取栏、菜单管理器区等。

1. 导航选项卡区

导航选项卡包括 4 个页面选项："模型树"（或"层树"）、"文件夹浏览器"、"收藏夹"和"连接"。

"模型树"中列出了活动文件中的所有零件及特征，并以树的形式显示模型结构，根对象（活动零件或组件）显示在模型树的顶部，其从属对象（零件或特征）位于根对象之下。例如，在活动装配文件中，"模型树"列表的顶部是组件，组件下方是每个元件零件的名称；在活动零件文件中，"模型树"列表的顶部是零件，零件下方是每个特征的名称。若打开多个 Pro/ENGINEER Wildfire 4.0 模型，则"模型树"只反映活动模型的内容。

(1) "层树"可以有效组织和管理模型中的层。

(2) "文件夹浏览器"类似于 Windows 的"资源管理器"，用于浏览文件。

(3) "收藏夹"可以有效组织和管理个人资源。

(4) "连接"用于连接网络资源以及网上协同工作。

2. 下拉菜单区

下拉菜单区包括文件、编辑、视图、插入、草绘、表、格式、分析、信息、应用程序、工具、窗口及帮助等下拉菜单，其中编辑、插入、草绘、表、格式、应用程序等 6 个下拉菜单与基本模块中相同的菜单所包含的命令有所不同，有些命令属于工程图模块的专有命令，这些命令在后面的章节将会陆续介绍。

3. 工具栏

工具栏中的命令按钮为快速进入命令及设置工作环境提供了极大的方便。这些工具栏的有无和位置并不是固定不变的，用户可以根据具体情况定制工具栏，具体做法是选择下拉菜单中的 工具(T)→ 定制屏幕(C)...，然后修改系统弹出的"定制"对话框中相应的选项。

注意：用户会看到有些菜单命令和按钮处于非激活状态（呈灰色，即暗色），这是因为它们目前还没有处在发挥功能的环境中，一旦它们进入有关的环境，便会自动激活。

工程图绘图专用按钮如图 12-4 所示，简要说明如下：

A：删除选定项目。B：设置当前绘图模型。C：在活动页面中更新所有视图的显示。D：创建一般视图。E：禁止使用鼠标移动绘图视图。F：创建捕捉线。G：打开"显示/拭除"对话框。H：使用新参照创建标准尺寸。I：将尺寸与所选的第一个尺寸对齐。J：整理视图周围的尺寸的位置。K：创建注释。L：添加、编辑或移除选定文本的超级链接。M：对选定内容重复上一格式变更。N：创建几何公差。O：从标准调色板插入绘图符号实例。P：插入绘图符号的定制实例。Q：将对象移动到标准位置。R：通过指定列和行尺寸插入一个表。S：更新表中显示的信息。T：整理视图周围 BOM 球标的位置。

图 12-4　工程图绘图专用工具栏按钮

与文件操作有关的按钮如图 12-5 所示，各按钮的说明如下：

A：创建新对象（创建新文件）。B：打开文件。C：保存激活对象（当前文件）。D：将活动对象保存为 PDF 文件。E：打印活动对象。F：发送活动对象的邮件。G：以 PDF 文件格式发送活动对象的电子邮件。H：连接活动窗口中对象的电子邮件。

图 12-5　工具栏按钮 1

与图形编辑有关的按钮如图 12-6 所示，各按钮的说明如下：

A：撤消前一个操作。B：重做前一个被撤消的操作。C：剪切。D：复制。E：粘贴。F：选择性粘贴。G：再生模型。H：在模型树中按规则搜索、过滤及选取项目。I：选取框内部的项目。

图 12-6　工具栏按钮 2

与视图操作有关的按钮如图 12-7 所示，各按钮的说明如下：

A：重画当前视图。B：旋转中心开关。C：定向模式开关。D：放大模型或草图区。E：减小模型或草图区。F：重新调整对象使其完全显示在屏幕上。G：保存的定向视图列表。H：设置层项目和显示状态。

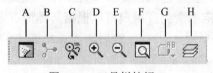

图 12-7　工具栏按钮 3

注意：在工程图环境中，经常会使用到"重画当前视图"命令来刷新屏幕，以获得较好的显示效果。

与模型显示有关的按钮如图 12-8 所示，各按钮的说明如下：

A：模型以线框方式显示。B：模型以隐藏线方式显示。C：模型以无隐藏线方式显示。D：模型以着色方式显示。

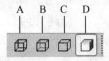

图 12-8　工具栏按钮 4

注意：在零件模型环境中通常以着色方式来显示模型，因此从零件模型环境进入到工程图环境时一般都保留着色方式显示，这就需要经常切换模型的显示方式来获得较好的观察效果，例如工程图要经常使用无隐藏线方式显示。

364

与基准显示有关的按钮如图 12-9 所示，各按钮的说明如下：

A：基准平面显示开关。B：基准轴显示开关。C：基准点显示开关。D：坐标系显示开关。

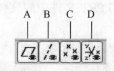

图 12-9　工具栏按钮 5

4. 消息区

在操作软件的过程中，消息区将显示相关的提示信息，用户可按照系统的提示来进行各种操作。消息区有一个可见的边线，将其与图形分开，若要增加或减少可见消息行的数量，可将鼠标指针置于边线上，按住鼠标左键，同时将鼠标指针移动到所期望的位置。

5. 命令在线帮助区

当鼠标指针经过菜单名、菜单命令、工具栏按钮及某些对话框项目时，命令在线帮助区会出现相关提示。

6. 绘图区

绘制 Pro/ENGINEER Wildfire 4.0 工程图的区域，该区域为平面区域。

12.2　一般视图

一般视图可以是前视图、后视图、俯视图、顶视图、左视图、右视图，也可以是等轴图、斜轴测视图或用户自定义视角的视图等；一般视图可以作为投影视图和其他导出视图的父项视图，也可以作为标准三维视图的主视图。

一般视图的视图方向是通过"绘图视图"对话框来定义的，如图 12-10 所示。视图定向的方法有"查看来自模型的名称"、"几何参照"和"角度"3 种。

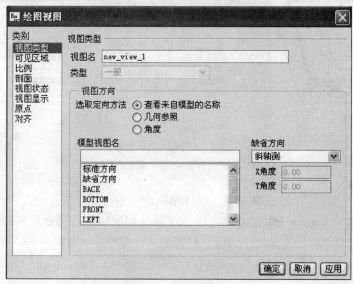

图 12-10　"绘图视图"对话框

查看来自模型的名称：通过选择来自模型的已保存的视图来定向。

几何参照：通过选择预览模型的几何参照来进行视图定向。

角度：通过选择旋转参照和旋转角度定向视图。

以 TSM_GENERAL_DRAWING.PRT 文件中的实体零件（图 12-11）为例，练习插入一般视图的操作。

(a)　　　　　　　　　　　　　　　(b)

图 12-11　某产品的控制盒壳盖

练习步骤如下：

步骤 1：新建一个名为"TSM_GENERAL_DRAWING"的工程图文件，不使用默认模板，选择模板选项为"空"，并指定采用的图纸类型为横向 A4。注意默认模型为 TSM_GENERAL_DRAWING.PRT。

步骤 2：单击 按钮，或者选择"插入"→"绘图视图"→"一般"。

步骤 3：在图纸图框内选择放置该一般视图的位置，此时在单击处出现"缺省方向"（即斜轴测）的一般视图，同时也打开"绘图视图"对话框。

步骤 4：为了让视图不显示被遮掩的轮廓线，在"绘图视图"对话框中选择"视图显示"类型选项，然后从"显示线型"列表中选择"无隐藏线"选项，单击"应用"按钮，如图 12-12 所示。

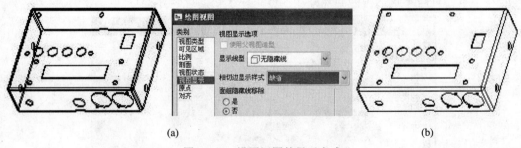

(a)　　　　　　　　　　　　　　　(b)

图 12-12　设置视图的显示方式

(a) 缺省时的线框显示；(b) 设置无隐线。

步骤 5：在"视图类型"选项卡中，选择视图定向的方法选项。一般情况下，选择"查看来自模型的名称"作为选取定向的方法。可以从列表中选择需要的模型视图名。当选择"标准方向"或"缺省方向"作为模型视图名时，在"缺省方向"下拉列表中选择"斜轴测"、"等轴测"和"用户定义"三选项之一来创建能够体现立体感的视图，如图 12-13所示。

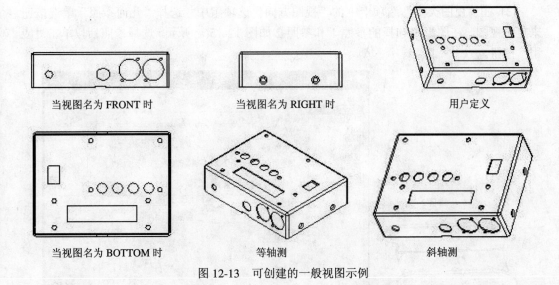

| 当视图名为 FRONT 时 | 当视图名为 RIGHT 时 | 用户定义 |

| 当视图名为 BOTTOM 时 | 等轴测 | 斜轴测 |

图 12-13　可创建的一般视图示例

步骤 6：在"绘图视图"对话框中单击"应用"按钮，创建一般视图，然后单击"关闭"按钮。

12.3　投　影　视　图

要创建投影视图，需要先添加主视图。投影视图是通过主视图在水平或垂直方向上投影而形成的。一般情况下，选择最能表达模型信息的一般视图（但不是等轴测和斜轴测类的一般视图）来作为主视图。

相对于主视图而言，可能根据投影方向，将投影视图分为左视图、右视图、俯视图、仰视图、前视图、后视图等。

以 TSM_DRAWING_2.PRT 文件中的实体零件（图 12-14）为例，从中说明创建投影视图的方法。

图 12-14　模型示例

操作步骤如下。

步骤 1：添加主视图。

(1) 新建一个名为 TSM_PROJECTION_DRAWING 的工程图文件，不使用默认模板，而选择模板选项为"空"，图纸类型定为横向 A4，默认模型为 TSM_DRAWING_2.PRT。

(2) 单击 ⊞ 按钮。在图纸图框内单击选择一般视图的放置位置，此时出现默认的一般视图和"绘图视图"对话框。

(3) 在"视图类型"选项卡中的"视图方向"选项组中，选择"几何参照"单选按钮来定向视图。在图形中选择的参照 1 和参照 2 如图 12-15(a)所示。选择参照后，单击"应用"按钮。

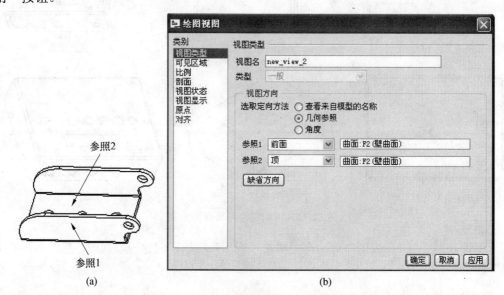

(a)　　　　　　　　　　　　　　(b)

图 12-15　选择几何参照来定向主视图

(4) 切换到"视图显示"选项卡，从"显示线形"列表框中选择"无隐藏线"，并从"相切边显示样式"列表框中选择"无"，然后单击"应用"按钮，如图 12-16(a)所示。

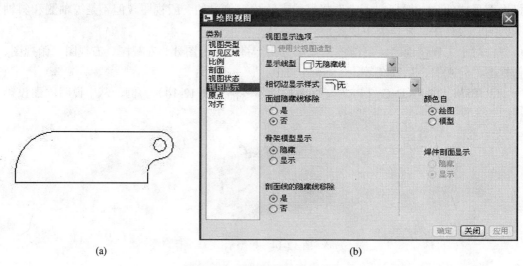

(a)　　　　　　　　　　　　　　(b)

图 12-16　设置视图的显示形式

(5) 切换到"比例"选项卡，选择"定制比例"，将页面比例设置为 3，然后单击"应用"按钮。

(6) 单击"绘图视图"对话框上的"关闭"按钮，就确定了主视图。

步骤 2：添加两个投影视图而组成三视图。

(1) 选择"插入"→"绘图视图"→"投影"。

(2) 此时在主视图的一方出现一个代表投影的矩形框，利用鼠标指针可以将投影框在主视图的水平或垂直方向上移动，然后在所需的位置上单击就可放置投影视图。如图12-17所示，在主视图的上方放置一个视图。

(3) 单击该投影视图，弹出"绘图视图"对话框，切换到"视图显示"选项卡，接着从"显示线形"列表框中选择"无隐藏线"，从"相切边显示样式"列表框中选择"无"，然后依次单击"应用"按钮和"关闭"按钮。设置后的视图如图12-18所示。

(4) 利用以上三步的方法添加第二个投影视图，如图12-19所示。应注意第二投影视图选择了第一视图作为父项视图。

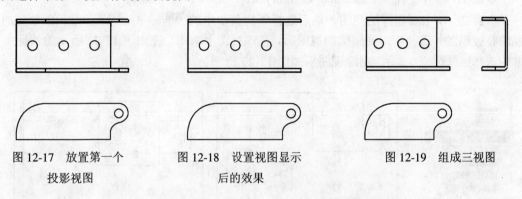

图 12-17　放置第一个　　　　图 12-18　设置视图显示　　　　图 12-19　组成三视图
　　　　　投影视图　　　　　　　　　　后的效果

12.4　视图的移动、删除、拭除与恢复

12.4.1　视图的移动

移动视图前首先选择所要移动的视图，并且查看该视图是否被锁定。一般在第一次移动前，系统默认所有视图都是被锁定的，因此需要解除锁定再进行移动操作。下面说明移动视图操作的一般过程。

步骤1：打开文件 tsm_detailed_auxiliary.drw。

步骤2：选择要解除状态的视图，单击系统工具栏中的视图锁定切换按钮，使其处于弹起状态，或选择视图后，在视图上右击，在弹出的快捷菜单中选择 `✓ 锁定视图移动`，去掉该命令前面的"√"，如图12-20所示。

步骤3：选择左视图，按住鼠标，移动鼠标就可以将视图移动到合适位置，如图12-21所示。

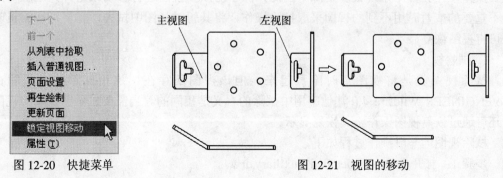

图 12-20　快捷菜单　　　　　　　　图 12-21　视图的移动

注意：如果移动主视图，则相应子视图也会随之移动；如果移动投影视图则只能上下或左右移动，以保持该视图与主视图对应关系不变。一旦某个视图被解除锁定状态，则其他视图也同时被解除锁定。同样，一个视图被锁定后其他视图也同时被锁定。

12.4.2 视图的删除

对于不需要的视图可以进行视图的删除操作，其一般操作过程如下。

步骤 1：打开文件 tsm_detailed_auxiliary.drw。

步骤 2：单击要删除的视图，然后选择下拉菜单中的 编辑(E) → 删除(D) Del 命令，则视图将被删除（或者单击要删除的视图后，在该视图上右击，在如图 12-22 所示的快捷菜单中选择 删除(D) Del ），删除视图后如图 12-23 所示。

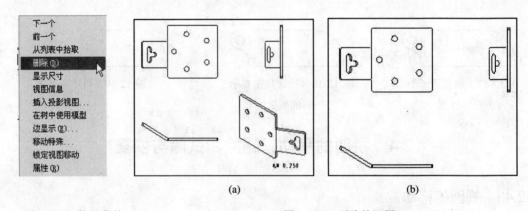

(a)　　　　　　　　　　　　　　　(b)

图 12-22　快捷菜单　　　　　　　　　　图 12-23　删除的视图

(a) 轴测图删除前；(b) 轴测图删除后。

注意：如果删除主视图则子视图也将被删除。视图在删除后不能恢复，是永久性的删除。如果误操作可以单击"撤销"按钮 将视图恢复过来，但存盘后无法再恢复被删除的视图。

12.4.3 视图的拭除与恢复

对于大型复杂的工程图，尤其是零件成百上千的复杂装配图，视图的打开、再生与重画操作往往会占用系统很多资源。因此，除了对众多视图进行移动锁定外，还应对某些不重要的或暂时用不到的视图采取拭除操作，将其暂时从图中拭去，当要进行编辑时还可将视图恢复显示。

1. 拭除视图

拭除视图就是将视图暂时隐藏起来，但该视图还存在。这里拭除的含义和在 Pro/ENGINEER Wildfire 4.0 其他应用中拭除的含义是相同的。当需要显示已拭除的视图时还可通过恢复视图操作将其恢复显示。

拭除视图的一般操作过程如下。

步骤 1：打开文件 tsm_detailed_auxiliary.drw。

步骤 2：选择下拉菜单 视图(V) → 绘图显示(D) → 绘图视图可见性(U)，弹出如图 12-24 所示的视图菜单管理器。

图 12-24　"视图"菜单

步骤 3：选择拭除视图命令，选择图 12-25(a)中的轴测图，则系统会用一个带有视图名的矩形来临时代替该轴测图，如图 12-25(b)所示。

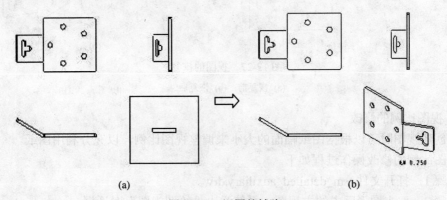

(a)　　　　　　　　　　　　　　(b)

图 12-25　视图的拭除

(a) 轴测图拭除前；(b) 轴测图拭除后。

2. 恢复视图

如果想恢复已经拭除的视图，可进行恢复视图操作。恢复视图和拭除视图是相逆的过程，恢复视图操作的一般过程如下。

步骤 1：打开文件 tsm_detailed_auxiliary-1.drw。

步骤 2：选择下拉菜单中的"视图"→"绘图显示"→"绘图视图可见性"。

步骤 3：系统弹出"视图"菜单，选择"恢复视图"，系统会弹出如图 12-26 所示"视图"菜单。

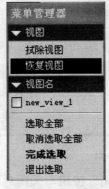

图 12-26　视图菜单

步骤 4：选择如图 12-27（a）所示的视图 NEW_VIEW_1（即轴测图），选择"完成选取"。

步骤 5：单击鼠标中键，完成视图的恢复操作，视图恢复后如图 12-27（b）所示。

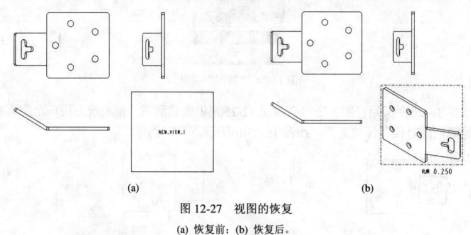

(a)   (b)

图 12-27　视图的恢复

(a) 恢复前；(b) 恢复后。

3. 视图比例的修改

在创建视图时可以根据图纸幅面的大小来调整视图比例，以充分利用图纸。

视图比例的修改操作过程如下。

步骤 1：打开文件 tsm_detailed_auxiliary.drw。

步骤 2：双击图形区中的主视图，系统弹出"绘图视图"对话框。

步骤 3："选择类别选项组中的比例选项，此时系统默认选中定制比例选项（其余两个选项均显示为灰色），在后面的文本框中输入比例值 0.3，如图 12-28 所示，再单击"应用"按钮。

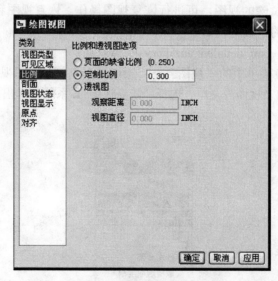

图 12-28　"绘图视图"对话框

步骤 4：单击对话框中的"关闭"按钮，关闭对话框，修改视图比例后如图 12-29 所示。

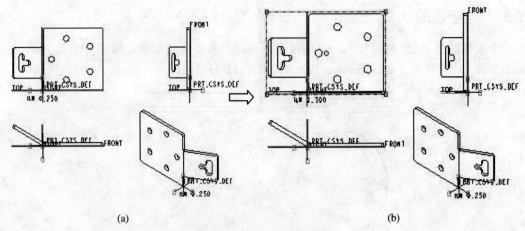

(a)   (b)

图 12-29   视图比例修改

(a) 修改比例前的视图；(b) 修改比例后的视图。

12.5 剖 视 图

剖视图是用来表达零件内部结构的一种常用视图，它以相关的剖面线来表达零件材料。剖视图可以是全视图、半视图或局部视图。定义剖视图是在如图 12-30 所示的"剖面"选项卡上进行的，常用的"剖面"选项为"2D 截面"选项。当已经在模型中创建了剖切截面，有效的剖切截面系统会用"√"来表示，而无效的截面是用"×"来表示。在属性表的"剖切区域"列表中，可以确定要创建的剖视图是全视图、半视图还是局部视图等。如果选择"局部"选项，那么需要在视图中选择局部剖面的中心点，围绕选择中心点，依次在其周围单击若干点来定义样条边界，最后单击鼠标中键完成绘制样条边界。切记不要单击工具栏上的草绘工具，因为如果单击草绘工具，系统会认为要草绘二维图元，而不是创建局部视图的边界样条。

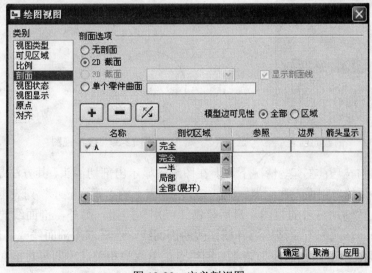

图 12-30   定义剖视图

12.5.1 全剖视图

全剖视图属于 2D 截面视图，在创建全剖视图时需要用到截面，操作方法如下。

步骤 1：打开文件 tsm_drawing_1.drw，如图 12-31 所示。

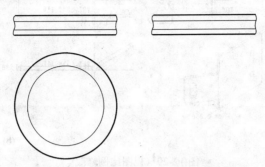

图 12-31　文件 tsm_drawing_1.drw 中的图形

步骤 2：双击如图 12-31 所示的左视图，弹出"绘图视图"对话框。

步骤 3：在"类别"列表中选择"剖面"，如图 12-30 所示。

步骤 4：选择"2D 截面"单选按钮，单击 + 按钮。

步骤 5：由于工程图中不存在已保存的 2D 截面，则系统自动调出"剖截面创建"菜单栏。选择"平面"→"单一"→"完成"，如图 12-32 所示。

步骤 6：输入截面名称为"A"，单击"√"键来确定。

步骤 7：选择主视图中的"FRONT"基准面。

步骤 8：在"绘图视图"对话框中依次单击 应用 按钮和 关闭 按钮，创建如图 12-33 所示的全剖视图。

图 12-32　"剖截面创建"菜单

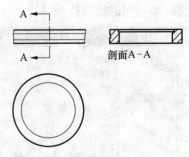

图 12-33　全剖视图

实用知识与技巧：在有些情况下需要在图纸中显示出剖切箭头，其方法是先进入"绘图视图"对话框的"剖面"选项卡，激活 2D 剖面表上的"箭头显示"列表框，然后在图纸中选择要放置剖切符号的视图，最后单击"应用"按钮。另外，剖面线的间距和角度是可以修改的。修改的方法是先选择要修改的剖面线，然后双击剖面线或者选择"编辑"→"属性"，调出"修改剖面线"菜单，利用该菜单上的相关选项即可对剖面线的参数进行修改了。

374

12.5.2 半视图与半剖视图

半视图常用于表达具有对称形状的零件模型，此时只用一半来表达，使视图简洁明了。创建半剖视图时需选取一个基准面来作为参照平面（此平面在视图中必须垂直于屏幕），视图中只显示此基准面指定一侧的视图，另一半不显示。

创建半视图步骤：

步骤 1：打开文件 tsm_drawing_2.drw。

步骤 2：双击如图 12-31 所示的左视图，弹出"绘图视图"对话框。

步骤 3：在"类别"列表中选择"可见区域"，将"视图可见性"设置为"半剖视"，如图 12-30 所示。

步骤 4：在系统中 ➡给半视图的创建选择参照平面。的提示下，选择绘图界面中的左视图中的 TOP 基准面。此时视图如图 12-34 所示，图中箭头表明半视图的创建方向（箭头指向左侧表示仅显示左侧部分，箭头指向右侧表示仅显示右侧部分）；单击更改箭头方向按钮 ⊠，使箭头指向右侧；将"对称线标准"设置为"对称线"；单击对话框中的 应用 按钮，系统生成半视图，此时"绘图视图"对话框如图 12-35 所示。

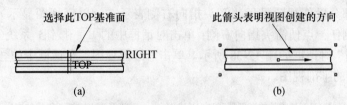

图 12-34　选择绘图方向

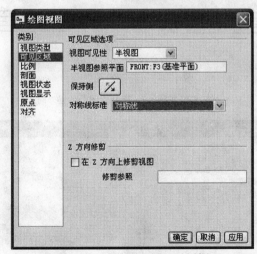

图 12-35　"绘图视图"对话框

步骤 5：单击对话框中的 关闭 按钮，关闭对话框，创建如图 12-36 所示的半视图。

创建半剖视图举例：

在半剖视图中，参照平面指定的一侧以剖视图显示，而在另一侧以普通视图显示，操作方法如下。

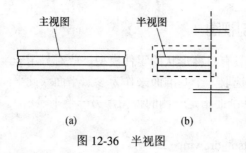

主视图   半视图

(a)   (b)

图 12-36 半视图

步骤 1：打开文件 tsm_drawing_1.drw。

步骤 2：双击如图 12-31 所示的左视图，弹出"绘图视图"对话框。

步骤 3：在"类别"列表中选择"剖面"，如图 12-30 所示。

步骤 4：选择"2D 截面"单选按钮，单击 ➕ 按钮。

步骤 5：在"名称"下拉列表框中选取截面 A（A 剖截面在零件模块中已提前创建），在"剖切区域"下拉列表框中选择一半。

步骤 6：在系统中 ➡为半截面创建选取参照平面。的提示下，选择绘图界面中的左视图中的 **TOP** 基准面，此时视图如图 12-37 所示。图中箭头表明半剖视图的创建方向（箭头指向左侧表示左侧部分以剖视图显示，箭头指向右侧表示右侧以剖视图显示）；点击绘图区 **TOP** 基准面右侧任一点使箭头指向右侧；单击对话框中的 应用 按钮，系统生成半剖视图，此时"绘图视图"对话框如图 12-38 所示。单击"绘图视图"对话框中的 关闭 按钮，创建如图 12-39 所示的半剖视图。

选择此 TO12-36 所示的半剖视图 TOP 基准面   此箭头表明视图创建的方向

(a)   (b)

图 12-37 选择绘图方向

(a) 选取参照平面；(b) 选择视图的创建方向。

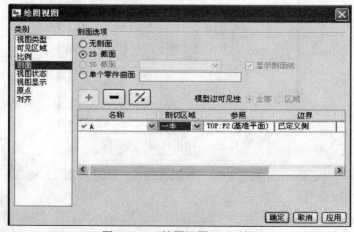

图 12-38 "绘图视图"对话框

376

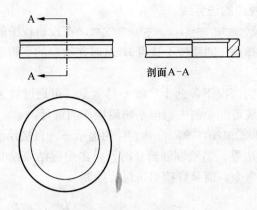

图 12-39　半剖视图

12.5.3　局部视图与局部剖视图

局部视图只显示视图的某个局部，创建局部视图时需先指定一个参照点作为中心点并在视图上草绘一条曲线以选定一定的区域，生成的局部视图将显示以此样条曲线为边界的区域。

局部剖视图以剖视的形式显示选定区域的视图，可以用于某些复杂的视图中使图样简洁，增加图样的可读性。在一个视图中还可以做多个局部截面，这些截面可以不在平面上，用以更加全面地表达零件的结构。

创建局部视图的操作步骤如下。

步骤 1：打开文件 tsm_drawing_1.drw。

步骤 2：双击左视图。

步骤 3：系统弹出"绘图视图"对话框，选择类别选项组中的"可见区域"，将"视图可见性"设置为"局部视图"，如图 12-40 所示。

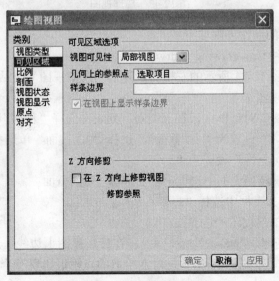

图 12-40　"绘图视图"对话框

步骤 4：绘制部分视图的边界线。

(1) 此时系统提示 ➡选取新的参照点。单击"确定"完成，在投影视图的边线上选择一点（如果不在模型的边线上选择点，则系统不认可），这时在拾取的点附近出现一个红色的十字线，如图 12-41 所示。

注意：在视图较小的情况下，此十字线不易看见，可通过放大视图区来观察；移动或缩放视图区时，十字线可能会消失，但不妨碍操作的进行。

(2) 在系统 ➡在当前视图上草绘样条来定义外部边界。的提示下，直接绘制如图 12-42 所示的样条线来定义部分视图的边界。当绘制到封合时，单击中键结束绘制（在绘制边界线前，不要选择样条线的绘制命令，而是直接单击进行绘制）。

图 12-41　边界中心点　　　　　　　　　　　图 12-42　草绘轮廓线

步骤 5：单击对话框中的"确定"按钮，关闭对话框。

创建如图 12-43 所示的局部视图。

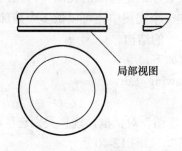

图 12-43　局部视图

创建局部剖视图的操作步骤如下。

步骤 1：打开文件 tsm_drawing_1.drw。

步骤 2：双击如图 12-31 所示的左视图，弹出"绘图视图"对话框。

步骤 3：设置剖视图选项。

(1) 在"绘图视图"对话框中，在"类别"列表中选择"剖面"，如图 12-30 所示。

(2) 将"剖面选项"设置为"2D 截面"，选择"2D 截面"单选按钮，单击 ➕ 按钮。

(3) 将"模型边可见性"设置为"全部"。

(4) 在"名称"下拉列表框中选取剖截面 ▨ A （A 剖截面在零件模块中已提前创建），在"剖切区域"下拉列表框中选择"局部"。

步骤 4：绘制局部剖视图的边界线。

(1) 此时系统提示 ➡选取截面间断的中心点〈 A 〉，在投影视图上边线上选择一点（如果不在模型的边线上选择点，系统不认可），这时在拾取的点附近出现一个红色的十字线，如图 12-44 所示。

(2) 在系统 ➡ 草绘样条，不相交其它样条，来定义一轮廓线 的提示下，直接绘制如图 12-45 所示的样条线来定义局部剖视图的边界，当绘制到封合时，单击中键结束绘制。

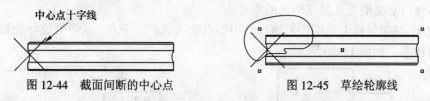

图 12-44　截面间断的中心点　　　　　　　图 12-45　草绘轮廓线

步骤 5：此时"绘图视图"对话框如图 12-46 所示，单击对话框中的"确定"按钮，关闭对话框，创建如图 12-47 所示的局部剖视图。

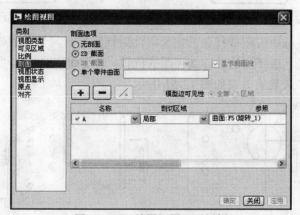

图 12-46　"绘图视图"对话框

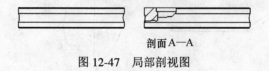

剖面 A—A

图 12-47　局部剖视图

12.6　详　细　视　图

有一些 3D 模型转化为工程图时，需要借助创建的详细视图来更清晰地表达模型。详细视图一般是放大某一个视图（该视图作为父项视图）中较为复杂的局部结构。创建详细视图时，系统会在父项视图中要察看细节的局部区域显示边界和参照注释。

插入详细视图操作步骤如下。

步骤 1：打开文件 tsm_detailed_auxiliary.drw，其中已存有如图 12-48 所示的工程图。

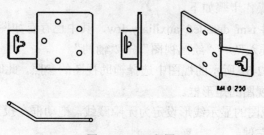

图 12-48　工程图

步骤 2：选择"插入"→"绘图视图"→"详细"。

步骤 3：系统提示在现有绘图视图中选择要查看细节的中心点，选择如图 12-49 所示的点，系统以加亮的叉来显示所选的中心点。

步骤 4：使用鼠标左键围绕着所选的中心点依次选择若干点，从而生成环绕要详细显示区域的样条，如图 12-50 所示。

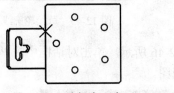 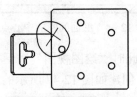

图 12-49　选择中心点　　　　　图 12-50　定义显示区域

步骤 5：单击鼠标中键完成样条的定义，此时样条显示为一个圆心在所选点上的圆。

步骤 6：在图纸上选择要放置详细视图的位置，并通过双击调出"绘图视图"对话框来将比例设置为 1，最后的效果如图 12-51 所示。

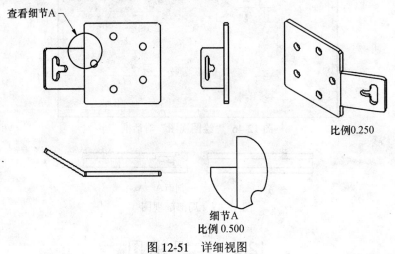

图 12-51　详细视图

12.7　辅助视图

有一些 3D 模型转化为工程图时，需要借助创建的辅助视图来更清晰地表达模型。辅助视图是一种具有投影关系的工程视图，它是以垂直角度向父项视图中的参照进行投影而产生的视图。在一般情况下，考虑到图纸空间和显示重点的需要，辅助视图通常是局部的。

插入辅助视图的操作步骤如下。

步骤 1：打开文件 tsm_detailed_auxiliary.drw，其中已存有如图 12-48 所示的工程图。

步骤 2：选择"插入"→"绘图视图"→"辅助"。

步骤 3：在如图 12-52 所示的视图中选择辅助视图的参照，此时在参照边的垂直方向上出现一个代表辅助视图的矩形框。

步骤 4：将辅助视图的显示线形设定为无隐藏线。拖动框在投影方向上移动，在所需的放置位置松开鼠标左健。

图 12-52 选择参照

步骤 5：双击辅助视图，打开"绘图视图"对话框。进入"可见区域"选项卡，从"视图可见性"列表框中选择"局部视图"选项，然后在辅助视图上选择显示区域的参照中心点，并在参照点周围连续单击以获得所需的样条边界，单击鼠标中键结束，如图 12-53 所示。单击"应用"按钮。

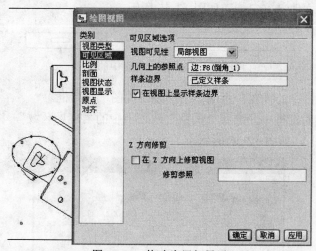

图 12-53 修改为局部显示

步骤 6：在"视图类型"选项卡中，将视图名称设置为"辅助视图 A"，并选择"添加投影箭头"选项，单击"应用"按钮，最后单击"关闭"按钮退出"绘图视图"对话框，完成的辅助视图如图 12-54 所示。

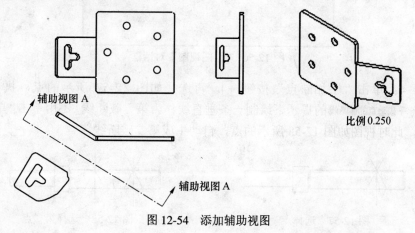

图 12-54 添加辅助视图

381

12.8　破断视图

在机械制图中，经常遇到一些长细形的零件，若要全面反映零件的尺寸形状，需用大幅面的图纸来绘制。为了既节省图纸幅面，又反映零件形状尺寸，在实际绘图中常采用破断视图。破断视图指的是从零件视图中删除选定两点之间的视图部分，将余下的两部分合并成一个带破断线的视图。创建破断视图之前，应当在当前视图上绘制破断线。通常有两种方法绘制破断线：通过创建几个断点，然后以绘制通过这些断点的直线（垂直线或者水平线）作为破断线；通过绘制样条曲线、选择视图轮廓为"S"曲线或几何上的心电图形等形状作为破断线。确认后系统将删除视图中两破断线间的视图部分，合并保留需要显示的部分（即破断视图）。

创建破断视图的操作步骤如下。

步骤 1：打开文件 shaft.drw，如图 12-55 所示。

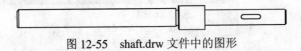

图 12-55　shaft.drw 文件中的图形

步骤 2：双击图中的视图，系统弹出"绘图视图"对话框。

步骤 3：在该对话框中，选择"类别"选项组中的"可见区域"，将"视图可见性"设置为"破断视图"，如图 12-56 所示。

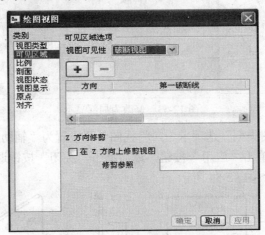

图 12-56　"绘图视图"对话框

步骤 4：单击"添加断点"按钮 ＋ ，再选择如图 12-57 所示的点，执着在系统 ➡草绘一条水平或垂直的破断线 的提示下绘制一条垂直线作为第一破断线（不用单击"草绘直线"按钮 ＼ ），此时视图如图 12-58 所示的点，自动生成第二破断线。

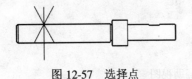

图 12-57　选择点　　　　　　　　　　　　　　图 12-58　选择第二点

382

步骤 5：在 **破断线样式** 栏中选择"草绘"，如图 12-59 所示。

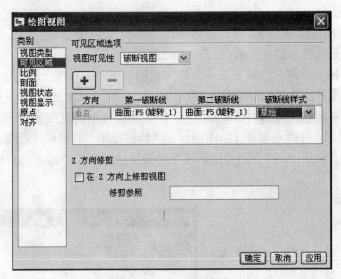

图 12-59　选择破断线样式

步骤 6：绘制如图 12-60 所示的样条曲线（不用单击"草绘样条曲线"按钮，直接在图形区绘制样条曲线），草绘完成后单击中键，此时生成草绘样式的破断线。

步骤 7：单击"绘图视图"对话框中的"确定"按钮，此时生成如图 12-61 所示的破断视图。

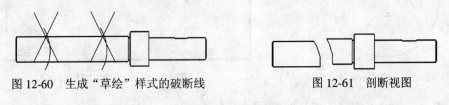

图 12-60　生成"草绘"样式的破断线　　　　　图 12-61　剖断视图

说明：

(1) 选择不同的"破断线线体"将会得到不同的破断线效果。

(2) 在工程图配置文件中，可以用 broken_view_offset 参数来设置断裂线之间的距离。

12.9　旋转视图和旋转剖视图

旋转视图又叫旋转截面视图，因为在创建旋转视图时常用到剖截面。它是从现有视图引出的，主要用于表达剖截面的剖面形状，因此常用于"工字钢"等零件。此剖截面必须和它所引出的那个视图相垂直。在 PRO/E 工程图环境中，旋转视图的截面类型均为区域截面，即只显示被剖到的部分，因此在创建旋转视图的过程中不会出现"截面类型"菜单。

旋转剖视图是完整截面视图，但它的截面是一个偏距截面（因此需创建偏距剖截面）。它显示绕某一轴的展开区域的截面视图，在"绘图视图"对话框中用到的是"全部对齐"

选项，且需选取某个轴。

1. 旋转视图

旋转视图的操作步骤如下。

步骤 1：打开文件 lt12-1.drw，如图 12-62 所示。

步骤 2：选择下拉菜单"插入"→"绘图视图"→"旋转"。

步骤 3：在系统 ➡选取旋转界面的父视图 的提示下，鼠标单击选取图形区中的俯视图。

步骤 4：在 ➡选取绘制视图的中心点 的提示下，在图形区的俯视图的右侧选择一点，系统立即产生旋转视图，并弹出如图 12-63 所示的"绘图视图"对话框（系统已自动选取截面 A，在此例中只有截面 A 符合创建旋转视图的条件；如果多个截面符合条件，需读者自己选取）。

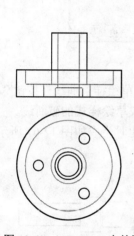

图 12-62　lt12-1.drw 中的图形

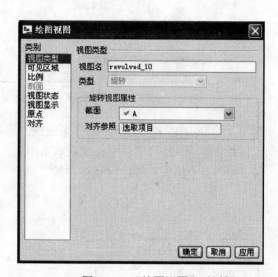

图 12-63　"绘图视图"对话框

步骤 5：此时系统显示提示 ➡选取对称轴或基准(中键取消)，一般不需要选取对称轴或基准，直接单击中键完成旋转视图的创建（如果旋转视图和原俯视视图重合在一起，可移动旋转视图到合适位置），创建如图 12-64 所示的旋转视图。

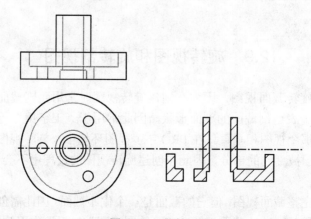

图 12-64　旋转视图

2. 旋转剖视图

旋转剖视图的操作步骤如下。

步骤 1：打开文件 lt12-1.drw，如图 12-62 所示。

步骤 2：先单击选中如图 12-62 所示的俯视图，然后右击，从系统弹出的快捷菜单中选择"插入投影视图"命令。

步骤 3：在图形区的俯视图的右侧选择一点，系统立即产生投影图。

步骤 4：双击上一步中创建的投影视图，系统弹出"绘图视图"对话框。

步骤 5：设置剖视图选项。

(1) 在如图 12-65 所示的对话框中，选择"类别"选项组中的"剖面"。

(2) 将"剖面选项"设置为"2D 截面"，然后单击"＋"按钮。

(3) 将"模型边可见性"设置为"全部"。

(4) 在"名称"下拉列表框中选取剖截面"C"（C 剖截面是偏距剖截面，在零件模块中已提前创建），在"剖切区域"下拉列表框中选择"全部对齐"。

(5) 在系统 ⇨ 选取轴 (在轴线上选取) 的提示下选取刚产生投影视图中的轴线（如果在视图中基准轴没有显示，需单击 ⚲ 按钮打开基准轴的显示）。

步骤 6：单击对话框中的"确定"按钮，关闭对话框。

步骤 7：添加箭头。选择刚产生的旋转剖视图，然后右击，从弹出的快捷菜单中选择"添加箭头"命令；单击俯视图，系统自动生成箭头，创建如图 12-66 所示的旋转剖视图。

图 12-65 "绘图视图"对话框

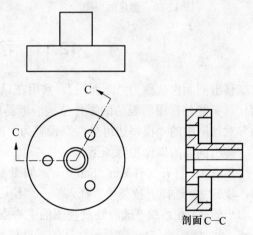

剖面 C—C

图 12-66 旋转剖视图

12.10 阶梯剖视图

阶梯剖视图属于 2D 截面视图，它与全剖视图在本质上没有区别，但它的截面是偏距截面。创建阶梯剖视图的关键是创建好偏距截面，可以根据不同的需要创建偏距截面来实现阶梯剖视以达到充分表达视图的需要。

阶梯剖视图的操作步骤如下。

步骤 1：打开文件 lt.drw。

步骤 2：创建如图 12-67 所示主视图的俯视图。

步骤 3：双击上一步中创建的投影视图，系统弹出"绘图视图"对话框。

步骤 4：设置剖视图选项。在"绘图视图"对话框中，选择"类别"选项组中的"剖面"选项；将"剖面选项"设置为"2D 截面"，然后单击"＋"按钮；将"模型边可见性"设置为"全部"；在"名称"下拉列表框中选取剖截面"A"，在"剖切区域"下拉列表框中选择"完全"；单击对话框中的"确定"按钮，关闭对话框。

步骤 5：添加箭头。选择刚产生的阶梯剖视图，然后右击，从弹出的快捷菜单中选择"添加箭头"命令；单击主视图，系统自动生成箭头，创建如图 12-68 所示的阶梯剖视图。

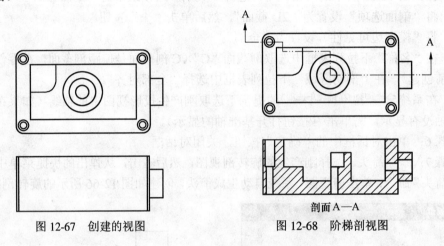

图 12-67　创建的视图　　　　图 12-68　阶梯剖视图

12.11　移　出　剖　面

移出剖面也被称为"断面图"，常用在只需表达零件断面的场合下，这样可以使视图简化，又能使视图所表达的零件结构清晰易懂。在创建移出剖面时关键是要将"绘图视图"对话框中的"模型边可见性"设置为"区域"。

移出剖面的操作步骤如下。

步骤 1：打开文件 tsm_shatf.drw，如图 12-69 所示。

步骤 2：选择下拉菜单"插入"→"绘图视图"→"一般"。

步骤 3：在系统"选取绘制视图的中心点"的提示下，在图形区的主视图的右侧选择一点，此时绘图区会出现系统默认的零件模型的斜轴测图，如图 12-70 所示，并弹出"绘图视图"对话框。

步骤 4：在"绘图视图"对话框中的"视图方向"选项组中，选中"选取定向方法"中的"查看来自模型的名称"单选按钮，在"模型视图名"中找到视图名称 LEFT，此时"绘图视图"对话框如图 12-71 所示，单击"绘图视图"对话框中的"应用"按钮。

步骤 5：设置剖视图选项。如图 12-72 所示，在"绘图视图"对话框中，选择"类别"选项组中的"剖面"；将"剖面选项"设置为"2D 截面"，然后单击"＋"按钮，将"模型可见性"设置为"区域"；在"名称"下拉列表框中选取剖截面"A"，在"剖切区域"下拉列表框中选择"完全"，单击对话框中的"确定"按钮，关闭对话框。

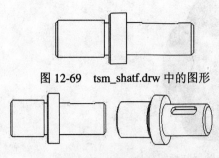

图 12-69 tsm_shatf.drw 中的图形

图 12-71 "绘图视图"对话框

图 12-70 斜轴测图

图 12-72 "绘图视图"对话框

步骤 6：添加箭头。

(1) 选择刚创建的断面图，然后右击，从快捷菜单中选择"添加箭头"。

(2) 在系统"给箭头选出一个截面在其处垂直的视图，中键取消"的提示下，单击主视图，系统自动生成箭头，创建如图 12-73 所示的移出剖面视图。

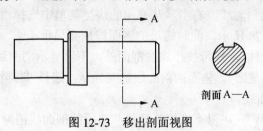

剖面 A—A

图 12-73 移出剖面视图

12.12 装 配 图

装配体工程图的创建方法与零件工程图的创建方法和步骤基本一样。但在装配体工程图中，当剖切面通过实心零件的对称面或通过标准件的轴线时，这些零件要按不剖处理，需通过剖面线属性中的排除元件完成。另外，装配体工程图中还要包括材料明细表、零件序号等内容。

下面通过一个连轴器装配体的工程图实例（见图 12-74）来简要说明创建装配体工程图的基本过程和插入表格、添加零件序号等操作。

图 12-74　连轴器装配图

步骤 1：新建工程图文件，名称为 li12-9.drw，选择文件 li12-9.asm 作为默认模型，选择 a4.draw 作为模板，进入工程图环境。

步骤 2：利用"一般"，创建主视图，执行命令之初弹出如图 12-75 所示的"选取组合状态"对话框，直接单击"确定"按钮，关闭即可，主视图创建结果如图 12-76 所示。

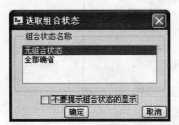

图 12-75　"选取组合状态"对话框

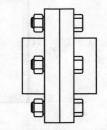

图 12-76　主视图创建结果

步骤 3：利用和前面内容相同的方法，创建全剖视图，选择参考面时在模型树中选择，结果如图 12-77 所示。

步骤 4：修改剖面线属性，将螺栓、螺母按不剖处理。

(1) 在图形区选取剖面线，右击，从弹出的快捷菜单中选择"属性"，出现"修改剖面线"菜单，如图 12-78 所示，此时螺母的剖面线加亮显示。

(2) 选择"排除元件"，螺母被排除在剖面外，不再显示剖面线。

(3) 选择"下一剖截面"，垫圈的剖面线加亮显示，选择"排除元件"，垫圈被排除在剖面外，不再显示剖面线。

(4) 重复上一步骤，完成所有螺栓、螺母和垫圈的剖面线消除，如图 12-79 所示。

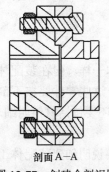

剖面 A－A

图 12-77　创建全剖视图

图 12-78　"修改剖面线"菜单

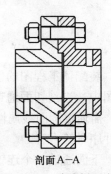

剖面 A－A

图 12-79　消除剖面线

388

步骤 5：修改剖面线间距和角度。

(1) 采用步骤 4 中第一步的方法，打开"修改剖面线"菜单。

(2) 选择菜单中"拾取"，然后在图形区欲修改剖面线角度的位置单击，选中剖面线出现红色选择对象，单击如图 12-80 所示"确定"按钮。

(3) 选择"修改剖面线"菜单中"间距"，打开"修改模式"菜单，如图 12-81 所示。

(4) 选择"一半"，剖面线间距变为原来的一半，高亮显示。

(5) 选择"角度"，出现"修改模式"菜单，选择"135"，剖面线倾角变为 135°。

(6) 选择"修改剖面线"菜单中的"完成"，完成视图如图 12-82 所示。

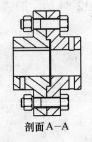

剖面 A—A

图 12-80　选取菜单　　图 12-81　"修改模式"菜单　　图 12-82　修改后的剖面图

步骤 6：创建球标。

(1) 选择"插入"→"球标"，出现"注释类型"菜单，选择"带引线"→"输入"→"水平"→"标准"→"缺省"→"制作注释"，出现"依附类型"菜单。

(2) 选择"自由点"→"点"，消息区提示"选取一些起始点"，在图形区选择螺栓内剖 1 点，按鼠标中键结束。

(3) 消息区提示"输入注释"，输入零件序号"1"，按鼠标中键接受输入。

(4) 再次出现提示，不输入任何值，按鼠标中键完成输入。

(5) 重复以上过程，完成创建 5 个零件的球标，此时球标并未对齐，选取球标，按住鼠标左键拖动到合适的位置，使之对齐，结果如图 12-83 所示。

提示：在装配工程图中要为各个零件编写零件序号，在 Pro/ENGINEER Wildfire 4.0 中称为球标。至于装配体工程图中其他操作，本书不再详细介绍，具体可参考 Pro/ENGINEER Wildfire 4.0 帮助文件。

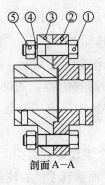

剖面 A—A

图 12-83　插入球标的结果

12.13 标注视图

12.13.1 自动显示和拭除

在一个新工程图中，使用系统提供的"自动显示和拭除"功能，可以自动显示从三维模型传递到工程图中的尺寸和一些项目参数。

单击"自动显示和拭除"按钮 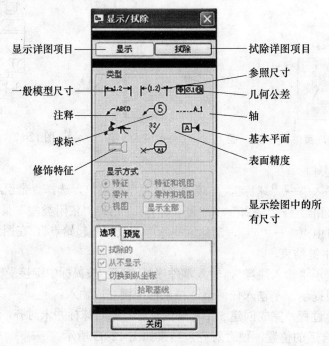（其对应的命令为"视图"→"显示和拭除"），打开如图 12-84 所示的"显示/拭除"对话框。

图 12-84 "显示/拭除"对话框

利用该对话框，可以对一般模型尺寸、对照尺寸、几何公差、注释、基准平面、轴等相关详图项目进行显示和拭除设置。

例如，要自动显示某一特征的尺寸，具体操作步骤为：单击"显示"按钮，接着在"类型"选项组中选中"尺寸"按钮 ⊢1.2┤，在"显示方式"选项组中选择"特征"，然后在工程图中选择该特征，系统便会自动显示（或称标注）该特征的所有尺寸，如图 12-85 所示的示例（在该示例中选择的特征的倒角特征）。当在"显示方式"选项组中单击"显示全部"按钮时，特征中所有的有效尺寸将自动显示出来，如图 12-86 所示。

自动显示的尺寸比较凌乱，不合乎设计者对图面美观和读图的要求，这就需要手动调整尺寸的位置，删除不需要的尺寸而重新手动标注需要的尺寸。关于手动标注尺寸（包括手动调整尺寸的位置在内）的知识将在下一小节中介绍。

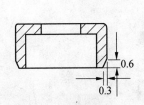

图 12-85　显示倒角尺寸

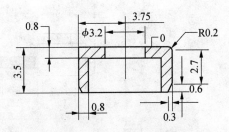

图 12-86　显示全部

12.13.2　手动标注尺寸

利用"标注"按钮 ⊢⊣，可以手动选择新参照来创建标准尺寸，操作方式如下。

步骤 1：单击 ⊢⊣ 按钮，出现如图 12-87 所示的菜单。

步骤 2：在菜单上选择合适的依附类型，例如选择"图元上"选项。

步骤 3：在视图上选择图元，然后单击鼠标中键来放置尺寸，这和在草绘器中的标注方法是一样的，如图 12-88 所示的示例。

步骤 4：单击鼠标中键，结束标注尺寸的命令操作。

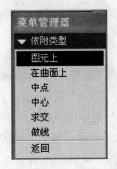

图 12-87　"依附类型"菜单

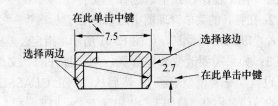

图 12-88　手动标注示例

如果要标注的尺寸是参照尺寸、坐标尺寸等，可以选择"插入"里的相关命令来执行，如图 12-89 所示。

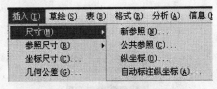

图 12-89　尺寸标注的相关命令

可以对标注的尺寸进行拭除、位置调整、改变箭头方向等操作。

拭除单个尺寸的快捷方法：先选择要拭除的尺寸，然后单击鼠标右键，在出现的快捷菜单中选择"拭除"命令即可，如图 12-90 所示。

在单视图内调整尺寸位置：先选择要移动的尺寸，然后将其拖动到合适的位置。

将尺寸移动至更适合的另一视图上：先选择要移动的尺寸，右键单击，从快捷菜单中选择"将项目移动到视图"，然后选择要放置在其间的视图。

图 12-90　拭除操作

改变箭头方向：先选择箭头所在的标注尺寸，然后单击右键，从快捷菜单中选择"反向箭头"。

12.13.3　尺寸公差与几何公差

尺寸公差与几何公差影响着零件制造的精度，一个零件经加工后，不仅会存在尺寸的误差，而且会产生几何形状及相互的位置的误差。

Pro/ENGINEER Wildfire 4.0 系统提供了两种公差标准：ANSI 标准和 ISO/DIN 标准。设置公差标准的步骤如下。

步骤 1：在工程图模式下，选择"文件"→"属性"。

步骤 2：在打开的菜单管理器中，选择"公差标准"→"公差"，然后指定公差标准为"ANSI标准"或者"ISO/DIN 标准"，如图 12-91 所示。指定公差标准后，选择"完成/返回"。

步骤 3：如果需要改变公差等级，则在打开的"文件属性"菜单中选择"公差标准"→"公差设置"→"模型等级"，然后从"TOL CLASSES"菜单选项选择一个等级名称，可供选择的等级名称有"精加工"、"中键"、"粗加工"和"非常粗糙"4 种，如图 12-92 所示。

步骤 4：如果需要对公差表进行修改、检索、保存和显示操作，可以在"公差设置"菜单中选择"公差表"，如图 12-93 所示。

图 12-91　选择公差标准

图 12-92　改变公差等级

图 12-93　公差表操作

在介绍了公差标准的设置之后，现在说明如何进行尺寸公差的标注与显示设置。在这里，需要了解与尺寸公差显示相关的 Config.pro 配置文件选项和绘图配置文件（后缀名为.dtl）选项。

与尺寸公差显示有关的 Config.pro 配置文件选项主要有 maintain limit tol nominal 和 tol mode。

maintain limit tol nominal：保持一个尺寸的公差公称值，不考虑对公差值所作的改变，其默认选项为 no。

tol mode：有 4 个选项，即 limits（显示上下极限尺寸）、nominal（显示的尺寸没有公差）、plusinus（现实的尺寸具有上、下公差）和 plusminussym（显示正负公差）。

与尺寸公差有关的绘图配置文件(后缀名为.dtl)选项主要有 tol kisplay 和 blank zero tolerance。

tol display：这是一个很有用的绘图配置文件选项，它的作用是决定公差的显示与否。

blank zero tolerance：如果公差值设置为零，确定是否遮蔽（不显示）正负公差值，默认值为"no"。

例如，在如图 12-94 所示的工程图中，如果选择"文件"→"属性"→"绘图选项"，在打开的"选项"对话框中将 tol display 选项的值设置为"yes"，单击"应用"按钮，关闭对话框，此时单击 按钮，则在工程图上显示出所有尺寸的公差值，如图 12-95 所示。

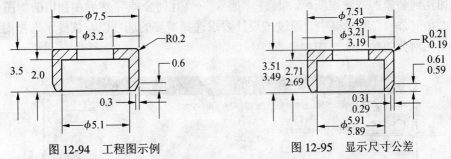

图 12-94　工程图示例　　　　　　　　图 12-95　显示尺寸公差

可以通过修改公差模式来改变某个尺寸的显示方式，简便的方法如下。

步骤 1：选择尺寸，单击右键，在弹出的快捷菜单中选择"属性"，打开如图 12-96 所示的对话框。

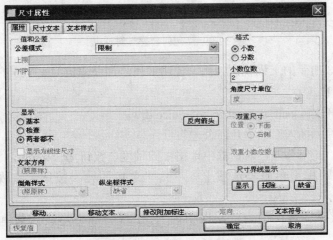

图 12-96　"尺寸属性"对话框

步骤 2：在"属性"选项卡中，从"公差模式"到表框中选择其中的一个公差模式选项，如图 12-97 所示，并根据选定的公差模式选项重新设置所需的公差参数值。例如，当选择了"加-减"选项后，可以重新设置上公差值和下公差值。

步骤 3：单击"确定"按钮。

按照上述步骤，可以将前面的如图 12-95 所示的工程图修改为如图 12-98 所示的工程图，其中尺寸 3.5、2.7、0.6、0.3 和 R0.2 的公差值模式被设置为"象征"。

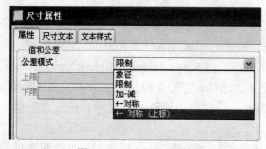

图 12-97　选择公差模式

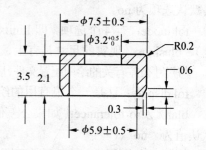

图 12-98　修改;公差模式后的工程图

下面介绍如何给工程图添加几何公差。

添加几何公差的方法很简单，即选择"插入"→"几何公差"，然后在弹出的如图 12-99 所示的"几何公差"对话框中，通过按设计要求选择需要的选项以及依提示选择图元等，便可完成几何公差的添加操作。

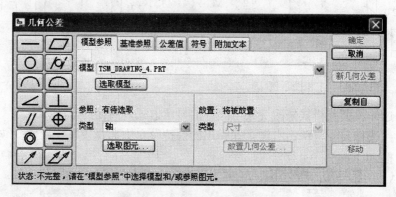

图 12-99　"几何公差"对话框

以如图 12-98 所示的工程视图为例，说明如何添加公差值为 ϕ 0.05 的同轴度。

操作步骤如下。

步骤 1：打开文件 tsm_geometric_tolerance.drw。

步骤 2：选择"插入"→"几何公差"。

步骤 3：在"几何公差"对话框中单击"同轴度"按钮 ◎。

步骤 4：在"模型参照"选项卡上单击"选取图元"按钮，在视图中选择中心轴线。

步骤 5：选择旋转类型为"法向引向"，出现"导引形式"菜单，如图 12-100 所示。

394

步骤6：选择"箭头"选项，接着在视图中选择箭头引出的位置，然后在视图中选择要放置几何公差的位置，如图12-101所示。

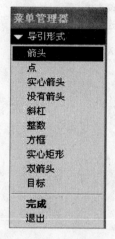

图 12-100　指定导引形式

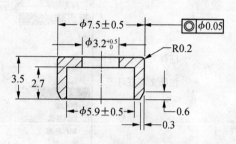

图 12-101　定义位置

步骤7：如果对几何公差的放置位置很满意，可以单击对话框中的"放置几何公差"按钮，然后重新选择引出点；并可单击"移动"按钮，在限制的方向上调整几何公差的放置位置。

实用知识与技巧：如果默认的公差值不是$\phi 0.05$，可以切换到"公差值"选项卡，将同轴度的总公差设置为"0.05"，然后切换到"符号"选项卡，使"ϕ直径符号"复选框处于选中状态，如图12-102所示。

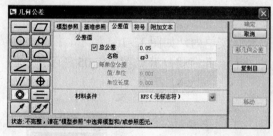

(a)

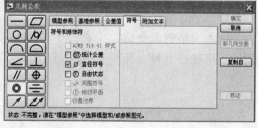

(b)

图 12-102　设置公差值和符号

(a) 设置公差值；(b) 设置符号。

步骤8：单击"确定"按钮，完成该同轴度的标注。

12.13.4　注释

必要的注释有助于工程图信息的交流。在工程图模式下，插入注释的步骤：选择"插入"→"注释"，打开如图12-103所示的"注释类型"菜单；利用该菜单设置注释属性，所述的注释属性包括依附类型、位置、引线样式和文本等。每一次所作的属性修改值都将作为后续注释属性的缺省值。

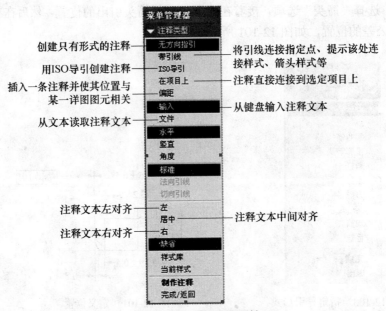

図 12-103　设置注释属性

12.14　表格基础

一个完整的零件工程图应该包括标题栏，一个完整的装配工程图除了包括标题栏之外，还应该包括明细表，而标题栏与明细表主要是靠表格来完成的。在本节里，将着重介绍表格的基础知识：生成表格、编辑表格和在表格内输入文字。

12.14.1　插入表格

插入表格的命令位于"表"→"插入"的级联菜单内，如图 12-104 所示。插入一个新的表格往往选择"表"→"插入"→"表"来执行，此时将打开如图 12-105 所示的"创建表"菜单。

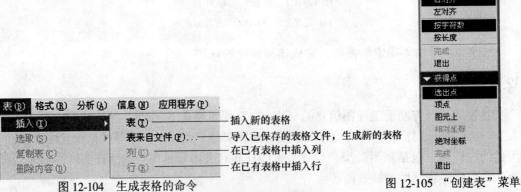

图 12-104　生成表格的命令

图 12-105　"创建表"菜单

在"创建表"菜单上需要定义表格的4个要素，即表格的扩展方向（降序或升序）、对齐约束（右对齐或左对齐）、表格大小的计量方式（按字符数或按长度）和表格的原点（选出点、顶点、图元上、相对坐标、绝对坐标）。

例如，当选择"降序"→"右对齐"→"按长度"→"选出点"时，在图纸中选择一点，在如图 12-106 所示的信息区输入第一列的宽度，单击☑按钮；接着系统提示输入第二列的宽度，如果需要创建第二列的表格，则输入第二列的宽度值并单击☑按钮……直至不再创建新的表格列时，不在框中输入宽度值而直接单击☑按钮。接下去在信息区输入第一行的高度，单击☑按钮；继续输入其他行的高度，直至不再创建新的表格行为止，此时不在框中输入高度值而直接单击☑按钮。这样就创建了简单的表格。

⟐ 用绘图单位（英寸）输入第一列的宽度[退出]   ☑✖

图 12-106　定义列宽度

12.14.2　编辑表格

编辑表格的命令位于"表"的级联菜单中，如图 12-107 所示。

选择"重复区域"选项，将打开如图 12-108 所示的"域表"菜单，在该菜单中选择"增加"，将可以创建简单类型或二维类型的表格重复区域。简单的表格重复区域用于提取装配体的明细表和标注装配体的球标；二维的表格重复区域则用于族表的提取。两者在伸展方向上的区别在于：简单重复区域只向一个方向伸展；而二维重复区域则向纵横两个方向伸展，二维重复区域可以看作是由3个简单的重复区域组成的。

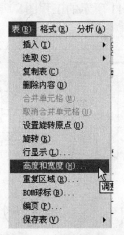

图 12-107　编辑表格的命令

图 12-108　"域表"菜单

12.14.3　在表格内输入文字

在表格内输入快捷的步骤如下。

步骤1：双击表格的单元格，打开如图 12-109 所示的"注释属性"对话框。

步骤2：在"文本"选项卡的文本框内输入所需的文字或符号；如果需要定义文本的

格式，则换到"文本样式"选项卡进行，如图 12-110 所示。

步骤 3：单击"确定"按钮，完成在表格内输入文字的操作。

在表格内输入文字也可以这样操作：选中单元格，然后右击，在出现的快捷菜单中选择"属性"，弹出"注释属性"对话框，输入或编辑文本即可。

图 12-109 "注释属性"对话框

图 12-110 定义文本样式

12.15 工程图综合实例

利用文件 endexample.prt 中的零件生成如图 12-111 所示的工程图。

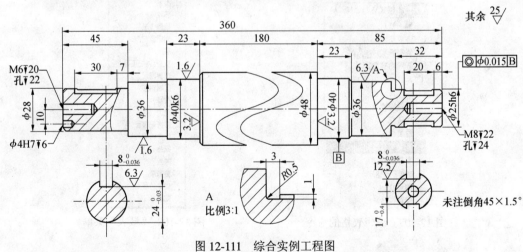

图 12-111 综合实例工程图

1. 设计思路

(1) 创建主视图、局部剖视图、旋转视图、局部放大图等。

(2) 显示尺寸和轴线。

(3) 调整尺寸和轴线的显示样式和位置和尺寸公差。

398

(4) 插入注释。

(5) 插入基准。

(6) 插入形位公差。

(7) 添加表面粗糙度。

2. 创建视图

步骤1：创建工程图文件，进入工程图环境。

(1) 选择菜单"文件"→"新建"，弹出"新建"对话框，如图12-112所示。

(2) 选中"绘图"，在"名称"编辑框内输入名为"endexample"，取消"使用缺省模板"。

(3) 单击"确定"按钮，弹出"新制图"对话框，单击"缺省模型"项目组中的"浏览"按钮，出现"打开"对话框，选择打开文件 endexample.prt。

(4) 在"指定模板"项目选中"使用模板"复选框，如图12-113所示。然后单击"模板"编辑框右侧"浏览"按钮，弹出"打开"对话框，选择文件 A4.drw，然后打开，将模板设置为定制的 A4.drw 模板。

图 12-112 "新建"对话框

图 12-113 "新制图"对话框

(5) 单击"确定"按钮，进入工程图环境，系统消息区将提示输入姓名等信息，直接单击"√"按钮，不输入相应信息，进入工程图环境，结果如图12-114所示。

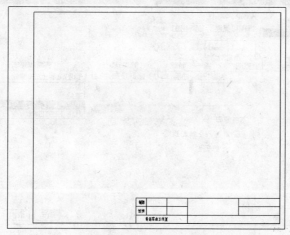

图 12-114 工程图环境

步骤 2：利用"一般视图"命令，创建主视图。

(1) 单击"绘图"工具栏上的"创建一般视图"工具 ，然后根据提示，在图形区适当位置单击视图的中心点，系统弹出"绘图视图"对话框。

(2) "绘图视图"对话框中的"视图类型"为"FRONT"、"比例"为"1"、"视图显示"为"无隐藏线"。

(3) 单击"应用"按钮，图形区显示主视图，再单击"关闭"按钮，主视图创建结果如图 12-115 所示。

图 12-115　主视图创建结果

步骤 3：修改"绘图视图"属性，创建破断视图。

(1) 选取主视图，右键单击，从弹出的快捷菜单中选择"属性"，或直接双击左键，弹出如图 12-116 所示的"绘图视图"对话框。

(2) 从中选择"可见区域"，系统弹出"可见区域选项"对话框，如图 12-116(a)所示。从"视图可见性"下拉列表中选择"破断视图"，然后单击"＋"按钮，系统消息区提示"草绘一条水平或垂直的破断线"。

(3) 在图 12-116(b)中点 1 主视图边界线处单击放置"第一条破断线"起始点，然后垂直向下移动鼠标，在主视图下方适当位置再单击放置"第一条破断线"终点，系统消息区提示"拾取一个点定义第二条破断线"。

(4) 在图 12-116(b)中点 2 主视图边界线处单击放置"第二条破断线"起始点，然后垂直向下移动鼠标，在主视图下方适当位置再单击放置"第二条破断线"终点，系统自动将"破断线样式"设定为"值"。

(5) 单击"破断线样式"下拉列表按钮，弹出破断线样式下拉列表，如图 12-116(a)所示，从中选择"视图轮廓上的 S 曲线"。

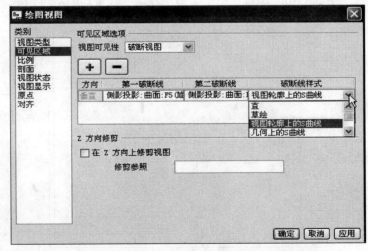

(a)

400

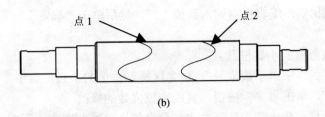

(b)

图 12-116 "可见区域选项"对话框设置结果

(6) 单击"确定"按钮，完成破断视图的创建，结果如图 12-117 所示。

图 12-117 破断视图创建的结果

提示：如果破断线间距太小或太大，可通过以下两种方法修改：①创建破断视图前，先选择"文件"→"属性"，再选择"选项"对话框，修改 broken view offset 变量的值，然后再生成破断视图，系统自动将破断线间距设置成 broken view offset 变量的值。②创建破断视图后，单击"绘制"工具栏上"禁止使用鼠标移动视图"按钮，取消锁定移动视图，然后选中破断视图的某一部分，拖动到适当位置，放置即可。

步骤 4：利用"详细"命令，创建局部放大视图。

(1) 选择菜单"插入"→"绘图视图"→"详图"，根据消息区提示，在主视图适当位置单击放置局部图的中心点，再根据消息区提示，草绘样条作为局部放大图的范围，按鼠标中键完成样条。

(2) 根据消息区提示，在绘图区适当位置单击放置局部放大视图的中心点，从而完成局部放大视图的创建，如图 12-118 所示。

步骤 5：修改局部放大视图的比例。

(1) 双击局部放大视图，弹出"绘图视图"对话框，从中选择"比例"，系统显示"比例和透视图选项"区域，如图 12-119 所示。

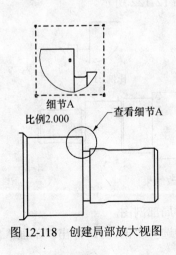

图 12-118　创建局部放大视图

图 12-119　"比例和透视图选项"区域

(2) 在"定制比例"编辑框内输入数值"3"，然后单击"确定"按钮，完成局部放大视图比例的更改。

步骤6：修改数值的小数位数。

(1) 选择"格式"→"小数位数"，消息区提示"值的小数位数字"。

(2) 输入"0"，单击"√"按钮，完成小数位数的修改。

步骤7：修改局部放大视图注释文本，使之符合机械制图中工程图的绘制要求。

(1) 双击局部放大视图注释文本，打开"注释属性"对话框，如图12-120所示。

(2) 删除"细节"二字，然后在"比例{3&det scale[.0]}"后面输入"：1"，修改结果如图12-121所示。

(3) 单击"确定"按钮，完成局部放大视图注释文本的更改。

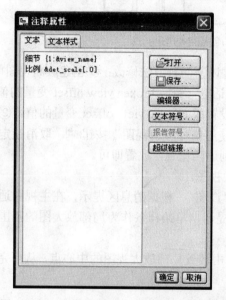

图12-120 文本修改前的"注释属性"对话框

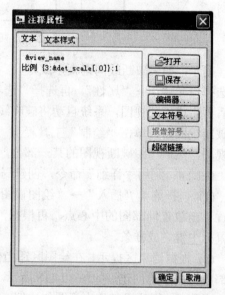

图12-121 文本修改后的"注释属性"对话框

(4) 重复以上步骤，修改主视图上"查看详细A"文本，改为"A"。

步骤8：完成以上3个步骤后，视图修改结果如图12-122所示。

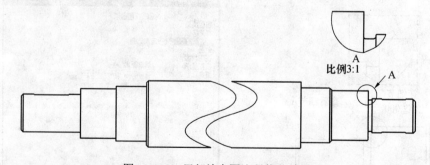

图12-122 局部放大图注释修改结果

步骤9：修改"绘图视图"属性，在主视图上创建局部剖图。

(1) 双击主视图，弹出"绘图视图"对话框，从中选择"剖面"，弹出"剖面"对话框，同时系统弹出如图 12-123 所示的"警告"消息框。

(2) 单击"是"按钮，破断视图将暂时完全显示。

(3) 在"剖面选项"中单击勾选"2D 截面"，然后单击工具 <kbd>+</kbd>，系统弹出"剖截面创建"菜单，如图 12-32 所示。

图 12-123 "警告"消息框

(4) 选择"平面"→"单一"→"完成"，然后根据消息区提示，输入截面名称"B"，单击"√"按钮，系统弹出"设置平面"菜单管理器和"选取"提示消息框。

(5) 单击导航区左上侧"显示"按钮，从弹出的"显示"下拉列表（图 12-124）中选择"模型树"，导航区即显示零件的模型树，如图 12-125 所示。

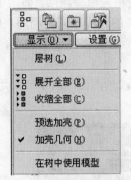

图 12-124 "显示"下拉列表

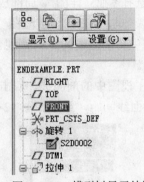

图 12-125 模型树显示结果

(6) 在模型树中单击选择 FRONT 面，完成剖面视图 B 的创建，如图 12-126 所示。

(7) 在"剖切区域"列表中选择"局部"，根据系统提示在主视图右上侧边界线处单击放置中心点，再根据提示草绘样条，最后单击中键，结束样条曲线的绘制，单击"应用"按钮，结果如图 12-126 所示。

(8) 单击"关闭"按钮，局部剖视图创建结果如图 12-127 所示。

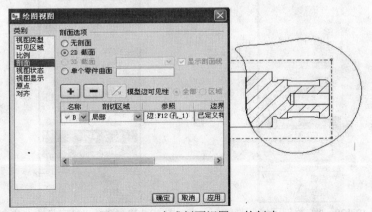

图 12-126 完成剖面视图 B 的创建

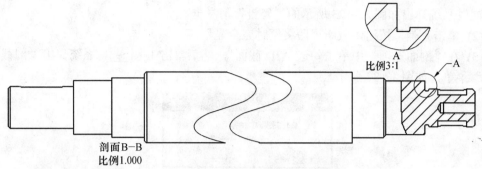

图 12-127　局部剖视图创建结果

步骤 10：修改剖面线间距。

（1）选中局部放大图中的剖面线，右键单击，从弹出的菜单中选择"属性"，系统打开"修改剖面线"菜单，如图 12-128 所示，菜单中大部分关于剖面线的命令均显示为不可用。

（2）从中选择"独立详图"，局部放大图中的剖面线相关命令激活，如图 12-129 所示。

（3）其余操作与"12.12　装配图"一节中的步骤 5 的过程相同，利用"间距"命令，将局部放大图中的剖面线间距调整到合适的大小，最后选择"完成"命令，关闭"修改剖面线"菜单。

（4）选中主视图中的剖面线，双击左键，打开"修改剖面线"菜单，采用同样的方法修改主视图剖面线间距，结果如图 12-130 所示。

图 12-128　"修改剖面线"菜单

图 12-129　选择"独立详图"命令

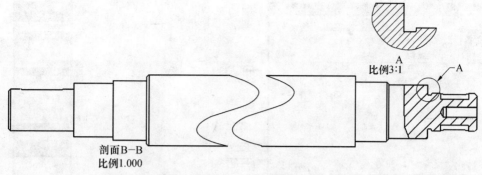

图 12-130　修改结果

步骤 11：修改"绘图视图"属性，在主视图上创建另侧局部剖视图。

(1) 重复步骤 9 中的（1）、（2）操作。

(2) 在"剖面选项"中单击勾选"2D 截面"，再单击"将横截面添加到视图"工具 ＋ ，系统激活剖面"名称"列表，从中选择步骤 9 创建的截面视图 B。

(3) 重复步骤 9 中的（7）、（8），完成主视图另侧局部剖视图的创建，如图 12-131 所示。

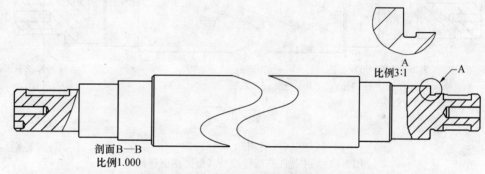

图 12-131　主视图另侧局部剖视图的创建

步骤 12：利用"旋转"命令，创建主视图右端键槽旋转剖面图，即截面图。

(1) 选择"插入"→"绘图视图"→"旋转"，根据消息区提示，单击选取主视图为父视图，然后在主视图下方适当位置单击放置视图中心点，系统弹出"绘图视图"对话框和"剖截面创建"菜单管理器。

(2) 选择"平面"→"单一"→"完成"，消息区提示"输入截面名{退出}"，输入 C，单击"√"按钮，打开"设置平面"对话框。

(3) 选择"产生基准"，打开"基准平面"菜单，从中选择"偏距"，然后转动一下鼠标中键（滚轮），零件三视图显示在图形区，如图 12-132 所示。

(4) 选择图 13-132 中右侧第二个端面为参照，打开"偏距"菜单，从中选择"输入值"，在消息区输入"15"。

提示：在工程图中创建第一个旋转视图时，转动鼠标中键（滚轮），可在工程图中旋转视图的初始模型。如果再创建第二个旋转视图，则不会显示旋转视图模型。

(5) 单击"√"按钮，再单击"确定"按钮，完成旋转视图的创建，结果如图 12-133 所示。

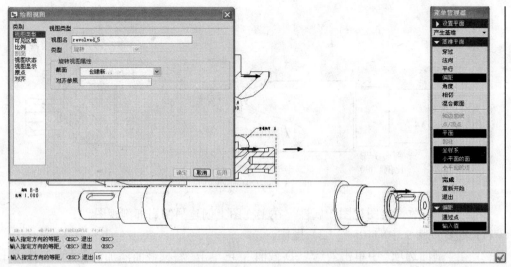

图 13-132　创建新的基准面操作

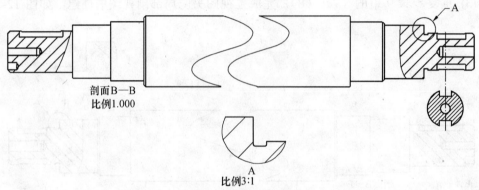

剖面B—B
比例1.000

比例3:1

图 12-133　主视图右端键槽旋转剖面图创建结果

步骤 13：打开零件三维模型，在零件模式下创建左侧键槽横截面参考基准面。

(1) 在模型树中右击顶端零件名称，从弹出的菜单中选择"打开"，打开零件三维模型窗口。

(2) 利用"基准面"，以零件左端为参照，向右偏移"30"，创建基准面，"基准平面"对话框设置结果如图 12-134 所示。

图 12-134　在零件模式下创建旋转剖面图参照面

(3) 单击"确定"按钮，完成基准面的创建。

步骤 14：保存并关闭零件，切换到工程图窗口。

步骤 15：利用刚创建的基准面为参考，创建另侧键槽旋转剖截面。

(1) 选择"插入"→"绘图视图"→"旋转"，根据消息区提示，单击选取主视图为父视图，然后在主视图下方适当位置单击放置视图中心点，系统弹出"绘图视图"对话框。

(2) 单击"截面"编辑框右侧按钮 ☑，从如图 12-135 所示的下拉列表中选择"创建新…"，系统弹出"剖截面创建"菜单管理器。

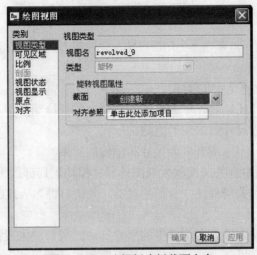

图 12-135　选择创建新截面命令

(3) 选择"平面"→"单一"→"完成"，在消息区，输入 D，单击"√"按钮，打开"设置平面"对话框。

(4) 根据提示在视图中单击选择刚创建的基准面 DTM4，完成另侧键槽旋转剖截面的创建。

(5) 单击"确定"按钮，完成旋转剖截面的创建。关闭"绘图视图"对话框。

步骤 16：调整视图的位置，修改注释文本及剖面线间距，视图修改结果如图 12-136 所示。

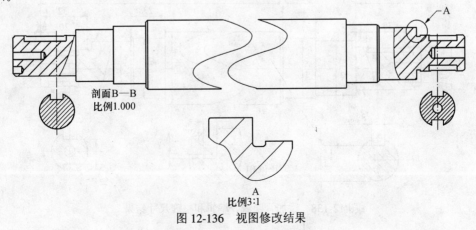

图 12-136　视图修改结果

步骤 17：显示尺寸和轴线。

(1) 选择"视图"→"显示及拭除"，打开"显示及拭除"对话框，在"类型"内选中 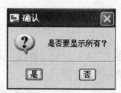。

(2) 单击 显示全部 按钮，系统弹出如图 12-137 所示的"确认"消息框。

图 12-137 "确认"消息框

(3) 单击"是"按钮，再单击"关闭"按钮，完成所有尺寸和轴线的显示，并关闭"显示及拭除"对话框。

步骤 18：隐藏多余的尺寸和轴线。

(1) 选择多余的尺寸或轴线，单击右键，从弹出的快捷菜单中选择"拭除"命令。

(2) 单击尺寸，完成尺寸或轴线的隐藏。

(3) 重复以上步骤，完成所有多余尺寸和轴线的隐藏。

步骤 19：将主视图中有关局部放大视图的尺寸移动到局部放大视图上。

(1) 选择主视图中有关局部放大视图的尺寸，单击右键，从弹出的快捷菜单选择"将项目移动到视图"。

(2) 根据提示选择局部放大图，选中的尺寸移动到局部放大视图中。

步骤 20：利用"绘制"工具栏上"使用新参照创建标准尺寸" 按钮，标注两键槽尺寸，使之符合机械制图键槽标注标准的要求。

步骤 21：双击尺寸，打开"尺寸属性"对话框，在"属性"选项卡中隐藏（公差模式选择"象征"）或添加尺寸公差（公差模式选择"加-减"），在"尺寸文本"选项卡中在默认尺寸后面添加必要的注释。

步骤 22：将尺寸或中心线按照国标要求移动到合适的视图。

步骤 23：步骤 17~步骤 22 执行后的最终结果如图 12-138 所示。

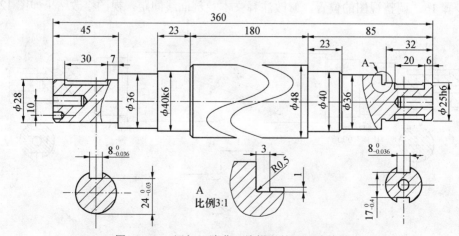

图 12-138 添加、隐藏、编辑和整理尺寸结果

步骤 24：插入注释。

(1) 选择"绘制"工具栏"创建注释"图标 ，弹出"注释类型"菜单。

(2) 选择"带引线"→"输入"→"水平"→"标准"→"缺省"→"制作注释"，弹出"获得点"菜单。

(3) 选择"图元上"，在主视图右端选择螺纹孔的轴线，然后在适当位置中击放置注释位置，消息区提示 输入注释： ，输入 M8▽22，按回车键或中击或单击"√"按钮，接受输入，系统再次弹出 输入注释： 。

(4) 输入 孔▽24，单击"√"按钮，再次出现提示。

(5) 不输入任何值，单击"√"按钮完成输入。

(6) 重复以上步骤，完成注释，创建结果如图 12-139 所示。

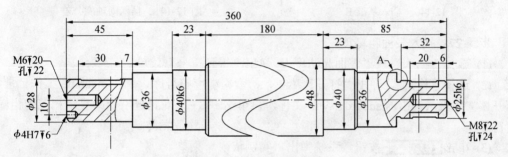

图 12-139　添加注释结果

(7) 选择注释，右键单击，从弹出的快捷菜单中选择"切换引线类型"，可切换引线的类型。

步骤 25：插入基准。

(1) 选择"插入"→"模型基准"→"轴"，弹出"基准"对话框，在"名称"编辑框输入"B"。

(2) 单击"设置"按钮 ，单击 定义 按钮，弹出"基准轴"菜单。

(3) 选择"过柱面"，选取"ϕ40"的圆柱面，系统即创建基准 B。

(4) 在"放置"项目组中选取 在尺寸中，在图形区选取尺寸"ϕ40"，单击"确定"按钮，完成基准 B 的创建，如图 12-140 所示。

步骤 26：插入形位公差。

(1) 选择"绘制"工具栏"创建几何公差"中的图标 ，弹出"几何公差"对话框，在其左侧选择"同轴度"公差符号 。

(2) 选择"基准参照"选项卡，在"基本"列表中选取"B"。

(3) 选择"公差值"选项卡，在"公差值"项目组的"总公差"编辑框输入"0.015"。

(4) 选择"符号"选项卡，勾选 ☑ $\varnothing$ 直径符号。

(5) 选择"模型参照"选项卡，在"参照"项目组的"类型"列表中选择"轴"，单击 选取图元 按钮。

(6) 根据提示，在图形区选取零件的轴线，"放置"项目组"类型"列表被激活，在其中选择"法向引线"，打开"导引形式"菜单。

(7) 选择"箭头"，根据消息区提示，在图形区选取"ϕ25h6"尺寸的边界线，选择

"完成"。

（8）根据提示，在图形区适当位置单击放置公差，按鼠标中键完成同轴度公差标注，结果如图 12-141 所示。

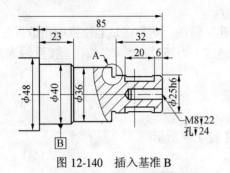

图 12-140　插入基准 B　　　　　图 12-141　插入同轴度公差

步骤 27：插入表面粗糙度。

（1）选择"插入"→"表面光洁度"，弹出"得到符号"菜单。

（2）选择"检索"，弹出"打开"菜单，检索粗糙度符号库，单击 machine 工作目录，打开该文件夹，选中 standard1.sym 文件，再单击 预览 ▲，对话框右侧即显示相应的粗糙度符号。

（3）单击 打开 按钮，系统弹出"实例依附"菜单。

（4）选择"法向"，系统提示 选取一个边，一个图元，一个尺寸，一曲线，曲面上的一点 或一顶点，在主视图上需放置粗糙度位置单击左键，系统消息区提示 输入roughness_height的值 3.2，输入"3.2"，按 Enter 键，完成粗糙度的添加。

（5）重复上一步，选择"图元"、"无方向指引"等命令，完成其他表面粗糙度的添加，表面粗糙度的创建结果如图 12-142 所示。

步骤 28：最后添加无方向指引的注释，调整尺寸或视图中其他要素的位置，最终创建结果如图 12-111 所示。

步骤 29：至此，完成工程图的创建，最后保存并关闭文件。

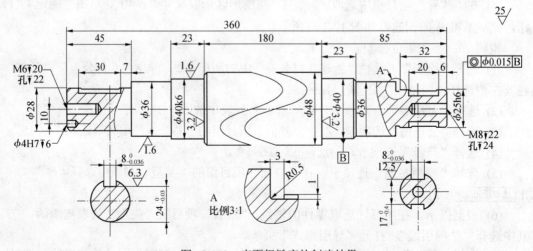

图 12-142　表面粗糙度的创建结果

410

本 章 小 结

工程图是 Pro/ENGINEER Wildfire 4.0 系统的一个重要组成部分。工程图数据与其三维模型保持着参数的关联性，合理地利用 Pro/ENGINEER Wildfire 4.0 出图，能够充分地发挥 Pro/ENGINEER Wildfire 4.0 的功能和效率。

工程图主要由各种视图来组成，包括缺省三视图、一般视图、投影视图、辅助视图、详细视图、旋转视图等。如果从视图的可见性来区分的话，还可以将视图分为全视图、半视图、局部视图和破断视图。此外，在设计中也会经常用剖视图来表达零件（或组件）的内部结构。

系统可以自动为视图标注尺寸，当然也可以由人工自行标注尺寸。要掌握在视图中添加尺寸公差、几何公差与注释的方法。

标题栏、明细表等也是工程图的组成要素，而标题栏与明细表主要是靠表格来完成的。在本章里，主要介绍了表格的基础知识：生成表格、编辑表格和在表格内输入文字。

对于初学者来说，使用 Pro/ENGINEER Wildfire 4.0 进行工程图设计有个难点，那就是如何设置尺寸的标注样式、文字的高度、工程图的格式等。Config.pro 文件选项控制着 Pro/ENGINEER Wildfire 4.0 系统的运行环境和界面（包括工程图环境和界面）；.Dtl 文件控制着工程图中的变量，如尺寸的标注格式、文字的高度等。由于这些配置选项（或变量）比较多，初学者很难完全掌握和记住，但只要仔细学习，一旦掌握了这些配置选项的设置，那么就可以得心应手地进行工程图的设计了。

思考与练习题

1. 思考题

(1) 简述实体三视图建立的基本过程。

(2) 视图的编辑有哪几种基本方式？比较各自功能的差异。

(3) 在工程图模式中尺寸标注需要注意哪些问题？

2. 练习题

(1) 根据图 12-143 所示的支座零件的三维模型生成工程图。

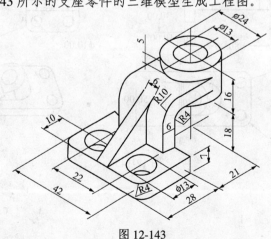

图 12-143

(2) 根据图 12-144 所示的零件的三维模型生成工程图。

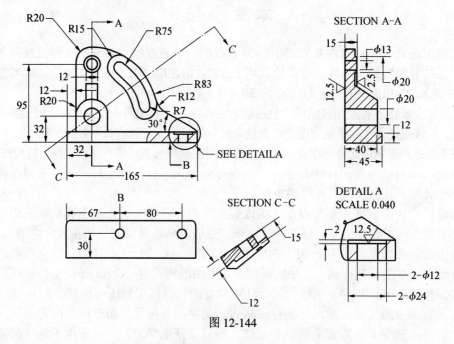

图 12-144

(3) 创建图 12-145 所示零件的三维模型并生成工程图。

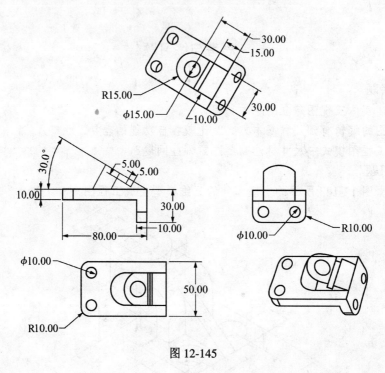

图 12-145

412

第 13 章 模具设计

当一个产品模型（包括其内部结构）设计好之后，接下来的一个重要环节便是面向生产制造的环节。产品制造主要有两个方面，一类是通过机械加工，另一类是利用模具制造。其中，大部分的产品需要采用模具制造的方式来进行快速、大批量的生产。

本章将全面、深入地介绍使用 Pro/ENGINEER Wildfire 4.0 进行模具设计，涉及的内容包括模具设计的典型流程、分模面设计、体积块设计、砂型芯设计、靠破孔设计、镶块设计、浇道系统设计、水线冷却设计等。

13.1 模具设计及其界面简介

零件几何是模具（或铸造）参照零件几何的源。

模具（或铸造）型腔通常是由一个或多个参照模型所组成的组件，可以包含无限多个 Pro/ENGINEER Wildfire 4.0 常规特征和模具（或铸造）特定特征，如相切拔模、侧面影像曲线、参照零件切除、流道、冷却水线等特征。

一个产品零件的模具设计，应包括模具组件设计和模座设计两大方面。这里所说的模具组件包括凸模型腔、凹模型腔、浇道系统、砂型芯、滑块等，模座则包括侧模板、移动模板、冷却水线、定位螺栓、顶出销、回位销、导柱、导键、电热管等。

13.1.1 启动模具设计

建立一个新的模具型腔文件的步骤如下。

步骤 1：单击"新建"按钮□。

步骤 2：在"新建"对话框中设定文件类型为"制造"，子类型为"模具型腔"，如图 13-1 所示。在"名称"文本框中指定文件名，取消选中"使用缺省模板"复选框，单击"确定"按钮。

步骤 3：进入"新文件选项"对话框，如图 13-2 所示，在"模板"选项组中选择 mmns_mfg_mold，单击"确定"按钮，进入模具设计界面。

图 13-1 新建模具文件

图 13-2 "新文件选项"对话框

13.1.2 主要菜单介绍

在新模具文件的设计窗口中,系统自动创建了基准坐标系 MOLD_DEF_CSYS 和基准平面 MOLD_FRONT、MOLD_RIGHT、MOLD_PARTING PLN,如图 13-3 所示。

显示的"模具"菜单和模具型腔工具栏分别如图 13-4 和图 13-5 所示。

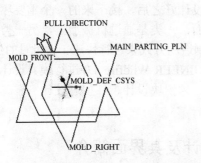

图 13-3 模具模式下的基准坐标系和基准平面   图 13-4 "模具"菜单

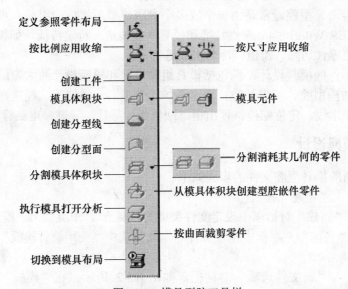

图 13-5 模具型腔工具栏

"模具"菜单管理中各菜单项的意义如下。

1. 模具模型

"模具模型"选项用于添加、删除和操作模具组件元件。它的菜单如图 13-6(a)所示,菜单中的各个选项对应建立模具模型的方法,这与"组件"模式中可用功能相似,各菜单项的意义如下。

装配:将现有模型添加到当前模具或铸造组件中。

创建:直接在当前模具或铸造组件中创建新元件。

定位参数零件:对参照零件进行布局,常用于多腔模具中。

目录:添加、移除或改变组件标准元件。

414

删除：从当前组件中删除一个元件。

隐含：临时从当前组件中移除一个元件。

恢复：恢复以前隐含的元件。

重定义：重定义已选取的元件。

重定参照：重新选取元件参照。

重排序：重新排序元件组件再生的顺序。

插入模式：输入"插入"模式。

阵列：创建已选取元件的阵列。

删除阵列：删除一个元件的阵列。

简化表示：操作组件的简化表示。

重分类：改变元件分类。

高级实用工具：显示"高级功能"菜单，此菜单可复制元件，可在一组零件与另一组零件间合并材料，以及从一组零件中切除另一组零件的材料。

完成/返回：返回到"模具"菜单。

执行"装配"、"创建"命令时，会弹出如图 13-6（b）所示的"模具模型类型"菜单，其中包含所选操作所允许的那些元件类型的列表。

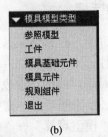

(a)　　　　　　　　　　　(b)

图 13-6　　"模具模型类型菜单"

(a) "模具模型" 菜单；(b) "模具模型类型" 菜单。

2. 特征

"特征"选项用于创建、删除和操作组件级和元件级特征，如浇注系统。在"菜单管理器"菜单中执行"特征"，在弹出的"模具模型类型"菜单中执行"型腔组件"，系统将在菜单管理器中显示"特征操作"菜单，"特征操作"菜单定义了用户可加入特征，如图 13-7 所示。

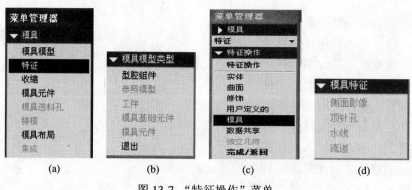

图 13-7 "特征操作" 菜单

3. 收缩

"收缩"选项用于指定参照模型的收缩率。

4. 模具元件

"模具元件"选项用于将"模具体积块"命令得到的体积块转变成模具体积块，即抽取或拭除模具元件，形成组件模型文件*.prt。

5. 模具进料孔

"模具进料孔"选项用于指定模具开模的步骤，定义模具组件的移动，将模具装配爆炸开来，并检查干涉。

6. 铸模

"铸模"选项用于将产生的模具组件模拟注塑成型为一个塑料件，即创建或删除成型的零件。

7. 模具布局

"模具布局"选项用于产生或者打开一个模具布局。

8. 集成

"集成"选项用于比较同一个模型的两个不同版本，如果有必要则对差异进行集成。

13.1.3 模具遮蔽对话框

有时候为了操作方便，经常将某些对象隐藏起来，例如在进行开模时，整个模具模型包括参照模型、工件、上下型腔组件和铸模组件，这些模具组件都显示在图形区中，而且相互交错重合，对用户的选择造成了很大的困难，对即将进行的操作产生了不利的影响，因此，十分有必要隐藏暂时不需要的组件。

执行"视图"→"模型设置"→"模型显示"或者单击 按钮，弹出"遮蔽-取消遮蔽"对话框，如图 13-8 所示，利用该对话框可以方便地遮蔽隐藏各个模具组件。

在"遮蔽-取消遮蔽"对话框中有两个选项卡："遮蔽"和"取消遮蔽"。

(1)"遮蔽"选项卡右侧的"过滤"选项组中可以选择显示在左侧列表框中的组件类型。

"分型面"按钮表示只显示可见的分型面。

"体积块"按钮表示只显示可见的体积块。

"元件"按钮表示显示元件。

单击"元件"按钮，按钮下侧的一组复选框定义了显示元件的种类，如"工件"、"参照模型"、"模具元件"、"模具基本元件"等。同时，左侧列表框的名称将变为可见元件，

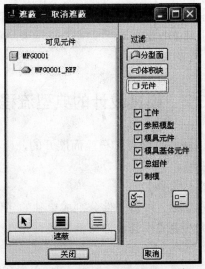

图 13-8 "遮蔽-取消遮蔽"对话框

并且显示当前没有遮蔽的元件。

⟦按钮：选择该模具模型中所有的组件，这是默认的状态。

⟦按钮：不选择所有的组件，如果这时单击该按钮，在左侧列表框中将只显示模具模型的图标，而并无其各个组件。

当某个元件被遮蔽后，它将出现在"取消遮蔽"选项卡中相应的"遮蔽的元件"列表框中，在"取消遮蔽"选项卡中可以将已经遮蔽的元件恢复显示。

在列表框下方的按钮意义如下。

⟦按钮：可以在图形区中选择要遮蔽的元件。

⟦按钮：可以选择在左侧列表框中显示的所有元件。

⟦按钮：可以取消当前选择的元件。

(2) "取消遮蔽"选项卡

"取消遮蔽"选项卡如图 13-9 所示，它的元素与"遮蔽"选项卡相同。该选项卡将显

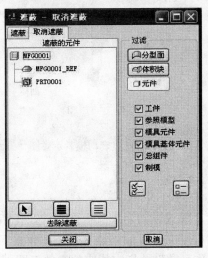

图 13-9 "取消遮蔽"选项卡

示在"遮蔽"选项卡中被遮蔽的分型面、体积块和元件。例如，在开模时将隐藏模具的参照模型 MFG0001 REF 和工件 PRT0001 在"遮蔽"选项卡隐藏它们后，将会出现在"取消遮蔽"选项卡中。

13.2 模具设计的典型流程

模具设计的流程主要是围绕模具组件和模座而展开的，模具设计的典型流程如下。

步骤 1：创建一个模具模型。

步骤 2：设置模具模型的收缩率。

步骤 3：定义体积块或分型面，以将工件分割成单独的元件。

步骤 4：抽出模具体积块以生成模具元件（抽取模具元件）。

步骤 5：设计浇道系统。

步骤 6：填充模具型腔。

步骤 7：定义模具开模。

步骤 8：模具检测。

步骤 9：估计模具的初步尺寸并选择合适的模具基体。

步骤 10：完成其他详细设计，包括推出系统、冷却水线等。

上述流程中的步骤并不是一成不变的，其中一些步骤可以灵活调换，例如可以先设计浇道系统再设计分型面等，甚至有些步骤可以省略或者添加新的技巧性的操作步骤。在创建一个模具模型之前，有经验的模具设计者总会对零件模型进行预处理，其主要目的是为零件模型建立恰当的坐标系，并对不利于分模的环节进行适当调整。总之，模具设计的工具是一定的，而设计过程却是灵活可变的，只有在把握设计意图的前提下，灵活运用各型腔设计工具或命令，才能够在不断积累经验的基础上逐渐成为一个出色的模具设计专家。

下面以一个简单实例（U 盘套帽模具）来加深对模具设计流程的理解。U 盘套帽模具设计的结果，包括凹模（上模）、凸模（下模）和浇注件，如图 13-10 所示。

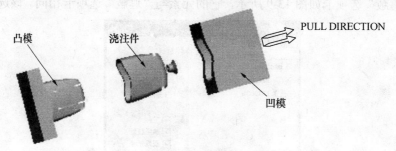

图 13-10　U 盘套帽模具示意图

13.2.1　创建模具模型

为了方便管理模具文件，建议在创建模具模型之前，在指定资源管理器新建一个专用的工作目录，然后将零件模型文件复制到该目录下。设置工作目录的方法很简单，只需选择"文件"→"设置工作目录"并指定相应的文件夹即可。

创建 U 盘套帽模具模型的步骤如下。

步骤 1：新建一个模具型腔文件。

(1) 单击□按钮。

(2) 在"新建"对话框中设定文件类型为"制造"，子类型为"模具型腔"。在"名称"文本框中输入文件名为"tsm_ucover_head"，取消选中"使用缺省模板"复选框，单击"确定"按钮。

(3) 进入"新文件选项"对话框，在"模板"选项组中选择"mmns_mfg_mold"，单击"确定"按钮。

(4) 在模型树窗口中选择"设置"按钮，选择"树过滤器"，在弹出的对话框中选中"特征"，单击"确定"按钮，从而使在模具模式下所创建的特征将显示在模型树中。

步骤 2：建立参照模型。

(1) 在菜单管理器中，依次选择"模具模型"→"装配"→"参照模型"。通过弹出的"打开"对话框，选择"tsm_ucover.prt"参考零件，然后单击"打开"按钮，载入如图 13-11 所示的 U 盘套帽。

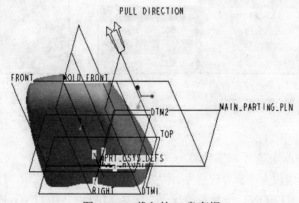

图 13-11　载入的 U 盘套帽

(2) 在元件放置操控面板的"约束"选项组中单击"缺省放置"按钮▣，接着单击✔按钮，打开如图 13-12 所示的"创建参照模型"对话框。

(3) 接受设计模型和参照模型的默认名称不变，单击"确定"按钮，装配好的参照模型如图 13-13 所示。

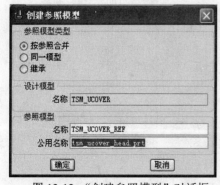

图 13-12　"创建参照模型"对话框

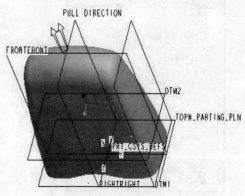

图 13-13　装配好的参照模型

实用知识与技巧：在装配参照模型时，系统可能会在消息区显示"组件元件有绝对精度冲突……"之类的提示语句。当存在绝对精度冲突时，可能会导致在分模过程中出现难以处理的问题。建议在使用模具模式前，先选择"工具"→"选项"，然后在出现的"选项"对话框中将配置文件选项 enable absolute accuracy 的值设置为"yes"，从而在装入参照模型时，可以接受统一的绝对精度。

步骤 3：建立毛坯工件。

(1) 在菜单管理器中选择"模具模型"→"创建"→"工件"→"手动"，如图 13-14 所示。

(2) 在"元件创建"对话框中输入新毛坯工件的名称为"ucover_head_wrk"，如图 13-15 所示，单击"确定"按钮。

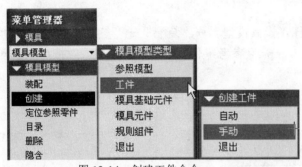

图 13-14　创建工件命令

图 13-15　元件创建

(3) 在出现的"创建选项"对话框中选择"创建特征"单选按钮，如图 13-16 所示，单击"确定"按钮。

(4) 在菜单管理器中选择"实体"→"加材料"→"拉伸"→"实体"→"完成"。

(5) 在拉伸操控面板上选择"放置"上滑面板，单击"定义"按钮，打开"草绘"对话框。

(6) 选择 MOLD_FRONT 作为草绘平面，选择 MAIN_PARTING_PLN 作为参照平面，单击"草绘"按钮。

(7) 定义绘图参照和绘制截面，如图 13-17 所示，单击 ✔ 按钮。

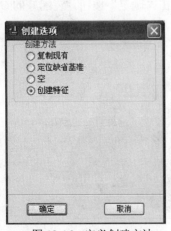

图 13-16　定义创建方法

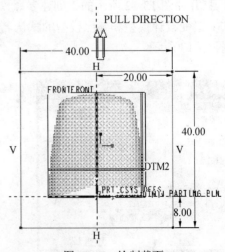

图 13-17　绘制截面

(8) 在拉伸操控面板上设置单侧的拉伸深度类型为 （对称），拉伸的深度为"20"。

(9) 单击 ✔ 按钮，完成的工件如图 13-18 所示。

(10) 在菜单管理器中选择"完成/返回"，效果如图 13-19 所示。

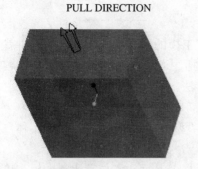

图 13-18　毛坯工件

图 13-19　建立的参照模型和毛坯工件

13.2.2　设置收缩率

在模具设计中，必须要考虑到材料的收缩性而相应地增加参照模型的尺寸。可以根据零件尺寸来设置收缩率，也可以按比例来设置收缩率。前者允许为所有模型尺寸设置一个收缩系数，也可为个别尺寸设置收缩系数；后者允许相对于某个坐标系按比例收缩零件几何。

计算收缩的公式有下列两种。

1+S：基于零件原始几何设定预先计算的收缩率。

1/（1-S）：应用收缩后，基于零件的生成几何指定收缩率。

设置 U 盘套帽材料收缩率的步骤如下。

步骤 1：在菜单管理器中的"模具"菜单中选择"收缩"，然后选择"按尺寸"。也可以直接在模具型腔工具栏中单击"按尺寸收缩"按钮 ⛊。

步骤 2：在出现的"按尺寸收缩"对话框中，接受默认的收缩率公式 1+S，在"收缩率"选项组中将应用到所有尺寸的收缩率设置为"0.005"，如图 13-20 所示，单击 ✔ 按钮。

图 13-20　按尺寸设置收缩率

步骤 3：在菜单管理器中，选择"完成/返回"，回到"模具"菜单。

实用知识与技巧：可以通过菜单管理器的"模具"菜单，选择"收缩"→"收缩信息"来打开信息窗口查看当前模型的收缩情况。

13.2.3　设计浇道系统

浇道系统是将熔融的塑料从注塑机深胶引到工模的每一个内膜，简单来讲就是将高温熔融的塑料注入到模具型腔的通道系统，它包括注道、流道、流道滞料部、浇口等。

现在，简单说明 U 盘套帽浇道系统的设计方法。

1. 构建注道

步骤 1：在菜单管理器中，选择"特征"→"型腔组件"，接着选择"实体"→"切减材料"→"旋转"→"实体"→"完成"。

步骤 2：在出现的旋转操控面板上选择"位置"，从而进入位置上滑面板，单击"定义"按钮。

步骤 3：选择 MOLD_FRONT 基准平面作为草绘平面，选择 MOLD_RIGHT 基准平面作为右方向参考，单击"草绘"按钮。

步骤 4：定义绘图参照并绘制如图 13-21 所示的旋转截面（包括旋转轴），单击 ✔ 按钮。

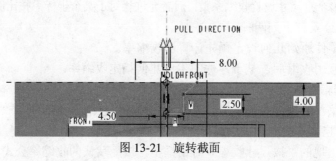

图 13-21　旋转截面

步骤 5：设置旋转角度为 360°，单击 ✔ 按钮。构建的注道如图 13-22 所示。

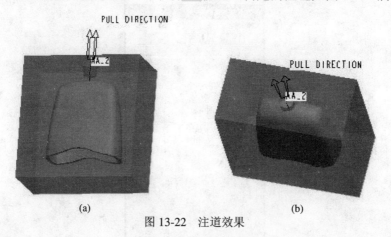

(a)　　　　　　　　　　　　　　　(b)

图 13-22　注道效果

2. 构建浇口

步骤 1：在菜单管理器中选择"实体"→"切减材料"→"拉伸"→"实体"→"完

422

成"。

步骤 2：在出现的拉伸操控面板中选择"位置"，从而进入"位置"上滑板，单击"定义"按钮。

步骤 3：选择刚创建的注道下表面为草绘平面，选择 MOLD_FRONT 基准平面作为顶方向参照，如图 13-23 所示，单击"草绘"按钮。

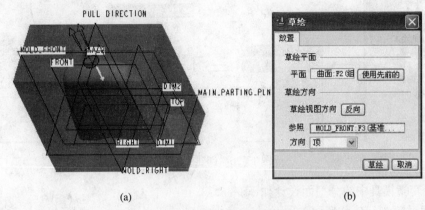

(a)　　　　　　　　　　　　　　　　(b)

图 13-23　定义草绘平面及草绘方向

步骤 4：选择绘图参照，绘制如图 13-24 所示的圆，单击 ✔ 按钮。

步骤 5：设置单侧的拉伸深度选项均为 ⬒（到选定项），选择参照模型的上表面（可以借助鼠标右键来辅助选择），单击 ✔ 按钮，完成的浇口如图 13-25 所示。

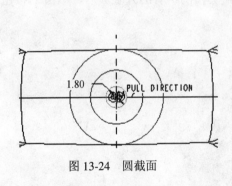

图 13-24　圆截面

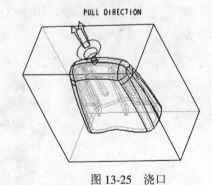

图 13-25　浇口

步骤 6：选择"完成/返回"。

13.2.4　创建分型面

在 Pro/ ENGINEER Wildfire 4.0 中主要有以下两种途径进入分型面创建模式：

(1) 选择"插入"→"模具几何"→"分型面"命令或在"模具/铸造制造"工具栏上单击 ▱ 进入分型面的创建模式，然后使用基础特征（如拉伸、旋转）创建所需的分型面，并单击"确定"按钮 ✔ 确认分型面的创建，或者单击"取消"按钮 ✘ 取消创建。

(2) 在"模具"菜单中选择"特征"→"型腔组件"→"曲面"，在"曲面选项"菜单中，选择创建分型面的方式，有"拉伸"、"旋转"、"扫描"、"混合"、"平整"、"偏距"、

"复制"、"通过裁剪复制"、"圆角"、"着色"、"裙边"、"高级"，然后选择"完成"命令，如图 13-26 所示。

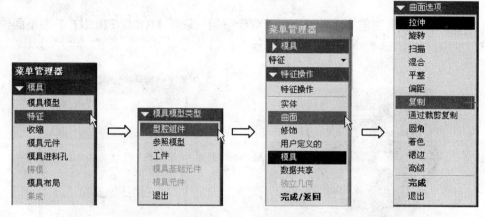

图 13-26　创建分型面

U 盘套帽模具中的分型面设计如下。

1. 通过复制创建分型面 1

步骤 1：单击 ![按钮] 按钮，在"遮蔽–取消遮蔽"对话框中将 UCOVER_HEAD_WRK.PRT 进行遮蔽。

步骤 2：进制在"模具"菜单中选择"特征"→"型腔组件"→"曲面"，在"曲面选项"菜单中选择"复制"，然后选择"完成"。

步骤 3：按住 Ctrl 键不放，用鼠标选择 U 盘套帽的所有的外表面后，单击 ![按钮] 按钮，建立分型面 1 如图 13-27。

PULL DIRECTION

图 13-27　复制曲面

2. 通过拉伸创建分型面 2

步骤 1：取消隐藏 UCOVER_HEAD_WRK.PRT。

步骤 2：在"模具"菜单中选择"特征"→"曲面"，在"面组曲面"菜单中选择"新建"，在"曲面选项"菜单中选择"拉伸"，然后选择"完成"。

步骤 3：单击 放置 按钮，弹出"放置"选项卡，单击 定义… 按钮，弹出"草绘"对话框。选择 MOLD_FRONT 基准平面作为草绘平面，MOLDRIGHT 平面为系统默认的草绘参照，单击 草绘 按钮，进入草绘界面。

步骤 4：在草绘模式下绘制如图 13-28 所示截面，完成截面绘制后，单击 ✔ 按钮，退出草绘环境，切换到"拉伸"操作模式。

步骤 5：单击 选项 按钮，弹出"选项"选项卡，定义第 1 侧深度 第1侧 止 到选定的 ▾，选择毛坯工件侧面，定义第 2 侧深度 第1侧 止 到选定的 ▾，选择毛坯工件另一侧。

步骤 6：单击 ✔ 按钮，创建的分型面如图 13-29 所示。

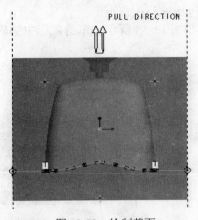

图 13-28 绘制截面

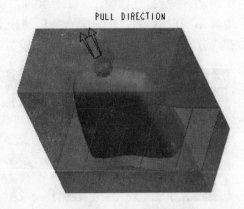

图 13-29 创建拉伸分型面

3. 通过合并创建分型面 3

步骤 1：在"模具"菜单中选择"特征"→"曲面"，在"面组曲面"菜单中选择"合并"。

步骤 2：调整操控面板上的方向"控制"按钮 ⅄ 和 ⅄，显示将要保留的部分，单击"预览"按钮 ∞，将看到合并的曲面如图 13-30 所示，单击 ✔ 按钮，结束合并曲面组操作。

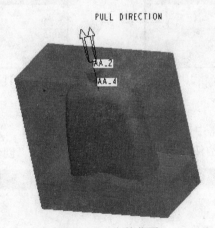

图 13-30 合并曲面

13.2.5 分割体积块及抽取模具元件

体积块是由封闭的面组构成的，它和分型面一样都可以用于分割工件。抽取模具元件则是使用所需的体积块生成实体零件。

在 U 盘套帽模具设计中，有关分割体积块和抽取模具元件的步骤如下。

1. 利用分型面分割毛坯工件

步骤 1：单击"模具"工具条中的"分割模具体积块 ⊟"，系统打开"分割体积块"子菜单，如图 13-31 所示，保留系统默认的"两个体积块"和"所有工件"选项，单击"完成"。

步骤 2：系统打开如图 13-32 所示的"分割"对话框。

步骤 3：在图形窗口中选择合并后的分型面，如图 13-33 所示，单击鼠标中键确定，然后在"分割"对话框中单击"确定"按钮。

图 13-31 "分割体积块"子菜单

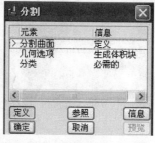

图 13-32 "分割"对话框

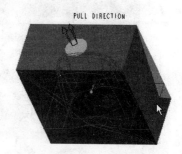

图 13-33 选中分型面

步骤 4：在出现的"体积块名称"对话框中，输入第一个加亮体积块的名称为 MOLD_VOL_1，单击"确定"按钮，如图 13-34 所示。

步骤 5：在出现的"体积块名称"对话框中，输入第二个加亮体积块的名称为 MOLD_VOL_2，单击"确定"按钮，如图 13-35 所示。

步骤 6：选择"完成/返回"。

图 13-34 输入加亮体积块名称

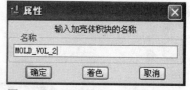

图 13-35 再次输入加亮体积块名称

2. 抽取模具元件

步骤 1：在菜单管理器中选择"模具元件"→"抽取"，或者直接在模具型腔工具栏中单击"抽取模具元件"按钮 ⬆，出现如图 13-36 所示的"创建模具元件"对话框。

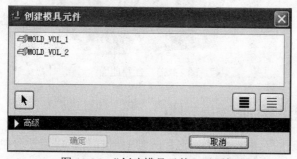

图 13-36 "创建模具元件"对话框

步骤 2：单击"选择全部"按钮 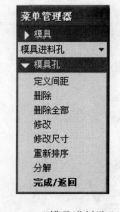，然后单击"确定"按钮。

步骤 3：在菜单管理器中，选择"完成/返回"。

13.2.6 铸模

铸模是指将实体体积填入模穴及浇道系统所形成的空间，用来模拟实际浇铸产品。如果浇铸不成功，则表示原始零件的设计存在小破孔（即修补不完整）。

在 U 盘套帽模具设计中，执行如下填充操作来创建浇注件。

(1) 在菜单管理器中选择"铸模"→"创建"。

(2) 输入浇铸件的名称为"UCOVER_HEAD_MOLDING"，单击✔按钮。

13.2.7 开模

利用菜单管理器中的"模具进料孔"命令或者模具型腔工具栏中的"执行模具开口分析"按钮 ，可以定义多个开模步骤，模拟真实的模具打开过程，从而更直观地检查设计的正确性。

在 U 盘套帽模具设计中，可以执行如下的开模分析。

1. 开模方法 1

步骤 1：在模型树上，通过快捷菜单中的"隐藏"，设置 UCOVER_HEAD_WRK 和分型面的显示状态为隐藏，如图 13-37 所示。

步骤 2：在菜单管理器中选择"模具进料孔"，或者单击模具型腔工具栏中的 ⊟按钮，打开如图 13-38 所示的菜单。

步骤 3：选择"定义间距"，出现如图 13-39 所示的菜单，选择"定义移动"。

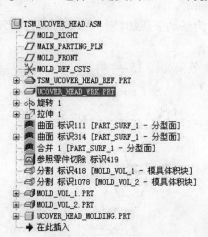

图 13-37 隐藏设置   图 13-38 "模具进料孔"菜单   图 13-39 定义间距

步骤 4：选择如图 13-40 所示的的上模作为移动件，单击鼠标中键确定。

步骤 5：选择如图 13-41 所示的上模工件棱边作为移动参照边，输入移动距离为"50"，单击✔按钮。

步骤 6：在"定义间距"菜单中选择"完成"，效果如图 13-42 所示。

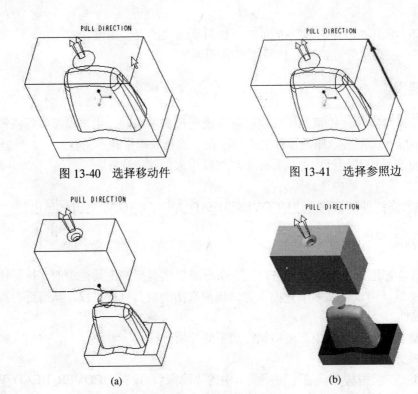

图 13-40　选择移动件　　　　　图 13-41　选择参照边

(a)　　　　　　　　　　(b)

图 13-42　开模方法 1 的效果

2. 开模方法 2

步骤 1：选择"定义间距"→"定义移动"。

步骤 2：选择下模作为移动件，单击鼠标中键确定。

步骤 3：选择如图 13-43 所示的下模工件棱边作为移动参照边，输入移动距离为"-50"，单击 ☑ 按钮。

步骤 4：在"定义间距"菜单中选择"完成"，效果如图 13-44 所示。

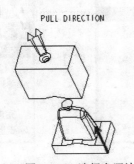

图 13-43　选择参照边

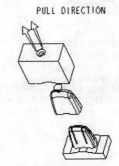

图 13-44　开模方法 2 的效果

步骤 5：选择"完成/返回"，则模具自动恢复为合拢的状态。

13.2.8　检测分析

可以对模具零件进行拔模角度、厚度、投影面积及分型面检测等。

为了方便对模具零件进行检测，可以将参考零件、模具型腔（凸模、凹模）、型芯、分型面等隐藏起来，只显示模具零件（浇铸件）。以 U 盘套帽模具为例说明如下。

1．检测向上开模的拔角

步骤 1：选择"分析"→"模具分析"，打开"模具分析"对话框，在"类型"下拉列表中选择"拔模检测"，如图 13-45 所示。

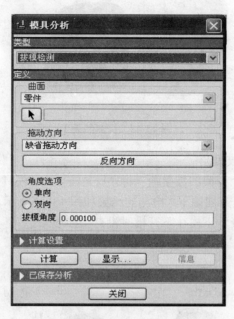

图 13-45　"模具分析"对话框

步骤 2：在"定义"选项组中单击 按钮，在图形窗口中选择浇铸件作为分析零件，单击鼠标中键结束。

步骤 3：接受默认的拔模方向，如图 13-46 所示。

步骤 4：在"角度选项"选项组中选择"双向"单选按钮，设置处于检查范围之内的拔模角度为"3。

步骤 5：单击"显示"按钮，出现"拔模检测‐显示设置"对话框，如图 13-47 所示。设置颜色数目为"10"，单击"确定"按钮，此时分析结果如图 13-48 所示。对照显示颜色，可知浇铸件外部所有可以拔模的面均落在正值区域。

图 13-46　拔模方向

图 13-47　设置检测显示

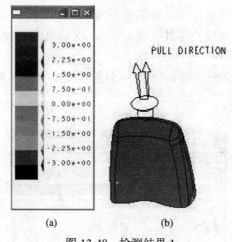

图 13-48　检测结果 1

2. 检测向下开模的拔模角

操作方法和检测向上开模的拔模角一样，只是需要在"模具分析"对话框中单击"反向方向"按钮来指定拔模方向朝下，检测的结果如图 13-49 所示。浇铸件内部所有可拔模的面均落在正值区域，表示下模往下开模时没有干涉现象。

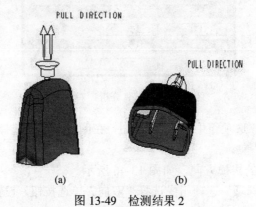

图 13-49　检测结果 2

3. 检测厚度

步骤 1：选择"分析"→"厚度检测"，打开"模型分析"对话框，如图 13-50 所示。

步骤 2：在"零件"选项组中单击 ![箭头] 按钮，接着在图形窗口中选择浇铸件。

步骤 3：在"设置厚度检查"选项组中单击"层切面"按钮。

步骤 4：选择如图 13-51 所示的前侧面上的一点作为起始点。

步骤 5：选择如图 13-52 所示的后侧面上的一点作为终止点。

步骤 6：选择 MOLD_FRONT 基准平面作为层切面方向对照，选择"正向"。

步骤 7：设置层切面偏距为"3.5"。

步骤 8：设置可允许的最大厚度为"0.5"。

步骤 9：单击"计算"按钮，所生成的切片参数出现在"模型分析"对话框的"结果"列表中，如图 13-53 所示。

步骤 10：单击"显示全部"按钮，查看全部切面的情况，如图 13-54 所示。

图 13-50 "模型分析"对话框

图 13-51 选择起始点

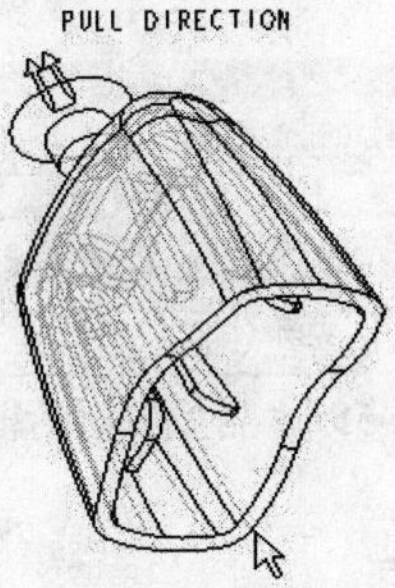

图 13-52 选择终止点

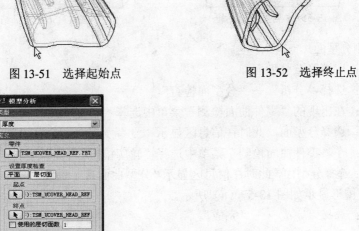

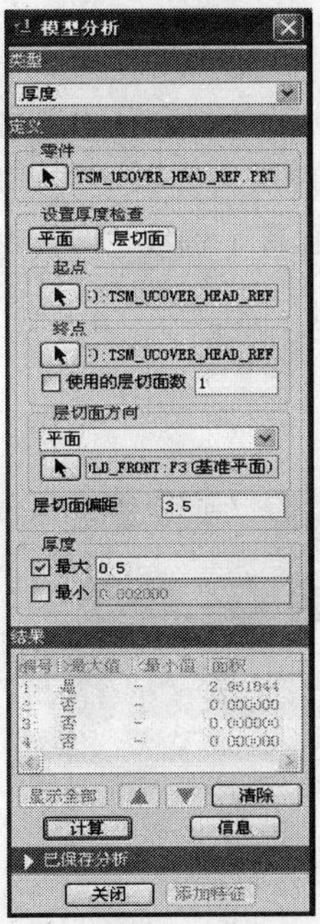

图 13-53 分析结果

图 13-54 显示全部切面

4. 投影面积

步骤1：取消隐藏 TSM_UCOVER_HEAD_REF.PRT 参考零件。

步骤2：选择"分析"→"投影面积"，打开如图 13-55 所示的"测量"对话框。

步骤3：在"投影方向"下拉列表中选择"平面"，选择 MOLD_FRONT 基准平面作为投影方向参照。

步骤4：单击"计算"按钮，计算结果如图 13-56 所示。

步骤5：单击"关闭"按钮，退出投影面积的测量程序。

图 13-55 "测量"对话框

图 13-56 测量结果

5. 检测分型面

步骤1：取消隐藏分型面。

步骤2：选择"分析"→"分型面检查"。

步骤3：在出现的"零件曲面检测"菜单中选择"自交检测"。

步骤4：选择分型面，此时在信息区显示"没有发现自交截"的消息。

步骤5：在"零件曲面检测"菜单中选择"轮廓检查"。

步骤6：选择分型面，此时在信息区显示"分型曲面有1围线，确认每个都是必须的"的消息，而图形显示如图 13-57（a）所示。

步骤7：选择"完成"→"完成"。

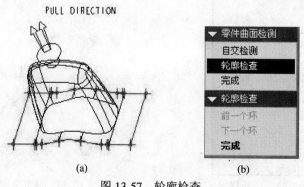

(a)   (b)

图 13-57 轮廓检查

13.3 砂型芯设计

砂型芯用于在浇铸件中产生内部型腔。在具有单一砂型芯的模具设计中，可以先将整个毛坯工件以砂型芯分型面为界拆分为砂型芯体积块和型腔体积块，然后再将型腔体积拆分为凹模和凸模，在如图 13-58 所示的茶杯塑料件模具中就需要设计砂型芯。

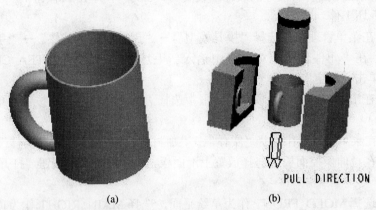

(a)   (b)

图 13-58　砂型芯设计示例

下面以茶杯塑料件为例，说明砂型芯设计的具体过程和技巧，并涉及到模型的预处理方法和过程，所述的模型预处理是为了为模型建立合适的坐标系，并对不利于分模的环节进行调整。

1. 创建模具文件

步骤 1：新建一个名为 "tea_cup_mold" 模具型腔文件。在 "新建" 对话框中取消对 "使用缺省模板" 选项的勾选，单击 "确定" 按钮。

步骤 2：在打开的 "新文件选项" 对话框中选取 "mmns_mfg_mold" 模板，单击 "确定" 按钮，进入 Pro/ENGINEER Wildfire 4.0 模具设计工作界面。

2. 调入参照模型

步骤 1：在 "模具" 菜单依次选取 "模具模型" → "装配" → "参照模型"，打开 "打开" 对话框，在工作目录中选中文件 cup_mold.prt 后单击 "打开" 按钮，在设计窗口中打开参照模型，如图 13-59 所示，同时打开放置操控面板。

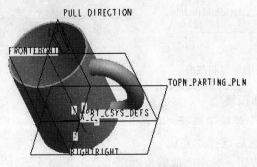

图 13-59　打开参照模型

433

步骤2：在放置操控面板中选择"缺省"，再默认装配参照模型，然后单击![按钮]按钮，在打开的"创建参照模型"对话框中接受默认的参照模型名称，单击"确定"按钮，最后在菜单管理器中选取"完成/返回"，返回"模具"菜单。

3. 设置收缩率

步骤1：在模具型腔工具栏中单击"按尺寸收缩"按钮![图标]。

步骤2：在出现的"按尺寸收缩"对话框中，接受默认的收缩率公式1+S，在"收缩率"选项组中将应用到所有尺寸的收缩率设置为"0.005"，单击![按钮]按钮。

4. 建立毛坯工件

步骤1：在菜单管理器中选择"模具模型"→"创建"→"工件"→"手动"。

步骤2：在"元件创建"对话框中输入新毛坯工件的名称为 TEA_CUP_MOLD_WRK.PRT，单击"确定"按钮。

步骤3：在出现的"创建选项"对话框中选择"创建特征"单选按钮，单击"确定"按钮。

步骤4：在菜单管理器中选择"实体"→"加材料"→"拉伸"→"实体"→"完成"。

步骤5：在拉伸操控面板上选择放置上滑面板，单击"定义"按钮，打开"草绘"对话框。

步骤6：选择 MOLD_FRONT 作为草绘平面，选择 MAIN_RIGHT 作为顶参照平面，单击"完成"按钮。

步骤7：定义绘图参照和绘制截面，如图13-60所示，单击![按钮]按钮。

步骤8：在拉伸操控面板上设置单侧的拉伸深度类型为![图标]（对称），拉伸的深度为"120"。

步骤9：单击![按钮]按钮，并在菜单管理器中选择"完成/返回"，建立毛坯工件的效果如图13-61所示。

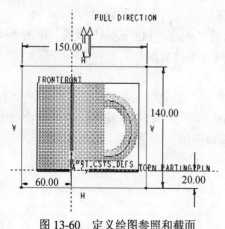

图 13-60　定义绘图参照和截面

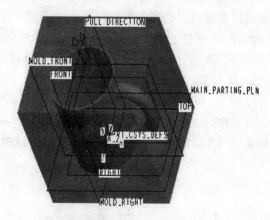

图 13-61　毛坯工件

5. 建立分型面和体积块

步骤1：在"模具"菜单中选择"特征"→"型腔组件"→"曲面"，在"曲面选项"菜单中选择"拉伸"，然后选择"完成"。

步骤2：单击![放置]按钮，弹出"放置"选项卡，单击![定义...]按钮，弹出"草绘"对话框。选择毛坯顶面为草绘平面，MOLDRIGHT 平面为系统默认的草绘参照，单击 草绘 按钮，进入草绘界面。

步骤 3：在草绘模式下使用 □ 按钮，选择水杯内表面，绘制如图 13-62 所示截面。完成截面绘制后，单击 ✔ 按钮，退出草绘环境，切换到"拉伸"操作模式。

步骤 4：单击 选项 按钮，弹出"选项"选项卡，定义第 1 侧深度 第1侧 到选定的 ▼ ，选择水杯内表面底面。

步骤 5：单击 ✔ 按钮，创建的分型面如图 13-63 所示。

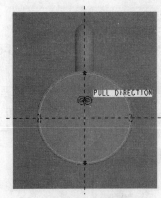

图 13-62 草绘截面

图 13-63 创建的分型面

步骤 6：分割体积块。在右工具箱中单击 ⊟ 按钮，在弹出的菜单管理器中依次选择"两个体积块"→"所有工件"→"完成"，打开"分割"对话框。选取刚才创建的分型面作为分割工具，然后单击鼠标中键，在"分割"对话框单击"确定"按钮。在"属性"对话框中接受默认的名称"MOLD_VOL_1"，然后单击"确定"按钮，生成第一个体积块，接着再继续创建第二个体积块"MOLD_VOL_2"。

步骤 7：生成主分型面。首先遮蔽前面创建的所有体积块，在右工具箱中单击 ▢ 按钮，接着单击 ▱ 按钮，在绘图区空白处单击右键，在弹出的快捷菜单中选择"定义内部草绘"，然后按照图 13-64 所示选取草绘平面和顶部参照平面。

步骤 8：按照图 13-65 所示设置标注和约束参照，然后经过参照 2、3 的交点与参照 1、

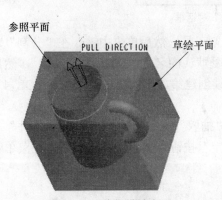

图 13-64 选择设计参照

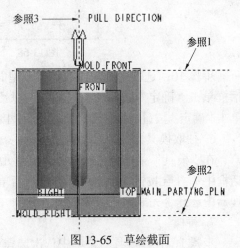

图 13-65 草绘截面

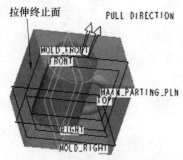

图 13-66　指定拉伸参照

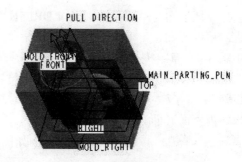

图 13-67　创建完成的拉伸分型面

3 的交点绘制一条直线，绘制完成后退出草绘模式，将草绘截面拉伸至如图 13-66 所示的平面。创建完成的拉伸分型面如图 13-67 所示。

步骤 9：分割模具体积块。在右工具箱中单击 按钮，在弹出的菜单管理器中依次选择"两个体积块"→"模具体积块"→"完成"，再在"搜索工具"对话框中选取体积块"MOLD_VOL_1"作为被分割的对象，如图 13-68 所示。

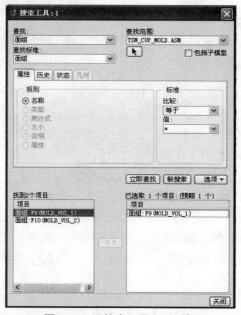

图 13-68　"搜索工具"对话框

步骤 10：选取刚刚创建的拉伸分型面作为分割工具，然后单击中键。在"分割"对话框单击"确定"按钮。在"属性"对话框中接受默认的名称"MOLD_VOL_3"，然后单击"确定"按钮，生成第一个体积块，接着再继续创建第二个体积块"MOLD_VOL_4"。

6. 抽取模具元件

在"模具"菜单中依次选择"模具元件"→"抽取"，在打开的"创建模具元件"对话框中单击 按钮选中全部体积，然后单击"确定"按钮，如图 13-69 所示。在菜单管理器中选择"完成/返回"返回到上级菜单。

7. 铸模

步骤 1：在"模具"菜单中依次选择"铸模"→"创建"。

图 13-69 "创建模具元件"对话框

步骤 2：输入浇铸件的名称为"CUP_MOLD_MOLDING"，单击✔按钮。

8. 开模

步骤 1：显示所有体积块和参照模型，隐藏其他特征。

步骤 2：在右工具箱中单击🗐按钮打开"模具孔"菜单，依次选择"定义间距"→"定义移动"，选取"MOLD_VOL_3.PRT"作为移动对象，然后单击中键。再选取如图13-70 所示的平面作为移动参照，单击中键，根据系统提示输入对象沿指定的位移为"100"，移动后的结果如图 13-71 所示。

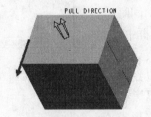

图 13-70　选取移动参照

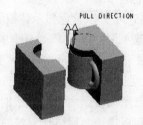

图 13-71　移动"MOLD_VOL_3.PRT"

步骤 3：使用类似方法移动其他两个模具元件。按照图 13-72 所示将"MOLD_VOL_4.PRT"移动 100，结果如图 13-73 所示，然后再按照图 13-74 所示将"MOLD_VOL_2.PRT"移动 200，结果如图 13-75 所示。

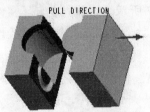

图 13-72　选取移动参照

图 13-73　移动"MOLD_VOL_4.PRT"

图 13-74　选取移动参照

图 13-75　最终设计结果

13.4 滑块设计

在一些较为复杂的模具设计中，为了避免凹凸模分离的时候产生型腔与注塑件之间的某些干涉，需要设计滑块。一般只有将滑块从某个侧面移出后，才能够顺利地移动注塑件。在模具开模和关闭期间，滑块可能会从一侧移入，用来创建所需的形状并促进零件的喷射。

13.4.1 使用"滑块体积"对话框

创建滑块体积块主要是利用如图 13-76 所示"滑块体积"对话框来完成的。利用该对话框来创建滑块的过程由如下步骤组成。

步骤 1：定义拖动方向。单击"计算底切边界"按钮向参照零件投射闪光而执行几何分析，光不能到达的区域就是底切或黑色体积块。检查完成后，系统会生成黑体积块边界的缺省名称，并以紫色显示体积块的边界面组，同时将它们的名称放入"滑块体积"对话框的"排除"列表框中。

图 13-76 "滑块体积"对话框

步骤 2：通过将其名称从"排除"列表框移至"包括"列表框中，从而确定一个或几个用于创建滑块的边界面组。此时，当把光标移到面组名称上时，其边界会以黑红色加亮显示。可以单击"网格化"按钮 设置以网格形式显示边界曲面，或者单击"着色"按钮 将曲面着色显示。

步骤 3：指定投影平面。系统将所选的黑色体积块沿着与投影平面垂直的方法延伸，直至投影平面为止。

可以将上述创建的滑块体积块抽取为模具元件，也可以作为模具基体元件的特征。

下面通过简单的实例操作继续介绍。如图 13-77 所示的特殊固定卡环零件，在其模具设计（有多种方案，与选择分型面有关）中可以设计一个滑块来解决底切干涉的问题，以便将滑块从侧面移出后，能够顺利取出注塑件。

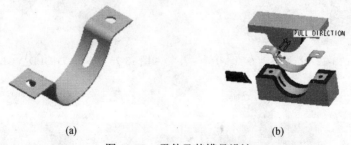

    (a)   (b)

图 13-77 零件及其模具设计

在特殊固定卡环零件的模具设计中，与滑块相关的设计步骤如下。

1. 创建滑块体积块

步骤 1：打开模具型腔文件 tsm_kh.mfg（位于 tsm_kh 文件夹内），打开的模具型腔效果如图 13-78 所示。

438

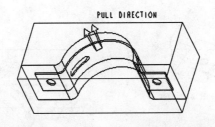
PULL DIRECTION

图 13-78　具有分型面的模具型腔效果

步骤 2：选择"模具体积块"→"创建"。

步骤 3：输入要创建的体积块名称为 KH_SLIDER，单击"确定"按钮。

步骤 4：在出现的如图 13-79 所示的"模具体积"菜单中选择"滑块"，打开"滑块体积"对话框。

步骤 5：接受默认的手拖动方向，单击"计算底切边界"按钮。

步骤 6：在"排除"列表框中选择"面组 3"和"面组 4"，然后单击"移至左侧"按钮 ，将面组 3 和面组 4 移至"包括"列表框中，如图 13-80 所示。

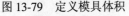

图 13-79　定义模具体积　　　　　图 13-80　选择要包括的面组

步骤 7：在"投影平面"选项组中单击 按钮，选择如图 13-81 所示的毛坯工件的侧表面。

步骤 8：单击"预览"按钮 ，可以在图形中观察到将要生成的滑块体积块。单击 按钮，创建的滑块体积块如图 13-82 所示。

步骤 9：选择"完成/返回"。

2. 通过复制创建滑块分型面

步骤 1：单击 按钮，在"遮蔽–取消遮蔽"对话框中将 tsm_kh_wrk.prt 进行遮蔽。

步骤 2：在"模具"菜单中选择"特征"→"型腔组件"→"曲面"，在"曲面选项"菜单中选择"复制"，然后选择"完成"。

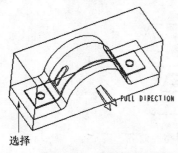

图 13-81　选择投影平面

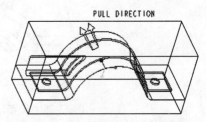

图 13-82　创建的滑块体积块

步骤 3：按住 Ctrl 键不放，用鼠标建立滑块所有的外表面后，单击✔按钮，建立滑块分型面，如图 13-83 所示。

3. 创建上、下型腔体积块

步骤 1：单击"分割"按钮🗐，打开"分割体积块"菜单。

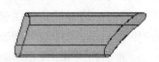

图 13-83　滑块分型面

步骤 2：选择"两个体积块"→"所有工件"→"完成"。

步骤 3：选择如图 13-84 所示的分型面 PART_SURF_1，单击鼠标中键确定。

步骤 4：在"分割"对话框中单击"确定"按钮。

步骤 5：输入加亮体积块的名称为"MOLD_VOL_3"，单击"确定"按钮。

步骤 6：输入加亮体积块的名称为"MOLD_VOL_4"，单击"确定"按钮。

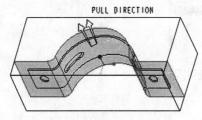

图 13-84　选择分型面

4. 由滑块分割下型腔体积块

步骤 1：单击🗐按钮，打开"分割体积块"菜单。

步骤 2：选择"一个体积块"→"模具体积块"→"完成"。

步骤 3：在出现的"搜索工具"对话框中，选定面组 MOLD_VOL_3，如图 13-85 所示，单击 ＞＞ ，单击"关闭"按钮。

步骤 4：选择滑块面组，单击鼠标中键确定。

步骤 5：选择"岛 1"和"完成选取"，单击"确定"按钮。

步骤 6：设置加亮体体积块的名称为"MOLD_VOL_BOTTOM1"，单击"确定"按钮。

5. 抽取模具元件

步骤 1：在模具型腔工具栏中单击🖑（抽取模具元件）按钮。

步骤 2：单击"选择全部"按钮▤，然后单击"确定"按钮。

440

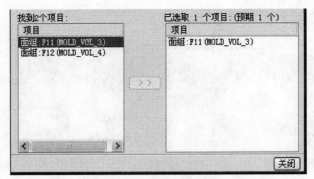

图 13-85　选定项目

6. 铸模

步骤 1：在菜单管理器中选择"铸模"→"创建"。

步骤 2：输入浇铸件的名称为"TSM_KH_MOLDING"，单击☑按钮。

7. 开模

步骤 1：在模型树上设置如图 13-86 所示隐藏项目。

步骤 2：设置的开模步骤为依次移开上模、滑块，取出注塑件，如图 13-87 所示。

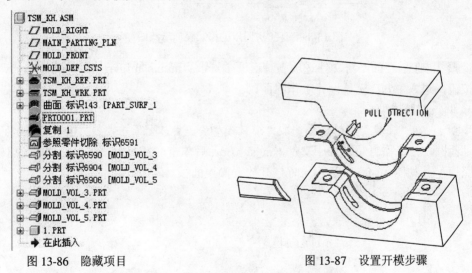

图 13-86　隐藏项目　　　　　　　　图 13-87　设置开模步骤

13.4.2　其他创建方法

也可以使用别的方式来创建滑块体积块，如由分型面分割的方式。

如图 13-88 所示的产品零件，在其模具设计中需要构建一个滑块来产生内部型腔，其中砂型芯设计的示意图如图 13-89 所示。

下面以上述某产品的保护透明罩为例，通过实际操作来说明该零件的两砂型芯、凹模和凸模的设计，同时复习模具设计流程。

1. 创建模具文件

步骤 1：新建一个名为"TSM_SH"的模具型腔文件。在"新建"对话框中取消对"使用缺省模板"选项的勾选，单击"确定"按钮。

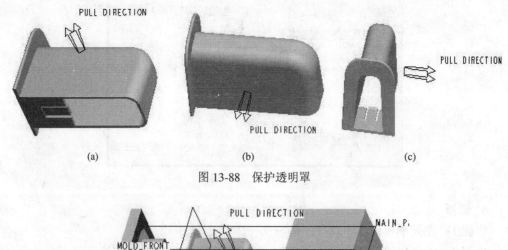

图 13-88　保护透明罩

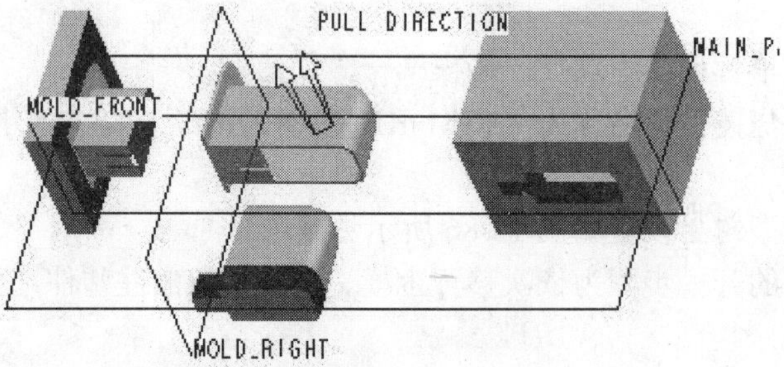

图 13-89　保护透明罩的模具设计示意图

步骤 2：在打开的"新文件选项"对话框中选取"mmns_mfg_mold"模板，单击"确定"按钮，进入 Pro/E 模具设计工作界面。

2. 调入参照模型

步骤 1：在"模具"菜单依次选取"模具模型"→"装配"→"参照模型"，打开"打开"对话框，在工作目录中选中文件 tsm_sh_1.prt 后单击"打开"按钮，在设计窗口中打开参照模型，如图 13-90 所示，同时打开放置操控面板。

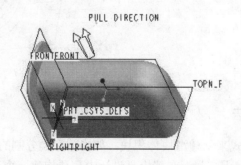

图 13-90　参照模型

步骤 2：在放置操控面板中选择"缺省"，再默认装配参照模型，然后单击"完成"按钮☑，在打开的"创建参照模型"对话框中接受默认的参照模型名称，单击"确定"按钮，最后在菜单管理器中选取"完成/返回"，返回"模具"菜单。

3. 设置收缩率

步骤 1：在模具型腔工具栏中单击"按尺寸收缩"按钮。

442

步骤 2：在出现的"按尺寸收缩"对话框中，接受默认的收缩率公式 1+S，在"收缩率"选项组中将应用到所有尺寸的收缩率设置为"0.005"，单击☑按钮。

4. 建立毛坯工件

步骤 1：在菜单管理器中选择"模具模型"→"创建"→"工件"→"手动"。

步骤 2：在"元件创建"对话框中输入新毛坯工件的名称为 tsm_sh_wrk.prt，单击"确定"按钮。

步骤 3：在出现的"创建选项"对话框中选择"创建特征"单选按钮，单击"确定"按钮。

步骤 4：在菜单管理器中选择"实体"→"加材料"→"拉伸"→"实体"→"完成"。

步骤 5：在拉伸操控面板上选择放置上滑面板，单击"定义"按钮，打开"草绘"对话框。

步骤 6：选择 MOLD_FRONT 作为草绘平面，选择 MAIN_RIGHT 作为顶参照平面，单击"草绘"按钮。

步骤 7：定义绘图参照和绘制截面，如图 13-91 所示，单击☑按钮。

步骤 8：在拉伸操控面板上设置单侧的拉伸深度类型为 ⊟（对称），拉伸的深度为"100"。

步骤 9：单击☑按钮，并在菜单管理器中选择"完成/返回"，建立毛坯工件的效果如图 13-92 所示。

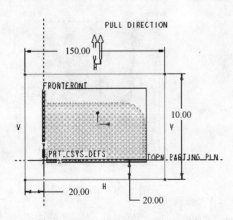

图 13-91　定义绘图参照和截面

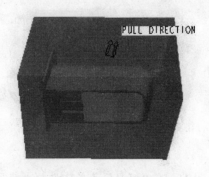

图 13-92　创建毛坯工件的效果

5. 创建分型面 1

步骤 1：单击 ☜ 按钮，在"遮蔽-取消遮蔽"对话框中将 tsm_sh_wrk.prt 进行遮蔽。

步骤 2：在"模具"菜单中选择"特征"→"型腔组件"→"曲面"，在"曲面选项"菜单中选择"复制"，然后选择"完成"。

步骤 3：按住"Ctrl"不放，用鼠标选择如图 13-93 所内表面后，单击☑按钮。

步骤 4：选择"曲面"→"新建"→"平整"，然后选择"完成"。

步骤 5：选择如图 13-94 所示的平表面作为草绘平面参照，选择"反向"→"正向"，接着选择 MAIN_PARTINGP_PLN 为顶方向参照。

步骤 6：定义绘图参照，绘制如图 13-95 所示的平整边界，单击☑按钮。

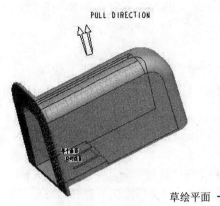

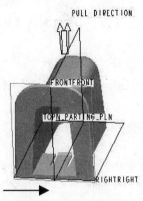

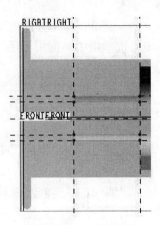

图 13-93　复制内表面　　　　图 13-94　定义草绘平面　　　　图 13-95　平整边界

步骤 7：在"曲面：平整"对话框中，单击"确定"按钮，完成平整曲面 1。

步骤 8：选择"曲面"→"新建"→"平整"，然后选择"完成"。

步骤 9：选择如图 13-96 所示的平表面作为草绘平面参照，选择"反向"→"正向"，接着选择 MAIN_PARTING_PLN 为顶方向参照。

步骤 10：定义绘图参照，绘制如图 13-97 所示的平整边界，单击 ✔ 按钮，完成平整曲面 2。

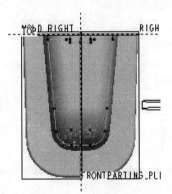

图 13-96　定义草绘平面　　　　　　　　图 13-97　平整边界

步骤 11：在"模具"菜单中选择"特征"→"曲面"，在"面组曲面"菜单中选择"合并"。选择首先复制平面，再选平整曲面 1，单击✔按钮。

步骤 12：在"模具"菜单中选择"特征"→"曲面"，在"面组曲面"菜单中选择"合并"。选择合并平面，再选平整曲面 2，单击✔按钮，得如图 13-98 合并曲面。

步骤 13：取消隐藏 tsm_sh_wrk.prt。

步骤 14：选择"曲面"→"新建"→"拉伸"，然后选择"完成"。

步骤 15：选择 MAIN_PARTING_PLN 作为草绘平面，选择"正向"→"缺省"。

步骤 16：定义绘图参照，绘制如图 13-99 所示的截面，单击 ✔ 按钮。

步骤 17：单击 选项 按钮，弹出"选项"选项卡，定义第 1 侧深度 第1侧 ⊥ 到选定的 ∨，选择工件的一侧面，定义第 2 侧深度 第2侧 ⊥ 到选定的 ∨，选择工件的另一侧面，单击✔按钮。

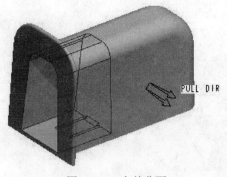

图 13-98　合并曲面

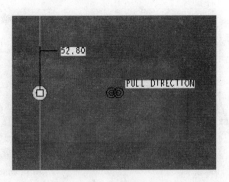

图 13-99　绘制截面

步骤 18：在"模具"菜单中选择"特征"→"曲面"，在"面组曲面"菜单中选择"合并"。选择合并平面，再选刚建立拉伸曲面，单击☑按钮，得如图 13-100 分型面 1。

图 13-100　分型面 1

6. 创建滑块分型面 2

步骤 1：单击 ☜ 按钮，在"遮蔽–取消遮蔽"对话框中将 tsm_sh_wrk.prt 进行遮蔽。

步骤 2：在"模具"菜单中选择"特征"→"型腔组件"→"曲面"，在"曲面选项"菜单中选择"复制"，然后选择"完成"。

步骤 3：按住 Ctrl 键不放，用鼠标选择如图 13-101 所示内表面后，单击☑按钮。

步骤 4：选择"曲面"→"新建"→"平整"，然后选择"完成"。

步骤 5：选择如图 13-102 所示的平表面作为草绘平面参照，选择"反向"→"正向"，接着选择 MAIN_PARTINGP_PLN 为顶方向参照。

步骤 6：定义绘图参照，绘制如图 13-103 所示的平整边界，单击 ☑ 按钮，完成平整曲面 3。

步骤 7：在"模具"菜单中选择"特征"→"曲面"，在"面组曲面"菜单中选择"合并"。选择首先复制平面，再选平整曲面 3，单击☑按钮，如图 13-103。

步骤 8：选择"曲面"→"新建"→"平整"，然后选择"完成"。

步骤 9：选择如图 13-104 所示的平表面作为草绘平面参照，选择"反向"→"正向"，接着选择 MAIN_PARTING_PLN 为顶方向参照。

步骤 10：定义绘图参照，绘制如图 13-105 所示的平整边界，单击 ☑ 按钮，完成平整曲面 4。

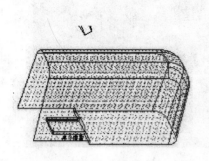

图 13-101　复制内表面

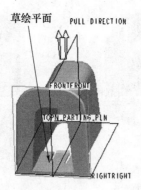

图 13-102　定义草绘平面

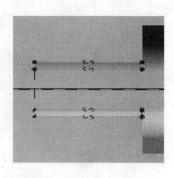

图 13-103　平整边界

图 13-104　定义草绘平面

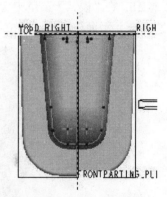

图 13-105　平整边界

步骤 11：在"模具"菜单中选择"特征"→"曲面"，在"面组曲面"菜单中选择"合并"；选择合并曲面，再选平整曲面 4，单击✓按钮，得如图 13-106 合并曲面。

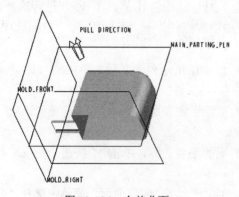

图 13-106　合并曲面

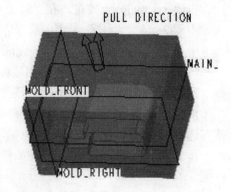

图 13-107　创建分型面 2

步骤 12：取消隐藏 tsm_sh_wrk.prt。

步骤 13：在"模具"菜单中选择"特征"→"曲面"，在"面组曲面"菜单中选择"延伸"。

步骤 14：单击 参照 按钮，按住 Shit 键不放，用鼠标选择合并后曲面的边。

步骤 15：单击📖，选择要延伸到的毛坯工件表面，单击✓按钮，创建的滑块（或具有滑块功能的）分型面 2 如图 13-107 所示。

7. 以主分型面分割工件

步骤 1：选择 ⊟ 按钮，打开"分割体积块"菜单。

步骤 2：选择"两个体积块" → "所有工件" → "完成"。

步骤 3：选择分型面 1，单击鼠标中键确定。

步骤 4：在"分割"对话框中单击"确定"按钮。

步骤 5：输入加亮体积块的名称为"MOLD_CORE"，单击"确定"按钮，如图 13-108 所示。

步骤 6：输入加亮体积块的名称为"MOLD_CAVITY"，单击"确定"按钮，如图 13-109 所示。

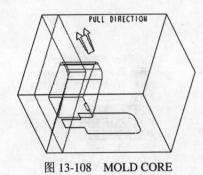

图 13-108　MOLD CORE

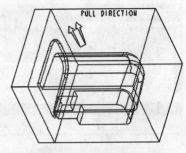

图 13-109　MOLD CAVITY

8. 以滑块分型面分割出滑块体积块

步骤 1：选择"一个体积块" → "模具体积块" → "完成"。

步骤 2：在出现的"搜索工具"对话框中，选定面组 MOLD_CAVITY，如图 13-110 所示，单击 >> ，单击"关闭"按钮。

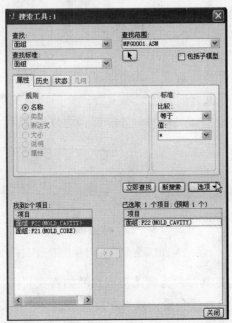

图 13-110　搜索体积块

447

步骤3：选择滑块分型面 PART SURF 2，单击鼠标中键确定。

实用知识与技巧：可以使用鼠标右键查询到滑块分型面 PART SURF 2。

步骤4：在出现的"岛列表"菜单中，选择"岛2"，然后选择"完成选取"。

步骤5：输入加亮的滑块体积块名称为 MOLD_SLIDER，单击"确定"按钮。

9. 抽取模具元件

步骤1：在菜单管理器中选择"模具元件"→"抽取"，或者直接在模具型腔工具栏中单击"抽取模具元件"按钮 。

步骤2：单击 按钮，如图 13-111 所示，然后单击"确定"按钮。

步骤3：此时，模型树上新添加了模具元件，如图 13-112 所示。

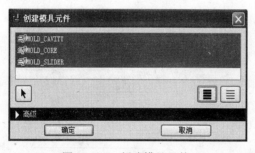

图 13-111　创建模具元件

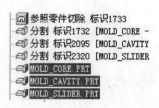

图 13-112　模型树

10. 生成浇铸件

步骤1：在菜单管理器中选择"铸模"→"创建"。

步骤2：输入浇铸件的名称为"TSM_SH_MOLDING"，单击 按钮。

接下来可以设计浇道系统和定义开模步骤等，读者可以试一试。

13.5　填补破孔设计

模具设计的关键在于分型面的设计。在创建分型面的时候，经常使用"复制"命令来复制零件模型的曲面。在某些时候，选取复制曲面后，可能仍然存在着破孔的现象，如图 13-113 所示。只有将这些破孔填补，才能够合理分割模具体积块。

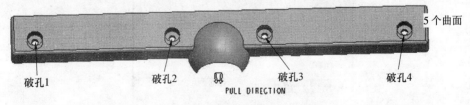

图 13-113　复制曲面时存在破孔

以如图 13-114 所示的灯具零件为例，重点说明如何在其模具的分型面设计中填补破孔。为了观察到填补破孔后的模具设计效果和复习前面小节的内容，本例将继续介绍分割体积块、抽取模具元件、填充注模和定义开模步骤等。

448

图 13-114   灯具零件

操作步骤如下。

1. 分型面设计及填补破孔

步骤 1：打开模具型腔文件 tsm_down_flip.mfg（位于 tsm_down_flip 文件夹内），打开的模具型腔效果如图 13-115 所示。

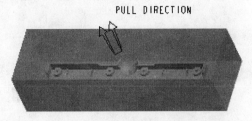

图 13-115   模具型腔效果

步骤 2：隐藏 tsm_down_flip_wrk.prt。

步骤 3：在"模具"菜单中选择"特征"→"型腔组件"→"曲面"，在"曲面选项"菜单中选择"复制"，然后选择"完成"。

步骤 4：选择如图 13-116 所示的曲面（多选需按住 Ctrl 键）。注意：只选择沉孔的两个半沉孔面和一个端面，选择完后单击鼠标中键来确定。

图 13-116   选择要复制的面

步骤 5：单击 选项 按钮，出现如图 13-117 所示上滑板，选择"排除曲面并填充孔"，单击"填充孔/曲面"右边的矩开框中的"单击此处添加项目"。

步骤 6：按住 Ctrl 键不放，用鼠标选择填充孔边，单击✓按钮，完成如图 13-118 所示填充破后的复制曲面。

○ 按原样复制所有曲面
◉ 排除曲面并填充孔
○ 复制内部边界

排除轮廓　　　　单击此处添加项目

填充孔/曲面　　　选取项目

选项 | 属性

图 13-117   上滑板

449

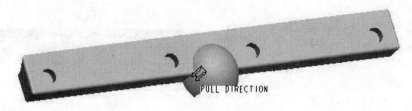

图 13-118　填充破后的效果

步骤 7：在"模具"菜单中选择"特征"→"曲面"，在"面组曲面"菜单中选择"延伸"。

步骤 8：单击 参照 按钮，按住 Shit 键不放，用鼠标选择如图 13-119 所示的边。

图 13-119　选择曲面延伸的边

步骤 9：取消隐藏 tsm_down_flip_wrk.prt。

步骤 10：单击 选择要延伸到的毛坯工件表面，单击 按钮，创建延伸曲面如图 13-120 所示。

图 13-120　延伸曲面

步骤 11：隐藏 tsm_down_flip_wrk.prt。

步骤 12：在"特征操作"菜单中选择"曲面"，在"面组曲面"菜单中选择"延伸"。

步骤 13：单击 参照 按钮，按住 Shit 键不放，用鼠标选择如图 13-121 所示的边。

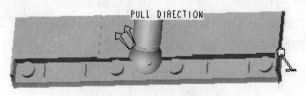

图 13-121　选择曲面延伸的边

步骤 14：取消隐藏 tsm_down_flip_wrk.prt。

步骤 15：单击 选择要延伸到的毛坯工件表面，单击 按钮，创建延伸曲面如图 13-122 所示。

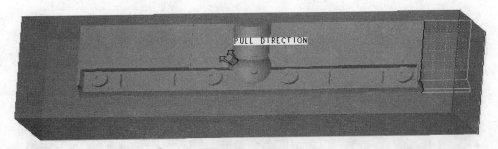

图 13-122　延伸曲面

步骤 16：在"特征操作"菜单中选择"曲面"，在"面组曲面"菜单中选择"延伸"。

步骤 17：单击 参照 按钮，按住 Shit 键不放，用鼠标选择如图 13-123 所示的边。

图 13-123　选择曲面延伸的边

步骤 18：单击 选择要延伸到的毛坯工件表面，单击 按钮，创建延伸曲面如图 13-124 所示。

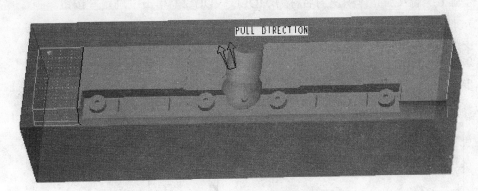

图 13-124　延伸曲面

步骤 19：在"特征操作"菜单中选择"曲面"，在"面组曲面"菜单中选择"延伸"。

步骤 20：单击 参照 按钮，按住 Shit 键不放，用鼠标选择如图 13-125 所示的边。

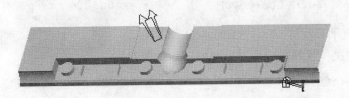

图 13-125　选择曲面延伸的边

步骤 21：单击 选择要延伸到的毛坯工件表面，单击 按钮，创建延伸曲面如图 13-126 所示。

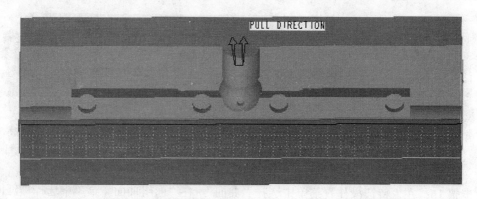

图 13-126　延伸曲面

2. 以分型面分割出型腔体积块

步骤 1：选择 📄 按钮，打开"分割体积块"菜单。

步骤 2：选择"两个体积块"→"所有工件"→"完成"。

步骤 3：选择分型面，单击鼠标中键确定。

步骤 4：在"分割"对话框中单击"确定"按钮。

步骤 5：输入加亮体积块的名称为 MOLD_VOL_1，单击"确定"按钮。

步骤 6：输入加亮体积块的名称为 MOLD_VOL_2，单击"确定"按钮。

3. 抽取型腔元件

步骤 1：在模具型腔工具栏中单击"抽取模具元件"按钮 ⬡。

步骤 2：单击 ☰ 按钮，如图 13-127 所示，然后单击"确定"按钮。

步骤 3：此时，模型树上新添加了模具型腔元件，如图 13-128 所示。

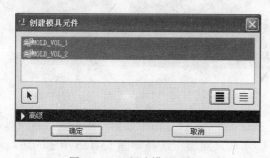

图 13-127　创建模具元件

图 13-128　元件在模型树中的显示

4. 生成浇铸件

步骤 1：在菜单管理器中选择"铸模"→"创建"。

步骤 2：输入浇铸件的名称为 tsm_down_flip_molding，单击 ✓ 按钮。

5. 开模

步骤 1：在模型树上设置如图 13-129 所示隐藏项目。

步骤 2：设置的开模步骤可以为依次移开上模向上 100、下模向下 100，如图 13-130 所示。

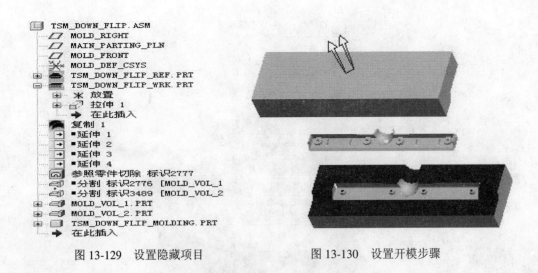

图 13-129　设置隐藏项目　　　　　图 13-130　设置开模步骤

13.6　镶块及销设计

在一些具有倒扣区域或者具有卡扣结构零件的模具设计中，可以考虑采用镶块、销等的设计来巧妙地解决脱模难的问题。如图 13-131 所示的零件，可以在图示中的这些倒扣区域设计镶块来方便脱模；在卡扣结构区域可以采用增设合理的销模具元件的方式来处理脱模的问题。

设计镶块元件或销元件都需要先构建面组，然后由面组创建出体积块，并由体积块抽取成镶块元件或销元件。

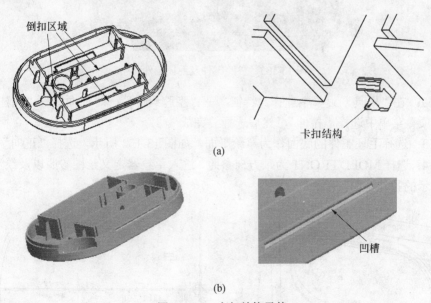

图 13-131　卡扣结构零件

(a) 可以设计镶块；(b) 可以设计销模具元件。

下面以如图 13-132 所示的实例来说明镶块和销元件的设计。

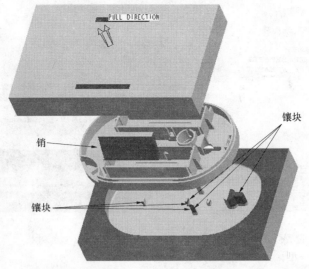

图 13-132　镶块和销元件

1. 设计镶块 1 分型面

步骤 1：打开模具型腔文件 tsm_sp_a.mfg（位于 tsm_sp1 文件夹内），打开的模具型腔效果如图 13-133 所示，文件中已经存在着主分型面。

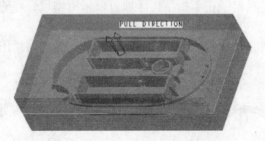

图 13-133　参照零件及毛坯工件

步骤 2：在"模具"菜单中选择"特征"→"型腔组件"→"曲面"→"新建"，在"曲面选项"菜单中选择"拉伸"，然后选择"完成"。

步骤 3：选择毛坯工件的底面作为草绘平面，如图 13-134 所示，选择"正向"选项。

步骤 4：选择 MOLD FRONT 为顶方向参照，进入草绘器定义绘图参照以及绘制如图 13-135 所示的拉伸截面，单击 ✔ 按钮。

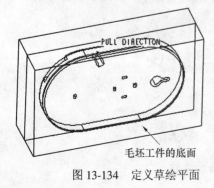

图 13-134　定义草绘平面

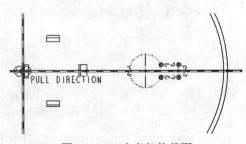

图 13-135　定义拉伸截面

步骤 5：单击 选项 按钮，弹出"选项"选项卡，定义第 1 侧深度 第1侧 止 到选定的 ，
接着选择如图 13-136 所示的半圆形的小端面（可以通过单击鼠标右键来捕捉），选择
☑封闭端 为选中状态，单击 ✔ 按钮，完成的镶块 1 分型面，如图 13-137 所示。

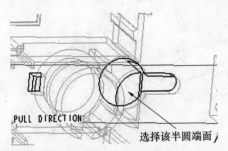

图 13-136　定义拉伸深度

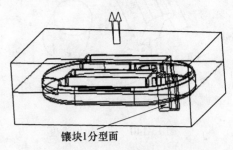

图 13-137　创建的镶块 1 分型面

2. 设计镶块 2 分型面

步骤 1：在"模具"菜单中选择"特征"→"型腔组件"→"曲面"→"新建"，在
"曲面选项"菜单中选择"拉伸"，然后选择"完成"。

步骤 2：选择零件中心附近的小卡扣侧面作为草绘平面，如图 13-138 所示，选择
"正向"。

步骤 3：选择 MAIN_PARTING_PLN 为顶方向参照，进入草绘器定义绘图参照以及
绘制如图 13-139 所示的拉伸截面，单击 ✔ 按钮。

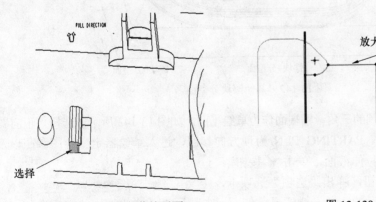

图 13-138　定义草绘平面

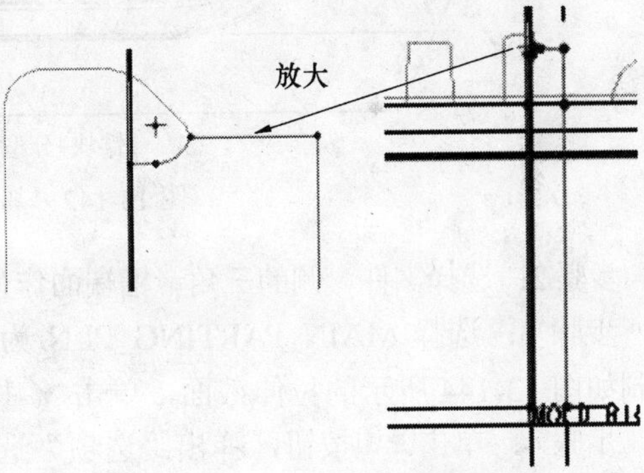

图 13-139　定义拉伸截面

步骤 4：单击 选项 按钮，弹出"选项"选项卡，定义第 1 侧深度 第1侧 止 到选定的 ，
接着选择如图 13-140 所示的半圆形的小端面（可以通过单击鼠标右键来捕捉），选择
☑封闭端 为选中状态，单击 ✔ 按钮，完成的镶块 2 分型面，如图 13-141 所示。

3. 设计其他镶块分型面

参照上述镶块 1、2 分型面的创建方法，分别设计镶块 3、镶块 4、镶块 5 和镶块 6
的分型面，分型面效果如图 13-142 所示。

4. 设计销 1 分型面

步骤 1：在"模具"菜单中选择"特征"→"型腔组件"→"曲面"→"新建"，在
"曲面选项"菜单中选择"拉伸"，然后选择"完成"。

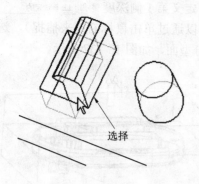

图 13-140 定义拉伸深度

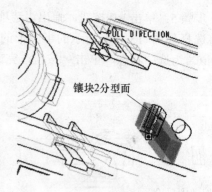

图 13-141 创建的镶块 2 分型面

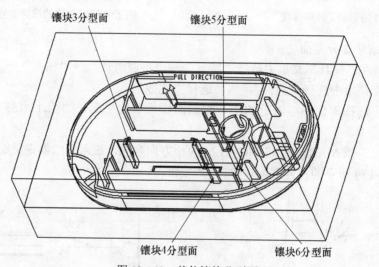

图 13-142 其他镶块分型面

步骤 2：选择零件一侧的三角卡槽端面作为草绘平面，如图 13-143 所示，选择"正向"。

步骤 3：选择 MAIN_PARTING_PLN 为顶方向参照，进入草绘器定义绘图参照以及绘制如图 13-144 所示的拉伸截面，单击 ✔ 按钮。

步骤 4：单击 选项 按钮，弹出"选项"选项卡，定义第 1 侧深度 第1侧 ⊥ 到选定的 ▼ ，接着选择如图 13-145 所示的三角卡槽的另一侧面，选择 ☑ 封闭端 为选中状态，单击 ✔ 按钮，完成的销 1 分型面，如图 13-146 所示。

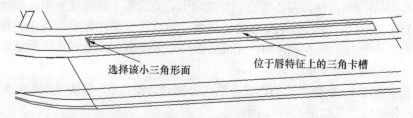

图 13-143 定义草绘平面

5. 设计销 2 分型面

类似地，在另一侧设计销 2 分型面，如图 13-147 所示。

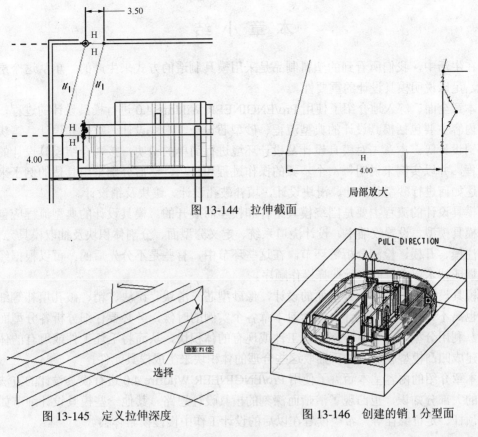

图 13-144 拉伸截面

局部放大

图 13-145 定义拉伸深度

图 13-146 创建的销 1 分型面

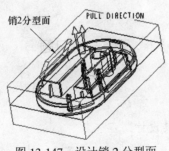

图 13-147 设计销 2 分型面

6. 分割体积块

首先以各镶块分型面从毛坯工件中分割出各镶块体积，然后再以主分型面 PART SURF 1 将型腔体积分割成两个体积，最后分别以销 1 分型面和销 2 分型面来分割其所在的型腔体积。操作过程请自行练习。

7. 填充抽取元件

步骤 1：在模具型腔工具栏中单击 按钮。

步骤 2：单击 按钮，然后单击"确定"按钮。

8. 生成浇铸件

步骤 1：在菜单管理器中选择"铸模"→"创建"。

步骤 2：输入浇铸件的名称为"TSM_SP_A_MOLDING"，单击 按钮。

本 章 小 结

在生活中，我们所看到的塑料制品是采用模具制造的方式来生产的。单从这个层面来看，足以说明模具设计的重要性。

本章全面、深入地介绍了使用 Pro/ENGINEER Wildfire 4.0 进行模具设计的过程，涉及的内容主要包括模具设计的典型流程、砂型芯设计、滑块设计、靠破孔设计、镶块设计、销设计等。本章先对模具设计及设计环境进行简单的说明，接着介绍模具设计的典型流程，并以实例来说明每一个步骤的操作过程和技巧，然后分别采用具体的例子来重点阐述如何进行砂型芯设计、滑块设计、填补破孔设计、镶块及销设计。

模具设计的流程主要是围绕模具组件和模座而展开的。模具设计的典型流程应包括创建模具模型、设置收缩率、设计浇道系统、定义分型面、分割体积块及抽取模具元件、填充注模、开模、检测分析等环节。在这些环节中，有些是不分先后的，可以根据经验或习惯或技术要求等而自行选择操作顺序。

模具设计的关键在于分型面的设计，像砂型芯、滑块、镶块、销、破孔填补等细节设计也离不开分型面的设计。在学习本章各个实例的时候，务必要仔细分析各分型面的作用。利用分型面，可以分割毛坯工件或现有的体积块，从而将毛坯工件或现有的体积块创建成凹凸模型腔等，然后抽取这些合理的体积块来生成模具元件。

本章介绍的内容基本涵盖了使用 Pro/ENGINEER Wildfire 4.0 进行模具设计的方法和技巧的大部分知识，也凸现了清晰而深刻的模具设计思路。其他一些模具设计细节如倒柱、顶杆、定位螺栓等，希望读者在以后的设计工作中慢慢摸索体会。

思考与练习题

1. 思考题

(1) 总结模具设计步骤。

(2) 按照书中例子练习模具设计。

2. 练习题

(1) 设计如图 13-148 所示零件的模具（见文件 13-1.prt）。

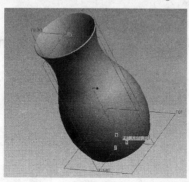

图 13-148

(2) 设计如图 13-149 所示零件的模具（见文件 13-2.prt）。

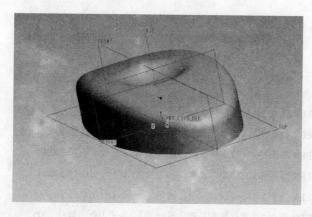

图 13-149

参 考 文 献

[1] 林清安. Pro/ENGINEER 野火 3.0 基础零件设计(上) . 北京:电子工业出版社. 2006.

[2] 林清安. Pro/ENGINEER 野火 3.0 基础零件设计(下) . 北京:电子工业出版社. 2006.

[3] 林清安. Pro/ENGINEER 野火 3.0 高级零件设计(上) . 北京:电子工业出版社. 2006.

[4] 林清安. Pro/ENGINEER 野火 3.0 高级零件设计(下) . 北京:电子工业出版社. 2006.

[5] 林清安. Pro/ENGINEER 野火 3.0 零件设计应用实例. 北京:电子工业出版社. 2006.

[6] 林清安. Pro/ENGINEER 野火 2.0 零件装配与产品设计. 北京:电子工业出版社. 2005.

[7] 林清安. Pro/ENGINEER 野火 2.0 模具设计. 北京:电子工业出版社. 2005.

[8] 林清安. Pro/ENGINEER 野火 2.0 造型曲面设计. 北京:电子工业出版社. 2005.

[9] 张选民. Pro/ENGINEER Wildfire 3.0 曲面造型设计. 北京:清华大学出版社. 2007.

[10] 周四清. Pro/ENGINEER Wildfire 野火 3.0 实例教程. 北京:电子工业出版社. 2007.